JN174630

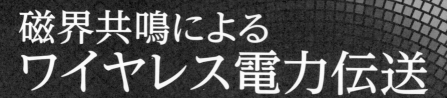

磁界共鳴による
ワイヤレス電力伝送

居村 岳広 著

森北出版株式会社

● 本書のサポート情報を当社 Web サイトに掲載する場合があります．
下記の URL にアクセスし，サポートの案内をご覧ください．

http://www.morikita.co.jp/support/

● 本書の内容に関するご質問は，森北出版 出版部「（書名を明記）」係宛
に書面にて，もしくは下記の e-mail アドレスまでお願いします．なお，
電話でのご質問には応じかねますので，あらかじめご了承ください．

editor@morikita.co.jp

● 本書により得られた情報の使用から生じるいかなる損害についても，
当社および本書の著者は責任を負わないものとします．

■ 本書に記載している製品名，商標および登録商標は，各権利者に帰属
します．

■ 本書を無断で複写複製（電子化を含む）することは，著作権法上での
例外を除き，禁じられています．複写される場合は，そのつど事前に
(社)出版者著作権管理機構（電話 03-3513-6969，FAX 03-3513-6979，
e-mail：info@jcopy.or.jp）の許諾を得てください．また本書を代行業者
等の第三者に依頼してスキャンやデジタル化することは，たとえ個人や
家庭内での利用であっても一切認められておりません．

まえがき

　本書はワイヤレス電力伝送の磁界共鳴（磁界共振結合）について書かれた専門書（参考書）である．一連の流れをもって体系立てて書かれた本格的な専門書としては，日本初であり，一冊で一から学べることを目的としている．磁界共鳴は電磁誘導の一部であるが，共振現象を使うことで，従来の電磁誘導では実現できない特徴をもつため，電磁誘導ではなく磁界共鳴と，別の名前でよばれている．

　共振現象を上手に使うことにより，高効率だけでなく大きなエアギャップが達成できることが 2007 年に MIT から発表されたのをきっかけに，世界的なワイヤレス電力伝送のブームが起こっている[1]．その技術が磁界共鳴（磁界型）と電界共鳴（電界型）である．当初発表されたデータによると，磁界共鳴において直径 60 cm のコイルでのコイル間の効率はエアギャップ 1 m のときに約 90%，2 m のときに 45〜50% とされている．この効率はコイル間の効率であり，使用した周波数は約 10 MHz であった．これはワイヤレス電力伝送の業界には衝撃的なニュースであった．なぜなら，ニコラ・テスラによりワイヤレス電力伝送の概念が生まれてから 100 年以上経ったが，ここまで幅広い実用に耐えられるポテンシャルをもった技術はいままで発表されてこなかったからである（従来の電磁誘導タイプにおいては，直径 60 cm のコイルを使ったとしても，電力伝送距離は，せいぜい直径の 1/10 くらいだったので，6 cm 程度がいいところだった）．

　一方で，なぜ共振現象をうまく利用した磁界共鳴（もしくは，電界共鳴）が，大きなエアギャップや位置ずれが生じたときでも高効率かつ大電力を達成できるかについては，多くの議論を呼び起こし，当初はさまざまな説明がされた．たとえば，同じ固有振動数で共鳴を起こす音叉のように，送電側と受電側が共鳴を起こして電力を伝えるアナロジーを使った説明がされた．また，結合モード理論を用いた説明も行われた．

　いずれも磁界共鳴の原理を説明するためである．その原理とは，送電側のコイルとコンデンサが共振し，同様に，同じ共振周波数で受電側のコイルとコンデンサが共振し，そして，コイル間が磁界で結合することである．しかしながら，音叉の説明はあくまでアナロジーであり，結合モード理論は多くの人にとっては馴染みがない理論であった．

　理論以外にも，動作周波数が従来の電磁誘導の約 10 kHz から 3 桁高い約 10 MHz であることや，電界での結合も示されていたこと，従来では考えられないほどの大きなエアギャップにおいて高効率かつ大電力が達成されていたこと，コイルの端がつな

がっていない（オープンタイプ）ので電流が流れていないようにみえたことなど，さまざまな要因があり，電磁誘導と磁界共鳴が同じ現象か違う現象かという議論は数年続いた．

　近年やっと決着がつき[2]，やはり，磁界共鳴も電磁誘導を使って行う電力伝送であり，回路の共振状態を限定したものが磁界共鳴に相当するものであることが示された．100年以上続いた，共振をうまく使えていない従来の電磁誘導は，エアギャップが小さく応用先も限られていた．それに対し，磁界共鳴は大きなエアギャップにおいて高効率かつ大電力が実現できるので，幅広い実用化に最も適している．この技術に関して，アンテナ工学，電磁気学，制御工学，パワーエレクトロニクスなどの分野で活躍している人々が注目しており，活発な研究が行われ，学術融合の見本のような領域になりつつある．

　本書では，この技術を一から説明する．初学者でも理解できるよう，丁寧に説明を行う一方で，最先端の研究者にとっても有益な情報も盛り込んだ．磁界共鳴に関するワイヤレス電力伝送を研究する学生や若いエンジニア，もしくは，断片的に知っているが，再度体系的に学びたい方を対象としている．

　最後に，本書を執筆するにあたって，機会を与えてくださった森北出版富井様，太田様，常にご指導下さる堀洋一教授，藤本博志准教授，本書に直接的に貢献してくれた畑様，小林様，古里様，いままで一緒に研究をしてきた研究室の岡部様，大手様，小柳様，加藤様，森脇様，ベー様，パラコン様，コウ様，パオパオ様，坪香様，谷川様，成田様，山本様，平松様，パコーン様，木村様，郡司様，長井様，佐藤様，ロビソン様，柴田様，竹内様，西村様，崔様，大塚様など新人の方々，および，いままで支えてくれた勝則様，敏子様，典子様，牧子様，碧様，香凜様にも感謝の意を伝えたいと思います．

2016 年 12 月

居村岳広

目　　次

6 章　オープンタイプ・ショートタイプコイル　　　　　　　　　　　　158

7 章　磁界共鳴のシステム　　　　　　　　　　　　　　　　　　　　　　187

1 ワイヤレス電力伝送とは

　ワイヤレス電力伝送 (wireless power transfer: WPT) とは，通常電線で送られている電力を電線なし（ワイヤレス）で送る技術である．従来のワイヤレス電力伝送は，数 cm の伝送距離（エアギャップ）をワイヤレスで送るのが限界であったが，2007 年に，かつてない 1 m を超える大きなエアギャップにおいて，高効率かつ大電力でのワイヤレス電力伝送が可能であることが実証された[1]．この技術は磁界共鳴（磁界共振結合）とよばれている．

　磁界共鳴（磁界共振結合）の発表以前は，コイル直径の 1/10 の距離へワイヤレス電力伝送できれば十分すごいと考えられてきたが，磁界共鳴が発表されるやいなや，世界中が，コイルの直径，もしくは，それ以上の距離へ高効率かつ大電力で電力伝送できるという事実を知ることとなった．著者らが行った実験のようすを図 1.1 に示す．大きな伝送距離（エアギャップ）においても，問題なく動作し，かつ，位置ずれにも強いことがわかる．そしてこのことが，ワイヤレス電力伝送の研究開発の大きな後押しとなっている．

　（a）真上の場合　　　　　（b）位置ずれの場合　　　　　（c）横に置いた場合

図 1.1　磁界共鳴による電球点灯実験のようす

　この技術は磁界での結合，つまり，電磁誘導がベースとなり，共振現象を上手に利用した技術であることが近年明らかにされた．一方，磁界共鳴のほかにも，ワイヤレス電力伝送はさまざまな方式が研究されている．本章では，ワイヤレス電力伝送の分類やシステムの基本構成について述べる．

1.1　ワイヤレス電力伝送の分類と結合タイプ

　ワイヤレス電力伝送はいくつかの方式があるが，すべてに共通することは，高周波の交流電流 (AC) を使ってワイヤレスで電力伝送を行っている点である．大きく分けて二つのタイプがあり，結合 (coupling) タイプと放射 (radiation) タイプである．さらに，結合タイプでは磁界もしくは電界に分けられ，放射タイプではマイクロ波（電磁波・電波）と，レーザ（光）がある[†1]．そのため，ワイヤレス電力伝送は 4 方式に分類されることも多い[†2]．また，レーザの研究が比較的少ないため，三つに分類されることも多い．

1.1.1　ワイヤレス電力伝送の詳細な分類

　ワイヤレス電力伝送の分類を図 1.2 に示す．まず，大きく結合タイプと放射タイプに分かれる．放射タイプは 1.4 節で述べるとして，本 1.1 節では結合タイプについて述べる．結合タイプの分類を図 1.3 に，また分類図に対応したイメージ図を図 1.4 に示す．まず，送電側を 1 次側，受電側を 2 次側とよぶ．そして，結合タイプは，結合が磁界 H か電界 E かによって，①磁界結合（電磁誘導）と②電界結合（変位電流）に分かれる．さらに，結合タイプにおける共振現象を踏まえると，合計四つに分類される．

　①の磁界結合タイプは，一般的には電磁誘導のことである．②の電界結合タイプはその電界型である．さらに，電磁誘導の中でも共振コンデンサを入れてコイルと共振

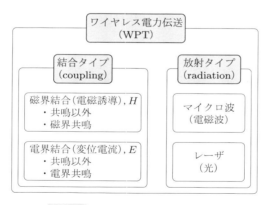

図 1.2　ワイヤレス電力伝送の分類

---

†1　電波は正式には電磁波とよぶ．また，光は電磁波の一種だが，ワイヤレス電力伝送においては光の特性を使用して電力を送るので，光と記した．
†2　注目度に応じて電磁誘導，磁界共鳴，電界結合，マイクロ波というグループで 4 方式といわれることもあるが，体系的にバランスに欠くので，本書ではこのような分類を行っている．

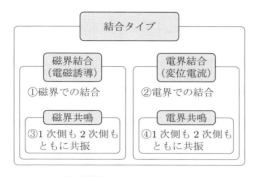

図 1.3 結合タイプの分類

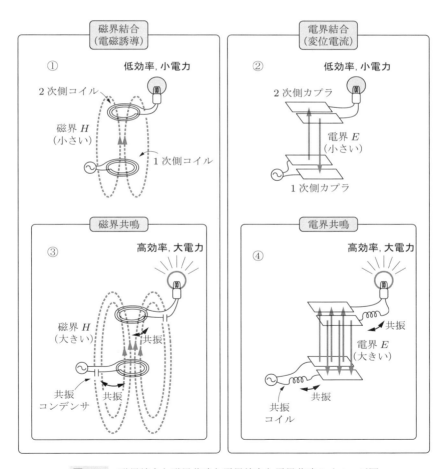

図 1.4 磁界結合と磁界共鳴と電界結合と電界共鳴のイメージ図

させ，かつ，送電側と受電側の共振周波数を同じにすることで，高効率かつ大電力，そして大エアギャップを達成させたもの，つまり，共振現象を上手に利用したものを③磁界共鳴（磁界共振結合）とよんでいる．同様に，電界結合タイプは一般的には電界結合のことであるが，共振コイルを入れてコンデンサ（カプラ）と共振させ，共振現象を上手に利用したものを④電界共鳴（電界共振結合）とよんでいる．ただ単に，電磁誘導や電界結合といったときにおいても，力率改善などで共振現象を利用していることも多いが，条件が整わないと磁界共鳴や電界共鳴としての動作にはならない．これら厳密な分類は第 5 章に譲る．いずれにせよ，磁界，もしくは電界で送電側と受電側が結合することで，電力伝送することが可能である．結合部は，一般的には共振器（レゾネータ）や一部ではアンテナとよばれているが，磁界で結合するときは，コイルとよばれることが多く，電界で結合するときはカプラまたは電極とよばれることが多い（コラム「用語」参照）．

Column｜用語

　ワイヤレス電力伝送は学術融合の見本のような領域であるが，それにより，いろいろなバックグラウンドをもつ人々がほぼ同時にワイヤレス電力伝送の領域に参入したために，用語に関しては，色々な言葉が同じ意味に対して使われている．本書をもって用語を統一することは難しいが，何を意味しているのかを理解することは重要であるので，ここでは，簡単に用語についてまとめる．

ワイヤレス電力伝送

　ワイヤレス電力伝送は，ワイヤレス給電，非接触給電とよばれることがある．ほぼ同義であるが，ワイヤレスであるが接触している場合もあるため，そのような誤解を避けるために，あえて非接触給電という用語が使われることもある．しかし，基本的にワイヤレス電力伝送といえば，接触していないことが多いので，同一の意味合いで使われている．

ワイヤレス充電

　ワイヤレス充電は，ワイヤレス電力伝送に，充電が加わった事柄を意味して使われている．非接触充電とよばれることもある．

磁界共鳴 (magnetic resonant coupling, magnetic resonance coupling)

　磁界共鳴は，磁界と共振を用いた結合方式である．磁界共振結合，磁気共鳴，直流共鳴とよぶこともある．共鳴は，共振して結合している意味として考えれば理解できる言葉である．磁界共振結合は，現象をそのままよんでいる．磁気共鳴は MRI などのほかの領域で使われているので，誤解を避けるために徐々に使われなくなっている．直流共鳴はインバータの DC を強く意識したよび方である．言葉に共振や共鳴の意味合いを含

まず，磁界結合，磁界主結合とよんでも，磁界共鳴を指していることもある．より丁寧に説明すると，磁界共鳴は，電磁誘導現象を利用し，送受電両側で共振回路を構成している回路トポロジー（回路構成）でワイヤレス電力伝送を行う技術である．

電磁誘導 (electromagnetic induction)

電磁誘導は，磁界を用いた結合方式全般を指す用語である．元々は電磁誘導現象そのものを指すが，ワイヤレス電力伝送では，電磁誘導を用いて電力伝送を行う方式を意味することが多い．磁界結合や磁気結合とよぶこともある．海外では，IPT (inductive power transfer) とよぶこともある．

電界共鳴 (electric resonant coupling, electric resonance coupling)

電界共鳴は，電界と共振を用いた結合方式である．電界共振結合とよぶこともある．共振を使っていても，電界結合とよぶこともある．

電界結合

電界結合は，電界を用いた結合方式全般を指す用語である．容量結合とよぶこともある．

電磁共鳴 (electromagnetic resonant coupling, electromagnetic resonance coupling)

電界共鳴と磁界共鳴の総称もしくは，両方を利用しているときに使われる．電磁界共振結合，電磁共振結合とよばれることもある．

結合

カップリング (coupling) とよぶこともある．

結合部分：コイル，電極，アンテナ，共振器，カプラ，結合器

ワイヤレス電力伝送を実際に行っている箇所は，カプラとよべるが，一般的には磁界での結合が多いので，コイルとよばれることが多い．また，コイルとコンデンサの両方を含めて共振器とよぶ．

以下，経緯も含めて説明する．当初，結合部分は，共振して電力をワイヤレスで送っていたので，アンテナというよばれ方をしていた[3]．しかしながら，アンテナは遠方へ電磁波を飛ばす役割を担っているものに対してよぶので，共振して結合して電力を送っている現象に着目すると，共振器のほうが現象としては近い[4], [5]．そのため，共振器とよばれることが増えてきた．共振器は通信で使用されていたので，電力というより信号という認識が強いが，通信も微弱な電力を送っているので技術的には同じである．また，共振させなくても磁界の結合は生じさせることができることや，結合部分のみを指したいこともあるので，共振器ではなく，コイルとよぶことが多い．英語の coupler からカプラとよぶこともできるが，少数である．直訳すると結合器となるが，これもまた一般には使われていない．そのため，結局のところ，磁界では一般にコイルとよばれている．電界に関しては，コンデンサの電極板のイメージから電極または電極板とよぶこともある．

1.1.2 | 動作周波数

　周波数と分類について，図 1.5 に示す．2016 年 3 月 15 日の省令改正により，日本国内では，電気自動車 (EV) 向けとして，85 kHz 帯と一般にいわれる 79〜90 kHz かつ 7.7 kW 以下[†1]，そして，モバイル機器などの家電向けとして，6.78 MHz 帯と一般にいわれる ISM バンドの 6.765〜6.795 MHz かつ 100 W 以下[†2]が磁界結合タイプとして，型式指定の対象に加わった．同様に，モバイル機器などの家電向けとして，400 kHz 帯といわれる，425〜524 kHz 内の指定された周波数かつ 100 W 以下[†3]が電界結合タイプとして型式指定に加わった．いままでは，10 kHz 以上 50 W を超える高周波機器の利用は，電波法における高周波利用設備に関する規則により，一つひとつのワイヤレス電力伝送の機器に対して申請が必要であったが，型式指定の対象になったことにより，ユーザーは高周波利用設備の手続きを行わず使うことができるようになった．また，型式指定の手続きは，製造業者または輸入業者が定められた手続きを行えばよく，許可を受けることで一般にワイヤレス電力伝送の機器を販売することができる．

　技術的な観点から考えると，商業周波数の 50/60 Hz でも電力伝送は可能であるが，一般に高い周波数で動作させることが多い．高い周波数といっても，kHz (10^3) 帯，MHz (10^6) 帯，GHz (10^9) 帯，THz (10^{12}) 帯までさまざまである．一般に，MHz 帯

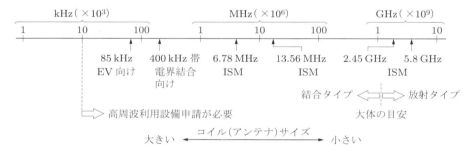

図 1.5　周波数とワイヤレス電力伝送の分類

[†1] 平成 28 年 3 月 15 日の省令改正は，平成 28 年総務省令第 15 号に詳細が書かれている．省令の文章では，電気自動車向けは "電気自動車用非接触電力装置" という表現がされており，"電気を動力源の全部または一部として用いる自動車" とあるので，ハイブリッド自動車なども認められる．

[†2] ISM バンドは industrial, scientific and medical (ISM) radio bands のことであり，産業，科学，医療のために作られた，世界的に比較的自由に使える周波数帯である．その中の一つが，6.78 MHz 帯である．ただし，各国によって制限がまったくないわけではない．今回の改正では，10 m 離れた地点における磁界強度は，6.765〜6.776 MHz は 44 dB であり，6.776〜6.795 MHz は 64 dB と許容値が異なる．ここでは毎メートル 1 マイクロアンペアを 0 dB としている．また，省令の文章では，"6.7 MHz 帯磁界結合型一般用非接触給電装置" という表現が使われている．

[†3] 利用周波数は 400 kHz 帯とあるが，425〜471 kHz，480〜489 kHz，491〜494 kHz，506〜517 kHz，519〜524 kHz と定められている．また，省令の文章では，"400 kHz 帯電界結合型一般用非接触電力伝送装置" という表現が使われている．

までが結合タイプであり，GHz 帯以上で放射タイプである．これは，波長の長さが影響している（表 1.1）．周波数 f と波長 λ の関係は次式となる．

$$f = \frac{c}{\lambda} \quad (\because c = 299792458 \approx 3 \times 10^8 \,[\text{m/s}] : 光速) \tag{1.1}$$

たとえば，結合タイプである 13.56 MHz では，1 波長は約 22 m である．一方，放射タイプである 2.45 GHz では，1 波長は約 12 cm である．

表 1.1　周波数と波長

周波数	波長	周波数	波長
1 kHz	300 km	20 kHz	15　km
10 kHz	30 km	85 kHz	3.5 km
100 kHz	3 km	6.78 MHz	44.2 m
1 MHz	300 m	13.56 MHz	22.1 m
10 MHz	30 m	2.45 GHz	12.2 cm
100 MHz	3 m	5.8　GHz	5.2 cm
1 GHz	30 cm		
10 GHz	3 cm		

　結合タイプは波長の長さがコイルの大きさより十分に大きい必要があるので，1 GHz 以上になると結合タイプとしてはサイズが小さくなり過ぎてしまう．このため，特殊用途を除いては一般に使われない．たとえば，約 5 巻のコイルで 13.56 MHz を作った場合，コイルの直径サイズは 30 cm 程度になり，波長約 22 m に比べて約 1/100 程度の大きさになる．つまり，MHz 帯以下であると，波長の長さがコイルの大きさより十分に大きいので，結合タイプが主流となる．

　一方，放射タイプとして動作させるときには，波長に近い大きさでないと電磁波が放出されないので，波長とアンテナ長は近い長さになる．たとえば，放射形の代表例である半波長ダイポールアンテナにおいては，2.45 GHz の波長約 12 cm の半分である約 6 cm がアンテナの長さとなり，実用サイズとなる．一方，13.56 MHz の波長の半波長は 11 m なので，MHz 帯での放射タイプは実用サイズにはならない．

Column　ワイヤレス電力伝送の周波数と実感としての速さの感覚

　ワイヤレス電力伝送は，約 9 kHz〜13.56 MHz で行われているので，1 周期は非常に短く，たとえば周波数が 100 kHz であれば，時間にすると 10 μs である．ワイヤレス電力伝送のスイッチング速度と，実際に我々が動く速度の差の一例を示すと，たとえば，時速 100 km/h で走る車は，1 m 進むのに 36 ms ＝ 36000 μs かかっており，10 μs では，0.000278 m ＝ 0.278 mm しか進まない．

1.2　電磁誘導と磁界共鳴の概説

　図 1.6 と図 1.7 に示すように，磁界共鳴方式は電磁誘導方式の条件を絞ったものである[2]．差異に関しての詳細は第 5 章で述べるが，簡単に説明すると，磁界共鳴方式も電磁誘導方式も磁界での結合であり，その結合部分に関しては，電磁誘導の原理が使用されており同一である．では違いはどこにあるのかというと，図 1.7(b) に示したように，1 次側と 2 次側ともに共振回路を形成することで，磁界共鳴は共振をうまく使う回路トポロジー（回路構成）になっているところである．これにより，大きなエアギャップにおいても，高効率かつ大電力を実現することができる．

図 1.6　電磁誘導と磁界共鳴の関係

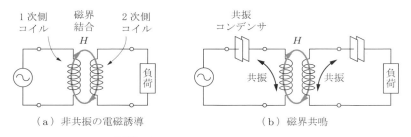

図 1.7　電磁誘導と磁界共鳴の模式図

　電磁誘導の原理の詳細は第 2 章で述べるが，簡単に説明すると，図 1.8 のように，1 次側に流した電流 I_1 によって作られた磁束が 2 次側のコイルのループを通る（鎖交する）ことによってエネルギーが 2 次側に送られる．それにより，2 次側に磁束を打ち消す向きに電圧 V が誘起され，電流 I_2 が流れる形で電力伝送が行われる．このとき，磁界 H そのものではなく，磁界の変化 dH/dt でエネルギーが伝搬する．つまり，動かない磁石や，直流で作られた変動のない磁界 H がいくら強く存在していても，磁界の変化が時間的にも空間的にもなければ，エネルギーは送られない．

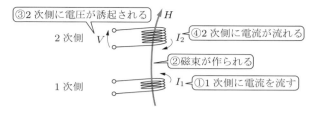

図 1.8 電磁誘導による電力伝送

1.2.1 │ 電磁誘導と磁界共鳴の違い

　電磁誘導と磁界共鳴との違いは，共振を利用しているかいないかの差である．共振を使う磁界共鳴は，図 1.9 のように，高効率かつ大電力を大エアギャップにおいて達成できる．一方，共振を一切使わない電磁誘導の場合，エアギャップが大きいときは，送電側から電力が送れず，そして，受電側でも電力が受け取れないために効率が悪くなるので，大きなエアギャップでの電力伝送ができない．図 1.9 に示すエアギャップに対する効率と電力の一例からも，その差は一目瞭然である．

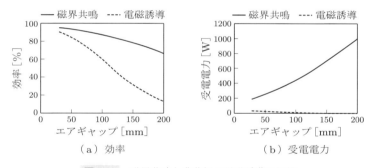

図 1.9 磁界共鳴と非共振の電磁誘導の比較

　従来は，1 次側のみ共振させたり，2 次側のみ共振させたりする電磁誘導が多数であった．これらの電磁誘導方式が活躍したのは，実は，密接に近い状態での使用が主であった．エアギャップが近い場合にはどの回路トポロジーでも効率が高くなるので，あとは電力を増やせばよい．そのような場合は，1 次側に共振コイルを入れると，大電力化が可能である．また，共振がなくても，密着させると，大エアギャップのときに比べて電力も比較的とりやすくなるので，最低限の電力が得られる条件を満たしたら，2 次側に共振コンデンサを入れ，効率を改善させるということもできた．

　ただ，いずれにせよ，電力と効率のどちらかのみがよくなるだけであり，大エアギャップにしたときには，1 次側共振では効率が悪く，2 次側共振では電力がほとんど受け取

れないため，現実的には使いものにならなかった[†]．これらに対し，1次側共振と2次側共振をもつ磁界共鳴は大電力かつ高効率を大エアギャップでも実現できる．

1.2.2 | 回路トポロジーの種類

図1.9のような大電力かつ高効率を実現する磁界共鳴のメカニズムに関しては，第5章で述べるが，先に回路トポロジー（回路構成）について述べる．

ワイヤレス電力伝送において，1次側の共振周波数と2次側の共振周波数を同じにして磁界で結合する方式が磁界共鳴である．五つの代表的な回路を図1.10に示す[2]．L_1は1次側自己インダクタンス，r_1は1次側内部抵抗，L_2は2次側自己インダクタンス，r_2は2次側内部抵抗，L_mは相互インダクタンス，R_Lは負荷抵抗，C_1は1次側共振コンデンサ，C_2は2次側共振コンデンサである．図(a)は，共振がないタイプの電磁誘導であり，変圧器と同様である．ただし，一般的な変圧器では，結合係数$k \fallingdotseq 1$である

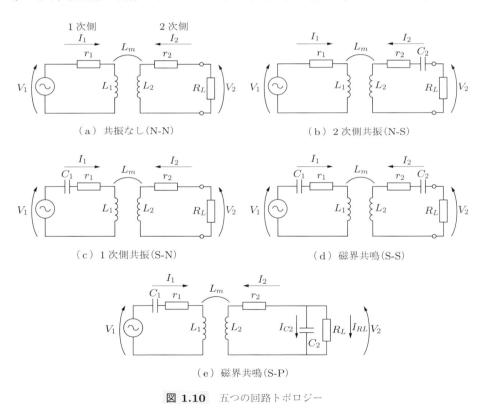

（a）共振なし(N-N)　　　　　　　　　（b）2次側共振(N-S)

（c）1次側共振(S-N)　　　　　　　　（d）磁界共鳴(S-S)

（e）磁界共鳴(S-P)

図 1.10　五つの回路トポロジー

[†] 厳密には，2次側の共振は効率が改善される分の電力向上はある．しかしながら，その値はわずかである．

が，ワイヤレス電力伝送で使用する場合は，結合係数 k は 1 より小さくなる．共振コンデンサがないので，C なしの非共振回路 (N-N: Non-resonant-Non-resonant) である．図 (b) は，2 次側に共振コンデンサ C_2 を挿入したタイプの電磁誘導方式である．つまり，C_2 のみの 2 次側共振回路 (N-S: Non-resonant-Series) である．図 (c) は，1 次側に共振コンデンサ C_1 を挿入したタイプの電磁誘導方式である．つまり，C_1 のみの 1 次側共振回路 (S-N: Series-Non-resonant) である．図 (d) は，1 次側に共振コンデンサ C_1 を挿入し，2 次側にも共振コンデンサ C_2 を挿入し，送受両方の共振周波数を同じにするという条件付けがある磁界共鳴方式である．ここでは，送電側の共振コンデンサ C_1 も受電側の共振コンデンサ C_2 も直列に接続してあるので，S-S (Series-Series) 型の磁界共鳴方式である．図 (e) は，図 (d) と同様に，1 次側に共振コンデンサ C_1 を挿入し，2 次側にも共振コンデンサ C_2 を挿入し，送受両方の共振周波数を同じにするという条件付けがある磁界共鳴方式であるが，送電側の共振コンデンサ C_1 は直列，受電側の共振コンデンサ C_2 は並列に接続してあるので S-P (Series-Parallel) 型の磁界共鳴方式である．これらについての詳細な説明は，第 5 章で述べる．

1.3　電界結合と電界共鳴の概説

　磁界の結合だけでなく，電界でも送電側と受電側が結合し，電力伝送を行うことができる．電界の変化により電界結合を起こせる．しかし，ただの電界結合では効率が低いので，電界共鳴にすることで，最大効率かつ大電力となる．電界結合と電界共鳴の関係は図 1.11 と図 1.12 のとおりである．この関係は，電磁誘導（磁界結合）と磁界共鳴の関係と同じである．

　本書では，電界共鳴に関しては付録 A で述べるが，簡単に説明すると，1 次側に発生した電界が 2 次側に結合することによってエネルギーが送られる．また，電界 E そのものではなく，電界の変化 $\mathrm{d}E/\mathrm{d}t$ でエネルギーが伝搬するのは磁界結合のときと同様である．つまり，変動のない電界 E がいくら強く存在していても，電界の変化が時間的にも空間的にもなければ，エネルギーは送られない．

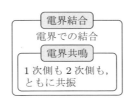

図 1.11　電界結合と電界共鳴の関係

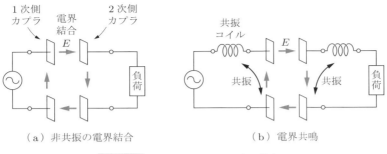

（a）非共振の電界結合　　　　　　　（b）電界共鳴

図 1.12　電界結合と電界共鳴の模式図

1.4　放射タイプの電力伝送の概説

　放射タイプの電力伝送は，マイクロ波電力伝送とレーザ電力伝送の2方式がある．本書では概要だけ紹介する．図1.13に放射タイプの分類を示す．また，図1.14に放射タイプ，マイクロ波電力伝送，レーザ電力伝送を示す．これらは，究極的なワイヤレス電力伝送の世界をもたらすことができる．究極的といったのは，結合タイプと違

図 1.13　放射タイプの分類

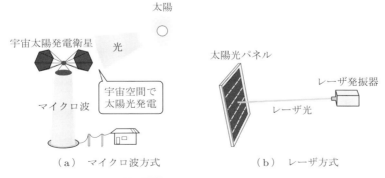

（a）　マイクロ波方式　　　　　　　（b）　レーザ方式

図 1.14　放射タイプの2方式

い，放射タイプは，エネルギーを遙か彼方へ飛ばすことができるからである．原理上，減衰や拡散はするが，どこまでも飛んでいく．つまり，相手のアンテナなどが近くになくても電力を送る（飛ばす）ことが可能である．とくに，10 m を超えるような距離になってくると，放射タイプが断然有利になる．電磁波は宇宙にまで届くので，その距離は結合タイプとはまったく別次元である．飛翔体への電力伝送や，飛翔体からの電力伝送，宇宙太陽光発電に関しては，放射タイプの独壇場である．もちろん，近い距離で電力伝送することも可能であるので，現在，効率やコストの面で優位に立っている結合タイプの領域も，将来的にはカバーできるかもしれない．マイクロ波電力伝送においては，ビームを絞る観点や機器の小型化の要望から，現在数 GHz 帯で動作させるのが主流である．一方，レーザ電力伝送は THz 帯で動作させるのが主流である．しかしながら，現在は，総合効率は 50% 強が最高であり，今後の発展が期待される．

1.4.1 | マイクロ波電力伝送

　放射タイプの中でも電磁波タイプは一般的には 2.45 GHz か 5.8 GHz のマイクロ波を用いているので，マイクロ波電力伝送とよばれている[6]．一般の通信への悪影響を与えないため，比較的自由に使える特別な周波数帯である ISM (industrial-scientific-medical) バンドである 2.45 GHz や 5.8 GHz を利用することを前提に研究開発が進められている．たとえば，電子レンジは 2.45 GHz であり，ETC は 5.8 GHz が使用されているなど，我々にも身近な周波数帯である．

　ここで使われるエネルギー形態としての電磁波は，携帯電話の電磁波と同じであるが，電力伝送となると，どれだけビームを絞って，ピンポイントに相手方に送れるかがポイントになる．一方で，マイクロ波電力伝送には，拡散させてそれを集めるエナジーハーベストという技術もある．

　マイクロ波電力伝送は 2.45 GHz や 5.8 GHz という高い周波数で動作させ，高周波電源で作られた電力を送電アンテナから電磁波として飛ばし，遠方にある受電アンテナで電磁波を受け取る．この受電アンテナは，レクテナとよばれている（図 1.15(a)）．整流器と受電アンテナが一体化しているものである．周波数が高いため，アンテナや回路に対して波長の大きさを無視できない．そのため，同じ線路でも回路上の位置によって電圧が異なる．受電アンテナと整流器を個別に作って，適当に組み合わせる方法ではうまくいかない．そのため，受電アンテナと整流器を一体型にする必要性がある．

　さらには，位相制御によりフェーズドアレーアンテナとよばれるビームを左右に振る技術でビームの向きをコントロールできる（図 1.15(b)）．また，送ってほしい場所からのパイロット信号を一度受けることによって，正確にパイロット信号が来た方向にビームを集中させて電力伝送できる技術（レトロディレクティブシステム）などの多

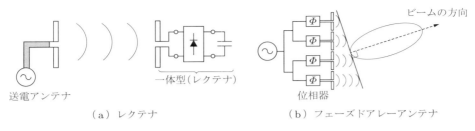

図 **1.15** マイクロ波電力伝送の関連技術

彩な技術によって成り立っている．マイクロ波電力伝送は，宇宙太陽発電衛星 (SPS: solar power satellite)，もしくは，宇宙太陽光発電システム (SSPS: space solar power system) への使用が期待されている．

1.4.2 レーザ電力伝送

レーザ電力伝送に関しては，放射する形態は一種の電磁波であるが，THz 帯なので光である[7]．身近なものとしては，レーザーポインタがある．マイクロ波より高い周波数である．レーザ発信器で電力を送り太陽光パネルで電力を受け止めるため，太陽光パネルの効率向上がそのまま総合効率の向上に繋がる．また，宇宙太陽光発電への応用を考えたときには雲などでの減衰が生じるが，周波数が高い分，一般にビームの拡散はマイクロ波に比べると小さいため，宇宙エレベータへの電力伝送も検討されている．

レーザ電力伝送は，ほかのワイヤレス電力伝送にはない唯一の特性である．可視光線の領域で使用すると，電力伝送している場所が視覚的に見えるという特徴がある．目に見えるという点においては，安全性が高いといえる．

Column	分野融合　アンテナ・共振器・パワエレ・物理学・パワーデバイス・高電圧

ワイヤレス電力伝送技術は，分野のるつぼである．学術融合の見本のような研究開発領域である．2007 年の磁界共鳴の発表直後，物理学の専門家が提唱した磁界共鳴は，当初，結合モード理論による理論解説がなされ，従来より 3 桁高い 10 MHz でのワイヤレス電力伝送ということもあり，現象自体が謎であった．現象を解明するために，GHz 帯を研究していたアンテナ工学や共振器の専門家が，この分野に多く参入した．

電磁誘導と磁界共鳴の現象が一見まったく違い，また，周波数が高かったため，従来から電磁誘導を研究していた研究者の参入は，意外と遅れることになった．等価回路理論など，一般的な電磁誘導理論に徐々に近づくにつれ，また，100 kHz 周辺での動作が可能で

あることがわかってくると，パワーエレクトロニクスや制御理論の専門家，電磁誘導を研究していた専門家が多く参入し始めることになった．また，100 kHz になると，パワーデバイスも従来のシリコンではなく，SiC（シリコンカーバイド，炭化ケイ素）の MOSFET も必要とされ，パワーデバイスの専門家も巻き込まれてくることになった．現在の技術での現実解として，一度 85 kHz まで下がった周波数であるが，今後は，再度，6.78 MHz や 13.56 MHz などの高い周波数に戻る可能性もあり，SiC だけでなく，GaN（ガリウムナイトライド，窒素ガリウム）が重要なパワーデバイスとなる可能性が高い．電源や整流回路の問題が解決すれば，コイルの軽量化，大エアギャップなどのポテンシャルは，周波数がある程度高いほうが有利だからである．また，高電圧の対策も必要となってくるので，高電圧の専門家も必要である．そして，高周波パワーエレクトロニクス分野という領域が育つ可能性も秘めている．FPGA などを使い，高速な制御も必要になる．このように，多くの分野を横断し，多くの研究者，技術者が手を取り合ってこの分野や産業が盛り上がっている．

1.5 基本的なシステム構成

　ワイヤレス電力伝送は結合部分に注目が集まりがちだが，システム全体を理解していることが重要である．そこで，ワイヤレス電力伝送の基本的なシステム構成を示す．詳細は第 7 章で詳しく紹介することとし，ここでは，基本的な概念を紹介する．ワイヤレス電力伝送のシステムの基本構成の概念図を図 1.16 に示す．

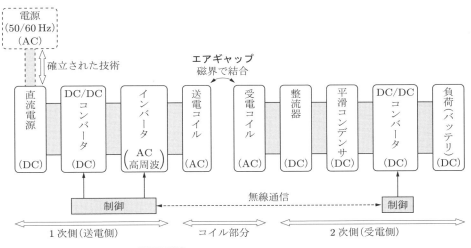

図 1.16　システムの基本構成の概念図

一般家庭の 50/60 Hz の 100 V の AC から考えると，

> AC（50/60 Hz）→ DC（直流電源）→ DC/DC コンバータ（電圧可変）→
> AC（インバータ，高周波生成，RF）→ 送受電コイル → DC（整流）→
> DC/DC コンバータ（インピーダンス変換）→ 負荷

となる．しかし，50/60 Hz からの AC → DC は一般には確立された技術であるため，そこは省かれて説明されることが多い[†]．また，送電側の DC/DC コンバータは，直流電源の機能に含まれることも多く，そして，固定電圧のときは省かれるので，以降は，直流電源の一部として説明する．

　以下，各部分を詳しく解説する．

1）DC 生成（直流電源）　　商用周波数の 50/60 Hz から直流である DC を AC/DC 変換器（コンバータ）で作る．つまり，直流電源のことである．バッテリの場合は元々 DC なので，この過程は不要である．DC/DC コンバータの機能が含まれ，電源電圧の調整を行うこともある．

2）DC/AC 変換（インバータ，高周波電源）　　コンバータで作られた，もしくはバッテリから得られた DC を DC/AC 変換する．つまり，インバータのことである．MHz 以上であると，高周波電源とよばれることが多い．このときの周波数がワイヤレス電力伝送で使われる周波数であり，よく使われる周波数としては，結合タイプでは，9.9 kHz，20 kHz，85 kHz，100〜200 kHz，そして，ISM バンドである 6.78 MHz，13.56 MHz が使われ，放射タイプでは，ISM バンドである 2.45 GHz，5.8 GHz などが使われる．

　結合タイプでは，高周波であるが一般的な交流を表す AC と記されることが多いので，高周波かどうかの判別は文脈で行う必要がある．また，放射タイプのマイクロ波電力伝送では，RF (radio frequency) と記されることが多い．

　等価回路で描く場合には，ここから書かれていることが多い．図 1.17(a) に示すよ

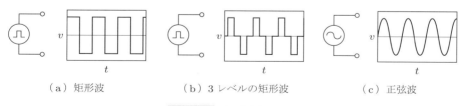

（a）矩形波　　　　　　（b）3 レベルの矩形波　　　　　　（c）正弦波

図 1.17　矩形波と正弦波

---

† DC (direct current) は直流，AC (alternating current) は交流である．RF (radio frequency) は高周波のことであり，GHz 帯以上のときに使われることが多い．

うに，インバータ駆動の場合は，矩形波である．ただし，図 (b) に示すように，電圧を可変にするために 3 レベルの矩形波が使われることもある．電圧 0 V の期間を作ることで，電圧を印加する時間を調整し，電圧を可変にすることができる．つまり，送電側のコンバータがなくても電圧を変えられるので，コンバータを使わなくて済む．また，基本波成分だけを考える場合や，正弦波（サイン波）を作り出せる電源の場合は，図 (c) のように，電源が正弦波で描かれることも多い．一般的には，インバータで矩形波駆動されることが多い．高周波用の高周波電源の場合は正弦波出力をすることもある．

3）送電コイルと受電コイル　空間（エアギャップ）において，ワイヤレスで電力伝送を実際に行っている部分である．必ず，交流である必要があり，一般に，高効率にするために高周波にする必要がある．共振コンデンサはここに接続される．

4）AC/DC 変換（整流器）　ワイヤレス電力伝送された AC (RF) を整流回路で直流 (DC) に戻す．つまり，整流器である．整流器を通った後は，電圧はすべてプラス側となり，直流ではあるが波打っている状態なので，平滑コンデンサで波打たない直流に直すことが必要である．平滑コンデンサの容量が大きいほど波打たなくなるが，その分体積が大きくなるので，小型化が求められる個所である．より損失を減らすために，同期整流を用いて，ここをアクティブに変える方法もある．

5）DC/DC 変換（DC/DC コンバータ）　最大効率にするためには，最適な負荷がある．最適な負荷と等価になるような電圧と電流の比になるように，つまり，インピーダンス調整のため，DC/DC コンバータが負荷の手前で使われることも多い．もしくは，所望する電力になるように調整することにも使われる．

6）負荷部分（抵抗，バッテリなど）　負荷は抵抗として描かれることが多いが，実際の製品では，バッテリやキャパシタ，モータなどになる．それぞれ動作が異なり，システムとしての難易度も大幅に違う．抵抗は一番動作が単純な安定した負荷である．バッテリは定電圧として扱える．キャパシタはエネルギーが溜まると電圧が上昇する．モータは動作に応じて必要な電力がリアルタイムに変動するので，瞬時的には定電力負荷となり，必要な電力を正確に送る必要があるため，一番難しい．

以上のような六つの変換部分に分けて考えると，システム設計のときに役に立つ．一番簡単な分け方としては，1)，2) をまとめて送電側の電源部分，3) の送受電コイル部分，4)〜6) の整流からインピーダンス調整を含む負荷部分，の三つに大きく分けることができる．つまり，送電側，コイル部分，受電側の 3 パートである．

効率に関しては，コイル間効率（AC-AC 間効率），DC-DC 間効率，AC-DC 間効率など，用途に分けて考えられている．システム効率や全体効率は，本来は 50/60 Hz

から考え，

$$\text{AC}\,(50/60\,\text{Hz}) \rightarrow \text{DC}\,(\text{直流電源}) \rightarrow \text{DC/DC 変換}\,(\text{DC/DC コンバータ})$$
$$\rightarrow \text{AC}\,(\text{高周波電源}) \rightarrow \text{AC}\,(\text{送電コイル}) \rightarrow \text{AC}\,(\text{受電コイル}) \rightarrow \text{DC}\,(\text{整流})$$
$$\rightarrow \text{DC/DC 変換}\,(\text{DC/DC コンバータ}) \rightarrow \text{DC}\,(\text{負荷})$$

までの AC-DC 間（50/60 Hz–負荷）効率であるが，DC-DC 間（直流電源–負荷間）をシステム効率や全体効率とひとまとめにすることもある．

　制御信号は無線通信で送る．電力と信号を別系統にすることをアウトオブバンド（アウトバンド）とよび，同じ系統にすることをインバンドとよんでいる．ただし，インバンドにすると，無線設備と同様に扱われ，免許取得が必要とみなされる可能性が高いので現実的ではなく，一般には，制御信号は別系統で無線で送るアウトオブバンド形式が一般的である[†]．

　図 1.16 では，送電側に関して，直接，直流電源の電圧を変えることを意図して DC/DC コンバータに制御信号が入力されているが，単純な矩形波でなく，3 レベルの波形を使えば，直接インバータを制御することで電圧を変えることも可能である．また，受電側に関して，インピーダンス変換を意図して，DC/DC コンバータを制御することを意図しているが，整流器の部分がアクティブな回路であれば，整流器部分を制御することも可能である．

Column　反射と効率

　本書では取り扱わないが，高周波になると反射という現象が生じる．波長の長さが無視できない分布定数回路の領域になってくると，この問題が生じ始める．この反射が損失になるか否かの問題提起がある．本書の範囲を超えるのでこの議論は行わないが，式変換と得られる効率波形については，次のようになっている．反射を損失としない本書の場合は，効率 η の式は，S パラメータを用いて式 (1.2) となる．S_{21} は透過を表し，S_{11} は反射を表す．η_{21} は透過の自乗であり，η_{11} は反射の自乗である．P_1 が送電電力，P_2 が受電電力である一方，反射すらも損失となるという厳しい評価で効率を定義すると，効率 η' は式 (1.3) となる．

$$\eta = \frac{\eta_{21}}{1 - \eta_{11}} = \frac{|S_{21}|^2}{1 - |S_{11}|^2} = \frac{P_2}{P_1} \tag{1.2}$$

$$\eta' = \eta_{21} = |S_{21}|^2 \tag{1.3}$$

　式 (1.2) は反射分を分母から引いており，反射は損失としていない．低周波では一般的な

[†] 制御信号を送らず，推定することで制御を行うこともできる．

式になる．論文によっては，反射を損失と扱う論文も少なからず存在するので，その場合は下記式の関係を考慮すれば理解することができる．これら二つの式を使った場合の効率を図 1.18 に示す．図 (a) のようにエアギャップ $g = 150\,\mathrm{mm}$ の場合，ギャップが小さく結合が強いので，反射を損失とする場合は効率 η' は二つに分裂する．一方，反射を損失としない本書の場合の評価では効率 η は一山になる．また，図 (b) のように，$g = 300\,\mathrm{mm}$ の場合，つまり，ギャップが大きく結合が弱い場合は，η_{21} の状態でも分裂はせず，一山となる．しかしながら，反射を損失として考えている分，効率が厳しく評価されているので，反射を考慮した η' は効率が低いと判断される．一方，η で考えると，η_{21} より効率がよいことになる．つまり，式 (1.2)，(1.3) からわかるように，必ず，$\eta \geqq \eta'$ の関係となっている．反射がない場合は，$\eta = \eta'$ である．反射がない $\eta_{11} = 0$ のときにおいては，最大効率は η の評価でも η' の評価でも一致する[8], [9]．

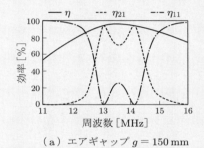

（a）エアギャップ $g = 150\,\mathrm{mm}$

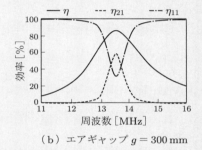

（b）エアギャップ $g = 300\,\mathrm{mm}$

図 1.18 反射の有無と効率（スパイラルコイル，$50\,\Omega$ 負荷）

2 電磁気学と電気回路の基礎知識

この章では，ワイヤレス電力伝送にかかわる電磁気学と電気回路の基礎知識について解説する．多くの基礎知識を前提としている本技術であるが，まったくの初学者が読んでも理解できるように，なるべく簡易な表現でワイヤレス電力伝送に関する基礎知識を解説する．

2.1 抵抗・コイル・コンデンサ

インピーダンス Z は $Z = R + jX$ で書かれる．R は電気抵抗であり，一般にそのまま抵抗（レジスタンス）とよばれる．jX はコイルもしくはコンデンサで作られる．虚部 X はリアクタンスとよぶ．X がプラスのときはインダクタンス (L) 成分となっているので誘導性リアクタンスとよび，マイナスのときはキャパシタンス (C) 成分となっているので容量性リアクタンスとよぶ．誘導性はコイルのことであり，容量性はコンデンサのことである．抵抗のみエネルギーを消費できる．コイルやコンデンサで作られるリアクタンスは，電圧と電流の位相を変えることができるが，エネルギーは消費できない．以下，抵抗，コイル，コンデンサの順に説明する．

2.1.1 抵抗

抵抗は，唯一電力を消費できる素子である．また，電圧と電流の位相が変わらない．これらは当たり前であるが，非常に重要な事柄である．逆に考えると，位相が変わらない場所があれば，抵抗として動作しているので，その場所のインピーダンスは抵抗成分だけということになる（図 2.1）．抵抗の電圧の式と電流の式を式 (2.1)，(2.2) に示す．複素数表示も併せて示す．v_R と V_R は電圧，i と I は電流である．R は抵抗であり，単位は $[\Omega]$（オーム）である†．

$$v_R = Ri, \qquad （複素数表示：V_R = RI） \tag{2.1}$$

$$i = \frac{v_R}{R}, \qquad \left(複素数表示：I = \frac{V_R}{R}\right) \tag{2.2}$$

---

† 交流は一般に，通常は小文字，複素数表示は大文字で記すが，本書では，特別な場合を除いて大文字で統一して記す．また，複素数表示の場合，記号の上に・（ドット）をつけることが多いが，特別な場合を除いてドットは省略する．

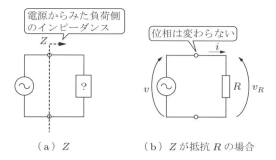

図 2.1 電源からみた負荷側のインピーダンス Z と抵抗

（a）Z 　　　　　　　（b）Z が抵抗 R の場合

回路も，各点から負荷側をみたときに，コイルのようにインダクタンス成分（インピーダンスの虚数のプラスの成分）になっているか，コンデンサのようにキャパシタンス成分（インピーダンスの虚数のマイナスの成分）になっているか，そして，抵抗成分（インピーダンスの実数成分）になっているかを意識する必要がある．

高周波になると，直流では生じない表皮効果や近接効果などの高周波特有の損失（2.3節参照）により，直流時の抵抗から，抵抗値が上がる．また，抵抗として売られているものも，kHz 帯などの高周波においては低周波では無視できていた L 成分をもち，誘導性となるものが多いので，注意が必要である．

負荷が抵抗だけのときには，時間遅れはなく動作する．つまり，時定数 $\tau = 0\,\mathrm{s}$ である．しかしながら，回路トポロジーによっては，抵抗は時定数に大きく影響するので注意が必要である．詳細は，2.4 節の非共振回路の過渡現象（パルス）で紹介する．

2.1.2 ┃ 回路の視点からみたコイル

本項では，回路の視点からみたコイルについて述べる．微積分を使用して電圧や電流を示すにあたって簡単にその特徴を説明する．微分は瞬時における変化の量そのものなので，変化のスピードが早い．一方，積分は現在の量の足し算を時間軸で行い続けるものなので，変化のスピードは遅い．以上を踏まえたうえで，コイルについて説明する．

コイルの電圧の式と電流の式を式 (2.3)，(2.4) に示す．複素数表示も併せて示す．v_L と V_L は電圧，i と I は電流である．L はインダクタンスであり，単位は [H]（ヘンリー）である．

$$v_L = L\frac{\mathrm{d}i}{\mathrm{d}t} \qquad (複素数表示：V_L = j\omega L I) \tag{2.3}$$

$$i = \frac{1}{L}\int v_L \mathrm{d}t \qquad \left(複素数表示：I = \frac{V_L}{j\omega L}\right) \tag{2.4}$$

　コイルは "電流の変化" を妨げるはたらきをする．あくまで "変化" であることが重要である．そのため，一気に電流を送ろうとしても，コイルがあれば，徐々に電流が増える．また，一気に電流を減らしたくても，コイルに溜まった磁気エネルギーが徐々に放出されるため，瞬間的に電流を止めることもできない．この特性は，突入電流が発生しそうなところに直列にコイルを挿入すれば，ゆっくりと電流が立ち上がるというメリットを生む．また，簡単に電流の値が変化しないので，大きなコイルであれば，定電流を作り出すことができる．定電流源（電流形インバータ・E 級アンプ）に使われているコイルは，まさにこの特性を利用している．ゆっくりとした動きは，電流の式 (2.4) が積分であることからもわかる．

　一方，電圧に関しては急峻に変化する． "電流の変化" がそのまま電圧になる．重要な点は，いま流れている電流の向きでは決まらない点である[†1]．あくまで， "電流の変化" の大きさと向きで電圧の大きさと向きが決定する．また，コイルに流れる電流とは違い，コイルの電圧は瞬間的に変化するので，注意が必要である．電流の変化の量が大きいと，その分，逆起電力により，大きな電圧が発生する．この特性を利用し，電圧を上げる昇圧動作に使われることもある．素早い動きは電圧の式 (2.3) が微分であることからもわかる．図 2.2 のように，時間軸の波形をみると，素早く動く電圧は電流に比べ位相が 1/4 周期 (90°) 進んでいる．

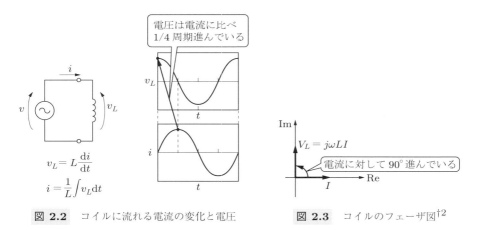

図 2.2　コイルに流れる電流の変化と電圧　　　図 2.3　コイルのフェーザ図[†2]

フェーザ図で描くと図 2.3 となる．コイルにおいては，電圧は動きが速いので，電流に対して 90° 位相が進んでいる．電流は動きが遅いので，電圧に対して 90° 位相が遅れている．

---

†1 ここを勘違いする人が多い．
†2 Re は real axis の略であり，実軸である．また，Im は imaginary axis の略であり，虚軸である．

　次に，エネルギーという視点でみる．次に述べるコンデンサに比べ，コイルはイメージしにくいが，磁界のエネルギーを，電流を流すことで保持することができることに着目するとよい（図 2.4）．もしくは，磁界のエネルギーがあれば電流が流れるものである．電流 I を増やすと磁束 ϕ が増えるように，電流と磁束は時間の遅れなく対応しているとみなせる．これは，コンデンサの電圧と電荷の関係に等しい．この磁束に関しては，電流を増やすと磁束の数が増えるように，一つひとつの磁束のループとイメージすると非常にわかりやすい．コイルは磁界のエネルギーを磁束という形で溜め，それが電流になる．磁束も一瞬では溜まらないので，電流は徐々に増えることになり，瞬時には変らない．減るときも同様である．

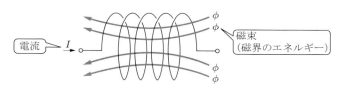

図 2.4　コイルと磁界のエネルギー

　コイルの基本特性としては，上記の理解で十分であるが，磁界の振る舞いや磁界と電界との関係などの電磁気学的な話については，次節以降の電磁誘導や自己インダクタンスの説明時に述べる．

2.1.3 | 回路の視点からみたコンデンサ

　本項では，回路の視点からみたコンデンサについて述べる．コンデンサの電圧の式と電流の式を式 (2.5)，(2.6) に示す．複素数表示も併せて示す．v_C と V_C は電圧，i と I は電流である．C はキャパシタンスであり，単位は [F]（ファラド）である．

$$v_C = \frac{1}{C}\int i\,\mathrm{d}t \quad \left(\text{複素数表示}: V_C = \frac{1}{j\omega C}I\right) \tag{2.5}$$

$$i = C\frac{\mathrm{d}v_C}{\mathrm{d}t} \quad (\text{複素数表示}: I = j\omega C V_C) \tag{2.6}$$

　コンデンサの電圧の変化はゆっくりである．電荷を溜めることによって徐々に電圧を増やすことができるので，大電流を流さない限りゆっくりとした動きとなる．電圧が上昇するときも減少するときも同じである．そのため，大きな容量のコンデンサであれば，定電圧源を作り出すことができる．定電圧源（電圧形インバータ・D 級アンプ）に使われている電圧安定用コンデンサは，まさにこの特性を利用している．また，整流後の電圧の変動（リプルとよぶ）を取り除くためにも平滑コンデンサが使われる．

このコンデンサの容量を減らして体積を小さくすることが設計では重要であるが，小さくするとリプルが大きくなるので，ギリギリの設計が必要である．ゆっくりとした動きは，電圧の式 (2.5) が積分であることからもわかる．

一方，電流に関しては急峻に変化する．"電圧の変化" がそのまま電流になる．重要な点は，いま印加されている電圧の向きでは決まらない点である．あくまで，"電圧の変化" の大きさと向きで電流の大きさと向きが決定する．また，コンデンサに印加される電圧とは違い，コンデンサの電流は瞬間的に変化するので注意が必要である．電圧の変化の量が大きいとその分一気に電荷が放出され，大きな電流が発生する．素早い動きは，電流の式 (2.6) が微分であることからもわかる．図 2.5 のように，時間軸の波形をみると，素早く動く電流は電圧に比べ位相が 1/4 周期 (90°) 進んでいる．

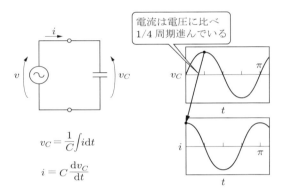

$$v_C = \frac{1}{C}\int i\,dt$$

$$i = C\frac{dv_C}{dt}$$

図 2.5　コンデンサに流れる電流の変化と電圧

フェーザ図で描くと図 2.6 となる．コンデンサにおいては，電流は動きが速いので，電圧に対して 90° 位相が進んでいる．電圧は動きが遅いので，電流に対して 90° 位相が遅れている．

一方，エネルギーという視点でみると，コンデンサは電界のエネルギーを，電圧を

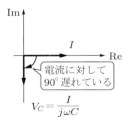

図 2.6　コンデンサのフェーザ図

印加することにより保持することができる．もしくは，電界のエネルギーがあれば電圧を保持することができる物である．そのうえで，コンデンサは電界のエネルギーを電荷という形で溜め，それがコンデンサの電圧になる．電荷 q は一つひとつが粒のようにイメージしやすい（図 2.7）．電荷は一瞬では溜まらないので，電圧は徐々に増えることになり，瞬時には変わらない．減るときも同様である．式 (2.5) からも，電流の積分が電圧なので，変動が小さいことがわかる．一方，電流は瞬時に変わる．式 (2.6) からも電流は電圧の微分なので，電圧の変動に敏感であることがわかる．

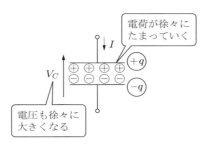

図 2.7 コンデンサと電界

2.2 電磁誘導の原理

　本節では，電磁誘導に関する事柄をまとめる．コイルを電磁気学からの視点で説明することから始まり，電流から磁界が生じるアンペールの法則を確認した後，ファラデーの電磁誘導について説明し，電磁誘導でエネルギーが伝わる仕組みについて述べる．その後，回路からの視点，自己インダクタンス，相互インダクタンス，ノイマンの式などについて述べる．

2.2.1 磁界・磁束密度・磁束

　簡単に磁界の強さ H，磁束密度 B，磁束 Φ に関して述べる[†]．

　電流を流すと磁界が生じる．巻数を増やせば大きな磁界になる．ここでは，磁界が発生した後の H，B，Φ について説明する．電力伝送を考える際は，これらはほぼ同じ扱われ方をしており，これら三つのパラメータに関しては，同種の現象なので，位相差などは発生しないことを意識するだけでほぼ十分であるが，フェライトなどを扱う際には正確な理解が必要である．

　磁界の強さを $H\,[\mathrm{A/m}]$（アンペア毎メートル），磁束密度を $B\,[\mathrm{T}]$（テスラ）で表す．

[†] 磁界と磁場はまったく同じ意味である．工学系分野では磁界，理学系分野では磁場とよばれている．

両者は区別なくともに磁界とよばれることが多い．透磁率 μ によって，H と B の関係は

$$B = \mu H \tag{2.7}$$

となる．透磁率 μ は空間にある物質で決まり，H と B の関係を表す比例定数である．つまり，磁束密度 B は物質の影響を受ける値という意味で H とは異なる．

　透磁率 μ は，真空の透磁率 $\mu_0 = 4\pi \times 10^{-7}$ と比透磁率 μ_r を用いて

$$\mu = \mu_0 \mu_r \tag{2.8}$$

で表される．空気，水，銅，アルミなどは $\mu_r \fallingdotseq 1.0$ であり，真空と同じとみなせるが，鉄は $\mu_r \fallingdotseq 5000$ である．フェライトは多くの種類があり，周波数依存も大きい．一般に，$\mu_r \fallingdotseq 10 \sim 2000$ 程度のものが多い．

　磁界の強さ H は電流 I を流して発生させる．同じ量の電流 I を流しても，発生する磁束密度 B が μ_r によって異なり，μ_r が大きいほど，磁束密度 B は大きくなる．

　図 2.8 に示すように，磁束 Φ [Wb]（ウェーバ）と磁束密度 B と面積 S との関係は式 (2.9) となる．密度に面積をかけることで磁束の本数がわかる．

$$\Phi = BS \tag{2.9}$$

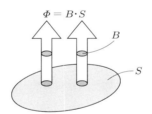

図 2.8　磁束 Φ と磁束密度 B

2.2.2 | アンペールの法則とビオ・サバールの法則

　本項での重要な点は，電流が流れると磁界が発生することである．この法則をアンペール（アンペア）の法則とよぶ．

　導線に電流が流れると，図 2.9(a) のように，右回転の磁界 H が発生する．これが，アンペールの法則である．電流と磁界の発生が右ねじにたとえられて，右ねじの法則ともよばれている．導線をループ状にすると，図 (b) のようにループを交差するように磁束（磁界）が回る．これを鎖交という．また，図 (c) のように，巻数が増えるほど鎖交する回数（磁束鎖交数）が増えるので，磁界が強くなる．たとえば，無限長ソ

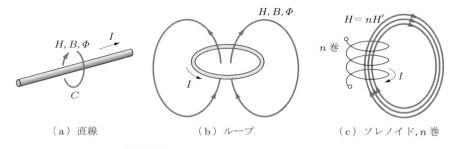

（a）直線　　　　　　（b）ループ　　　　（c）ソレノイド，n 巻

図 2.9 アンペールの法則（右ねじの法則）

レノイドのような理想的なソレノイドだと，1 巻で作られる磁界の強さを H' とすると n 巻のコイルの場合，磁界の強さ H は $H = nH'$ となる．つまり，巻数が多いほど発生する磁界は強くなる．

　図 (a) の磁界に沿って周回積分を使うと，H と電流 I の関係は次式となる．

$$\oint H\mathrm{d}l = I \tag{2.10}$$

n 巻のときには右辺は nI となる．閉区間の曲線 C に沿って磁界 H に対して積分を行うと，中心に流れている電流 I との関係が求められるという式である．これがアンペールの法則を式にしたものである．これは，次に述べるビオ・サバールの法則の積分表現である．ビオとサバールは，微少な領域での電流と電圧についての方程式を作り，アンペールは，それを積分した形の方程式を示した．

　たとえば，図 2.9(a) のような電流が流れている直線状導体の周りの磁界のループに対して周回積分をすると，磁力線の存在する長さは一周の長さなので，中心からの半径を r とすると，円周の長さは $2\pi r$ となる．その区間の磁界の強さは電流との距離が一定なので同じ値となり，

$$2\pi r H = I \tag{2.11}$$

のように求められる．これを

$$H = \frac{I}{2\pi r} \tag{2.12}$$

のように変形すると，どの程度電流が流れると磁界が直線状の導体の周りに発生するかがわかる．

　次に，ビオ・サバールの法則（図 2.10）を示すと，

$$\mathrm{d}\boldsymbol{B} = \frac{\mu_0}{4\pi}\frac{I\mathrm{d}\boldsymbol{s} \times \boldsymbol{r}}{r^3} = \frac{\mu_0}{4\pi}\frac{I\mathrm{d}\boldsymbol{s} \times \hat{\boldsymbol{r}}}{r^2} \qquad \left(\hat{\boldsymbol{r}} = \frac{\boldsymbol{r}}{r}\right) \tag{2.13}$$

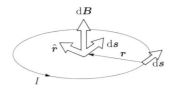

図 2.10　ビオ・サバールの法則

となる．この法則では，微小電流素片 $I\mathrm{d}s$ が作り出す微小磁界 $\mathrm{d}B$ を求めることができる．電流素片から微小磁界までの距離を r，ベクトルを r とする．ここでの × は外積である．$\mathrm{d}s$ と r が作りだす外積の向きは $\mathrm{d}B$ の方向である．

　たとえば，円電流の中心の磁束密度を求める場合，電流素片の集まり（円電流）に沿って線積分すると，次式のように求められる[†1]．

$$B = \frac{\mu_0}{4\pi}\frac{I}{r^2}\oint \mathrm{d}s = \frac{\mu_0}{4\pi}\frac{I}{r^2}2\pi r = \frac{\mu_0 I}{2r} \tag{2.14}$$

2.2.3 ┃ ファラデーの法則

　アンペールの法則は，電流が流れると磁界が発生するというものだった．ファラデーはその逆で，磁界の変化により電流が流れることを示した．正確には，磁界の変化により電圧が生じることを示したのだが，これがファラデーの法則である．その電圧を誘導起電力とよんでいる．"力"であるが，電圧のことである．磁束を打ち消す方向に誘導起電力が発生することをレンツが発見したので，方向に関する性質についてはレンツの法則とよばれている．

　ファラデーの電磁誘導の原理を図 2.11 に示す．図 (a) は，端子開放の開回路である．磁石を近づけたり遠ざけたりすることで磁束の変化が生じる[†2]．磁束の変化が生じると，それを打ち消す方向に磁束の変化が生じようとする（レンツの法則）．その変化を生む電圧は誘導起電力とよぶ．これが，受電側の電源として動作する．

　通常，回路がつながっていて閉回路を形成していれば，誘導起電力による電圧が発生し電流が流れるので，その電流を誘導電流とよぶ（図 2.11(b)）．このように，磁束の変化 $(\mathrm{d}\varPhi/\mathrm{d}t)$ によってエネルギーを送ることができる．

　磁束 $\varPhi$ や磁界 H がエネルギーの媒体であり，このように，時間的もしくは空間的に磁界の変化 $(\mathrm{d}H/\mathrm{d}t)$ が生じることによってエネルギーが送られる．変化があることが重要である．たとえば，磁石を動かさないと，磁束は存在するが，磁束の変化が生

---

†1　$\mathrm{d}s$ と r のなす角 θ を一般には考え $\mathrm{d}s \times r = \mathrm{d}s\, s\sin\theta$ とするが，円電流の場合，$\theta = 90°$ となり，$\sin\theta = 1$ なので，$\mathrm{d}s$ のみを考慮すればよい．

†2　磁束 $\varPhi$ と磁界 H の振る舞いは同じとして考えられる（2.2.1 項参照）．

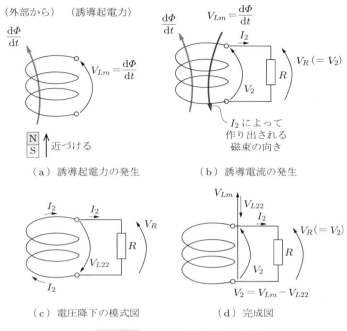

（a）誘導起電力の発生　　　　　（b）誘導電流の発生

（c）電圧降下の模式図　　　　　（d）完成図

図 2.11　ファラデーの電磁誘導

じないのでエネルギーは送れない．この磁界の変動を，電力伝送では送電側の電源の交流電源が発生させている．そのため，直流ではワイヤレス電力伝送ができないので，必ず交流を使用する．

　以上の説明で概念の理解としては十分であるが，興味のある人向けにもう少し解説を続ける．誘導起電力 V_{Lm} とコイル端電圧 V_2 は異なることについてである．まず，図 2.11(b) の回路では，負荷電圧 V_R はコイル端電圧 V_2 に等しい．そのうえで，コイル端電圧 V_2 はコイル自体の電圧降下 V_{L22} を考慮する必要があるので，次式となる．

$$V_2 = V_{Lm} - V_{L22} \tag{2.15}$$

　誘導起電力を無視して電圧降下だけ強引に描くと，図 2.11(c) となる．電流が流れるので，その分の電圧降下 V_{L22} が描かれている．正確には，図 (b),(c) を合わせた図の図 (d) のように描くのが正しい．

　回路図で描くと，よりわかりやすい．誘導起電力は電源として描くことができるので，図 2.11(d) は図 2.12(a) のように描ける．さらに，コイルの位置を移動すると図 2.12(b) となり，見慣れた図になる．

　ファラデーの電磁誘導の法則より，電圧 V と，磁束 Φ，磁束密度 B，磁界の強さ H

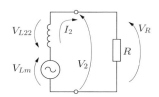
（a）ファラデーの電磁誘導の等価回路

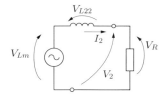
（b）コイル位置移動後

図 2.12　ファラデーの電磁誘導の閉回路の等価回路

の関係，そしてインダクタンス L との関係の基本式は，次式となる．

$$V = \frac{\mathrm{d}\Phi}{\mathrm{d}t} = S\frac{\mathrm{d}B}{\mathrm{d}t} = \mu S\frac{\mathrm{d}H}{\mathrm{d}t} = L\frac{\mathrm{d}I}{\mathrm{d}t} \tag{2.16}$$

コイルの単独特性，つまり，自己誘導の場合，次式となる．

$$V_1 = \frac{\mathrm{d}\Phi_1}{\mathrm{d}t} = S\frac{\mathrm{d}B_1}{\mathrm{d}t} = \mu S\frac{\mathrm{d}H_1}{\mathrm{d}t} = L_1\frac{\mathrm{d}I_1}{\mathrm{d}t} \tag{2.17}$$

注：式 (2.16)，(2.17) においては，下記関係式を使用している．
磁束 Φ は磁束密度 B と面積 S の積である．

$$\Phi = BS \tag{2.18}$$

磁束密度 B は，透磁率 μ と磁界の強さ H の積である．

$$B = \mu H \tag{2.19}$$

時間変動を考えると磁束密度の変化 $\mathrm{d}B/\mathrm{d}t$ は次式のように表せる．

$$\frac{\mathrm{d}B}{\mathrm{d}t} = \mu\frac{\mathrm{d}H}{\mathrm{d}t} \tag{2.20}$$

磁束の変動 $\mathrm{d}\Phi/\mathrm{d}t$ から考えると次式となる．

$$\frac{\mathrm{d}\Phi}{\mathrm{d}t} = S\frac{\mathrm{d}B}{\mathrm{d}t} = \mu S\frac{\mathrm{d}H}{\mathrm{d}t} \tag{2.21}$$

磁束と電流の関係はインダクタンスとの関係で式 (2.22) となる．インダクタンスは電流
を流した際に，どの程度，磁束を作ることができるかを示す係数である．

$$\Phi = LI \tag{2.22}$$

時間変化が生じたときには，式 (2.23) となる．L は形状で決まるので時間では変化し
ない．

$$\frac{\mathrm{d}\Phi}{\mathrm{d}t} = L\frac{\mathrm{d}I}{\mathrm{d}t} \tag{2.23}$$

実用上は，以上の知識をもっていれば十分ではあるが，電磁気学としては，一番基

本となるマクスウェルの方程式から原理的に考えることが重要である．そこで，さらに興味のある人向けとして，微分形式のファラデーの方程式であり，マクスウェルの方程式の四つの式のうちの一つに相当する次式から，再度説明する．

$$\mathrm{rot}E = -\frac{\partial B}{\partial t} \tag{2.24}$$

電界では変位電流がエネルギー伝送の正体としたが，先に述べたように，磁界においては磁束密度の変化 $\partial B/\partial t$ が電力伝送の正体であり，その次元は電圧 V に等しい．また，磁界においては，磁束密度 B の変化に対応する物理量 $\partial B/\partial t$ は"変位電圧"とはよばれず，"電界の渦"とよばれている．これは，図 2.13 のような，$\mathrm{rot}E = -\partial B/\partial t$ のイメージからよばれているようである．

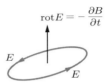

図 2.13 電界の渦（磁界の発生）と $\mathrm{rot}E$

この式 (2.24) において，電界と磁界の関係が定義されている．rot（ローテーション）は渦の強さを表し，ループに沿って生じる $\boldsymbol{E}$ が作り出すベクトルが $\mathrm{rot}\boldsymbol{E}$ である．この $\mathrm{rot}\boldsymbol{E}$ が $\partial B/\partial t$ に等しいことを示している．マイナスは磁束が生じる向きの逆に誘導起電力が生じるというレンツの法則を意味している．

ループに対して面積分を行う（式 (2.25)）．つまり，ある面において鎖交する磁束の垂直成分と面積との掛け算を行う．

$$\int_S \mathrm{rot}E \cdot dS = \int_S \left(-\frac{\partial B}{\partial t}\right)\mathrm{d}S \tag{2.25}$$

ストークスの周回積分の定理を使う．一周したときの線に沿った線積分は，その周の内側の面積分に相当するというこの有名な定理をそのまま適応させる（図 2.14）と，次式となる．

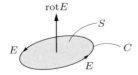

図 2.14 ストークスの周回積分

$$\oint_C E \cdot \mathrm{d}l = \int_S \mathrm{rot}E \cdot \mathrm{d}S \tag{2.26}$$

式 (2.25)，(2.26) より，次式が得られる．

$$\oint_C E \cdot \mathrm{d}l = -\int_S \frac{\partial B}{\partial t} \cdot \mathrm{d}S \tag{2.27}$$

一周の長さを l とし，電界が一定の E とすると，式 (2.27) は次式となる．

$$V = El = S\frac{\partial B}{\partial t} \tag{2.28}$$

電界を距離で積分したものが電圧 V なので，一定の E とすると，E と l の積が電圧となる．結局電圧は，式 (2.16) と一致する．また，電圧と磁束密度の変化量に面積をかけた単位系は一致する．

2.2.4 ｜ 電磁誘導でエネルギーが伝わる仕組み（電磁気学の視点）

以上，アンペールの法則とファラデーの電磁誘導の法則を理解したうえで，電磁誘導でエネルギーが伝わる仕組みを簡単に説明する[10]．

非常に簡易な図では図 2.15(a) のように書かれることが多い．図 (b) には，$\mathrm{d}\Phi_{21}/\mathrm{d}t$ によって作られる誘導起電力 V_{Lm2} $(=-\mathrm{d}\Phi_{21}/\mathrm{d}t)$ とコイル端に発生する電圧 V_2 とコイルでの降下電圧 V_{L22} を記載してある．ともに間違いではないが，1 次側への鎖交や誘導起電力の概念が抜けている．そこで，1 次側への影響を考慮した図を図 2.16 に示す．このように，1 次側にも影響があることを念頭に置いてもらった上で，順を追って説明する．

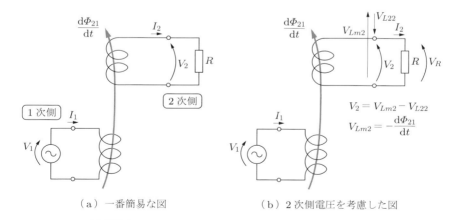

（a）一番簡易な図　　　　（b）2 次側電圧を考慮した図

図 **2.15**　電磁誘導による電力伝送（2 次側の影響のみ考慮）

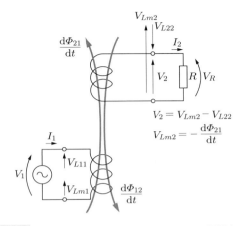

図 2.16 電磁誘導による電力伝送（1 次側の影響も考慮）

　まず，ワイヤレス電力伝送のはじまりとしては，電源につながった送電側のコイルに，電圧 V_1 が印加されるところから始まる．電圧が印加されると電流 I_1 が流れる．先に述べたとおり，導線に電流が流れるとアンペールの法則（右ねじの法則）により，図 2.9(a) のように，右回転の磁界が発生する．導線をループ状にすると，図 2.9(b) のように，ループを交差するように磁界が回る．ここまでが，図 2.15 で示したような送電側コイルの話であり，電流を流すと磁界が発生するという話である．図 2.16 で示した 1 次側への影響については後述する．

　次に，発生した磁界が受電側に移動する過程について考える．図 2.11 では，磁石で磁束の変化を作っていたが，ここでは，送電側コイルで発生させた磁束の変化 $d\Phi_{21}/dt$ を利用する．まず，送電側コイルで発生した磁界 Φ_{21} が受電コイルに鎖交する．受電コイルのループ内の磁束が変化すると，磁束が変化を妨げる方向に電圧 V_{Lm2} が生じ，同時に電流 I_2 が流れる．このときの電圧を誘導起電力，電流を誘導電流とよぶ．誘導起電 "力" と書かれているが，電圧のことである．また，2 次側に電流が流れることで，磁束が発生する．一部は 1 次側にも鎖交するが，これが図 2.16 で示した Φ_{12} である．これら一連の動作がファラデーの電磁誘導による電力伝送である[†]．

　より詳細な説明をするために，主磁束と漏れ磁束の関係を図 2.17 に示す．ここでは，数式との関係から，2 次側の電流と磁束の向きは，図 2.16 と逆になるように記載する．送受電コイルともに鎖交しており，電力伝送に寄与している磁束が主磁束であ

[†] 電磁誘導の発見はヘンリー（インダクタンス L の単位 [H] の由来になっている人物である）が先であるが，ファラデーの電磁誘導と紹介されることが多い．これは，電磁誘導の現象すべてを示した功績のためと思われる．

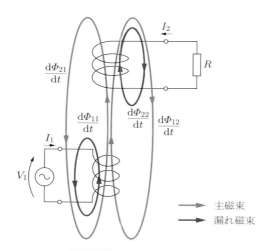

図 2.17 主磁束と漏れ磁束

り（Φ_{21}，Φ_{12}），自身のコイルのみ鎖交しており，電力伝送に寄与しない鎖交が漏れ磁束である（Φ_{11}，Φ_{22}）．漏れ磁束そのものは損失は生じない．

また，Φ_{11} は 1 次側電流が作り 1 次側のみに鎖交する磁束であり，Φ_{21} は 1 次側電流が作り 2 次側に鎖交する磁束である．つまり，1 次側が 2 次側に影響し，電力伝送に寄与しているのが Φ_{21} である．2 次側に生じる誘導起電力 V_{Lm2} の重要な要素である．相互結合がないときには，自己インダクタンスに寄与する磁束は $\Phi_1 = \Phi_{11}$ のみであったが，相互結合が生じると，Φ_1 の一部が Φ_{11} と Φ_{21} に変化し，$\Phi_1 = \Phi_{11} + \Phi_{21}$ となる．ただし，結合の前後での Φ_1 値は一般に変化する．

一方，2 次側からみると Φ_{22} は 2 側電流が作り 2 次側のみに鎖交する磁束であり，また，Φ_{12} は 2 次側電流が作り 1 次側に鎖交する磁束である．つまり，2 次側が 1 次側に影響し，電力伝送に関与しているのが Φ_{12} である．1 次側に生じる誘導起電力 V_{Lm1} は，電圧降下 V_{Lm1} として現れ，1 次側から 2 次側をみた等価負荷 Z_2' に対する負荷電圧を意味する．V_{Lm1} を 1 次側の電流 I_1 で割れば，1 次側からみた 2 次側の負荷抵抗 (reflected impedance) Z_2' となる．相互結合がないときには，2 次側に磁束は生じないが，数式上は自己インダクタンスに寄与する磁束は $\Phi_2 = \Phi_{22}$ のみである．これが，相互結合が生じると，Φ_2 の一部が Φ_{22} と Φ_{12} に変化し，$\Phi_2 = \Phi_{22} + \Phi_{12}$ となる．また，2 次側に負荷がない場合は，$R = \infty\,[\Omega]$ となり，電流 I_2 は流れないので，$\Phi_{12} = 0$，$I_{22} = 0$ となり，電力伝送は行われない．負荷が接続されてはじめて，電流 I_2 が流れ，磁束 Φ_{12}，Φ_{22} が発生する．

図 2.18 に電磁誘導の等価回路を示す．図 2.17 に示した電磁気学的な説明から，図

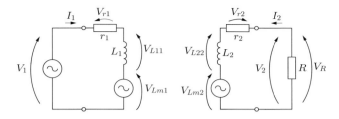

図 2.18　電磁誘導の等価回路

2.18 に示した電気回路的な説明への変遷を以下に示す.

　定義よりインダクタンスは，以下の式のように電流と磁束の変化量を表している.

$$\Phi = LI \tag{2.29}$$

$$L = \frac{\mathrm{d}\Phi}{\mathrm{d}I} \tag{2.30}$$

図 2.17 より，1 次側電圧と 2 次側電圧の式は，それぞれ以下の式となる.

$$V_1 = -\frac{\mathrm{d}\Phi_{11}}{\mathrm{d}t} - \frac{\mathrm{d}\Phi_{21}}{\mathrm{d}t} - \frac{\mathrm{d}\Phi_{12}}{\mathrm{d}t} + V_{r1} \tag{2.31}$$

$$V_2 = -\frac{\mathrm{d}\Phi_{22}}{\mathrm{d}t} - \frac{\mathrm{d}\Phi_{12}}{\mathrm{d}t} - \frac{\mathrm{d}\Phi_{21}}{\mathrm{d}t} + V_{r2} \tag{2.32}$$

$V_{L11}, V_{Lm1}, V_{L22}, V_{Lm2}$ を使用すると，それぞれ以下の式となる.

$$V_1 = V_{L11} + V_{Lm1} + V_{r1} \tag{2.33}$$

$$V_2 = V_{L22} + V_{Lm2} + V_{r2} \tag{2.34}$$

　このとき，$V_{L11}, V_{Lm1}, V_{L22}, V_{Lm2}$ と磁束とインダクタンスと電流の関係および主磁束 Φ_m と Φ_{21} と Φ_{12} の関係は，以下のようになる.

$$V_{L11} = -\left(\frac{\mathrm{d}\Phi_{11}}{\mathrm{d}t} + \frac{\mathrm{d}\Phi_{21}}{\mathrm{d}t}\right) = L_1 \frac{\mathrm{d}I_1}{\mathrm{d}t} \tag{2.35}$$

$$V_{Lm1} = -\frac{\mathrm{d}\Phi_{12}}{\mathrm{d}t} = -\frac{\mathrm{d}\Phi_{12}}{\mathrm{d}I_2}\frac{\mathrm{d}I_2}{\mathrm{d}t} = L_{12}\frac{\mathrm{d}I_2}{\mathrm{d}t} = L_m\frac{\mathrm{d}I_2}{\mathrm{d}t} \tag{2.36}$$

$$V_{L22} = -\left(\frac{\mathrm{d}\Phi_{22}}{\mathrm{d}t} + \frac{\mathrm{d}\Phi_{12}}{\mathrm{d}t}\right) = L_2 \frac{\mathrm{d}I_2}{\mathrm{d}t} \tag{2.37}$$

$$V_{Lm2} = -\frac{\mathrm{d}\Phi_{21}}{\mathrm{d}t} = -\frac{\mathrm{d}\Phi_{21}}{\mathrm{d}I_1}\frac{\mathrm{d}I_1}{\mathrm{d}t} = L_{21}\frac{\mathrm{d}I_1}{\mathrm{d}t} = L_m\frac{\mathrm{d}I_1}{\mathrm{d}t} \tag{2.38}$$

$$\Phi_m = \Phi_{21} + \Phi_{12} \tag{2.39}$$

　また，相互インダクタンスは 1 次側と 2 次側どちらからみても同じなので，$L_{12} =$

$L_{21} = L_m$ である.

結合に関与する鎖交磁束の総和, つまり主磁束は Φ_m となる. ただし, $\Phi_m = 0$ で
あった場合でも, $\Phi_{21} = -\Phi_{12}$ のときは, Φ_{21} と $-\Phi_{12}$ の鎖交磁束は存在している. こ
のとき Φ_{21} と I_1 の位相は同じであり, $-\Phi_{12}$ と $-I_2$ の位相は同じである. つまり, こ
のとき I_1 と I_2 は逆位相になる. このように, 主磁束が 0 であることと, 鎖交磁束が
存在しないことは等価にはならないので, 注意が必要である.

以上が電磁気学からみた電磁誘導であり, 電磁誘導から回路へのつながりまでを説
明した. 磁束 Φ の変化が電圧 V であり, また, 電圧 V はインダクタンス L と電流 I
で記述することができる. 回路理論では, 磁束 Φ は使わずに, インダクタンス L と電
流 I を使って電圧 V を記述する.

2.2.5 ┃ 回路からの視点で記述する電磁誘導

ここでは, 電磁誘導を回路の視点で記述する方法について説明する. 実用上は, 電
磁気学の視点を省き, 回路の視点から考えることが多い. 回路では, 磁束 Φ は使わず
に, インダクタンス L で考えることになる.

図 2.18 で用いた等価回路で説明する. 閉じた回路 (閉回路) は一周すると電圧が 0 V
になる, もしくはその両端にかかる電圧と同じになるというキルヒホッフの電圧則か
ら, 共振がないときの電磁誘導の式は, 以下に示すように, 1 次側は式 (2.40) で, 2 次
側は式 (2.41) となる. 微分表現においては, 1 次側は式 (2.42) で, 2 次側は式 (2.43)
となる. また, 一定の周波数の正弦波 (単一周波数) で動作しているときには, 複素
数表現が便利であり, それを使うと, 1 次側は式 (2.44) で, 2 次側は式 (2.45) となる.

$$V_1 = V_{L11} + V_{Lm2} + V_{r1} \tag{2.40}$$

$$0 = V_{L22} + V_{Lm1} + V_{r2} + V_2 \tag{2.41}$$

$$v_1 = L_1 \frac{\mathrm{d}i_1}{\mathrm{d}t} + L_m \frac{\mathrm{d}i_2}{\mathrm{d}t} + r_1 i_1 \tag{2.42}$$

$$0 = L_2 \frac{\mathrm{d}i_2}{\mathrm{d}t} + L_m \frac{\mathrm{d}i_1}{\mathrm{d}t} + r_2 i_2 + R_L i_2 \tag{2.43}$$

$$V_1 = j\omega L_1 I_1 + j\omega L_m I_2 + r_1 I_1 \tag{2.44}$$

$$0 = j\omega L_2 I_2 + j\omega L_m I_1 + r_2 I_2 + R_L I_2 \tag{2.45}$$

ここで, R_L は抵抗負荷である.

式 (2.42), (2.43) は微積分の表現方法なので, どのような波形に対しても使用でき
る. 一方, 式 (2.44), (2.45) の複素数表現では, 一定の周波数においてのみ使用でき

る[†].

　どちらの表現も重要であるが，一定周波数で動作しているときは，微分と積分を掛け算と割り算で表現できる複素数表現で扱われることが多い．一方で，パワーエレクトロニクスのような，波形を時間軸でとらえることが多い場合，実際の回路設計を行う場合は，微積分の表現が使われる．共振させる場合，これらの式に共振コンデンサ C が加わる．

　当然のことであるが，ワイヤレス電力伝送はエネルギーが伝わることが本質である．つまり，エネルギーの伝送として考えた場合，受電コイル側としては，2次側に発生した誘導起電力 V_{Lm2} と2次側に流れる I_2 で作り出す有効電力が2次側に伝わった電力 P_r となる．一方，送電コイル側としては1次側に発生した誘導起電力 V_{Lm1}，これは，電圧降下分になるが，これと1次側の電流 I_1 が作り出す有効電力（消費電力）が1次側から2次側に送り出した電力 P_t となる．P_r と P_t は以下のように式で表され，式 (2.48) のように，この二つの電力は等しい．ただし，θ_2 は V_{Lm2} と I_2 が作り出す位相であり，θ_1 は V_{Lm1} と I_1 が作り出す位相である．また，磁界共鳴の場合，$\theta_2 = \theta_1 = 0$ となり，$\cos\theta = 1$ となるため，この式における2次側と1次側の力率は1となる．

$$P_r = V_{Lm2} I_2 \cos\theta_2 \tag{2.46}$$

$$P_t = V_{Lm1} I_1 \cos\theta_1 \tag{2.47}$$

$$P_t = P_r \tag{2.48}$$

2.2.6 ┃ 自己インダクタンス

　自己インダクタンス L をここでは確認する．コイルに電圧をかけて電流を流すと，アンペールの法則（右ねじの法則）でループを鎖交するように磁束が生じるが，その過程で自己誘導とよばれる現象が生じている．電流が流れると，起電力とよばれる電圧 V_L が発生する．流れた電流と発生した起電力が同じコイルである場合，自己誘導という．

　導線の両端に電圧を印加した場合，コイル状でない場合は，ただの導線なのでコイルの両端の電位差は 0 V であり短絡を起こすが，ループ状に巻いてコイル状にすると，自己誘導による起電力 V_L によって，電圧がコイル端に誘起されているため，短絡とはならない（図 2.19）．たとえば，$t = 0$ のときに V_{in} の電圧が印加されるが，その瞬間に大電流が流れることはない．

[†] 一定の周波数と述べたが，すべての波形は，複数の周波数の集合体として表現できるので，複素数表現法でも表現することは，実用上使う使わないは別として，数式上は可能である．たとえば，矩形波の場合は，基本波，3次高調波，5次高調波，…の加算で表現することができる．

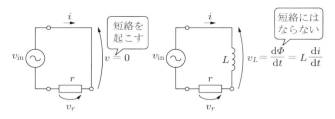

図 2.19　導線とコイル

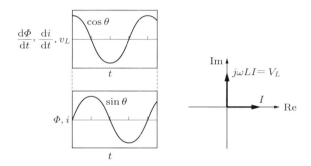

図 2.20　自己インダクタンスに関する波形

　また，電圧がかかっている時間の積分が電流になる．そのとき，L が大きいと変化が小さく，小さな電流になる．別の見方をすると，自己インダクタンス L は自身のコイルに流れた"電流の変化"に対して，どの程度電圧が誘起されるかを表す係数である．また，電圧を印加した際に，どの程度電流の大きさを抑えられるかを示している係数という見方もできる．

　さらに，位相も重要である．図 2.20 に示すように，電圧の位相は電流に対して 90° 進んでいる．電圧の式と電流の式を以下に示す．

$$v_L = -\frac{\mathrm{d}\Phi}{\mathrm{d}t} = L\frac{\mathrm{d}i}{\mathrm{d}t} \quad \Leftrightarrow \quad V_L = j\omega L I \tag{2.49}$$

$$i = \frac{1}{L}\int v_L \mathrm{d}t \quad \Leftrightarrow \quad I = \frac{1}{j\omega L}V_L \tag{2.50}$$

式 (2.49) にある j が，位相進みを意味している．電流が電圧に対して 90° 遅れるという見方もでき，式 (2.50) の $1/j = -j$ がそれを意味している．正弦波で動作している場合は，以下の式 (2.51)，(2.52) の関係になる．

$$v_L = \sqrt{2}V_L \cos\omega t \tag{2.51}$$

$$i = \sqrt{2}I \sin\omega t \tag{2.52}$$

2.2.7 | 相互インダクタンスと結合係数

次に，送電コイルと受電コイルがある場合に生じる相互インダクタンス L_m について確認する．等価回路を図 2.21 に示す．一般的な等価回路を図 (a) に，T 型等価回路を図 (b) に示す．1 次側のコイルに電流を流すと，アンペールの法則により磁束が生じる．その磁束が 2 次側のコイルに鎖交する．すると，磁束の変化を打ち消す方向に磁束が生じ，誘導起電力とよばれる電圧 V_{Lm2} が発生し，2 次側の電力源となる．この電圧 V_{Lm2} は，次式のように 1 次側の電流 I_1 が流れることによって生じる．

$$V_{Lm2} = j\omega L_m I_1 \tag{2.53}$$

一方，相互インダクタンスは 1 次側にも影響を及ぼしている．2 次側に流れる電流 I_2 によって，次式のような V_{Lm1} が生じる．

$$V_{Lm1} = j\omega L_m I_2 \tag{2.54}$$

これも誘導起電力である．つまり，2 次側のようすを誘導起電力 V_{Lm1} という形でみることができる．これは，電圧降下分としてとらえられる．式 (2.55) のように，1 次側の電流 I_1 で割ると 2 次側のインピーダンスを 1 次側で確認できるインピーダンス Z_2' (reflected impedance) という形で認識できる．

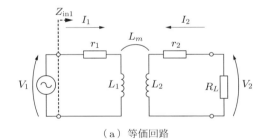

（a）等価回路

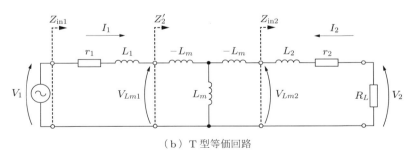

（b）T 型等価回路

図 2.21 相互インダクタンス（非共振回路 N-N）

$$Z_2' = \frac{V_{Lm1}}{I_1} = \frac{j\omega L_m I_2}{I_1} = \frac{(\omega L_m)^2}{Z_{in2}} \tag{2.55}$$

ここで，Z_{in2} は 2 次側のインピーダンスである．たとえば，2 次側で直列に挿入された共振コンデンサと共振させている磁界共鳴のときは，次式となる．

$$Z_2' = \frac{V_{Lm1}}{I_1} = \frac{j\omega L_m I_2}{I_1} = \frac{(\omega L_m)^2}{Z_{in2}} = \frac{(\omega L_m)^2}{r_2 + R_L} \tag{2.56}$$

別の見方をすると，相互インダクタンス L_m は，相手のコイルに流れた"電流の変化"に対して，どの程度相対するコイルの電圧が誘起されるかを表す係数であるともいえる[†]．

ここで，結合係数 k と相互インダクタンス L_m の基本的な特徴について確認する．

結合係数は下記の式 (2.57) に示すように，1 次側のインダクタンス L_1 と 2 次側のインダクタンス L_2 と相互インダクタンス L_m によって定められる結合の割合である．1 次側のインダクタンス L_1 と 2 次側のインダクタンス L_2 がともに同じ L であれば，式 (2.58) のようになる．

$$k = \frac{L_m}{\sqrt{L_1 L_2}} \tag{2.57}$$

$$k = \frac{L_m}{L} \tag{2.58}$$

結合係数 k のとる範囲は $0 \leqq k \leqq 1$ である．$k = 0$ のときは，結合がないときである．$k = 1$ のときは一番強い結合のときであり，1 次側で生じた磁束がすべて 2 次側に鎖交している状態である．見た目で密着していても，変圧器のように特別なことをしない限り，$k = 1$ とはならない．ワイヤレス電力伝送といわれる状態のときには，必ず鎖交しない磁束が生じるので $k \neq 1$ である．

コイル間の距離が大きくなると，結合係数 k と相互インダクタンス L_m が小さくなる．ギャップが広がるにつれ 1 次側コイルと 2 次側コイルに共通して鎖交する磁束が減るためである．

2.2.8 ┃ ノイマンの式（インダクタンスの導出）

インダクタンス L は磁束 Φ と電流 I の関係式でもある．$\Phi = LI$ からわかるとおり，電流を流したときに生じる発生する磁束の量の関係を表す係数である．そこで，自己インダクタンスや相互インダクタンスを求める式について述べる．その式は，ノイマンの式とよばれている．相互インダクタンスのノイマンの式は，次式となる．

[†] 書籍によっては，L_m は M と記載されることもあるが，本書では電界共鳴での相互キャパシタンス C_m との関係より，L_m を採用する．

$$L_m = \frac{\mu_0}{4\pi} \oint_{C1} \oint_{C2} \frac{\mathrm{d}l_1 \mathrm{d}l_2}{D} \tag{2.59}$$

ここで，D は $\mathrm{d}l_1$ と $\mathrm{d}l_2$ の距離である．$\oint \mathrm{d}l$ は線積分を表す．

　シンプルな式であるが，これですべてである．電流が流れるコイルの位置のみで値が決まることが重要であり，電圧や電流の大きさなどには依存しない．コイルの線に沿って積分する（線積分）だけである．式 (2.59) の線積分の意味合いとしては，微小な長さの $\mathrm{d}l_1$ に対して，$C2$ 一周に対し積分する．そして，少しずれた位置にある $\mathrm{d}l_1'$ に対して，$C2$ 一周に対し積分する．これを繰り返すことで，$C1$ 一周すべてに対して $C2$ 一周に対し積分する動作となる†．

　複雑な式になるのは，線積分した後の式であり，数式として簡単に表せる形状は限られている．ワンループ同士のときは，式 (2.60) のようにシンプルに書けるが，実際には複数回巻くことが多く，線間にはピッチなどが生じるため，それだけでも複雑な式となってしまうため，式 (2.59) を使って，数値計算されることが多い．

$$L_m = \frac{\mu_0}{4\pi} \int_0^{2\pi} \int_0^{2\pi} \frac{r^2 \cos(\theta_1 - \theta_2)}{\sqrt{2r^2 + g^2 - 2r^2 \cos(\theta_1 - \theta_2)}} \mathrm{d}\theta_1 \mathrm{d}\theta_2 \tag{2.60}$$

　自己インダクタンスのノイマンの式は，次式である（図 2.22 参照）．

$$L_1 = \frac{\mu_0}{4\pi} \oint_{C1} \oint_{C1} \frac{\mathrm{d}l_1 \mathrm{d}l_1}{D} \tag{2.61}$$

自己インダクタンスの計算では，相互インダクタンスで経路 $C2$ に相当するところが，自身の経路になるため，式 (2.60) の $C2$ の部分が $C1$ となる．ただし，このまま計算すると式 (2.61) は $D = 0$ となる部分が生じ発散するので，工夫が必要である[11]．

　$L_1 = L_2 = L$ とし，半径 150 mm のコイルのときの，エアギャップと相互インダクタンスと結合係数の関係を図 2.23 に示す．ワンループのときは式 (2.60) を用いて計

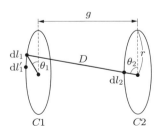

図 2.22　ワンループのときのノイマンの式でのパラメータ

---

† ここでの $C1$，$C2$ は，1 周しているコイルの経路（曲線）を意味するので，コンデンサのことではない．一般に，C の文字が使われるので，ここでも C を使用する．

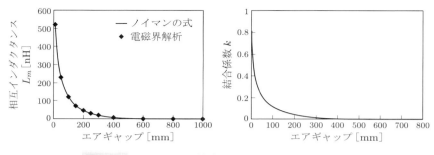

図 2.23　エアギャップと相互インダクタンスと結合係数

算ができ，電磁界解析の結果とも非常によく一致する．

2.3 ┃ 高周波の損失（抵抗）

2.3.1 ┃ 銅損・表皮効果・近接効果

　本節では，高周波の損失について考える．ワイヤレス電力伝送において，考えるべき損失は銅損，鉄損（渦電流損，ヒステリシス損），放射損である．本項では，銅損を考える．

　銅損は内部抵抗で生じる．直流においては，直流抵抗だけを考えればよかったが，ワイヤレス電力伝送においては，電力伝送で使用するコイルに流れる電流はすべて交流であるので，交流抵抗を考える必要がある．交流によって抵抗が増加する要因は，表皮効果と近接効果である．表皮効果は，高周波電流を導線に流すと自身の導線に生じる抵抗成分である．近接効果は，高周波電流が流れている線と線を近づけると生じる効果であり，表皮効果同様に損失が生じる．

　まずは，表皮効果について述べる．図 2.24 のように，導線を流れている電流が増加すると磁束が増える．すると，磁束を打ち消す向きに渦電流が生じる．渦電流の向きについて，中心側はもとの電流と逆向きで電流が弱め合い，外側は元の電流と同じ向きで電流が強め合う方向になる．この効果によって，導体の表面のみで電流が流れることになる．結果として，中心部分では電流が流れない．つまり，流れる面積が減るので，抵抗値が上がる．直流においても，抵抗 $R = \rho l/S$ の式からわかるように，面積が狭くなると，電流が流れる場所が減るので抵抗値 $R\,[\Omega]$ が上がることと同じ理由である．ここで，l は導線の長さ，S は面積，ρ は電気抵抗率 $[\Omega\mathrm{m}]$ である．

　このときの，電流が流れる表面からの深さの目安として，表皮深さ δ という定義がある．表面に流れる電流の $e^{-1} = 1/e\ (\fallingdotseq 1/2.7) \fallingdotseq 0.37$ に減衰する距離を表皮深さ

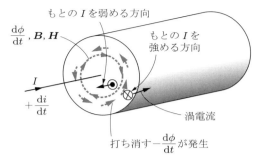

（a）表皮効果の原理

（b）表皮効果の概形図と表皮深さ　　（c）実際の電流の流れ方

図 2.24 表皮効果

と定義している†．式 (2.62) に示すとおり，周波数だけでなく，導電率と透磁率に依存している．一点注意が必要であり，表皮深さはあくまで e^{-1} の強度になるところであるので，図 (c) のように，表皮深さより内側にも電流が流れている．

$$\delta = \sqrt{\frac{2}{\omega\sigma\mu}} \qquad (\delta:\text{表皮深さ, } \sigma:\text{導電率, } \mu:\text{透磁率}) \tag{2.62}$$

線の形状が丸型である場合，表皮効果を考慮した抵抗は次式で表せる．

$$R_{\text{ohm}} = \frac{pl}{\pi\delta(D-\delta)} \qquad (R_{\text{ohm}}:\text{抵抗, } \rho:\text{抵抗率, } l:\text{全長, } D:\text{太さ}) \tag{2.63}$$

たとえば，MHz 帯のコイルの一例としては，半径 $r = 150\,\text{mm}$，巻数 $n = 5$ 巻，ピッチ $p = 5\,\text{mm}$ のオープンタイプ，つまり，自己共振型のヘリカルコイルを考える．この場合，共振周波数 $f_0 = 17.5\,\text{MHz}$，全長 $l = 4.7\,\text{m}$ となるが，このとき，銅の導電率 $\rho = 5.8 \times 10^7\,\text{S/m}$，比透磁率 $\mu_r = 1$，素子の太さ $D = 2\,\text{mm}$ とすると，これらの値を式 (2.62)，(2.63) に代入すると，$\delta = 15.7\,\mu\text{m}$，$R_{\text{ohm}} = 0.82\,\Omega$ と求められる．ほかにも，kHz 帯で使われる一例としては，$r = 200\,\text{mm}$，巻数 $n = 20$ 巻，ピッチ $p = 5\,\text{mm}$，全長 $18.8\,\text{m}$ のショートタイプを想定すると，外付けの共振コンデンサで $100\,\text{kHz}$ で共振させた場合，$\delta = 207.2\,\mu\text{m}$，$R_{\text{ohm}} = 0.27\,\Omega$ と求められる．周波数と表皮深さと抵抗の関係を図 2.25 に示す．図 (a) と図 (b) では，コイルの全長を変えて

† e はネイピア数であり，$e = 2.71828\cdots$ と続く．また，$e^{-1} = 0.36788\cdots$ と続く数である．

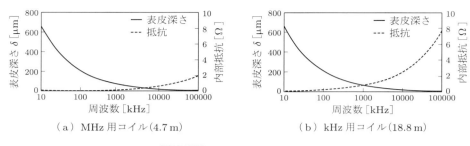

（a）MHz 用コイル(4.7 m)　　　　　（b）kHz 用コイル(18.8 m)

図 2.25　表皮深さと抵抗の関係

いる．表皮深さは周波数に依存するので，表皮深さの曲線は同じになるが，全長が変わった分だけ抵抗値が変わる．

　このように，表皮効果によって銅線の表面にしか電流が流れなくなるので，一般的にはリッツ線を使って，表皮深さより十分細い径の素線をより合わせることで表面積を増やし，抵抗値を下げる対策がとられる．リッツ線は，絶縁された細い線の束であり，0.1 mm 程度の線（素線）が数百本位集まって形成されている．図 2.26 に単線とリッツ線の概形図を示す．太い単線では表面にしか流れない電流が，細いリッツ線では中央まで流れることができ，抵抗値が下がる．

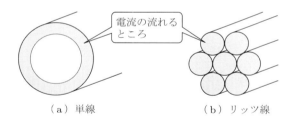

（a）単線　　　　　　　　（b）リッツ線

図 2.26

　次に，近接効果について述べる．図 2.27(a) に同じ方向に電流が流れるときの近接効果と，図 (b) に逆の方向に電流が流れるときの近接効果の概形図を示す．表皮効果同様に，磁束を打ち消す方向に渦電流が流れる．これにより，電流の傾りが生じる．表皮効果は，電流が作り出す磁束が自分自身に影響する効果であったが，近接効果は隣接する線へ影響する効果のことである．I_1, I_2, H_1, H_2 は元から流れていた電流や磁界であり，I_1', I_2', H_1', H_2' は磁束を打ち消すために誘起された電流や磁界である．

　図 2.27(a) のように，同位相で電流が流れると，まるで電流が反発するかのように振る舞い，図 (b) のように，逆位相で電流が流れると，まるで電流が引き合うかのように振る舞う．リッツ線を使う状況下では電流の向きは同じなので，図 (a) のように

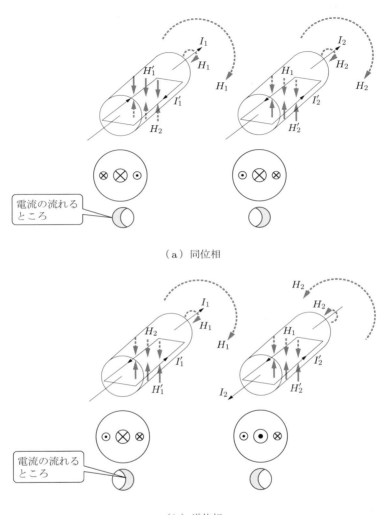

（a）同位相

（b）逆位相

図 2.27 近接効果

同位相になる．この近接効果による影響により，電流の流れる面積が減少し，抵抗が増加する．つまり，リッツ線を使うことで，高周波における表皮効果による抵抗増加に対する対策は取れるが，一方で，近接効果が生じ抵抗が増えてしまう．一般的には，kHz 帯であれば，リッツ線による表皮効果の対策は有効であるが，MHz 帯になると，素線の選び方にもよるが，近接効果の影響などで単線のほうが抵抗値が抑えられる場合もあり，周波数ごとの見極めが必要になってくる．

2.3.2 | 鉄損（ヒステリシス損・渦電流損）

　磁束を通りやすくするために，図 2.28 のような鉄心が使われたり，磁束が周囲に漏れないようにコイルの背面などでフェライトなどの磁性体が使われることがある.

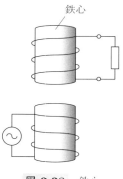

図 **2.28**　鉄心

　しかしながら，このような磁性体を使用した場合には，磁性体に損失が発生する. これを，鉄損とよぶ. おもな鉄損は，ヒステリシス損と渦電流損である. ヒステリシス損は，交流の磁界，つまり交番磁界によって磁界の向きが周期的に変化したときに，磁区の方向がそのたびに変化することにより磁性体中に熱が生じることで生じる損失である. 図 2.29 にヒステリシスループを示す. このヒステリシスループの面積に比例した損失が生じる. ヒステリシスループを 1 周したときに生じるエネルギーを W_h [J/m^3] とした場合，周波数を f とすると 1 秒では f 周するので，消費電力 P_h [W] は次式となり，ヒステリシス損は周波数 f に比例する.

$$P_h = fW_h \tag{2.64}$$

　また，ヒステリシス損はスタインメッツが実験的に求めた下記の式 (2.65) も有名である. ここでの k_h はヒステリシス係数であり，B_m は最大磁束密度である.

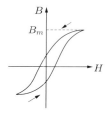

図 **2.29**　ヒステリシスループ

$$P_h = k_h f B_m^{1.6} \tag{2.65}$$

実際には，ヒステリシスループが小さい製品も多く，しっかりと選定すると，ヒステリシス損は銅損などに比べ小さくすることができるので，無視できることが多い.

次に，渦電流損について考える．コイルの磁界を強めるために使用する磁性体に生じる渦電流損も銅損に比べ小さいので，ヒステリシス損同様に無視できることも多い．一方で，コイル周辺環境に関しては設計上どうしようもない場合もある．そのような場合も同様に渦電流損は生じる.

渦電流損の発生メカニズムは，まず，磁束の変化が金属で生じるところから始まる．この磁束の変化を打ち消す向きに誘導起電力が生じて，渦電流が流れる．この電流が損失となる．図 2.30 では，磁石を用いて渦電流の原理図を示している．磁石を近づけると，それを打ち消す向きに H を発生するために，渦電流 I が発生している.

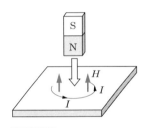

図 2.30　渦電流の原理図

単位体積辺りの渦電流損 [W/m³] は式 (2.66) となり[†]，周波数 f の 2 乗に比例する.

$$P_e = k_e \frac{R^2 B_m^2 f^2}{\rho} \tag{2.66}$$

R は半径，ρ は抵抗率である.

一例として，半径 R の円盤状の金属に生じる渦電流損の計算を示す（図 2.31）．一様な交番磁界 Φ が金属と鎖交する半径 r の位置より内側の面積 S を用いると，磁束密度 B との関係は次式となる．ω は角周波数である.

$$\Phi = SB = \pi r^2 B = \pi r^2 B_m \sin \omega t \tag{2.67}$$

半径 r の一つのループで誘起される電圧 V は次式となる.

$$V = \frac{\mathrm{d}\Phi}{\mathrm{d}t} = \frac{\mathrm{d}B}{\mathrm{d}t} = \pi r^2 \omega B_m \cos \omega t \tag{2.68}$$

半径 r における一周分の抵抗 R_{loop} は次式となる．d は板の厚みである.

[†] k_e は比例定数であり，参考書によって定義が異なることがあるので注意が必要である.

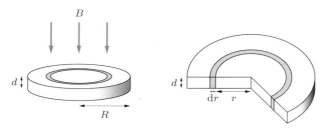

図 2.31　円盤に生じる渦電流

$$R_{\text{loop}} = \rho \frac{2\pi r}{d} \tag{2.69}$$

電流 I は次式となる.

$$I = \frac{V}{R_{\text{loop}}} = \frac{dr\omega B_m \cos\omega t}{2\rho} \tag{2.70}$$

瞬時的な電力は次式となる.

$$P = IV = \frac{1}{2\rho}\pi dr^3 \omega^2 B_m^2 \cos^2\omega t \tag{2.71}$$

よって，一周期 T における一つのループの電力 $P_{\text{loop}}[\text{W}]$ は下記の式 (2.72) となる. ここで，式 (2.73) の関係を使用している.

$$\begin{aligned}
P_{\text{loop}} &= \frac{1}{T}\int_0^T IV\,\mathrm{d}t = \frac{1}{2\rho}\pi dr^3 \omega^2 B_m^2 \frac{1}{T}\int_0^T \cos^2\omega t\,\mathrm{d}t \\
&= \frac{\pi dr^3 \omega^2 B_m^2}{2\rho}\frac{\omega}{2\pi}\int_0^{2\pi/\omega} \cos^2\omega t\,\mathrm{d}t = \frac{\pi dr^3 \omega^2 B_m^2}{2\rho}\frac{1}{2} \\
&= \frac{\pi dr^3 \omega^2 B_m^2}{4\rho}
\end{aligned} \tag{2.72}$$

$$T = \frac{1}{f} = \frac{2\pi}{\omega} \tag{2.73}$$

半径方向に対して積分を行い，一つのループだけではなく円盤全体の消費電力 $P_{\text{all}}[\text{W}]$ を求めると，次式となる.

$$\begin{aligned}
P_{\text{all}} &= \int_0^R P_{\text{loop}}\mathrm{d}r = \int_0^R \frac{\pi dr^3 \omega^2 B_m^2}{4\rho}\mathrm{d}r = \frac{\pi d\omega^2 B_m^2}{4\rho}\int_0^R r^3\mathrm{d}r \\
&= \frac{\pi d\omega^2 B_m^2 R^4}{16\rho}
\end{aligned} \tag{2.74}$$

一方，全体の体積 V_{vol} は

$$V_{\text{vol}} = S \cdot d = \pi R^2 \cdot d \tag{2.75}$$

なので，電力密度 $[\mathrm{W/m^3}]$ を求めると，

$$\frac{P_{\mathrm{all}}}{V_{\mathrm{vol}}} = \frac{\pi d \omega^2 B_m^2 R^4}{16\rho} \frac{1}{\pi R^2 d} = \frac{\pi^2 f^2 B_m^2 R^4}{4\rho} \tag{2.76}$$

となる．ここでは，$\omega = 2\pi f$ の関係を使用している．

式 (2.76) は先に示した，電力密度の式 (2.66) と一致していることがわかる．この円盤の例では，比例定数 $k_e = \pi^2/4$ であったことがわかる．

2.3.3 放射損

放射損とは，電力伝送を行っている際に不必要に生じてしまう不要放射の電磁波である（図 2.32）．計算する場合は，放射抵抗 R_{rad} は放射損から逆算される値であり，放射電力 P_0 とアンテナに流れる電流 I_0 を用いて，

$$R_{\mathrm{rad}} = \frac{P_0}{I_0^2} \tag{2.77}$$

で表される．つまり，放射抵抗を求めるには，放射電力を求める必要がある．これは遠方界へ放射されるポインティングベクトル $\boldsymbol{P}(= \boldsymbol{E} \times \boldsymbol{H})$ を求めることになり，一般には電磁界解析によって求められる値である．また，本書で扱っているコイルは，波長に対しコイルが小さいので，非常に放射損が小さくほぼ 0% のため，$R_{\mathrm{rad}} \fallingdotseq 0\,[\Omega]$ となる．放射損が多い場合，ワイヤレス電力伝送としては適していない．また，波長に対してコイル直径が小さい場合は，近似式としては，

$$R_{\mathrm{rad}} = 120\pi \left(\frac{2\pi}{3}\right)\left(\frac{kS}{\lambda}\right)^2 N^2 = 20\pi^2 \left(\frac{2\pi a}{\lambda}\right)^4 \tag{2.78}$$

が使われることがあるが，やはり，厳密には，電磁界解析で求める必要がある．ここでの S は面積，a はコイル半径，N は巻数，k は波数 $(k = 2\pi/\lambda)$ である[12]．

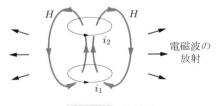

図 2.32 放射損

2.4 非共振回路の過渡現象（パルス）

本節では，パルス波を印加したとき，もしくは，それに準ずるときの過渡現象につ

いて簡単に確認する．入力波形が連続波でないので，次第に減衰する波形となる．電圧や電流波形が，一定の動作に落ち着くまでを過渡現象とよぶ．一定の動作になった場合には定常状態とよばれる．一般に，ワイヤレス電力伝送においては，エアギャップ変動に対しては回路の時定数のほうが圧倒的に早いため，定常状態として考えることが可能である．一方で，負荷変動に関しては過渡現象も考慮しなくてはいけない場合も出てくる．

図 2.33 を用いて説明する時定数 τ は，変化する前の値に対し，$e^{-1} \fallingdotseq 0.37$ になるまでの時間を表している．$e \fallingdotseq 2.7$ である．$I = I_0 e^{-\alpha \tau}$ のとき，$\alpha \tau = 1$ となれば e^{-1} となる．つまり，$\tau = 1/\alpha$ となる．たとえば，図 2.34 で示した RL 直列回路においては，$\alpha = R/L$ なので，$\tau = L/R$ となる[†]．本節では，共振時と非共振時の波形の違いに注目して説明する．

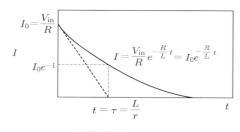

図 2.33　時定数

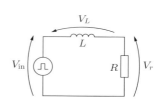

図 2.34　RL 直列回路

共振が起こらない構成での過渡現象について確認する．はじめに，図 2.34 の RL 直列回路について確認する．波形を図 2.35 に示す．$V_{\mathrm{in}} = 100\,\mathrm{V}$ かつ $5\,\mu\mathrm{s}$ の短いパルス波を印加する．この回路では，2.5.3 項の磁界共鳴の説明で使用する L の値と内部抵抗 r の値と同じ値を採用して，$L = 500\,\mu\mathrm{H}$，$R = 1\,\Omega$ とする．そのため，$\tau = L/R = 500\,\mu\mathrm{s}$ と求められる．変化が始まるとき，$I = 1.0\,\mathrm{A}$ であり，$t = 5\,\mu\mathrm{s}$ なので，$500\,\mu\mathrm{s}$ 後の

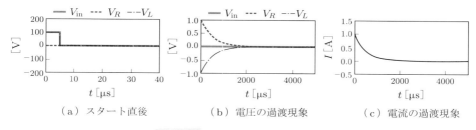

（a）スタート直後　　（b）電圧の過渡現象　　（c）電流の過渡現象

図 2.35　RL 直列回路の過渡現象

---

† 回路によって時定数の式が異なる[13]．

$t = 505\,\mu\mathrm{s}$ における I の値を確認すると $0.368\,\mathrm{A}$ となり，e^{-1} となっていることが確認できる．また，波形を確認すると，振動がなく共振していないことがわかる．

別の共振が起こらない構成として，図 2.36 の RC 並列回路について確認する．過渡現象の波形を図 2.37 に示す．$V_{\mathrm{in}} = 100\,\mathrm{V}$ で印加して，コンデンサに電荷が溜まり，コンデンサ電圧 $V_C = 100\,\mathrm{V}$ になってから $5\,\mu\mathrm{s}$ 後にスイッチをオフする手順で RC 並列回路に電流を流す．コンデンサ電圧と負荷電圧は等電位なので，$V_C = V_R$ である．この回路では，波形が確認しやすいように，磁界共鳴で使用する共振用の C の値に比べ大幅に大きな値を採用した．平滑コンデンサとしては，一般的に使われる値の範囲内でもある．そのため，$C = 100\,\mu\mathrm{F}$, $R = 1\,\Omega$ としたので，時定数は $\tau = Cr = 100\,\mu\mathrm{s}$ である．$t = 0$ において $I = 100\,\mathrm{A}$ の電流が，$\tau\,[\mu\mathrm{s}]$ において $I = 36.8\,\mathrm{A}$ となる．

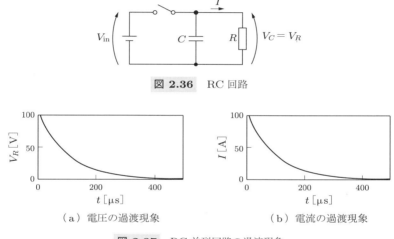

図 2.36 RC 回路

（a）電圧の過渡現象 （b）電流の過渡現象

図 2.37 RC 並列回路の過渡現象

2.5 共振回路の過渡現象

磁界共鳴を用いたワイヤレス電力伝送は共振現象を利用している．そこで，本節では，共振時の過渡現象について確認する．

2.5.1 LCR 直列回路の過渡現象（パルス）

前節で確認した，非共振回路におけるパルス波での過渡現象と同じく，パルス波で共振回路の過渡現象を確認する．共振回路では，大きな振動があるのが特徴である．印加する電圧がパルス波なので，次第に減衰するのは前節と同様である．LCR 直列共

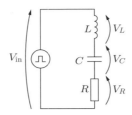

図 **2.38**　LCR 直列共振回路（パルス）

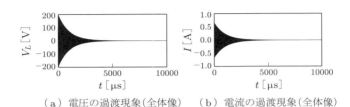

（ａ）電圧の過渡現象（全体像）　（ｂ）電流の過渡現象（全体像）

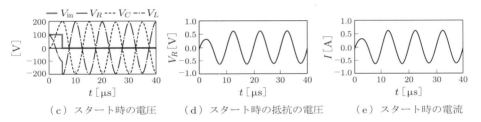

（ｃ）スタート時の電圧　（ｄ）スタート時の抵抗の電圧　（ｅ）スタート時の電流

図 **2.39**　LCR 直列共振回路の過渡現象（パルス，$R = 1\,\Omega$）

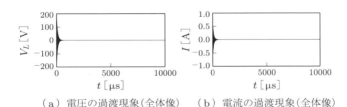

（ａ）電圧の過渡現象（全体像）　（ｂ）電流の過渡現象（全体像）

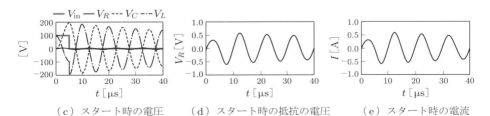

（ｃ）スタート時の電圧　（ｄ）スタート時の抵抗の電圧　（ｅ）スタート時の電流

図 **2.40**　LCR 直列共振回路の過渡現象（パルス，$R = 10\,\Omega$）

振回路の回路図を図 2.38 に，$R = 1\,\Omega$ のときの波形を図 2.39 に，抵抗の値を 10 倍にした $R = 10\,\Omega$ のときの波形を図 2.40 に示す．ここで，$L = 500\,\mu\mathrm{H}$，$C = 5\,\mathrm{nF}$ である．$100\,\mathrm{kHz}$ の周期は $10\,\mu\mathrm{s}$ であるが，$10\,\mu\mathrm{s}$ で共振していることがわかる．抵抗が 10 倍になると，Q 値は 1/10 になるので，減衰する速さも早くなる．

2.5.2 LCR 直列回路と Q 値

ここからは，実際にワイヤレス電力伝送で使われるときと同じように，パルス波ではなく，連続した波形，つまり正弦波を印加した場合について考える．共振現象は一定の周期でエネルギーの往復が繰り返される現象である．図 2.41 の LCR 直列回路で考えた場合，電圧は下記の式 (2.79) となる．共振条件はリアクタンスが 0 なので，式 (2.80) を満たす．そのため，式 (2.81) のように，リアクタンスで作られる電圧の和は $V_L + V_C = 0$ となる．したがって，$V_L = -V_C$ と表現することもできる．

$$V_{\mathrm{in}} = V_L + V_C + V_R = j\omega L I + \frac{I}{j\omega C} + RI \tag{2.79}$$

$$j\omega L + \frac{1}{j\omega C} = 0 \tag{2.80}$$

$$V_L + V_C = j\omega L I + \frac{I}{j\omega C} = 0 \tag{2.81}$$

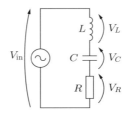

図 2.41 LCR 直列共振回路（正弦波）

このとき，以下に示す式 (2.82) のように，入力電圧は負荷 R のみに印加されるので，直列共振のときにはインピーダンスは最小，電流は最大となる．そして，回路に流れる電流 I は，直列回路なのでコイルでもコンデンサでも抵抗でも同じであることを考慮すると，式 (2.83) のように，コイルに印加される電圧は $V_L = jQV_{\mathrm{in}}$ であり，コンデンサに印加される電圧は，$V_C = -jQV_{\mathrm{in}}$ であることがわかる．つまり，入力電圧 V_{in} の Q 倍になる．Q だけ取り出すと式 (2.84) となる．

$$V_{\mathrm{in}} = V_R = RI \tag{2.82}$$

$$V_L + V_C = j\omega L I + \frac{I}{j\omega C} = \frac{j\omega L V_{\mathrm{in}}}{R} + \frac{V_{\mathrm{in}}}{j\omega C R} = jQV_{\mathrm{in}} - jQV_{\mathrm{in}} \tag{2.83}$$

$$Q = \frac{\omega L}{R} = \frac{1}{\omega C R} \tag{2.84}$$

共振時には，L で作られる電圧 V_L は C で作られる電圧 V_C と共振して，双方で同じ時刻に振動する．Q 値が高いと，この電圧が非常に大きくなる．

たとえば，$L = 500\,\mu\mathrm{H}$，$C = 5\,\mathrm{nF}$ では $100\,\mathrm{kHz}$ で共振するが，このとき，$R = 1\,\Omega$ とすると，$Q = 314.159$ である．そのため，式 (2.83) のように，$V_L = 100 \times 314.159 = 31415.9\,\mathrm{V}$ となる．同様に，$R = 10\,\Omega$ のときは，$Q = 31.4159$ なので，$V_L = 100 \times 31.4159 = 3141.59\,\mathrm{V}$ となる．この事柄は，$V_L = -V_C$ なので，コンデンサの耐電圧にかかわる話となる．また，電力伝送時には 2 次側に負荷があるので，回路全体としてそれほど小さな R とはならないので問題ないが，2 次側がなくなり負荷がなくなった場合には，回路全体の R は小さくなるので，電圧がそのまま印加されていると，大電圧がコイルとコンデンサに印加されるので，注意が必要である．

実際の波形を図 2.42 と図 2.43 に示す．それぞれ $R = 1\,\Omega$（$Q = 314$）と $R = 10\,\Omega$（$Q = 31$）のときである．Q 値が高い共振時のほうが，定常状態になるまでの時間が

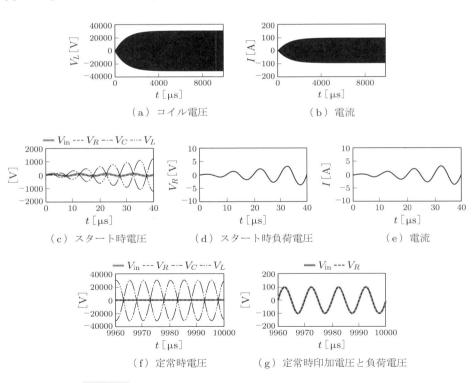

（a）コイル電圧　　　　　　　　（b）電流

（c）スタート時電圧　　（d）スタート時負荷電圧　　（e）電流

（f）定常時電圧　　　　　（g）定常時印加電圧と負荷電圧

図 **2.42**　LCR 直列共振の波形（正弦波，$R = 1\,\Omega$，$Q = 314$）

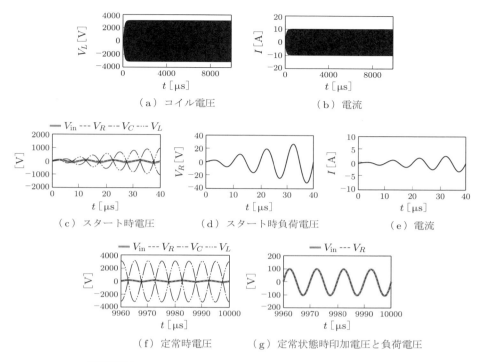

（a）コイル電圧　　　　　　　　　　（b）電流

（c）スタート時電圧　　（d）スタート時負荷電圧　　（e）電流

（f）定常時電圧　　　（g）定常状態時印加電圧と負荷電圧

図 2.43　LCR 直列共振の波形（正弦波，$R = 10\,\Omega$，$Q = 31$）

長いことがわかる．また，コイルやコンデンサ電圧も大きくなる．さらに，コイル電圧とコンデンサ電圧が $180°$ 反転して，共振していることがわかる．

2.5.3　磁界共鳴の過渡現象

　磁界共鳴時の回路図を図 2.44 に示す．$L = 500\,\mu\mathrm{H}$，$r_1 = r_2 = 1\,\Omega$ である．このときの各位置における電圧電流波形を図 2.45 に示す．全体像，中盤までの波形，スタート時と定常状態時について示している．このとき，負荷は最大効率を実現できる最適

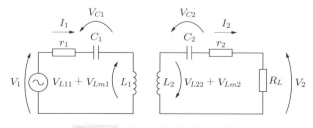

図 2.44　磁界共鳴 (S-S) の回路図

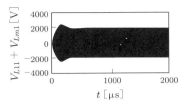

（ａ）1 次側コイル電圧（全体）

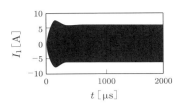

（ｂ）1 次側電流（全体）

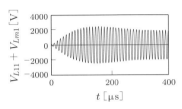

（ｃ）1 次側コイル電圧（中盤まで）

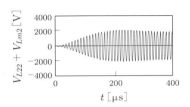

（ｄ）2 次側コイル電圧（中盤まで）

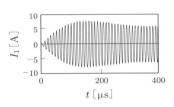

（ｅ）1 次側電流（中盤まで）

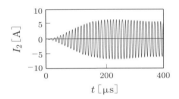

（ｆ）2 次側電流（中盤まで）

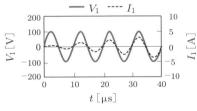

（ｇ）スタート時 1 次側電圧と電流

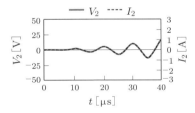

（ｈ）スタート時 2 次側電圧と電流

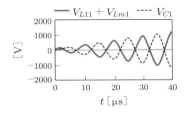

（ｉ）スタート時 1 次側コイル
とコンデンサ電圧

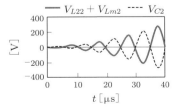

（ｊ）スタート時 2 次側コイル
とコンデンサ電圧

図 2.45　磁界共鳴 (S-S) の波形 ($R_{Lopt} = 15.7\,\Omega$, $L_m = 25\,\mu\mathrm{H}$)

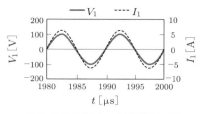

（k）定常状態時 1 次側電圧と電流

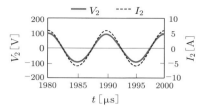

（l）定常状態時 2 次側電圧と電流

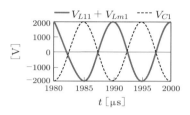

（m）定常状態時 1 次側コイル
　　とコンデンサ電圧

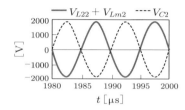

（n）定常時 2 次側コイル
　　とコンデンサ電圧

図 2.45　磁界共鳴 (S-S) の波形 ($R_{Lopt} = 15.7\,\Omega$, $L_m = 25\,\mu\mathrm{H}$) つづき

負荷 R_{Lopt} が接続されている．LCR 直列共振として示した図 2.41 に比べて負荷が大きいので，コンデンサ電圧は図 2.42 ほどは大きくはならないが，それでも大きな電圧が印加されるため，コンデンサの選定の際は注意が必要である．

2.6 実効値と有効電力と無効電力と瞬時電力

　電力伝送においては，正確に電力を評価することが必要である．有効電力と無効電力の取り扱いや，実効値や波高値（最大値）への理解がないと，計算上間違いが生じる．ここでは，正確な知識を得るための基礎となる実効値や有効電力などについて述べる†．

2.6.1 実効値

　測定される値である，瞬時電圧 $v(t)$ と瞬時電流 $i(t)$ の式を以下にそれぞれ示す．

$$v(t) = \sqrt{2}V \sin \omega t \tag{2.85}$$
$$i(t) = \sqrt{2}I \sin \omega t \tag{2.86}$$

---

† 本節では丁寧に波高値と実効値を分けて記号を使っているが，煩雑さを避けるため，V, I の記号は，本節以外では波高値で使用している箇所もあり，適宜使い分けているので注意が必要である．

V (V_{rms}) と I (I_{rms}) が実効値 (RMS: root mean square value) である. 波高値（最大値）を V_m と I_m とすると，実効値との関係は

$$V_m = \sqrt{2}V \tag{2.87}$$

$$I_m = \sqrt{2}I \tag{2.88}$$

になる．電力計算するときには，実効値の電圧 V と電流 I で考える．図 2.46 に実効値と波高値を示す.

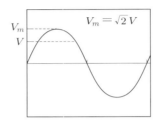

図 2.46　実効値と波高値（最大値）

2.6.2 有効電力と無効電力に対する瞬時電力

電力は色々定義されているが，実際に電力を消費するのは有効電力である．そのため，効率などで電力を求める際には，瞬時電力を時間積分したうえで時間平均をするか，電圧と電流の実効値に力率 $\cos\theta$ をかけて求めることになる．本項では，そのことについて説明する．電圧と電流の位相差を θ とし，電流が θ 進んでいるとすると，電圧 $v(t)$ と電流 $i(t)$ はそれぞれ以下の式となる.

$$v(t) = \sqrt{2}V \sin\omega t \tag{2.89}$$

$$i(t) = \sqrt{2}I \sin(\omega t + \theta) \tag{2.90}$$

電流の位相が 60° 遅れているときと 45° 進んでいるときの電圧と電流のグラフを図 2.47 に示す．また，それに対応した有効電力と無効電力と瞬時電力のグラフを図 2.48 に示す．グラフでは，$V = 1$, $I = 1$ としている．これらのグラフを使って説明を行う.

電圧 v と電流 i の積が瞬時電力 p である.

$$
\begin{aligned}
p(t) = v(t)i(t) &= \sqrt{2}V \sin\omega t \cdot \sqrt{2}I \sin(\omega t + \theta) \\
&= VI\cos\theta(1 - \cos 2\omega t) + VI\sin\theta\sin 2\omega t
\end{aligned}
\tag{2.91}
$$

ある時間における瞬間の電力が知りたいときには，$p(t)$ を求めることになる．この式は $\cos\theta$ の項と，$\sin\theta$ の項に分けることができ，有効電力にかかわる項と無効電力に

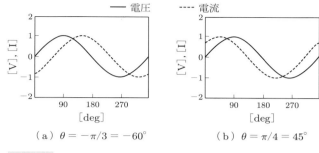

図 2.47 電圧 v と電流 i の関係（位相差 $\theta = -60°$，$\theta = 45°$）

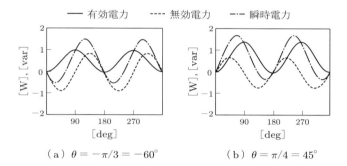

図 2.48 有効電力 p_a と無効電力 p_r と瞬時電力 p との関係（位相差 $\theta = -60°$，$\theta = 45°$）

かかわる項に分けられる．また，電力は電圧と電流に比べ，周波数が 2 倍になる．そのため，2ω となっており，電力を考えるときには半周期 $T/2$ だけ考えればよい．

有効電力 p_e と無効電力 p_r の瞬時値を，以下に示す．

$$p_e(t) = VI\cos\theta(1 - \cos 2\omega t) \tag{2.92}$$

$$p_r(t) = VI\sin\theta\sin 2\omega t \tag{2.93}$$

図 2.48 に示したグラフは，これら式 (2.91)～(2.93) を描いたものである．

瞬時電力を 1 周期の時間 T で積分し，1 周期の時間 T で平均した値を有効電力 (effective power/active power/real power) $P_e\,[\mathrm{W}]$ とよび，次式に示す．

$$P_e = \frac{1}{T}\int_0^T p(t)\mathrm{d}t = \frac{1}{T}\int_0^T v(t)i(t)\mathrm{d}t$$

$$= \frac{1}{T}\int_0^T \{VI\cos\theta(1 - \cos 2\omega t) + VI\sin\theta\sin 2\omega t\}\mathrm{d}t = VI\cos\theta \tag{2.94}$$

式 (2.94) では，瞬時電力は無効電力も含まれているので，マイナスも生じる．しかし

ながら，そのまま積分すると半周期における無効電力 P_r の平均が 0 であるので，有効電力分が残り，有効電力 P_e の式となる．また，電圧と電流の実効値に力率 $\cos\theta$ をかけた値となる．よく使われるので，次式に示し直す．

$$P_e = VI\cos\theta \tag{2.95}$$

θ は電圧と電流の位相差である．有効電力 P_e は実際に消費される電力である．また，位相 θ によって作られる $\cos\theta$ の影響は，瞬時電力の有効電力分の振幅に寄与する．当然ながら，有効電力の瞬時値を積分して時間平均した次の式 (2.96) も等しい式になる．こちらの式では半周期で計算している．

$$\frac{1}{T/2}\int_0^{T/2} p_e(t)\mathrm{d}t = \frac{1}{T/2}\int_0^{T/2} VI\cos\theta(1-\cos 2\omega t)\mathrm{d}t = VI\cos\theta \tag{2.96}$$

無効電力 (reactive power) P_r [var] は，消費されない電力である．電源から出た分だけ負荷側から戻ってきて，電源に戻る．無効電力は電源とコイルやコンデンサなどのリアクティブ素子との間を電圧や電流が行き来しているだけであり，無効電力は一周期において常に平均が 0 W になる．つまり，繰り返しとなるが，電力消費は生じない．無効電力は，コイルやコンデンサがあると生じる．無効電力は，下記の式 (2.97) に示すように，電圧と電流の実効値に力率 $\sin\theta$ をかけた値となる．無効電力の瞬時値の絶対値を積分してただ単に時間平均すると 0 になるので，式 (2.98) となる．

$$P_r = VI\sin\theta \tag{2.97}$$

$$\frac{1}{T/2}\int_0^{T/2} |p_r(t)|\mathrm{d}t$$
$$= \frac{1}{T/2}\left\{\left|\int_0^{T/4} VI\sin\theta\sin 2\omega t\mathrm{d}t\right| + \left|\int_{T/4}^{T/2} VI\sin\theta\sin 2\omega t\mathrm{d}t\right|\right\}$$
$$= VI\sin\theta = 0 \tag{2.98}$$

また，位相 θ によって作られる $\sin\theta$ の影響は，瞬時電力の無効電力分の振幅に寄与する．

皮相電力 (apparent power) P_a [VA] は，電圧と電流の実効値の積であり，絶対値の積とみることもできる．つまり，次式に示すように位相は関係ない．

$$P_a = VI \tag{2.99}$$

有効電力と無効電力と皮相電力の関係を式 (2.100)～(2.102) に示す†．

---

† 一般的には，有効電力 P 無効電力 Q 皮相電力 S と表記することが多いが，記号の重複を避けるため，本書ではこのように記述する．

$$P_a = \sqrt{P_e^2 + P_r^2} \tag{2.100}$$

$$P_e = P_a \cos\theta \tag{2.101}$$

$$P_r = P_a \sin\theta \tag{2.102}$$

　位相を $0°$ 〜$90°$ まで変化させたときのグラフを図 2.49 に示す. 式 (2.92), (2.93) より, 力率で使われる位相差 θ は有効電力と無効電力の振幅にかかわる. 位相差がない $0°$ のときには $\cos\theta = 1$ と値が大きく, 瞬時の有効電力の値が大きい. 位相差が $90°$ に近づくにつれ徐々に小さくなり, 最終的には $\cos\theta = 0$ になり, 有効電力も 0 になる.

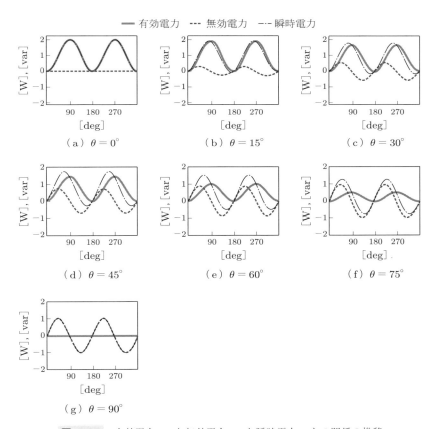

図 2.49 有効電力 p_a と無効電力 p_r と瞬時電力 p との関係の推移

　一方, 無効電力に関しては位相差がない $0°$ のときには $\sin\theta = 0$ なので, 無効電力も 0 であるが, 位相差が $90°$ に近づくにつれ徐々に大きくなり, 最終的には $\sin\theta = 1$ になり, 無効電力も大きくなる.

　一般に，電力 P といわれるのは，図 2.50 に示すように，有効電力の時間平均された値の平均有効電力である．式 (2.92) より，有効電力の波高値の 1/2 の値になる．たとえば，図 (a) では $\theta = 0°$ なので，$V = 1$，$I = 1$ を考慮し，式 (2.92) と見比べると，平均電力が 1 [W] になることがわかる．

　以上より，効率などで電力を求める際には，必要なパラメータは有効電力なので，瞬時電力を時間積分したうえで時間平均をするか，電圧と電流の実効値に $\cos\theta$ をかけて求めることになる．

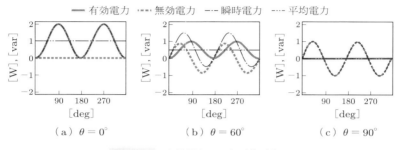

（ a ）$\theta = 0°$　　　（ b ）$\theta = 60°$　　　（ c ）$\theta = 90°$

図 **2.50**　有効電力 P_a と平均電力 P

3 磁界共鳴の現象と基本特性

　本章では，磁界共鳴（磁界共振結合）の特徴をとらえることを目的とする．基本的な
コイル形状から始まり，オープンタイプとショートタイプの簡単な紹介をする．次に，
磁界共鳴の電力伝送の特徴を説明する．大きな特徴として，磁界共鳴は二つのピーク
が生じる．近傍電磁界の振る舞いについても紹介する．また，動作周波数はコイルサ
イズに依存するが，kHz〜MHz〜GHz のように幅広い周波数で使用できることを説明
する．

3.1　コイル・共振器

　コイルにコンデンサが付いて共振状態になったものを共振器とよぶ．しかし，コン
デンサなしでもコイル単独で共振できるものもあり，その場合は，自己共振型の共振
器とよばれる．本節では，コイルや共振器について説明する．
　磁界型のコイルは，コイルをループ状に巻き，中心に磁界が強まるような構造にな
る．図 3.1 のように，大きく二つに分類される．一つ目は，図 3.1(a) のように，スパ
イラルやヘリカルタイプのように正対しているときに，まっすぐ上（0°）に磁束が鎖
交するタイプである．スパイラルコイルは蚊取り線香のように一つの平面状に渦巻き
状に巻かれる．ヘリカルコイルは垂直方向に巻かれる．
　二つ目は，図 3.1(b) に示すソレノイドコイルのように，正対しているときに，磁束
が 180° 回転して鎖交するタイプである．もちろん，図 3.2 のように，スパイラルコイ
ルも 180° 回転して鎖交させることもできるし，ソレノイドコイルも回転せずにまっ

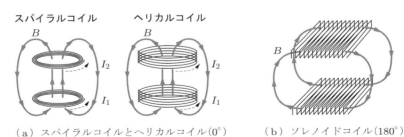

（a）スパイラルコイルとヘリカルコイル（0°）　　　（b）ソレノイドコイル（180°）

図 3.1　2 種類の磁束の鎖交の仕方

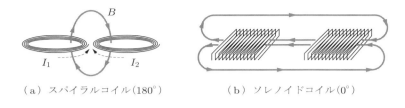

（a）スパイラルコイル（180°）　　　　　　　（b）ソレノイドコイル（0°）

図 3.2　コイルの配置換えによる磁束の鎖交の仕方の変化

すぐ（0°）に鎖交させることは可能であるが，一般的な使い方は図 3.1 が多い．また，図 3.3 のように，ヘリカルタイプの巻数を増やし，面積を減らすと，ソレノイドコイルの形状に一致する．図 3.4 のように，円形でも四角でも磁束は作れるが，一般に四角のほうが，面積が広い分だけ結合が強い．

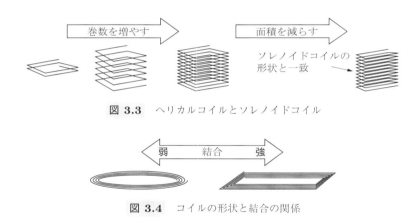

図 3.3　ヘリカルコイルとソレノイドコイル

図 3.4　コイルの形状と結合の関係

　多くの場面で使われる図 3.1 のような配置では，スパイラルコイルなどは，対称構造なので位置ずれについて前後左右全般的に強くなる．そのため，全方向にずれる場面においては，スパイラルコイルなどが優れている．一方，ソレノイドコイルのような非対称構造の場合は，位置ずれに強い前後方向と弱い左右方向が明確に分かれる．そのため，一方向にずれることが想定される場合，ソレノイドコイルが優れている．

　実際に使われるときには，相互インダクタンスを稼ぐ目的とコイル背面への漏洩磁束を減らす目的で，図 3.5 のように，フェライトとアルミ板を備えた構造が，kHz 帯ではよく使われる．スパイラルコイルのときには，アルミ板は放熱の役割も担っている．kHz 帯でよくフェライトが使われる理由は，フェライトが kHz 帯であれば損失がほぼ無視できるからである．MHz 帯になると損失が大きく，磁束を損失なく通せるフェライトが限られるので，むしろ，ノイズ対策としてのフェライトの使用が一般的になる．

(a) スパイラル　　　　　　　　　　　　(b) ソレノイド

図 3.5 フェライトとアルミ板の使用

図 3.6 に，スパイラルコイルおよびヘリカルコイルの解析モデルとその実例を示す．ともに自己共振型なので，外付けの共振コンデンサは不要である．自己共振型のオープンタイプの特性については第 6 章で詳しく述べる．

(a) スパイラルコイルの　(b) スパイラルコイル　(c) ヘリカルコイルの　(d) ヘリカルコイル
　　電磁界解析モデル　　　　（写真）　　　　　　電磁界解析モデル　　　　（写真）

図 3.6 電磁界解析モデルとコイルの写真

この例では，スパイラルコイルは，半径 150 mm，巻数 2.75 巻（2 層合計で 5.5 巻），線間すき間（銅線と銅線のすき間の距離）3 mm，線の太さ 2 mm，つまりピッチ 5 mm の 2 層構造で，層間は 10 mm であり，送電コイルもしくは受電コイル 1 素子における共振周波数は 13.56 MHz である．

また，ヘリカルコイルは，半径 150 mm，巻数 5 巻，ピッチ 5 mm である．$L = 8.5\,\mu\text{H}$，$C = 9.7\,\text{pF}$，$r = 0.82\,\Omega$ である．1 素子における共振周波数は 17.6 MHz である．

このスパイラルコイル 1 素子（個）での特性を調べる．スパイラルコイル 1 素子における入力インピーダンスを図 3.7 に示す．インピーダンスの実数成分が 1 Ω 以下であり，導体の電気抵抗と放射抵抗の合算値であるが，ともに小さいことがわかる．また，一般に結合タイプの共振器の支配的な抵抗は，導体の電気抵抗であり，放射抵抗はわずかであり，無視できることが多い．インピーダンスの虚数成分，つまり，リアクタンスが 0 Ω になっている点が，スパイラルコイル 1 素子における共振周波数 $f_0 = 13.56\,\text{MHz}$ である．この共振状態のスパイラルコイルを二つ使い，送電コイルと受電コイルとし，磁界の結合によって電力伝送を行う．後述するとおり，2 素子になると 2 次側のコイルの特性も影響するので，入力インピーダンスが変わる．

通信用アンテナでは，この構造は一般にスパイラルアンテナとよばれる．本書で使

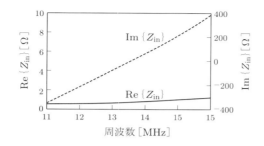

図 3.7　スパイラルコイルの入力インピーダンス（1 素子）

用している形状では波長に対しコイルの大きさは非常に小さく，共振状態においても単独のコイルとしては空間とのインピーダンスマッチングが難しい．そのため，電磁波を放射できない構造となり，通信用アンテナとしては一般に使用できない．一方，ワイヤレス電力伝送としてみた場合には，電磁波が放射されないので，放射損として無駄に電力が消費されない，漏洩電磁波が小さいというメリットがある．ただし，小さいとはいえ，放射エミッションとしては無視できない値となる場合は，対策が必要である．放射エミッションは人体防護で考慮しているような大きな値ではなく，微弱な値であり，電子機器に対する影響を考慮する際に考えるべき事柄である．

3.2　エアギャップと位置ずれ特性の概要

　本節では，磁界共鳴の基本的な特性を確認する．大きなエアギャップのときにも高効率を達成できていること，磁界共鳴の特徴となる電力ピークが二山をもつことや，そのときに入力インピーダンスが二つもしくは三つの共振点をもつことなどを紹介する．また，位置ずれにも強いことを紹介する．

3.2.1　エアギャップに対する効率・電力・入力インピーダンス

　図 3.6 で示したスパイラルコイルを使用する．相互インダクタンスや結合係数は表3.1 や図 3.8 の値を使用する．エアギャップを変化させたときの電力伝送特性を図 3.9に示す．

　図 3.9 では，効率・電力・入力インピーダンスを示している．η は電力伝送効率であり，η_{r1} は 1 次側内部抵抗での損失の割合，η_{r2} は 2 次側内部抵抗での損失の割合である．P_{in} は入力電力，P_{RL} は受電電力，P_{r1} は 1 次側内部抵抗での消費電力，P_{r2} は2 次側内部抵抗での消費電力である．Z_{in} は入力インピーダンスであり，式 (3.1) のように，電源から負荷側をみた電圧と電流の比である．インピーダンスは，抵抗などに

表 3.1 エアギャップ g と結合係数 k と相互インダクタンス L_m

$g\,[\mathrm{mm}]$	10	20	30	40	50	60	70	80	90	100
k	0.595	0.475	0.394	0.335	0.289	0.252	0.222	0.196	0.174	0.156
$L_m\,[\mu\mathrm{H}]$	6.56	5.23	4.35	3.70	3.19	2.78	2.45	2.16	1.92	1.72
$g\,[\mathrm{mm}]$	110	120	130	140	150	160	170	180	190	200
k	0.139	0.125	0.113	0.102	0.092	0.084	0.076	0.070	0.064	0.058
$L_m\,[\mu\mathrm{H}]$	1.54	1.38	1.24	1.12	1.02	0.93	0.84	0.77	0.70	0.64
$g\,[\mathrm{mm}]$	210	220	250	300	350	400	450	500	550	600
k	0.053	0.049	0.038	0.026	0.019	0.014	0.010	0.008	0.006	0.005
$L_m\,[\mu\mathrm{H}]$	0.59	0.54	0.42	0.29	0.21	0.15	0.11	0.09	0.07	0.05

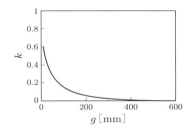 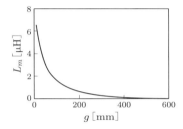

図 3.8 結合係数 k と相互インダクタンス L_m

よって作られる実数成分と，コイルやコンデンサで作られる虚数成分に分けられる．

$$Z_{\mathrm{in}} = \frac{V_1}{I_1} \tag{3.1}$$

　負荷は $50\,\Omega$ 固定の抵抗がつながれている．エアギャップを変えたときにおいて効率が最大となる周波数は，常にコイル 1 素子での共振周波数と同じ周波数 f_0 である．

　図 3.9(a)〜(c) より，結合が強く，エアギャップが小さいときは，電力が最大となるピークは二つになることが確認できる．そして，エアギャップが大きくなると二つに分かれていたピークが一つになる．この一つになる周波数は，コイル 1 素子での共振周波数 f_0 と同じである．

　すなわち，コイル間の距離が近くなるほど，共振周波数が二つに分かれていく．入力インピーダンスの虚数成分 $\mathrm{Im}\{Z_{\mathrm{in}}\} = 0$ のところをみると，結合が強いときは共振周波数が三つある．この三つの共振周波数 f_m, f_0, f_e $(f_m < f_0 < f_e)$ の特徴を押さえておく必要がある．真ん中の共振周波数 f_0 は動かない．これは，1 素子での共振周波数 f_0 と同じである．一方，両端の f_m と f_e は結合が弱くなるにつれ中央に近づき，いずれなくなる．結合が強いとき，電力ピークの二つのピークはこの両端の共振周波数 f_m, f_e 付近に現れる．共振周波数と電力のピークがぴったり一致しないのは，

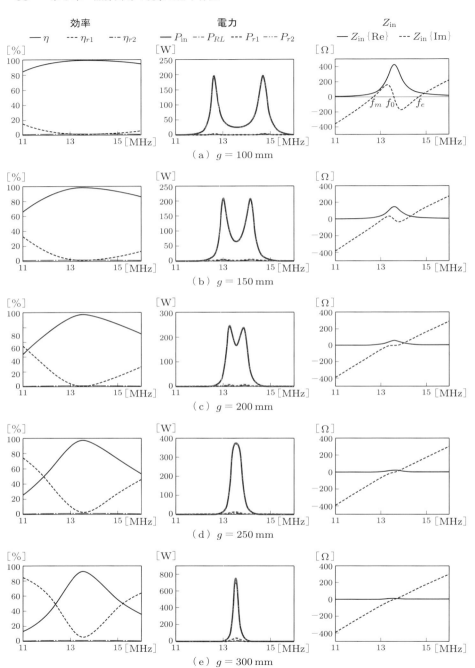

図 3.9　効率と電力と入力インピーダンスの周波数特性（$r = 150\,\mathrm{mm}$, 巻数 5 巻, $p = 5\,\mathrm{mm}$）

電力のピークとなる周波数には負荷の値が影響しているからである[†].

　この二つの電力ピークは磁界共鳴以外ではみられない特徴なので，磁界共鳴の大きな特徴の一つである．図 3.9 からわかるとおり，$50\,\Omega$ の固定負荷を用いても最大の効率となる周波数は f_0 であるが，周波数変動に対して，効率の悪化は少ない．一方で，電力に関しては f_0 より，両端の共振周波数 f_m, f_e 付近に現れる二つのピークのほうが大きい，かつ，周波数変化に対して電力の変動は大きい．これらの事実はシステムの設定に大きく影響するので，注意が必要である．効率を少し犠牲にしても電力を受けたいときなどには，二つのピークを利用することなどが可能である．

　ここでは，負荷の値を $50\,\Omega$ 固定としたが，実際使う際には，各々のエアギャップにおいて最大効率動作となる最適負荷の値を使用することが望まれる．最大効率となる最適負荷との関係などの詳細については，第 4，5 章で示す．最適負荷の場合も，磁界共鳴における最大効率となる周波数は f_0 である．

3.2.2 位置ずれ特性

　磁界共鳴はエアギャップだけでなく，位置ずれにも強い．本質的には，結合の強弱の問題なので，エアギャップが大きいことと，位置ずれが大きいことは同様に考えることができる.

　ここでは，図 3.10 に示す，正方形のスパイラルコイルの例で確認してみよう．一辺 $380\,\mathrm{mm}$ の正方形のコイルであり，ピッチは $4\,\mathrm{mm}$，巻数 10 巻のコイルである．自己インダクタンス $69.4\,\mu\mathrm{H}$，表皮効果を考慮した内部抵抗 $1.39\,\Omega$，共振周波数と動作周波数はともに $10\,\mathrm{MHz}$ とする．図 3.11 に，結合係数と相互インダクタンスと最適負荷と最大効率と受電電力を示す．左右斜め上は結合係数が 0 となるヌルポイントがあり，電力伝送ができない領域である．ヌルポイントを境にプラス側もしくはマイナス側へと変化する．減少方向も絶対値としては増えるので注意が必要である．一方で，ヌルポイントを除けば，位置ずれが生じても，高効率になることがわかる．また，遠方で

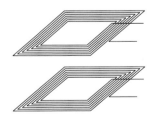

図 3.10　正方形スパイラルコイル

[†] 負荷の値が $0\,\Omega$ に近づくにつれ，電力の二つのピークと二つの共振周波数は一致していく.

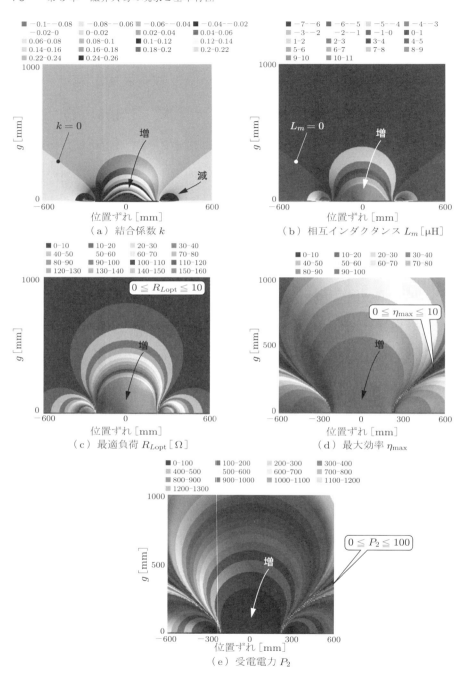

図 3.11　結合係数と相互インダクタンスと最適負荷と最大効率と受電電力

あるほど受電電力は大きくなる.

　一方,負荷抵抗としては,測定器のインピーダンスである $50\,\Omega$ が使われることが多い.そこで,図 3.12 に負荷抵抗が $50\,\Omega$ のときの効率マップを示す.コイル近傍では大きな違いがわかりにくいが,最適負荷に比べて遠方での効率低下が顕著に表れる.

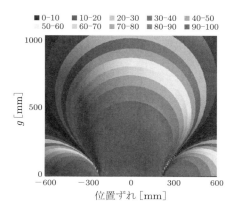

図 3.12　負荷抵抗が $50\,\Omega$ のときの効率

3.3　近傍界の磁界と電界

　コイル近傍における磁界と電界の振る舞いをみる.前節でみた,3 箇所ある共振周波数 f_m, f_0, f_e $(f_m \leqq f_0 \leqq f_e)$ に注目する.f_m と f_e は両側の共振周波数であり,電力の二つのピークに強く影響し,電力の二つのピークに比較的一致している周波数である.負荷の値が $0\,\Omega$ になると,完全に一致する.一方,f_0 は中央の共振周波数であり,1 素子での共振周波数と一致する.さらに,f_0 は最大効率となる周波数である.

　図 3.13 に磁界共鳴 (S-S) の等価回路を示す.図 (a) のように,磁束の向きを考える際には,負荷側の電流 I_2 が内向きであるほうがわかりやすく,本節ではこちらで説明する.一方,回路製作などにおいては,図 (b) のように,I_2 が外向きで考えたほうが,負荷側に接続する回路における電流の向きと揃っているため適している.システムを扱う第 7 章では,I_2 を外向きで考える.

　近傍電磁界を示す前に,$50\,\Omega$ に固定したときと,最大効率になる最適負荷 $78.4\,\Omega$ にしたときに得られた,効率,電力,電流の振幅と位相を図 3.14 と図 3.15 に示す.ここでは,オープンタイプのヘリカルコイルを用いており,エアギャップは $150\,\mathrm{mm}$ である.

　まず,3 箇所ある共振周波数 f_m, f_0, f_e $(f_m \leqq f_0 \leqq f_e)$ は,図 3.14(d) と図 3.15(d)

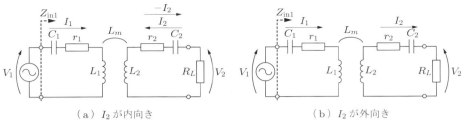

（a）I_2 が内向き　　　　　　　　　　（b）I_2 が外向き

図 3.13　磁界共鳴 (S-S) の等価回路

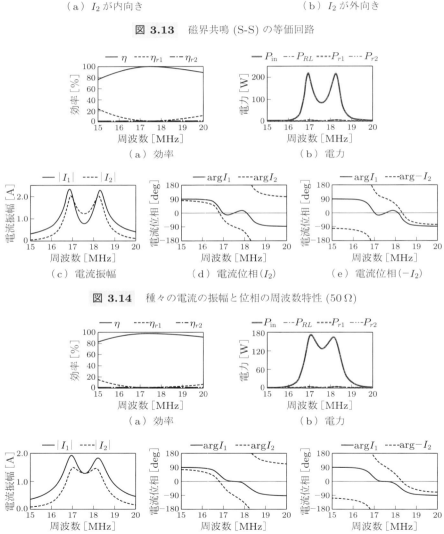

（a）効率　　　　　　　　　　　　　（b）電力

（c）電流振幅　　　　（d）電流位相（I_2）　　　　（e）電流位相（$-I_2$）

図 3.14　種々の電流の振幅と位相の周波数特性（50 Ω）

（a）効率　　　　　　　　　　　　　（b）電力

（c）電流振幅　　　　（d）電流位相（I_2）　　　　（e）電流位相（$-I_2$）

図 3.15　種々の電流の振幅と位相の周波数特性（最適負荷 78.4 Ω）

の電流位相 I_1 からわかる．V_1 と I_1 の比がインピーダンスであり，V_1 固定なので，I_1 から判断でき，I_1 の位相が 0 のところが共振周波数である．$50\,\Omega$ 負荷のときには，電力の二つのピークに f_m と f_e はほぼ一致しているようにみえるが，本当に一致するのは負荷抵抗が $50\,\Omega$ ではなく $0\,\Omega$ のときである．いずれにせよ，f_m と f_e で生じる共振が電力のピークに強く影響しているので，電力の二つのピークをみて，二つの共振周波数ということもある．

図 3.14(d) と図 3.15(d) の電流位相 I_1 と I_2 からわかるとおり，低い周波数で同位相となり，高い周波数で逆位相となる．エアギャップの特性で確認したとおり，結合が強いときは，f_m と f_e は中央の共振周波数 f_0 から離れる．そのため，低い共振周波数 f_m においては，ほぼ同位相となり，高い共振周波数 f_e においては，ほぼ逆位相となる．

一方，中央の共振周波数であり，1 素子での共振周波数と一致する f_0 に関しては，エアギャップ特性で確認したとおり，エアギャップが生じても変化しなかったが，図 3.14(d) と図 3.15(d) の電流位相 I_1 からわかるとおり，負荷変動が生じても変化しない．また，f_0 は，最大効率となる周波数である．図 3.14(d) と図 3.15(d) の電流位相 I_1 と I_2 からわかるとおり，f_0 においては 90° の位相差があり，I_1 に対して，I_2 は 90° 進んでいる．これも磁界共鳴にみられる特徴であり，高効率になる事柄に関係している．

以上，電流の位相を踏まえて，コイル近傍での磁界の振る舞いをベクトル表示した図を図 3.16 に示す．また，図 3.17 に電流と磁界の振る舞いを示す．二つの共振周波数 f_m と f_e では特徴的な分布となる．電流がほぼ同位相のときには，コイル間の中央で磁界の向きが垂直方向（z 軸方向）に揃い，電流がほぼ逆位相のときには，コイル間の中央ではなく端で磁束が水平方向（x 軸方向）に揃っている．つまり，送信コイルと受信コイルの対称面における磁界のようすに注目すると，f_m においては対称面が磁気壁となる．磁気壁とは，対称面に垂直に磁界が分布し，水平方向に電界がする現象である．ちょうど，空間のインピーダンスが無限大になり開放した状態と等しくなる．一方，f_e においては，対称面が電気壁となる．電気壁とは，対称面に水平に磁界が分布し，垂直に電界が分布する現象である．ちょうど，空間に金属を置いてインピーダンスが $0\,\Omega$ になり短絡した状態と等しくなる．これは，送電コイルと受電コイルの電流の振幅の絶対値がほぼ等しくなるので，対称面にこのように分布しているようにみえる．

また，図 3.18，図 3.19 に，スカラー表示で近傍の磁界と電界について示す．図 3.19 は送受電コイルの対称面における磁界と電界の電力密度 P_m，P_e であり，最大値で規格化してある．磁気壁のときはコイル中央部においては磁界を強め合い，電気壁のと

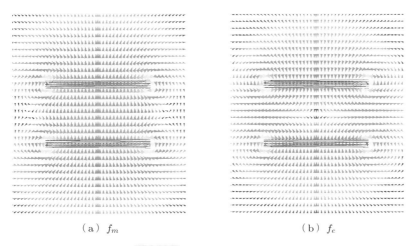

（a）f_m　　　　　　　　　　　　（b）f_e

図 3.16　磁界のベクトル表示

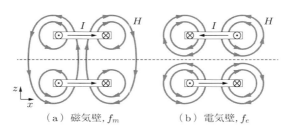

（a）磁気壁, f_m　　　　　　　　（b）電気壁, f_e

図 3.17　f_m と f_e における電流と磁界

きは磁界を弱め合うようにみえる．一方，コイル直下においては磁気壁のときは磁界を弱め合い，電気壁のときは磁界を強め合っているようにみえる．ただし，これは空間で足し合わされた磁界のみえ方であり，電力伝送効率などに関する優劣を示すものではない．

　磁界結合タイプのヘリカルコイルであるが，完全に電界結合が消えてはいない．図3.19(a), (b) は対称面での磁界と電界の分布であるが，コイルの巻き線直上，直下では電界エネルギーがわずかに存在し，二つのコイルの対称面における磁界と電界のエネルギー密度の最大値で比べた場合，磁界エネルギー密度に対し電界エネルギー密度の比率は 4％ほどである．磁界共鳴の場合，磁界結合と電界結合を完全に分離することができずに，$k = |k_m - k_e|$ のように電界と磁界の両方の差の結合となる場合がある[†]．今回は磁界が支配的であり，$k = k_m$ とみなせる．

[†] k_m は磁界による結合係数であり，k_e は電界による結合係数である．

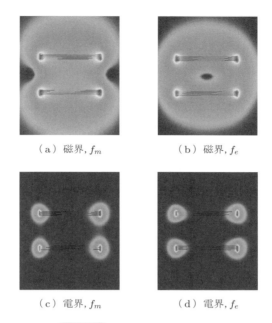

（a）磁界, f_m　　　　　　（b）磁界, f_e

（c）電界, f_m　　　　　　（d）電界, f_e

図 3.18　電磁界のスカラー表示

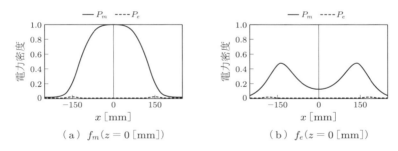

（a）$f_m(z = 0\,[\text{mm}])$　　　　　　（b）$f_e(z = 0\,[\text{mm}])$

図 3.19　対称面における磁界と電界の電力密度

　f_m と f_0 と f_e における半周期の磁束の変化をスカラー表示で図 3.20 に示す．また，向きの反転がわかりやすい 0° と 160° のときのベクトル表示を図 3.21 に示す．f_m と f_e は，I_1 と I_2 の電流の向きがほぼ同位相 (0°) と逆位相 (180°) であるのでわかりやすい．f_0 は I_1 と I_2 の電流の向きが 90° の位相差なので，ちょうど f_m と f_e の間のような振る舞いになっている．

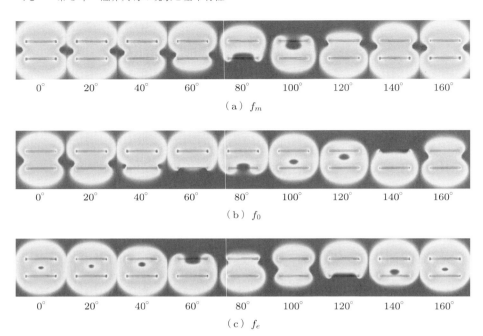

（a）f_m

（b）f_0

（c）f_e

図 3.20 半周期の磁界変化，スカラー表示

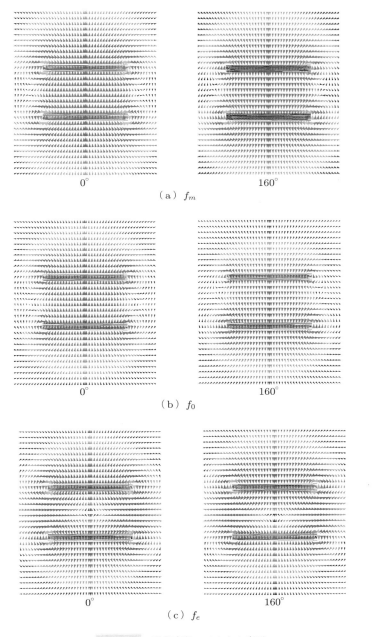

(a) f_m

(b) f_0

(c) f_e

図 3.21 磁界変化，ベクトル表示

3.4 周波数の決定要因（kHz～MHz～GHz）

　コイルなどの共振器に関して，周波数の決定要因について述べる．2007 年の発表当初の動作周波数は約 10 MHz であった．しかし，ほかの周波数で動作させることはできないだろうか，という当然の疑問が生じ，後に，周波数との関係が示された[14]．動作周波数の決定要因に関しては，波長の長さとコイルの全長の関係から説明されることもあったが，等価回路から考える方法が一番正確，かつ有効である．そこで，両者の比較も交えながら，等価回路から考える方法について述べる．

3.4.1　共振周波数について

　磁界共鳴の等価回路を図 3.22 に示す．導出などの詳細については次章に示すが，磁界共鳴として動作させるには，結合していない独立の状態のときに，1 次側で作られる共振周波数 f_1 と 2 次側で作られる共振周波数 f_2 が一致していることが重要である．独立に作られた共振周波数 f_1 と f_2 が一致していると，磁界での結合後も回路全体の共振周波数 f_0 と一致する．その共振周波数 f_0 は次式で示される．

$$f_0 = f_1 = f_2, \qquad f_1 = \frac{1}{2\pi\sqrt{L_1 C_1}}, \qquad f_2 = \frac{1}{2\pi\sqrt{L_2 C_2}} \tag{3.2}$$

f_1 と f_2 は自己インダクタンス L_1, L_2 とキャパシタンス C_1, C_2 の値によって決められる．当然ながら，同形状の対称コイルの場合，$L_1 = L_2$ かつ，$C_1 = C_2$ となるので，式 (3.2) は満たされる．しかしながら，非対称コイルであっても，式 (3.2) を満たせば，磁界共鳴として動作させることができる．

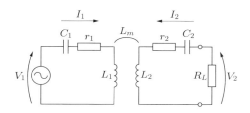

図 3.22　磁界共鳴の等価回路

　共振周波数の導出などについては次章で示すので，ここでは，得られた共振周波数の式 (3.2) を前提に考える．MHz 帯のコイルやコンデンサから考えると，L を大きくするか C を大きくすることで，kHz 帯のような低い周波数で動作させることも可能である．一方，L を小さくするか C を小さくすることで，GHz 帯のような高い周波数で動作させることも可能である．

結合の強さは相互インダクタンス L_m で決まり，結合係数 k との関係は下記の式 (3.3) となる．また，効率を考えるときには結合係数 k だけでなく，エネルギーを保持する指標であるコイルの Q 値も必要であり，式 (3.4) で示す kQ 積がわかりやすい指標となっている．kQ 積については次章にて述べるが，値が大きいほうが効率が高くなる．

$$k = \frac{L_m}{L} = \frac{L_m}{\sqrt{L_1 L_2}} \tag{3.3}$$

$$kQ = \frac{L_m}{L}\frac{\omega L}{r} = \frac{\omega L_m}{r} \tag{3.4}$$

式 (3.4) からわかるとおり，結局 L_m が重要なパラメータである．L_m は自己インダクタンス L のうち，どの程度 1 次側と 2 次側が結合したかを表しているので，L が小さいと，L_m も小さくなってしまう．そのため，たとえば，kHz 帯にするときには，L を大きくしたほうが，C を大きくするより優位である．ただし，L を大きくするには，巻数を増やしたり，半径を大きくしたりするので抵抗値 r が増えてしまうというデメリットもある．また，フェライトで L を増やすこともできるが，フェライトは重いので，軽量化のために，設計上は C を大きくすることも行う場合がある．

また，式 (3.4) からは，ω が大きい，つまり，周波数が高いほうがよいこともわかる．しかしながら，実際は周波数が上がると表皮効果などで r も増えるので，闇雲に周波数を上げればよいわけではない．

参考として，L と C ではなく，波長と全長から計算した共振周波数を表 3.2 に示す．半波長ダイポールアンテナは波長の半分で共振するので，表にある波長の半分が全長に相当するという考えになる．kHz～MHz～GHz 帯に関して，今回のスパイラルコイルの全長を，半波長として求めた共振周波数に対し，L と C で求めた実際の共振周波数を比較したものを表 3.3 に示す．このように，波長から考えると，巻数が増えるとインダクタンスや線間の浮遊容量により共振周波数算出の精度が落ちていくことがわ

表 3.2 周波数と波長

周波数	波長
1 kHz	300 km
10 kHz	30 km
100 kHz	3 km
1 MHz	300 m
10 MHz	30 m
100 MHz	3 m
1 GHz	30 cm
10 GHz	3 cm

表 3.3 全長から求めた共振周波数と実際の共振周波数

半波長 [m]	波長 [m]	波長から計算した共振周波数	実際の共振周波数	波長に対する直径の比率
243.7	487.4	615.5 kHz	121.7 kHz	0.0018
9.4	18.8	15.93 MHz	13.56 MHz	0.0159
52.8	105.6	2.84 GHz	1.49 GHz	0.0474

かる．そのため，集中定数の L と C から考える方法が有効である．また，参考に，波長に対するコイル直径の比率も表 3.3 に示す．

3.4.2 ｜ kHz, MHz, GHz 用コイルのパラメータ

　MHz 帯で動作しているコイルを kHz 帯で動作させる場合，コイルの線路長が長くなるため銅損が増え，効率が悪化することが懸念される．その一方で，周波数が低くなることにより表皮効果が抑えられるという効果が期待される．同様の理由で，GHz 帯で動作させる場合，周波数が高くなるために表皮効果により銅損の増加が懸念される一方で，線路長が短くなることにより損失が抑えられることが期待される．また，そもそも式 (3.4) にあるように，周波数を高くすれば Q 値も高くなる．このように，周波数と抵抗の関係はトレードオフの関係にある．

　kHz, MHz, GHz 帯において，比較する条件をできる限り同じにするため，コイルの設計方法を同じにする．具体的には，コイルの先端を開放にしたオープンタイプのコイルを使用し，自己共振によってコイルを動作させる．そのため，コイルの巻数によって等価回路における L の値が大きく変化し，kHz, MHz, GHz 帯のいずれかで動作するかが決まる．一方で，等価回路におけるコンデンサの値はコイル間の浮遊容量によって決められるので，巻数を増やせば C は増えるが，kHz 用コイルにしても GHz 用コイルにしても L の値の変化に比べると C の値の変化は大きくないので，周波数の主要な決定要因は L の値に大きく依存する．表 3.4，表 3.5 に kHz, MHz, GHz 用コイル寸法とパラメータを示す．

表 3.4　コイル寸法 (kHz, MHz, GHz 用)

	周波数	半径 [mm]	巻数	線の太さ [mm] (厚み，幅)
kHz 帯	121.7 kHz	450	71.5 ×2 層	2.0
MHz 帯	13.56 MHz	150	2.75 ×2 層	2.0
GHz 帯	1.49 GHz	2.5	4.0 ×1 層	(35 μm, 0.1)

表 3.5　パラメータ (kHz, MHz, GHz 用)

	R [Ω]	L	C [pF]	Q 値
kHz 帯	5.9	4.6 mH	370.3	597.3
MHz 帯	0.8	11.0 μH	12.5	1212.3
GHz 帯	4.3	60.7 nH	0.2	131.6

3.4.3 | kHz 用コイル

kHz 用スパイラルコイルの電磁界モデルと実験用コイルの例を図 3.23 に示す．実験写真には大きさ比較のため MHz 用コイルも置かれている．スパイラル形状をしているが，インダクタンスを増やすために 2 層になっている．半径 450 mm，巻数 71.5 巻（2 層合計で 143 巻），線間すき間 3 mm，銅線の太さ 2 mm の 2 層構造で，層間は 10 mm であり，1 素子における共振周波数は 121.7 kHz である．負荷は 50 Ω 固定である．

 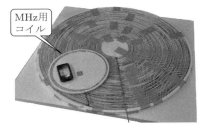

（a）電磁界モデル （b）実験で使用した kHz 用コイルの写真

図 3.23 kHz 用スパイラルコイル

図 3.24 に電磁界解析の結果を示す．二つの電力ピークが一つになることなど，磁界共鳴の特徴的な現象は，この kHz 用コイルにおいても MHz と同様に動作することが確認できる．巻数と半径増加により，大きなインダクタンスが得られ，また，線路長増加により内部抵抗が増え，$L = 4.62\,\text{mH}$，$R = 5.91\,\Omega$，$C = 370.3\,\text{pF}$ となった．非常に大きな L のおかげで大きな内部抵抗と低い周波数にもかかわらず，Q 値は 597.3 と，まずまずの値である．

図 3.23 の kHz 用コイルは空芯であったが，フェライトを用いても同様に作成できる．その場合は直径は小さくなる．一方で，フェライトは鉄が主成分であることからわかるとおり，重量が増す．

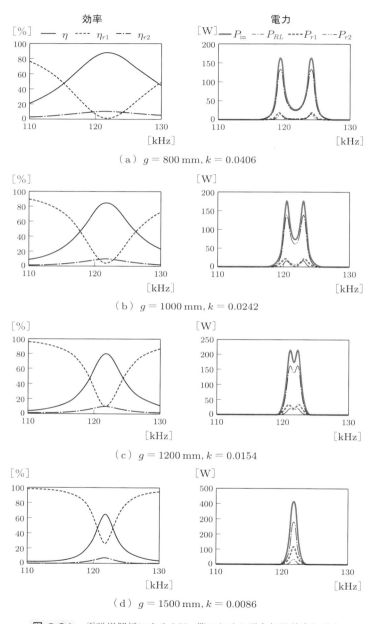

（a）$g = 800\,\mathrm{mm}, k = 0.0406$

（b）$g = 1000\,\mathrm{mm}, k = 0.0242$

（c）$g = 1200\,\mathrm{mm}, k = 0.0154$

（d）$g = 1500\,\mathrm{mm}, k = 0.0086$

図 3.24 電磁界解析による kHz 帯における電力伝送効率と電力

3.4.4 | GHz 用コイル

　GHz 用スパイラルコイルの電磁界モデルと実験用コイルの例を図 3.25 に示す．半径 2.5 mm，巻数 4 巻，線間すき間 0.1 mm，線の幅 0.1 mm，線の厚み 35 µm であり，1 素子における共振周波数は 1.49 GHz である．

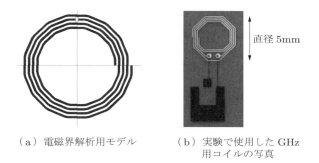

（ａ）電磁界解析用モデル　　　（ｂ）実験で使用した GHz
　　　　　　　　　　　　　　　　　　　　用コイルの写真

図 3.25　GHz 用スパイラルコイル

　図 3.26 に電磁界解析の結果を示す．電磁界解析と実験結果から，二つの共振周波数が一つになることなど，磁界共鳴の特徴的な現象はこの GHz 用コイルにおいても MHz 同様に動作することが確認できる．各種パラメータは $R = 4.31\,\Omega$, $L = 60.7\,\text{nH}$, $C = 0.19\,\text{pF}$ である．誘電損失[†]を回避するためポリイミドのフレキシブル基板上にコイルを構成したので，銅線（銅箔）の厚みが 35 µm という薄さになり，表皮効果によって抵抗が増えている．巻数も少ないためインダクタンスも小さく，抵抗値も大きいため，周波数が高くても Q 値は 131.65 であり，それほど大きくない結果が得られている．

　GHz 用コイルはインダクタンスが小さいので，コイルの直径は小さくなるため，mm 単位のエアギャップとなる．そのため，GHz 帯になると，一般には，放射タイプのマイクロ波電力伝送が使われることが多い．

　[†] 誘電体で生じる損失を誘電損失（誘電損）とよぶが，kHz 帯においては誘電体による損失は生じない．MHz 帯になると徐々に影響が生じるので，電気的に空気をみなせる発泡剤などがコイルの保持材として使われるようになる．さらに，GHz 帯になると誘電体である基板などで生じる誘電損失の影響は非常に大きいので，設計時に誘電正接（$\tan\delta$）の小さい素材を使うなどの工夫が必要となる．

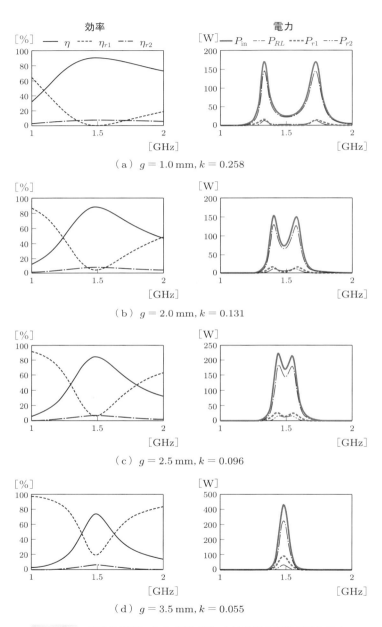

（a）$g = 1.0\,\mathrm{mm}, k = 0.258$

（b）$g = 2.0\,\mathrm{mm}, k = 0.131$

（c）$g = 2.5\,\mathrm{mm}, k = 0.096$

（d）$g = 3.5\,\mathrm{mm}, k = 0.055$

図 **3.26**　電磁界解析による GHz 帯における電力伝送効率と電力

4 | 磁界共鳴の基本回路（S-S 方式）

　本章では，等価回路においてコンデンサが送電側と受電側ともに直列 (series) に接続された方式である S-S 方式の磁界共鳴（磁界共振結合）の式を導出する．キルヒホッフの電圧則から求める方法や，$\boldsymbol{Z}$ 行列を使う方法を示す．次に，周波数特性から電力の 2 ピークなどを確認したうえで，共振周波数 f_0 での特性も確認する．

4.1 | 等価回路の導出

　本節では，磁界共鳴の式の導出を行う．電圧の式から電流の式を求めて，インピーダンスや，電力や効率の式を求める．

　等価回路を図 4.1 に示す．一般的な等価回路を図 (a) に，T 型等価回路を図 (b) に示す．実際のコイルにおいては，コイル単独で LC 共振を起こさせる自己共振型のオープンタイプと，コイルにコンデンサを接続して，LC 共振を起こさせる他励共振型のショートタイプの二つのタイプがある．オープンタイプとショートタイプの詳細は第

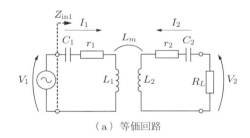

（a）等価回路

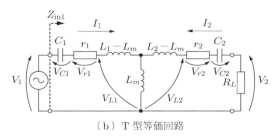

（b）T 型等価回路

図 4.1　磁界共鳴の等価回路（S-S 方式）

6 章に記すが，等価回路としては同じ図 4.1 となる[2], [3], [15], [16].

　1 次側は，コイルとコンデンサが直列共振しており，そこに内部抵抗が存在しているので，1 次側回路は L_1, C_1, r_1 の直列共振として表すことができる．一方，2 次側も，コイルとコンデンサが直列共振しているが，そこに内部抵抗だけでなく，負荷 R_L も存在しているので，2 次側回路は L_2, C_2, r_2 に R_L を加えた直列共振として表すことができる．そして，二つのコイルは磁界で結合しているので，相互インダクタンス L_m で表すことができる．よって，図 4.1 のような等価回路になる．これは，磁界共鳴は 1 次側の共振周波数と 2 次側の共振周波数を同じにしたうえで，磁界を用いて結合していると表現することもできる．

　一般的な回路の解き方としては，キルヒホッフの電圧則とよばれる，電圧が等しくなるところを利用した式を立てる解き方があり，はじめにそれに沿って解いていく．次に，コイルが増えた場合においても拡張が容易な $\boldsymbol{Z}$ 行列（$\boldsymbol{Z}$ パラメータ）を用いて解く．

（1）キルヒホッフの電圧則による解き方

　キルヒホッフの電圧則より，電圧は下記の式 (4.1) となる．ω は角周波数であり，周波数 f と角周波数 ω の関係は式 (4.2) である．

$$\begin{cases} V_1 = V_{L1} + V_{C1} + V_{r1} \\ V_2 = V_{L2} + V_{C2} + V_{r2} \end{cases} \tag{4.1}$$

$$\omega = 2\pi f \tag{4.2}$$

　入力電圧 V_1，出力電圧 V_2，送受電コイル電圧 V_{L1}, V_{L2}，送受電共振コンデンサ電圧 V_{C1}, V_{C2}，送受電内部抵抗電圧 V_{r1}, V_{r2} の関係は，それぞれ以下の式となる．

$$\begin{cases} V_{L1} = j\omega L_1 I_1 + j\omega L_m I_2 \\ V_{L2} = j\omega L_2 I_2 + j\omega L_m I_1 \end{cases} \tag{4.3}$$

$$\begin{cases} V_{C1} = \dfrac{1}{j\omega C_1} I_1 \\ V_{C2} = \dfrac{1}{j\omega C_2} I_2 \end{cases} \tag{4.4}$$

$$\begin{cases} V_{r1} = r_1 I_1 \\ V_{r2} = r_2 I_2 \end{cases} \tag{4.5}$$

式 (4.1) に式 (4.3)〜(4.5) を代入すると次式が得られる．

$$
\begin{cases}
V_1 = j\omega L_1 I_1 + j\omega L_m I_2 + \dfrac{1}{j\omega C_1} I_1 + r_1 I_1 \\[2mm]
V_2 = j\omega L_2 I_2 + j\omega L_m I_1 + \dfrac{1}{j\omega C_2} I_2 + r_2 I_2
\end{cases} \tag{4.6}
$$

一方，各コイルに接続される負荷などの電圧は

$$
\begin{cases}
V_1 = V_1 \\[2mm]
V_2 = -I_2 R_L
\end{cases} \tag{4.7}
$$

で表される．1次側は電圧源なので，V_1 のままとする．よって，式 (4.6) と式 (4.7) より，キルヒホッフの電圧則は，式 (4.8) のようにまとめられる．

$$
\begin{cases}
V_1 = j\omega L_1 I_1 + j\omega L_m I_2 + \dfrac{1}{j\omega C_1} I_1 + r_1 I_1 \\[2mm]
0 = j\omega L_2 I_2 + j\omega L_m I_1 + \dfrac{1}{j\omega C_2} I_2 + r_2 I_2 + R_L I_2
\end{cases} \tag{4.8}
$$

これで電圧の式がまとまり，二つの式に対して未知数は I_1 と I_2 の二つなので，式 (4.8) の連立方程式を解けば，I_1, I_2 が下記の式 (4.9), (4.10) のように求められ，式 (4.7) に代入することで，V_2 が式 (4.11) のように求められる．また，入力インピーダンス Z_{in1} も，式 (4.12) のように求められる．

$$
I_1 = \frac{r_2 + R_L + j\left(\omega L_2 - \dfrac{1}{\omega C_2}\right)}{\left\{r_1 + j\left(\omega L_1 - \dfrac{1}{\omega C_1}\right)\right\}\left\{r_2 + R_L + j\left(\omega L_2 - \dfrac{1}{\omega C_2}\right)\right\} + \omega^2 L_m^2} V_1 \tag{4.9}
$$

$$
I_2 = -\frac{j\omega L_m}{\left\{r_1 + j\left(\omega L_1 - \dfrac{1}{\omega C_1}\right)\right\}\left\{r_2 + R_L + j\left(\omega L_2 - \dfrac{1}{\omega C_2}\right)\right\} + \omega^2 L_m^2} V_1 \tag{4.10}
$$

$$
V_2 = \frac{j\omega L_m R_L}{\left\{r_1 + j\left(\omega L_1 - \dfrac{1}{\omega C_1}\right)\right\}\left\{r_2 + R_L + j\left(\omega L_2 - \dfrac{1}{\omega C_2}\right)\right\} + \omega^2 L_m^2} V_1 \tag{4.11}
$$

$$Z_{\mathrm{in}1} = \frac{V_1}{I_1}$$

$$= \frac{\left\{ r_1 + j \left(\omega L_1 - \dfrac{1}{\omega C_1} \right) \right\} \left\{ r_2 + R_L + j \left(\omega L_2 - \dfrac{1}{\omega C_2} \right) \right\} + \omega^2 L_m^2}{r_2 + R_L + j \left(\omega L_2 - \dfrac{1}{\omega C_2} \right)}$$

$$(4.12)$$

以上より，各々の電圧と電流が求められたので，下記の式 (4.13) に代入することにより，入力電力 P_1 と負荷で消費される電力 P_2 が求められる．また，各コイルの内部抵抗で消費される電力は，式 (4.14) で表される．電力伝送は実際に消費される有効電力で考えるので，電力計算をするときには，複素電力の実数部分のみが効率に関与する．以上より，負荷での効率 η は式 (4.15) となる．

$$\begin{cases} P_1 = \mathrm{Re}\{V_1 \bar{I}_1\} \\ P_2 = P_{RL} = \mathrm{Re}\{V_2(-\bar{I}_2)\} \end{cases} \tag{4.13}$$

$$\begin{cases} P_{r1} = \mathrm{Re}\{V_{r1}\bar{I}_1\} \\ P_{r2} = \mathrm{Re}\{V_{r2}(-\bar{I}_2)\} \end{cases} \tag{4.14}$$

$$\eta = \frac{(\omega L_m)^2 R_L}{\left\{ (r_2 + R_L)^2 + \left(\omega L_2 - \dfrac{1}{\omega C_2} \right)^2 \right\} r_1 + (\omega L_m)^2 (r_2 + R_L)} \tag{4.15}$$

（2）Z 行列による計算

以上で効率が求められたが，一方で，複数コイル（第9章参照）になったときは，このような解法では計算が困難であるので，行列計算を行うことになる．そこで，行列計算の準備として，今回の送受電コイルが 1 対 1 の場合も，行列を使って電流の式まで算出する．まず，自己インダクタンスと相互インダクタンスは，下記の式 (4.16) のようになる．そして，各コイルの負荷を除いた箇所のインピーダンスを Z で表すと，その定義式は式 (4.17) なので，コイルとコンデンサと内部抵抗と相互インダクタンスを含めて表すと式 (4.18) となる．Z 行列の要素は (4.19) から求められるが，実際には，式 (4.6) から Z 行列の要素（式 (4.18)）を求めることが多い．

$$[\boldsymbol{L}] = \begin{bmatrix} L_1 & L_m \\ L_m & L_2 \end{bmatrix} \tag{4.16}$$

$$[\boldsymbol{Z}] = \begin{bmatrix} Z_{11} & Z_{12} \\ Z_{21} & Z_{22} \end{bmatrix} \tag{4.17}$$

$$= \begin{bmatrix} r_1 + j\omega L_1 + \dfrac{1}{j\omega C_1} & j\omega L_m \\ j\omega L_m & r_2 + j\omega L_2 + \dfrac{1}{j\omega C_2} \end{bmatrix} \tag{4.18}$$

$$\begin{cases} Z_{11} = \dfrac{V_1}{I_1}\bigg|_{I_2=0} \\ Z_{12} = \dfrac{V_1}{I_2}\bigg|_{I_1=0} \\ Z_{21} = \dfrac{V_2}{I_1}\bigg|_{I_2=0} \\ Z_{22} = \dfrac{V_2}{I_2}\bigg|_{I_1=0} \end{cases} \tag{4.19}$$

Z_{12} と Z_{21} の関係は $Z_{12} = Z_{21}$ である．そのときの電圧 $\boldsymbol{V}$ と電流 $\boldsymbol{I}$ は，それぞれ下記の式 (4.20) となり，電圧と電流とインピーダンスの関係は式 (4.21) で表される．

$$[\boldsymbol{V}] = \begin{bmatrix} V_1 \\ V_2 \end{bmatrix}, \qquad [\boldsymbol{I}] = \begin{bmatrix} I_1 \\ I_2 \end{bmatrix} \tag{4.20}$$

$$[\boldsymbol{V}] = [\boldsymbol{Z}][\boldsymbol{I}] \tag{4.21}$$

よって，

$$\begin{bmatrix} V_1 \\ 0 \end{bmatrix} = \begin{bmatrix} r_1 + j\left(\omega L_1 - \dfrac{1}{\omega C_1}\right) & j\omega L_m \\ j\omega L_m & r_2 + R_L + j\left(\omega L_2 - \dfrac{1}{\omega C_2}\right) \end{bmatrix} \begin{bmatrix} I_1 \\ I_2 \end{bmatrix} \tag{4.22}$$

となる．共振時は

$$\begin{bmatrix} V_1 \\ 0 \end{bmatrix} = \begin{bmatrix} r_1 & j\omega_0 L_m \\ j\omega_0 L_m & r_2 + R_L \end{bmatrix} \begin{bmatrix} I_1 \\ I_2 \end{bmatrix} \tag{4.23}$$

となる．ω_0 は共振角周波数である．

ここで，R_L を含んだ式 (4.22) をもとに，電圧 $\boldsymbol{V}'$，インピーダンス $\boldsymbol{Z}'$，電流 $\boldsymbol{I}$ を下記の式 (4.24) のように再定義する．当然ながら，電流 $\boldsymbol{I}$ は式 (4.21) のときと変わらない．電圧 $\boldsymbol{V}'$，電流 $\boldsymbol{I}$ は式 (4.25) となる．

$$[\boldsymbol{V'}] = [\boldsymbol{Z'}][\boldsymbol{I}] \tag{4.24}$$

$$[\boldsymbol{V'}] = \begin{bmatrix} V_1 \\ 0 \end{bmatrix}, \qquad [\boldsymbol{I}] = \begin{bmatrix} I_1 \\ I_2 \end{bmatrix} \tag{4.25}$$

式 (4.24) を変形して求められる下記の式 (4.26) を展開すると式 (4.27) となり，式 (4.28), (4.29) が求められる．ここで，逆行列の計算に関しては式 (4.30) の関係を使った．このように，行列で求めた電流の式も，先に求めた電流の式 (4.9), (4.10) に一致していることが確認できる．3 個以上のコイルを考える際には，簡単に計算するために，$\boldsymbol{Z}$ パラメータでの計算は必須となる．

$$[\boldsymbol{I}] = [\boldsymbol{Z'}]^{-1}[\boldsymbol{V}] \tag{4.26}$$

$$
\begin{bmatrix} I_1 \\ I_2 \end{bmatrix} = \frac{1}{\left\{ r_1 + J\left(\omega L_1 - \dfrac{1}{\omega C_1}\right) \right\}\left\{ r_2 + R_L + j\left(\omega L_2 - \dfrac{1}{\omega C_2}\right) - \omega L_m \cdot \omega L_m \right\}}
$$

$$
\cdot \begin{bmatrix} r_2 + R_L + j\left(\omega L_2 - \dfrac{1}{\omega C_2}\right) & -j\omega L_m \\ -j\omega L_m & r_1 + j\left(\omega L_1 - \dfrac{1}{\omega C_1}\right) \end{bmatrix} \begin{bmatrix} V_1 \\ 0 \end{bmatrix} \tag{4.27}
$$

$$
I_1 = \frac{r_2 + R_L + j\left(\omega L_2 - \dfrac{1}{\omega C_2}\right)}{\left\{ r_1 + j\left(\omega L_1 - \dfrac{1}{\omega C_1}\right) \right\}\left\{ r_2 + R_L + j\left(\omega L_2 - \dfrac{1}{\omega C_2}\right) - \omega L_m \cdot \omega L_m \right\}} V_1 \tag{4.28}
$$

$$
I_2 = -\frac{j\omega L_m}{\left\{ r_1 + j\left(\omega L_1 - \dfrac{1}{\omega C_1}\right) \right\}\left\{ r_2 + R_L + j\left(\omega L_2 - \dfrac{1}{\omega C_2}\right) \right\} + \omega^2 L_m^2} V_1 \tag{4.29}
$$

$$
\begin{bmatrix} a & b \\ c & d \end{bmatrix}^{-1} = \frac{1}{ad - bc} \begin{bmatrix} d & -b \\ -c & a \end{bmatrix} \tag{4.30}
$$

　上記で得られた式を用いて，周波数を変えたときの特性をエアギャップと負荷を変えて確認しよう．エアギャップは $g = 150, 210, 300\,\mathrm{mm}$ と変え，負荷は 10, 50, 100 Ω と変える．図 4.2 に $g = 150\,\mathrm{mm}$ のとき，図 4.3 に $g = 210\,\mathrm{mm}$ のとき，図 4.4 に $g = 300\,\mathrm{mm}$ のときのグラフを示す．1 次側の内部抵抗 r_1 での損失の割合を η_{r1}，2 次側の内部抵抗 r_2 での損失の割合を η_{r2} とする．コイルと内部抵抗とコンデンサのパラメータは $L = 11.0\,\mathrm{\mu H}$, $r = 0.8\,\Omega$, $C = 12.5\,\mathrm{pF}$ である．

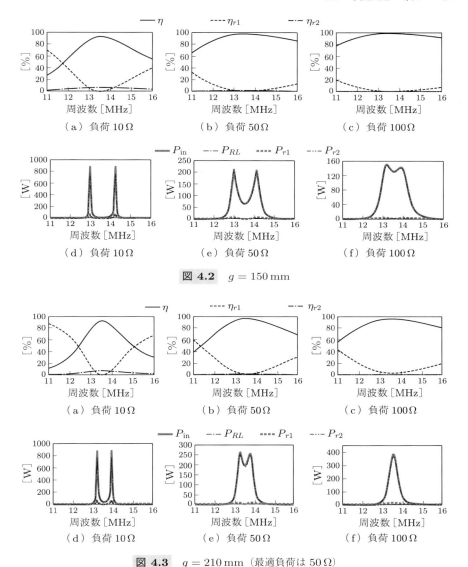

図 **4.2**　$g = 150\,\mathrm{mm}$

図 **4.3**　$g = 210\,\mathrm{mm}$（最適負荷は $50\,\Omega$）

　図 4.2 の $g = 150\,\mathrm{mm}$ のときにおいては，電力は 2 ピークの山を形成していることがわかる．この点は，入力インピーダンス $|Z_{\mathrm{in}}|$ が小さくなっている 2 箇所周辺である（付録 B エアギャップ特性参照）．一方，効率は常に一山である．

　図 4.3 の $g = 210\,\mathrm{mm}$ において，$50\,\Omega$ は最大効率が実現できる最適負荷となっている．このとき，最大効率を実現できている周波数の両側に 2 ピークがある．つまり，

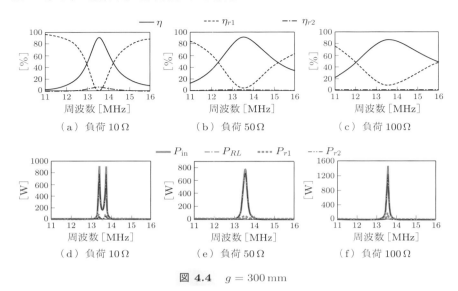

図 4.4　$g = 300\,\mathrm{mm}$

　周波数を 2 ピークに合わせることで，効率を若干犠牲にしてパワーを優先することも考えられる．100 Ω のときを確認すると，負荷のインピーダンスを大きくし過ぎた場合，入力インピーダンスが小さくなる点が一つになり，電力のピークも一山になることが確認できる．

　図 4.4 の $g = 300\,\mathrm{mm}$ においては，最適負荷は 10 Ω と 50 Ω の間にある．

4.2 共振周波数における等価回路

4.2.1 共振周波数における等価回路の導出と最大効率

　本節は，共振条件下 ($f = f_0$) で動作させることを考える．この条件では，自己インダクタンス L_1, L_2 によるリアクタンスとキャパシタンス C_1, C_2 によるリアクタンスは，下記の式 (4.31) のように，互いに打ち消し合う．また，1 次側と 2 次側の共振角周波数 ω_0 は等しくなるので，式 (4.32) となる．

$$\begin{cases} j\omega L_1 + \dfrac{1}{j\omega C_1} = 0 \\[2mm] j\omega L_2 + \dfrac{1}{j\omega C_2} = 0 \end{cases} \tag{4.31}$$

$$\omega_0 = \frac{1}{\sqrt{L_1 C_1}} = \frac{1}{\sqrt{L_2 C_2}} \tag{4.32}$$

　この条件下では，電圧の式 (4.6) は以下に示す式 (4.33) となる．一方，各コイルに

接続される負荷の電圧は式 (4.34) で表される．よって，式 (4.33) と式 (4.34) より，式 (4.35) が得られる．またこの式は，式 (4.36) のように行列で表せる．

$$\begin{cases} V_1 = j\omega_0 L_m I_2 + r_1 I_1 \\ V_2 = j\omega_0 L_m I_1 + r_2 I_2 \end{cases} \tag{4.33}$$

$$\begin{cases} V_1 = V_1 \\ V_2 = -I_2 R_L \end{cases} \tag{4.34}$$

$$\begin{cases} V_1 = j\omega_0 L_m I_2 + r_1 I_1 \\ 0 = j\omega_0 L_m I_1 + r_2 I_2 + R_L I_2 \end{cases} \tag{4.35}$$

$$\begin{bmatrix} V_1 \\ 0 \end{bmatrix} = \begin{bmatrix} r_1 & j\omega_0 L_m \\ j\omega_0 L_m & r_2 + R_L \end{bmatrix} \begin{bmatrix} I_1 \\ I_2 \end{bmatrix} \tag{4.36}$$

式 (4.36) より，電流と電圧を

$$I_1 = \frac{r_2 + R_L}{(\omega_0 L_m)^2 + r_1(r_2 + R_L)} V_1 \tag{4.37}$$

$$I_2 = -\frac{\omega_0 L_m}{(\omega_0 L_m)^2 + r_1(r_2 + R_L)} V_1 \tag{4.38}$$

$$V_2 = \frac{\omega_0 L_m R_L}{(\omega_0 L_m)^2 + r_1(r_2 + R_L)} V_1 \tag{4.39}$$

のように求めることができる．以上より，式 (4.13) で行ったように，入力電力 P_1 と負荷で消費される電力 P_2 が求められる．同様に，各コイルの内部抵抗で消費される電力は，式 (4.14) で表される．以上より，負荷での効率 η は

$$\eta = \frac{P_2}{P_1} = \frac{P_2}{P_{r1} + P_{r2} + P_2} = \frac{R_L(\omega_0 L_m)^2}{r_1(r_2 + R_L)^2 + r_2(\omega_0 L_m)^2 + R_L(\omega_0 L_m)^2}$$
$$= \frac{R_L(\omega_0 L_m)^2}{(r_2 + R_L)\{r_1(r_2 + R_L) + (\omega_0 L_m)^2\}} \tag{4.40}$$

となる．

式 (4.40) と以下の式 (4.41) から最大効率となる最適負荷の条件式 (4.42) が得られる．これを式 (4.40) に代入すれば，最大効率の式 (4.43) が得られる[17]．

$$\frac{\partial \eta}{\partial R_L} = 0 \tag{4.41}$$

$$R_{Lopt} = \sqrt{r_2^2 + \frac{r_2(\omega_0 L_m)^2}{r_1}} \tag{4.42}$$

$$\eta_{\max} = \frac{(\omega_0 L_m)^2}{\left(\sqrt{r_1 r_2} + \sqrt{r_1 r_2 + (\omega_0 L_m)^2}\right)^2} \tag{4.43}$$

入力インピーダンスは，式 (4.37) より

$$Z_{\mathrm{in}} = \frac{V_1}{I_1} = r_1 + \frac{(\omega_0 L_m)^2}{r_2 + R_2} \tag{4.44}$$

となる．虚数成分の j がないことからわかるとおり，負荷が変わっても，相互インダクタンスが変わっても純抵抗なので，力率は常に 1 である．これは，S-S の共振周波数 f_0 における特徴的な性質である．

4.2.2 ┃ 電圧比・電流比の導出

入出力の電圧や電流の比がわかっていると回路設計に役立つことがある．とくに，S-S タイプにおいては，電圧比や電流比が 1 に近いときに最大効率になるという特徴がある．電圧比を A_V，電流比を A_I とする．A_V は 1 次側と 2 次側の電圧の比で，A_I は 1 次側と 2 次側の電流の比であり，それぞれ以下の式となる．

$$A_V = \frac{V_2}{V_1} \tag{4.45}$$

$$A_I = \frac{I_2}{I_2} \tag{4.46}$$

よって，f_0 における A_V, A_I はそれぞれ，以下の式となる．

$$A_V = j\frac{\omega_0 L_m R_L}{r_1 R_L + r_1 r_2 + (\omega_0 L_m)^2} \tag{4.47}$$

$$A_I = j\frac{\omega_0 L_m}{R_L + r_2} \tag{4.48}$$

共振周波数 f_0 においては A_V, A_I は実数成分はなく虚数成分のみである．つまり，これは入出力の電圧や電流の位相差は常に 90° になることを示している．そして，その位相差は，負荷の値や相互インダクタンスに依存しない．

次に，伝送効率について考える．1 次側に入力する電力と 2 次側から出力される電力の比が，効率である．入出力の電力の比は

$$\eta = A_P = \frac{V_2 \cdot \overline{I_2}}{V_1 \cdot \overline{I_1}} = \left(\frac{V_2}{V_1}\right) \cdot \overline{\left(\frac{I_2}{I_1}\right)} = A_V \cdot \overline{A_I} \tag{4.49}$$

で表される．f_0 においては 1 次側も 2 次側も力率 1 なので，効率 η は A_V と A_I の共役複素数の積のみで表すことができる．以上より，効率は次式となる．

$$\eta = \frac{(\omega_0 L_m)^2 R_L}{(R_L + r_2)\{r_1 R_L + r_1 r_2 + (\omega_0 L_m)^2\}} \tag{4.50}$$

このように，電力伝送角周波数を送受電器の共振角周波数 ω_0 と同一とすることで，入出力の特性式をシンプルに表すことができる．図 4.5 に結合係数に対する A_V と A_I の特性を負荷の値を変えながら示した図を示す．A_V はピークをもつ形になっているが，最大効率周辺で動作させることを考慮すると，ピークより右側が実際の動作点になる．この条件下においては，負荷の値がどの値であっても，エアギャップが大きくなり結合が弱くなるにつれ A_V が大きくなる．つまり，負荷を調整しない場合，エアギャップが増えると 2 次側の電圧が大きくなる．一方，A_I は小さくなるので，相対的に 1 次側に比べ 2 次側の電流が小さくなる．ただし，これは相対値であり，2 次側の電圧が増えている以上，2 次側に流れる電流も増えているので注意が必要である（付録 C.1.4 項参照）．

実際には最大効率制御を行うため，結合係数に合わせて最適負荷 R_{Lopt} に調整する．その場合，k が小さい領域以外は，$A_V \fallingdotseq A_I \fallingdotseq 1$ となる．つまり，電圧増幅率も，電流増幅率も 1 にするとほぼ最大効率条件となる．そのため，$V_1 = V_2$ や $I_1 = I_2$ にす

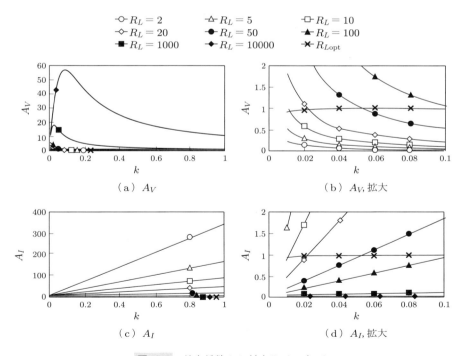

図 **4.5** 結合係数 k に対する A_V と A_I

ると，ほぼ最大効率条件で電力伝送が可能となる．ただし，これは，k が大きいときのみであることを強調しておく．大エアギャップといわれるような領域，たとえば，$k = 0.1$ 以下の領域であったり，内部抵抗が大きく，Q 値が小さいコイルなどにおいては，$A_V \fallingdotseq A_I \fallingdotseq 1$ から若干のずれが生じるため，最大効率条件からずれてしまう．つまり，安易に $A_V = A_I = 1$ とすることは注意が必要である．一方，この条件が使える領域であれば，位置ずれが生じてもエアギャップが大きくなっても，最大効率の条件は $A_V \fallingdotseq A_I \fallingdotseq 1$ なので，電源の電圧さえ事前にわかっていれば，$V_1 = V_2$ とするだけで，常に最大効率での電力伝送を達成させることができる．

4.2.3 | 共振周波数における負荷特性

共振周波数 f_0 における，負荷抵抗に対するエアギャップ変化時の特性を図 4.6 に示す．電圧に関して考えると，最大効率となる条件は，結合がある程度強い場合には $A_V \fallingdotseq 1$ である．V_2 に関して確認すると，入力電圧が 100 V なので，$V_2 \fallingdotseq 100\,\mathrm{V}$ で最大効率となる．ただし，$A_V \fallingdotseq 1$ は大体の目安である．同様に，電流に関して考えると，最大効率となる条件は，結合がある程度強い場合には $A_I \fallingdotseq 1$ である．I_1 と I_2 のグラフにおいて，各々のエアギャップに関して $I_1 \fallingdotseq I_2$ のところを考えることで，最大効率となる大体の最適負荷 $R_{L\text{opt}}$ がわかる．ただし，$A_I \fallingdotseq 1$ も大体の目安である．そのため，エアギャップ g に対する最適負荷 $R_{L\text{opt}}$ の正確な値を図 4.6(u) に示すので，図 (a)～(t) に対して $R_{L\text{opt}}$ の位置確認の際には，図 (u) と照らし合わせて確認してほしい．

S-S 方式は 2 次側で一定の電流値になる定電流特性をもっている（図 4.6(h)）．これは，負荷の値を変えてもエアギャップを固定したときは，2 次側電流 I_2 の値が変わらないことを意味している．エアギャップがあまりにも大きくなりすぎると，この定電流特性は失われるが，実際に大エアギャップといわれるようなコイルの直径くらいのエアギャップ（$g = 300\,\mathrm{mm}$）前後より近ければ，比較的定電流特性は保たれている．

電圧や電流からわかるように，最適負荷から外れるほど，大電圧であったり大電流が流れたりしてしまう．つまり，動作領域を設計時にしっかり定めていなかったり，最適負荷から離れた領域で使うことになると，その分，定格電圧や定格電流を上げて高価な部品を使う必要が出てくる．また，当然ながら効率も低下する．とくに，コンデンサにかかる電圧や電流は注意が必要である．また，共振しているので，$V_{L1} = V_{C1}$ であり，$V_{L2} = V_{C2}$ である．

4.2.4 | kQ 積による表現

ワイヤレス電力伝送では，kQ 積が直感的にわかりやすい指標として使われること

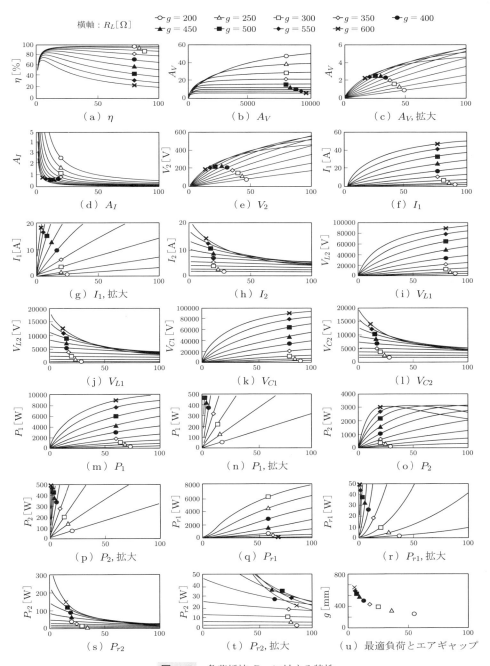

図 **4.6**　負荷抵抗 R_L に対する特性

がある．結合係数 k と Q 値だけで共振周波数における最大効率が算出できるからである．エアギャップが広がると結合係数 k は小さくなり 0 に近づくが，一方で，大きな Q 値をもったエネルギーを保持することが可能なコイルを使えば，高効率の電力伝送ができるということを意味している．4.2.1 項でも最大効率式の算出を行ったが，ここでは kQ 積の表現を使って最大効率の式を示す[18],[19]．

まず，結合係数 k は式 (4.51) である．Q 値は式 (4.52) である．よって，送受電で同じコイルを使った場合の kQ 積は式 (4.53) である．送電側と受電側のコイルが異なる場合，式 (4.54) のように，$k^2 Q_1 Q_2$ となる．

$$k = \frac{L_m}{L} = \frac{L_m}{\sqrt{L_1 L_2}} \tag{4.51}$$

$$Q = \frac{\omega L}{r}, \quad Q_1 = \frac{\omega L_1}{r_1}, \quad Q_2 = \frac{\omega L_2}{r_2} \tag{4.52}$$

$$kQ = \frac{L_m}{L} \frac{\omega L}{r} = \frac{\omega L_m}{r} \tag{4.53}$$

$$k^2 Q_1 Q_2 = \frac{L_m^2}{(\sqrt{L_1 L_2})^2} \frac{\omega^2 L_1 L_2}{r_1 r_2} = \frac{\omega L_m}{\sqrt{r_1 r_2}} \tag{4.54}$$

kQ 積は，最終的には ω と L_m と r の関係になる．たとえば，周波数が大きくなれば ω が大きくなり，Q 値は高くなる．ただし，表皮効果の影響で r が大きくなるので，実際には，ω と r との関係で決まる．また，大きな L_m を稼ぐには大きな L が必要である．ただし，巻数を増やして，L を大きくすると，r も大きくなるので，この関係も L と r のトレードオフになっている．

式 (4.53) は下記の式 (4.55) のように変形できるので，次章で示す最大効率を実現できる最適負荷の式 (4.56) に式 (4.55) を代入することで式 (4.57) が得られる．

$$L_m = \frac{kQr}{\omega} \tag{4.55}$$

$$R_{Lopt} = \sqrt{r_2^2 + \frac{r_2 (\omega L_m)^2}{r_1}} \tag{4.56}$$

$$R_{Lopt} = r \sqrt{1 + (kQ)^2} \tag{4.57}$$

磁界共鳴の S-S 方式の効率式は下記の式 (4.58) なので，R_L に最適負荷の式 (4.57) を代入することで，最大効率 $\eta_{\max}$ の kQ 積による表現の式 (4.59) が得られる．

$$\eta = \frac{(\omega L_m)^2 R_L}{(r_2 + R_L)^2 r_1 + (\omega L_m)^2 r_2 + (\omega L_m)^2 R_L} \tag{4.58}$$

$$\eta_{\mathrm{max}} = \frac{k^2 Q_1 Q_2}{\left(1 + \sqrt{1 + k^2 Q_1 Q_2}\right)^2} \tag{4.59}$$

グラフと表をそれぞれ図 4.7 と表 4.1 に示す. たとえば, $kQ = 10$ で最大効率 $\eta_{\mathrm{max}} = 81.9\%$ という値は, $k = 0.1$ の場合 $Q = 100$ のコイルがあれば達成されるが, $k = 0.01$ でも $Q = 1000$ のコイルがあれば同様に達成される.

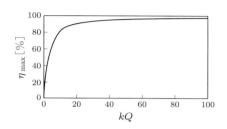

図 4.7 kQ と最大効率 η_{max}

表 4.1 kQ と最大効率 η_{max}

kQ	1	2	3	4	5	6	7	8	9	10
η_{max} [%]	17.2	38.2	51.9	61.0	67.2	71.8	75.2	77.9	80.1	81.9
kQ	20	30	40	50	60	70	80	90	100	1000
η_{max} [%]	90.5	93.6	95.1	96.1	96.7	97.2	97.5	97.8	98.0	99.8

4.2.5 コイル性能を考慮した最大効率

回路トポロジーとしては磁界共鳴の回路条件で最大効率が達成できるが, コイル特性を含めて最大効率を実現させるには, コイルの周波数特性を併せて考える必要がある. この項では, コイル性能を最大に引き出したうえで回路トポロジーを磁界共鳴にすることで, 究極的な最大効率の実現方法について述べる.

一言で述べると, 一般的には使用できる周波数は決められているので, その周波数にコイルの Q 値が最大となるように, また, k が最大となるように設計することが必要になる.

最大効率を求める際には, r, L_m, ω で考えても, kQ で考えても同じであるが, ここでは, k と Q を使用して説明する. k が一定と仮定すると, コイル性能を引き出すには, Q が最大となる周波数で使用すると最大効率となる. 当然, k と Q の積で決まるので, k にも依存するが, 周波数を変えても r の変化が支配的であり, それに比べると, L の変化や k の変動は小さく, ほぼ一定とみなせるので, 結局, Q が最大となる周波数で使用することになる. 図 4.8 に Q と最大効率 η_{max} を示す. 前項までとは違

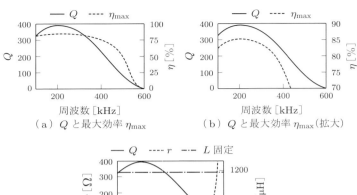

（a）Q と最大効率 η_{max}　　（b）Q と最大効率 η_{max}（拡大）

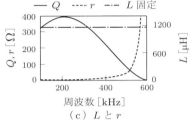

（c）L と r

図 4.8　Q と最大効率 η_{max}

うコイルを使用している．r の周波数特性に大きく影響し，Q 値はピークをもつ．結
合係数が変らないとすると，図 (b) のように，Q 値がピークをもつ周波数で最大効率
η_{max} となる．そのため，コイルの最大性能を引き出し，ピークとなるところで使用す
ることが望まれる．ただし，実際には，コイルサイズの制約もあるので，必ずしもピー
クで使用することは困難な場合もあるが，やはり，なるべく Q 値が高くなるところで
使用することが望まれる．

5 電磁誘導と磁界共鳴の比較

　電磁誘導と磁界共鳴（磁界共振結合）の相違については，磁界共鳴の発表当初から指摘されていた．しかしながら，本技術の発表当初，10 MHz 周辺の技術とされていたことや，理論が結合モード理論を用いて説明されていたことなどにより，磁界共鳴は理論がよくわからない技術とされていた．その後，等価回路が出てきたことにより，ひとまず解決されたようにも思えたが，磁界共鳴の条件などを考慮したうえで五つの回路メカニズムが明確に比較されてこなかったので，どこが違って，どこが一致しており，また，なぜ 1 次側と 2 次側の共振周波数を同じにした磁界共鳴だけが高効率かつ大電力になるのかという純粋な疑問に答えられてこなかった．

　そこで，本書では，五つの回路を比較し，従来の電磁誘導からの遷移を示すことにより，1 次側共振周波数と 2 次側共振周波数を同じにした磁界共鳴が，大エアギャップや位置ずれ時に，高効率，大電力が達成できるメカニズムを示すことで，電磁誘導の条件を絞ったものが磁界共鳴であることについて述べる．これにより，電磁誘導と磁界共鳴が統一的に理解できるはずである[2].

　本章では，回路トポロジーの違いによる効率や電力の改善についての話をする．4.2.4 項や 4.2.5 項で示したようなコイル自体の Q 値の性能改善にかかわる話ではないことに注意されたい．

　5.1 節では，比較する回路を示す．5.2 節では，一番基本的な電磁誘導である，共振を用いない非共振回路を解説する．5.3 節では電磁誘導方式における 2 次側共振コンデンサによる効率改善方式について解説する．5.4 節では，電磁誘導方式における 1 次側コンデンサによる力率補償方式について解説する．5.5 節では，磁界共鳴の S-S (Series-Series) 方式について解説する．5.6 節では，磁界共鳴の S-P (Series-Parallel) 方式について解説する．5.7 節では，五つの回路の効率と電力を比較したグラフを示す．ここまでで，S-P は本質的には S-S と同じであることがわかるので，次節からは S-P を除いた 4 回路を使用する．5.8 節では，リアクタンスにおける，つまり，X_1 軸と X_2 軸を用いた比較をし，前節までの比較に関して包括した議論を行う．5.9 節では磁束分布に注目し，5.10 節では主磁束の役割について述べる．

5.1　五つの回路：N-N, S-N, N-S, S-S, S-P

本章で使用する五つの回路トポロジーである，N-N, N-S, S-N, S-S, S-P を図 5.1 に示す．

5.7 節までは，式での比較や基本特性の比較を示すことをおもな目的としている．このため結合係数は，大エアギャップの代表特性として $k = 0.1$ のみで検証する．エアギャップ変化を含めた詳細な検討は，5.8 節以降に行う．

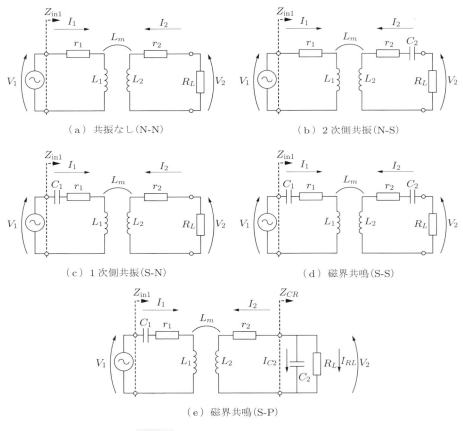

（a）共振なし(N-N)　　　　　　　（b）2 次側共振(N-S)

（c）1 次側共振(S-N)　　　　　　　（d）磁界共鳴(S-S)

（e）磁界共鳴(S-P)

図 5.1　比較する五つの回路トポロジー

まず，どの程度，磁界共鳴 (S-S) と従来の電磁誘導 (N-N) で効率と電力が異なるのかを，図 5.2 に示す．エアギャップが近いときには，効率はほぼ同じであるが，大エアギャップといわれる，半径を超えるエアギャップである 150 mm 位になると，効率の

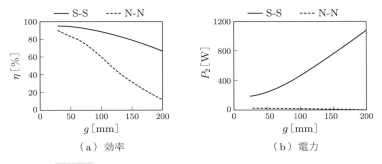

図 5.2 磁界共鳴 (S-S) と従来の電磁誘導 (N-N) の比較

差は明らかである．さらに電力に関しては，圧倒的に S-S が上回っている．このように，大きなエアギャップのときにも高効率と大電力を実現できるのが，磁界共鳴 (S-S) の特徴である．

効率 η は，式 (5.1) のように有効電力の比率で考える．

$$\eta = \frac{P_2}{P_1} = \frac{P_2}{P_{r1} + P_{r2} + P_2} \tag{5.1}$$

$$P_1 = \text{Re}\left\{I_1 \cdot \overline{V_1}\right\} \tag{5.2}$$

$$P_{r1} = \text{Re}\left\{I_1 \bar{I}_1 \cdot r_1\right\} \tag{5.3}$$

$$P_{r2} = \text{Re}\left\{I_2 \bar{I}_2 \cdot r_2\right\} \tag{5.4}$$

$$P_2 = \text{Re}\left\{I_2 \bar{I}_2 \cdot R_L\right\} \tag{5.5}$$

ここで，P_1 は入力電力，P_2 は負荷で消費される電力，P_{r1} は 1 次側の内部抵抗での損失，P_{r2} は 2 次側の内部抵抗での損失である．r_1, r_2, R_L はそれぞれ，1 次側内部抵抗，2 次側内部抵抗，負荷抵抗である．

表 5.1 に，本章で使用する回路パラメータとコイルの寸法を示す．実験値をもとに計算で使用する値を示している．フェーザ図がみやすくなるように，通常より低い Q 値を採用している．ただし，回路トポロジーによっては，共振条件の関係上，C_1 と C_2 の値が表 5.1 と異なることがあるので，その場合は別途表に示す．図 5.3 に，使用した送電コイルと受電コイルの写真を示す．実験時において，エアギャップ $g = 162\,\text{mm}$ のときに結合係数 $k = 0.10$ となる．また，本章で使用するコイルのエアギャップ特性を図 5.4 と表 5.2 に示す．

表 **5.1**　回路とコイルのパラメータ

	計算	実験		実験
f [kHz]	100.0	100.0	外半径 [mm]	300
L_1 [µH]	159.2	158.7	内半径 [mm]	100
L_2 [µH]	159.2	159.2	巻数	27.5
L_m [µH]	15.9	15.9	導線の太さ [mm]	2
k [-]	0.10	0.10	導線間の距離 [mm]	2
C_1 [nF]	15.9	15.9		
C_2 [nF]	15.9	15.9		
r_1 [Ω]	1.3	1.4		
r_2 [Ω]	1.3	1.3		
Q_1 [-]	75.6	72.6		
Q_2 [-]	75.6	78.7		

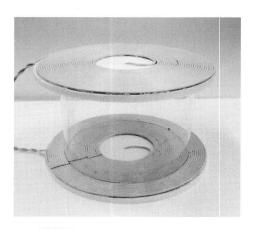

図 **5.3**　送電コイルと受電コイル

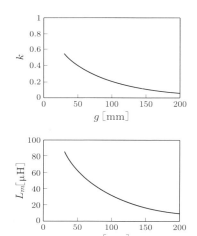

図 **5.4**　エアギャップに対する結合係数と
相互インダクタンスのグラフ

表 **5.2**　エアギャップに対する結合係数と相互インダクタンスの表

g [mm]	30	40	50	60	70	80	90	100	110	120
k	0.54	0.46	0.40	0.35	0.31	0.26	0.23	0.21	0.18	0.16
L_m [µH]	85.6	72.8	63.9	54.9	48.5	42.0	36.5	32.6	28.6	25.1

g [mm]	130	140	150	160	162	165	170	180	190	200
k	0.14	0.13	0.11	0.10	0.10	0.10	0.09	0.08	0.07	0.07
L_m [µH]	22.7	20.0	17.8	16.1	15.9	15.4	14.4	12.9	11.5	10.4

5.2 非共振回路 (N-N) の等価回路

本節では，コンデンサがない非共振回路 (N-N) について示す（図 5.1(a)）[2]．この回路は，一番基本的な電磁誘導の回路であり，変圧器と同じ等価回路となる．先述したとおり，ワイヤレス電力伝送として使用する際には，$k \doteqdot 1$ では動作できない．ここでの設定では $k = 0.1$ である．

（1）等価回路の検証

より現象を理解するために，$L_1 - L_m$ の部分を一括で描かずに分離させた，拡張型の T 型等価回路を用いて検証する（図 5.5）．この拡張型の T 型等価回路からさらに，Z_2' 以降のインピーダンスを 1 次側インピーダンスに換算し，かつ 2 次側は誘導起電力 V_{Lm2} を用いた，2 次側インピーダンス変換と誘導起電力による等価回路を図 5.6 に示す．2 次側変換インピーダンス回路 Z_2' と，2 次側変換インピーダンス回路 Z_2' を組み込んだ全体の回路は，図 5.7 で示される．

N-N の 1 次側の電圧と 2 次側の電圧を表す下記の式 (5.6)，(5.7) は，式 (5.8)，(5.9) となる[†]ので，電流 I_1, I_2 が式 (5.10)，(5.11) のように求められる．ω は角周波数である．$V_{L1} = V_{Lm1} + V_{L11}$ であり，$V_{L2} = V_{Lm2} - V_{L22}$ である．

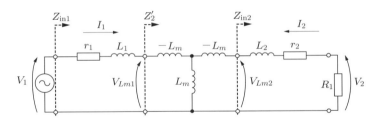

図 5.5 拡張型 T 型等価回路 (N-N)

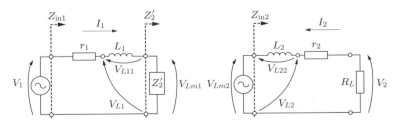

図 5.6 2 次側インピーダンス変換と誘導起電力による等価回路 (N-N)

[†] 式 (5.7) の V_{L22}, V_{r2}, V_2 は I_2 の向きを考慮すると，それぞれ $-j\omega L_2 I_2$, $-r_2 I_2$, $-R_L I_2$ となるので，結局，式 (5.9) となる．

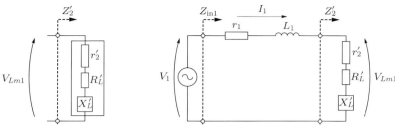

（a）2次側変換インピーダンス回路　　　　　　　　（b）回路全体

図 5.7　2 次側変換インピーダンス回路を組み込んだ回路 (N-N)

$$V_1 = V_{L11} + V_{r1} + V_{Lm1} \tag{5.6}$$

$$V_{Lm2} = V_{L22} + V_{r2} + V_2 \tag{5.7}$$

$$V_1 = j\omega L_1 I_1 + I_1 r_1 + j\omega L_m I_2 \tag{5.8}$$

$$0 = j\omega L_2 I_2 + I_2 r_2 + I_2 R_L + j\omega L_m I_1 \tag{5.9}$$

$$I_1 = \frac{r_2 + R_L + j\omega L_2}{(r_1 + j\omega L_1)(r_2 + R_L + j\omega L_2) + \omega^2 L_m^2} V_1 \tag{5.10}$$

$$I_2 = -\frac{j\omega L_m}{(r_1 + j\omega L_1)(r_2 + R_L + j\omega L_2) + \omega^2 L_m^2} V_1 \tag{5.11}$$

また，I_1 と I_2 の比率は次式で表される．

$$\frac{I_1}{-I_2} = \frac{j\omega L_2 + r_2 + R_L}{j\omega L_m} \tag{5.12}$$

このとき，2 次側に励起される誘導起電力 V_{Lm2} は下記の式 (5.13) で与えられるので，1 次側電流 I_1 の式 (5.10) を代入すると，式 (5.14) となる．

$$V_{Lm2} = j\omega L_m I_1 \tag{5.13}$$

$$V_{Lm2} = \frac{j\omega L_m(r_2 + R_L + j\omega L_2)}{(r_1 + j\omega L_1)(r_2 + R_L + j\omega L_2) + \omega^2 L_m^2} V_1 \tag{5.14}$$

注：式 (5.13) で使用した定義式は頻繁に出てくるので，図 5.8 を用いて説明する．V_{Lm2} と I_1 と I_2 に注目すると，以下の式となり，式 (5.13) が求められる．

$$V_{Lm2} = -j\omega L_m I_2 + j\omega L_m(I_2 + I_1)$$

$$= j\omega L_m I_1 \tag{5.15}$$

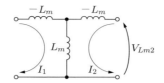

図 5.8　T 型等価回路の I_1 と V_{Lm2} の関係

　よって，2 次側入力力率 $Z_{\text{in}2}$ は，式 (5.13)，(5.14) もしくは，式 (5.10)，(5.11) より，次式となる．

$$Z_{\text{in}2} = \frac{V_{Lm2}}{-I_2} = \frac{j\omega L_m I_1}{-I_2} = r_2 + R_L + j\omega L_2 \tag{5.16}$$

式 (5.16) を使い Z_2' を表現すると，

$$Z_2' = \frac{j\omega L_m I_2}{I_1} = \frac{(\omega L_m)^2}{Z_{\text{in}2}} \tag{5.17}$$

となる．これは，イミタンス特性，K-インバータ特性（8.2 節参照）ともよばれており，$(\omega L_m)^2$ の係数に加えインピーダンス $Z_{\text{in}2}$ が分子と分母で反転する（逆数になる）特徴をもつ．よって，$Z_{\text{in}1}$ は次式となる．

$$Z_{\text{in}1} = r_1 + j\omega L_1 + Z_2' \tag{5.18}$$

2 次側入力力率 $Z_{\text{in}2}$ は，式 (5.16) より，$j\omega L_2$ があるので，2 次側の入力インピーダンス $Z_{\text{in}2}$ は純抵抗にはならない．後述するとおり，$Z_{\text{in}2}$ が純抵抗にならないということは，効率が低くなることを意味している．

（2）効率と電力

　次に，効率について考察すると，まず，式 (5.3)〜(5.5) と，式 (5.10)，(5.11) より，電力比は次式となる．

$$P_{r1} : P_{r2} : P_2 = \{(r_2 + R_L)^2 + (\omega L_m)^2\}r_1 : (\omega L_m)^2 r_2 : (\omega L_m)^2 R_L \tag{5.19}$$

そのため，式 (5.1) と式 (5.19) より，効率の式は下記の式 (5.20) となる．また，式 (5.21) から最大効率となる条件負荷式 (5.22) が得られる．この式を式 (5.20) に代入すれば，最大効率が得られる．

$$\eta = \frac{(\omega L_m)^2 R_L}{\{(r_2 + R_L)^2 + (\omega L_2)^2\}r_1 + (\omega L_m)^2 r_2 + (\omega L_m)^2 R_L} \tag{5.20}$$

$$\frac{\partial \eta}{\partial R_L} = 0 \tag{5.21}$$

$$R_{Lopt} = \sqrt{r_2^2 + \frac{r_2(\omega L_m)^2}{r_1} + (\omega L_2)^2} \tag{5.22}$$

1 次側入力インピーダンスを考えると，式 (5.16)〜(5.18)，もしくは式 (5.10) より，Z_{in1} は次式となる．

$$Z_{\text{in1}} = \frac{V_1}{I_1} = \frac{(r_1 + j\omega L_1)(r_2 + R_L + j\omega L_2) + \omega^2 L_m^2}{r_2 + R_L + j\omega L_2} \tag{5.23}$$

　非共振回路の計算結果を表 5.3 に示す．また，非共振回路の計算結果の全体のフェーザ図と拡大図を図 5.9 に示す．各々のフェーザ図は，V_1 を基準としてベクトルを描いている．図 5.9 では，電流の値が小さいので 10 倍のスケールにして描かれている．つまり，1 V = 10 A のスケールに基づいて描かれている．

　これらグラフより，次のことがいえる．図 5.9 では，非共振回路の 2 次側はコンデンサがないために，誘導起電力 V_{Lm2} という 2 次側に生じる電源に対して，コイル L_2 と抵抗 $(r_2 + R_L)$ の直列回路となる．コイルと抵抗から作られる電圧の二つのベクトルは純抵抗と純虚数なので直交するため，誘導起電力 V_{Lm2} を直径とした円で描いた範囲に収まる．さらに，V_{Lm2} の電圧は，負荷電圧 V_2 と V_{r2} だけでなくコイルの電圧

表 5.3　非共振回路 N-N の計算結果（P_2，P_{r1}，P_{r2} は純抵抗なので Im は 0 となり，abs の値は Re の値と一致する）

	Re	Im	abs	θ [deg]
I_1 [A]	0.0	-1.0	1.0	271.0
I_2 [A]	-0.1	0.0	0.1	136.6
V_{L11} [V]	100.5	1.8	100.5	1.0
V_{R1} [V]	0.0	-1.3	1.3	271.0
V_{Lm1} [V]	-0.5	-0.5	0.7	226.6
V_{Lm2} [V]	10.0	0.2	10.0	1.0
V_{L22} [V]	-4.8	-5.1	7.0	226.6
V_{R2} [V]	-0.1	0.1	0.1	136.6
V_2 [V]	5.1	-4.9	7.1	316.6
Z_{in1} [Ω]	1.8	99.5	99.5	89.0
Z_2' [Ω]	0.5	-0.5	0.7	315.5
Z_{in2} [Ω]	101.8	100.0	142.7	44.5
P_1 [W]	1.8	100.5	100.5	89.0
P_2 [W]	0.5	$\theta_{I_2 I_1}(I_2/I_1)$ [deg]		225.5
P_{r1} [W]	1.3	$\theta_{V_2 V_1}(V_2/V_1)$ [deg]		316.6
P_{r2} [W]	0.0	$\theta_1(V_1/I_1)$ [deg]		89.0
効率 [%]	27.1	$\theta_2(V_2/-I_2)$ [deg]		0.0
R_{Lopt} [Ω]	100.5	$\theta_{Z_{\text{in2}}}(V_{Lm2}/-I_2)$ [deg]		44.5

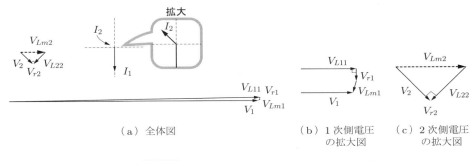

図 5.9　非共振回路のフェーザ図 (N-N)

V_{L22} で使用されており，電圧の利用率が悪い．誘導起電力 V_{Lm2} でなく，通常の電圧源であれば，2 次側コイルでただ電圧が上がるだけなので，電圧の利用率が悪いことが損失にはならないが，2 次側に発生している電圧は，式 (5.13) のとおり，1 次側の電流 I_1 で作られている誘導起電力 V_{Lm2} である．1 次側の電流を流さないと発生できない電圧を，負荷でないコイルの電圧で使用してしまうことは，無駄な電圧の利用となり，損失につながる（式 (5.16)）．別の見方をすれば，非共振回路の 2 次側の入力力率 $\cos\theta_{Z_{in2}} = 0.71$ であり，この値が悪いといえる．また，I_1 に対する I_2 の比率が効率を考えるうえで重要なことは先述したとおりであるが，式 (5.30) より，14.3 倍も I_2 に対して I_1 が大きい．よって，効率が悪くなる．

　より詳細な解説は，次節の N-S との比較で行うが，N-N 回路は効率も低く大きな電力も送れない回路トポロジーである．ただし，共振を使用していないので，周波数特性としてはブロードな特性がある．

5.3　2 次側共振回路 (N-S) の等価回路

　本節では，2 次側に共振コンデンサを挿入したタイプの電磁誘導である 2 次側共振回路 (N-S) について検討する[2], [20]．

（1）等価回路の検証

　拡張型の T 型等価回路を図 5.10 に示す．2 次側インピーダンス変換と誘導起電力による等価回路を図 5.11 に示す．共振時の 2 次側変換インピーダンス回路 Z_2' と共振時に Z_2' を組み込んだ全体の回路を図 5.12 に示す．

　図 5.1(b) で示したとおり，N-S は 2 次側の L_2 と C_2 で共振させるタイプである．この図の等価回路より，以下に示す 1 次側の電圧と 2 次側の電圧の式 (5.24)，(5.25) は式 (5.26)，(5.27) となるので，電流 I_1，I_2 が式 (5.28)，(5.29) のように求められる．

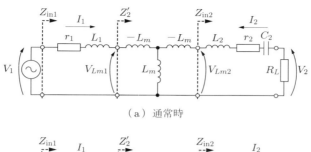

（a）通常時

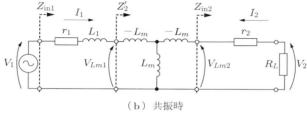

（b）共振時

図 5.10　拡張型 T 型等価回路 (N-S)

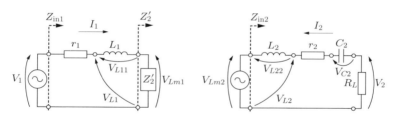

図 5.11　2 次側変換と誘導起電力による等価回路 (N-S)

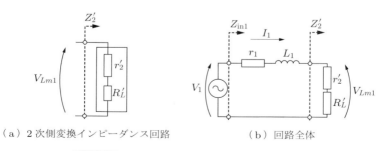

（a）2 次側変換インピーダンス回路　　　（b）回路全体

図 5.12　共振時に Z_2' を組み込んだ回路 (N-S)

$$V_1 = V_{L11} + V_{r1} + V_{Lm1} \tag{5.24}$$

$$V_{Lm2} = V_{L22} + V_{C2} + V_{r2} + V_2 \tag{5.25}$$

$$V_1 = j\omega L_1 I_1 + I_1 r_1 + j\omega L_m I_2 \tag{5.26}$$

$$0 = j\omega L_2 I_2 + \frac{1}{j\omega C_2} I_2 + I_2 r_2 + I_2 R_L + j\omega L_m I_1 \tag{5.27}$$

$$I_1 = \frac{r_2 + R_L + j\left(\omega L_2 - \dfrac{1}{\omega C_2}\right)}{(r_1 + j\omega L_1)\left\{r_2 + R_L + j\left(\omega L_2 - \dfrac{1}{\omega C_2}\right)\right\} + \omega^2 L_m^2} V_1 \tag{5.28}$$

$$I_2 = -\frac{j\omega L_m}{(r_1 + j\omega L_1)\left\{r_2 + R_L + j\left(\omega L_2 - \dfrac{1}{\omega C_2}\right)\right\} + \omega^2 L_m^2} V_1 \tag{5.29}$$

また，I_1 と I_2 の比率は次式で表される．

$$\frac{I_1}{-I_2} = \frac{j\omega L_2 + \dfrac{1}{j\omega C_2} + r_2 + R_L}{j\omega L_m} \tag{5.30}$$

各部位のインピーダンスは，それぞれ以下となる．

$$Z_{\text{in}2} = \frac{V_{Lm2}}{-I_2} = \frac{j\omega L_m I_1}{-I_2} = j\omega L_2 + \frac{1}{j\omega C_2} + r_2 + R_L \tag{5.31}$$

$$Z_2' = \frac{j\omega L_m I_2}{I_1} = \frac{(\omega L_m)^2}{Z_{\text{in}2}} \tag{5.32}$$

$$Z_{\text{in}1} = r_1 + j\omega L_1 + Z_2' \tag{5.33}$$

さらに，2 次側共振条件は，2 次側のコイルの電圧を 2 次側のコンデンサの電圧で相殺しているときなので，下記の式 (5.34) となり，そのときの共振角周波数は式 (5.35) となる．

$$V_{L22} + V_{C2} = j\omega L_2 + \frac{1}{j\omega C_2} = 0 \tag{5.34}$$

$$\omega_2 = \sqrt{\frac{1}{L_2 C_2}} \tag{5.35}$$

この式を満たすとき，電流 I_1，I_2 がそれぞれ以下の式のように求められる．

$$I_1 = \frac{r_2 + R_L}{(r_1 + j\omega L_1)(r_2 + R_L) + \omega^2 L_m^2} V_1 \tag{5.36}$$

$$I_2 = -\frac{j\omega L_m}{(r_1 + j\omega L_1)(r_2 + R_L) + \omega^2 L_m^2} V_1 \tag{5.37}$$

また, I_1 と I_2 の比率は次式で表される.

$$\frac{I_1}{-I_2} = \frac{r_2 + R_L}{j\omega L_m} \tag{5.38}$$

また, この 2 次側共振時は, 2 次側に励起される誘導起電力 V_{Lm2} の定義式は式 (5.13) なので, 1 次側電流 I_1 の式 (5.36) を代入すると, 次式となる.

$$V_{Lm2} = \frac{j\omega L_m(r_2 + R_L)}{(r_1 + j\omega L_1)(r_2 + R_L) + \omega^2 L_m^2} V_1 \tag{5.39}$$

一方, 式 (5.34) より, V_{Lm2} の式 (5.25) は以下となり, 2 次側の電圧はすべて抵抗で使われている.

$$V_{Lm2} = V_{r2} + V_2 \tag{5.40}$$

つまり, 非共振回路の $Z_{\text{in}2}$ の式 (5.16) とは違い, 2 次側共振時には, 2 次側の入力インピーダンス $Z_{\text{in}2}$ が純抵抗になるということである. 別の言い方をすれば, 2 次側の入力力率が 1 となる. これは, 式 (5.36), (5.37) を用いて算出した次の式からも, 直接的にわかる.

$$Z_{\text{in}2} = \frac{V_{Lm2}}{-I_2} = \frac{j\omega L_m I_1}{-I_2} = r_2 + R_L \tag{5.41}$$

（2）効率と電力

次に, 効率について考察すると, まず, 式 (5.3)〜(5.5) と, 式 (5.28), (5.29) より, 電力の比率は, 次式となる.

$$P_{r1} : R_{r2} : P_2 = \left\{(r_2 + R_L)^2 + \left(\omega L_2 - \frac{1}{\omega L_C}\right)^2\right\} r_1 : (\omega L_m)^2 r_2 : (\omega L_m)^2 R_L \tag{5.42}$$

そのため, 式 (5.1) と式 (5.42) より, 効率の式は次式となる.

$$\eta = \frac{(\omega L_m)^2 R_L}{\left\{(r_2 + R_L)^2 + \left(\omega L_2 - \frac{1}{\omega C_2'}\right)^2\right\} r_1 + (\omega L_m)^2 r_2 + (\omega L_m)^2 R_L} \tag{5.43}$$

共振条件式 (5.34) より, 2 次側共振時は, 電力比の式 (5.42) と効率の式 (5.43) は, それぞれ以下の式になる.

$$P_{r1} : P_{r2} : P_2 = (r_2 + R_L)^2 r_1 : (\omega L_m)^2 r_2 : (\omega L_m)^2 R_L \tag{5.44}$$

$$\eta = \frac{(\omega L_m)^2 R_L}{(r_2 + R_L)^2 r_1 + (\omega L_m)^2 r_2 + (\omega L_m)^2 R_L} \tag{5.45}$$

　非共振回路での効率の式 (5.20) もしくは, 2 次側共振回路の共振前の効率の式 (5.43) と共振後の効率の式 (5.45) を比べると, L_2 の成分を C_2 で打ち消すことにより, 分母が小さくなり効率が改善される. これは, 1 次側内部抵抗で生じる P_{r1} による損失の割合を減らし, 効率が大幅に改善することを意味している.

　一方, C_2 による共振がない場合, P_{r1} の割合が高くなる. これは, 2 次側にあるインダクタンス L_2 が 2 次側の電圧のほとんどを担ってしまうためである.

　これらのことは, 以下のように説明できる. 非共振回路では, 2 次側への誘導起電力 V_{Lm2} を励起させるために, 1 次側電流 I_1 を流す必要がある. その限られた誘導起電力の電圧 V_{Lm2} が, 負荷で使われる割合 V_2 に対して 2 次側コイルで使われる割合 V_{L22} が高くなる. つまり, I_2 に対して I_1 に流れる電流の割合が増えてしまい, その無駄に流れてしまう 1 次側電流のせいで, 相対的に 1 次側での消費電力 P_{r1} の割合が増えてしまっている. このことは, I_1 と I_2 の比率の式 (5.12), (5.30), (5.38) からわかる. 電流の割合が増えると, 増えたところで消費される電力が増えることは, 電力式 (5.3)〜(5.5) からわかる. 一方で, 2 次側共振回路においては, L_2 の成分を C_2 で打ち消すことにより, I_1 に流れる電流の割合に対して I_2 の割合を増やすことで, 効率を上げている. その条件は, 式 (5.41) のように 2 次側入力インピーダンス Z_{in2} が純抵抗になることであり, V_{Lm2} と I_2 の関係で作られる 2 次側入力力率が 1 となることである. 2 次側入力力率は $\cos\theta_{Z_{\mathrm{in2}}}$ であり, $\theta_{Z_{\mathrm{in2}}} = \arg(V_{Lm2}/I_2)$ [deg] である. ここでは, 同位相なので, $\theta_{Z_{\mathrm{in2}}} = 0$ である.

　最大効率については, 式 (5.43) と下記の式 (5.46) から, 最大効率となる条件負荷式 (5.47) が以下に示すように得られる. この式を式 (5.43) に代入すれば, 最大効率が得られる. さらに, 共振条件式 (5.34) を満たすと, 負荷条件式は式 (5.48) になる. 共振条件下の最大効率は式 (5.49) である.

$$\frac{\partial \eta}{\partial R_L} = 0 \tag{5.46}$$

$$R_{Lopt} = \sqrt{r_2^2 + \frac{r_2(\omega L_m)^2}{r_1} + \left(\omega L_2 - \frac{1}{\omega C_2}\right)^2} \tag{5.47}$$

$$R_{Lopt} = \sqrt{r_2^2 + \frac{r_2(\omega L_m)^2}{r_1}} \tag{5.48}$$

$$\eta_{\max} = \frac{(\omega_0 L_m)^2}{\left(\sqrt{r_1 r_2} + \sqrt{r_1 r_2 + (\omega_0 L_m)^2}\right)^2} \tag{5.49}$$

一方，電力を考える際に 1 次側入力インピーダンス Z_{in1} は重要であるが，その Z_{in1} は式 (5.31)〜(5.33)，もしくは式 (5.36) より，次式となる．

$$Z_{in1} = \frac{V_1}{I_1} = \frac{(r_1 + j\omega L_1)\left\{r_2 + R_L + j\left(\omega L_2 - \dfrac{1}{\omega C_2}\right)\right\} + \omega^2 L_m^2}{r_2 + R_L + j\left(\omega L_2 - \dfrac{1}{\omega C_2}\right)}$$

$$(5.50)$$

式 (5.35) で表される，2 次側共振条件下では，次式となる．

$$Z_{in1} = \frac{V_1}{I_1} = \frac{(r_1 + j\omega L_1)(r_2 + R_L) + \omega^2 L_m^2}{r_2 + R_L} \qquad (5.51)$$

式 (5.50) と式 (5.51) を比べると，C_2 により力率の変化が生じるが，1 次側コイルによる $j\omega L_1$ の影響が大きく，大きな力率改善とはならない．つまり，C_2 は大電力化を実現させる大きな役割は担っていない．

次に，計算結果を用いて，C なしの非共振回路と C_2 を挿入した 2 次側共振回路の比較を行う．計算条件としては，常に最大効率を実現できる最適負荷 R_{Lopt} が接続され

表 5.4　2 次側共振回路 (N-S) の計算結果（P_2, P_{r1}, P_{r2} は純抵抗なので Im は 0 となり，abs の値は Re の値と一致する）

	Re	Im	abs	θ [deg]
I_1 [A]	0.1	-1.0	1.0	275.8
I_2 [A]	-0.9	-0.1	0.9	185.8
V_{L11} [V]	99.0	10.0	99.5	5.8
V_{R1} [V]	0.1	-1.3	1.3	275.8
V_{Lm1} [V]	0.9	-8.7	8.7	275.8
V_{Lm2} [V]	9.9	1.0	9.9	5.8
V_{L22} [V]	8.8	-86.8	87.2	275.8
V_{C2} [V]	-8.8	86.8	87.2	95.8
V_{R2} [V]	-1.1	-1.1	1.2	185.8
V_2 [V]	8.8	0.9	8.8	5.8
Z_{in1} [Ω]	10.0	100.0	100.5	84.3
Z_2' [Ω]	8.8	0.0	8.8	0.0
Z_{in2} [Ω]	11.4	0.0	11.4	0.0
P_1 [W]	10.0	99.0	99.5	84.2
P_2 [W]	7.7	$\theta_{I_2 I_1}(I_2/I_1)$ [deg]		270.0
P_{r1} [W]	1.3	$\theta_{V_2 V_1}(V_2/V_1)$ [deg]		5.8
P_{r2} [W]	1.0	$\theta_1(V_1/I_1)$ [deg]		84.2
効率 [%]	76.8	$\theta_2(V_2/-I_2)$ [deg]		0.0
R_{Lopt} [Ω]	10.1	$\theta_{Z_{in2}}(V_{Lm2}/-I_2)$ [deg]		0.0

ているとし，入力電圧は 100 V とする．入力電圧はほかの回路の検討でも同じである．

2 次側共振の計算結果を表 5.4 に示す．L_2 と C_2 で共振した状態における計算結果のフェーザ図を図 5.13 に示す．各々のフェーザ図は，V_1 を基準としてベクトルを描いている．図 5.9 と同様に，図 5.13 では電流の値が小さいので，10 倍のスケールにして描かれている．つまり，1 V = 10 A のスケールに基づいて描かれている．ただし，電流の拡大図に関してはスケールを適宜変更している．後述する 1 次側共振回路や磁界共鳴に比べると，この二つの回路は電流が小さくなり，それに伴いコイルに発生する電圧も比較的小さくなっている．最大電圧も，入力電圧の 100 V をわずかに超えるか (N-N)，超えないか (N-S) 程度である．

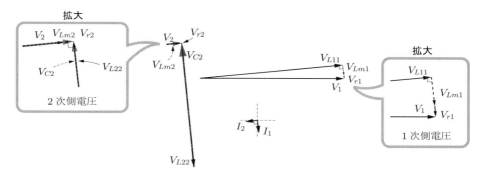

図 5.13 2 次側共振回路のフェーザ図 (N-S)

C_2 挿入の影響を説明するために，その遷移を表した概形図を図 5.14 に示す．C_2 挿入の効果について述べる．まず，図 5.14(a) の非共振回路（図 5.9）の 2 次側はコンデンサがないために，V_{Lm2} の電圧は，V_2 と V_{r2} だけでなく V_{L22} で使用されており，電

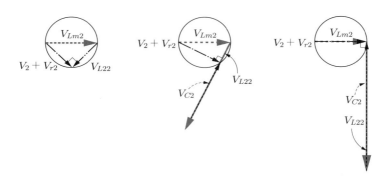

（a）C_2 なし（非共振）　　（b）C_2 追加（非共振）　　（c）C_2 追加（共振）

図 5.14 非共振回路 (N-N) から 2 次側共振回路 (N-S) への遷移

圧の利用率が悪く，ひいては，2 次側の入力力率が悪く，結果として効率が悪い.

次に，少しだけ C_2 を挿入する（図 5.14(b)）．ただし，共振が生じない程度である．この状態においては，電圧の利用率，つまり，2 次側入力力率が改善される．しかしながら，まだコイルの電圧 V_{L22} に使用しており，無駄がある.

そこで，2 次側で共振を起こす C_2 を挿入した場合である．図 5.14(c)（図 5.13）をみると，コイルの電圧は共振コンデンサで打ち消されており，誘導起電力 V_{Lm2} がすべて V_2 と V_{r2} で使用されていることがわかる．これは，式 (5.36) で確認したことと一致する．そのため，1 次側で作った 2 次側の誘導起電力 V_{Lm2} を無駄なく使用しているといえる．このとき，2 次側の入力力率は $\cos\theta_{Z\mathrm{in}2} = 1$ となる．I_1 に対する I_2 の比率は，式 (5.38) より，I_2 に対して I_1 は 1.1 倍程度である.

非共振回路時は効率 $\eta = 27.1\%$（最適負荷時）であったが，2 次側共振回路においては効率 $\eta = 76.8\%$（最適負荷時）まで向上する．以上が高効率を達成できるメカニズムである.

一方で，非共振時だけでなく，2 次側共振時においても，1 次側については，入力電圧 100 V に対して，負荷側に生じる誘導起電圧 V_{Lm2} は約 10 V と小さい．非共振時の 1 次側入力位相 $\theta_1 = 89.0°$ に対し，2 次側共振回路の 1 次側入力位相 $\theta_1 = 84.2°$ であり，わずかに改善はしているが，その効果が小さいため，つまり，1 次側の力率が悪いために，電源電圧のほとんどを 1 次側のコイルで使用してしまい，流せる電流 I_1 が非常に小さいので，小電力の電力伝送となってしまっている.

非共振回路時は負荷電力 $P_2 = 0.5\,\mathrm{W}$ が，2 次側共振回路においては，$P_2 = 7.7\,\mathrm{W}$ までわずかに向上する．しかしながら，100 V 入力に対しては，小さな電力であり，これでは，大エアギャップかつ位置ずれ時に高効率であるが，大電力は達成できていない.

つまり，2 次側共振回路 N-S においては，高効率となるが，小電力である.

R_L 軸に対する N-N と N-S の効率を図 5.15 に示す．N-N は P_{r1} における損失が支

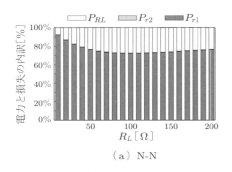

（a）N-N

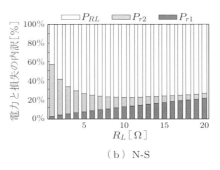

（b）N-S

図 **5.15**　負荷の最適化と損失の割合（N-N と N-S の比較）

配的であり，N-S は P_{r2} が支配的な領域と，P_{r1} が支配的な領域の二つに分かれ，その変換点が最大効率となる.

5.4 1次側共振回路 (S-N) の等価回路

（1）等価回路の検証

図 5.1(c) は，1 次側に共振コンデンサ C_1 を挿入したタイプの電磁誘導方式である 1 次側共振回路 (S-N) である[2]. 拡張型の T 型等価回路を図 5.16 に示す. 2 次側インピーダンス変換と誘導起電力による等価回路を図 5.17 に示す. 2 次側変換インピーダンス回路 Z'_2 と，L_1 と C_1 による共振時に Z'_2 を組み込んだ全体の回路は，図 5.18 となる.

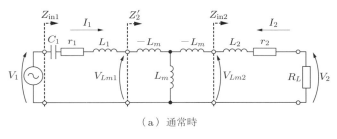

（a）通常時

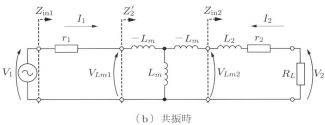

（b）共振時

図 5.16　拡張型 T 型等価回路 (S-N)

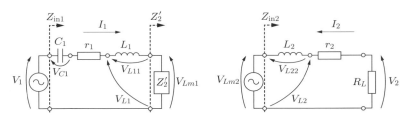

図 5.17　2 次側変換と誘導起電力による等価回路 (S-N)

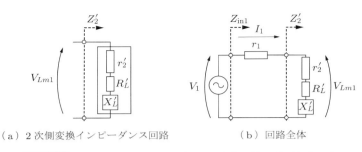

（a）2 次側変換インピーダンス回路　　　　（b）回路全体

図 **5.18**　L_1 と C_1 による共振時に Z_2' を組み込んだ回路 (S-N)

図 5.1(c) の等価回路より，以下に示す 1 次側の電圧と 2 次側の電圧の式 (5.52)，(5.53) は式 (5.54)，(5.55) となるので，電流 I_1, I_2 が式 (5.56)，(5.57) のように求められる.

$$V_1 = V_{L11} + V_{C1} + V_{r1} + V_{Lm1} \tag{5.52}$$

$$V_{Lm2} = V_{L22} + V_{r2} + V_2 \tag{5.53}$$

$$V_1 = j\omega L_1 I_1 + \frac{1}{j\omega C_1}I_1 + I_1 r_1 + j\omega L_m I_2 \tag{5.54}$$

$$0 = j\omega L_2 I_2 + I_2 r_2 + I_2 R_L + j\omega L_m I_1 \tag{5.55}$$

$$I_1 = \frac{r_2 + R_L + j\omega L_2}{\left\{ r_1 + j\left(\omega L_1 - \frac{1}{\omega C_1}\right) \right\}(r_2 + R_L + j\omega L_2) + \omega^2 L_m^2} V_1 \tag{5.56}$$

$$I_2 = -\frac{j\omega L_m}{\left\{ r_1 + j\left(\omega L_1 - \frac{1}{\omega C_1}\right) \right\}(r_2 + R_L + j\omega L_2) + \omega^2 L_m^2} V_1 \tag{5.57}$$

また，I_1 と I_2 の比率は次式で表される. これは，非共振回路での式 (5.12) と同じである.

$$\frac{I_1}{-I_2} = \frac{j\omega L_2 + r_2 + R_L}{j\omega L_m} \tag{5.58}$$

2 次側入力インピーダンス Z_{in2} は，式 (5.56)，(5.57) より，次式となる.

$$Z_{\text{in2}} = \frac{V_{Lm2}}{-I_2} = \frac{j\omega L_m I_1}{-I_2} = r_2 + R_L + j\omega L_2 \tag{5.59}$$

（2）効率

$j\omega L_2$ があるので，2 次側の入力インピーダンス Z_{in2} は純抵抗にはならない. また，この式は，非共振回路のときの式 (5.16) と同じである. つまり，2 次側の入力力率が悪く，2 次側入力力率は 1 にならないことを示している. よって，非共振回路と同じ

く効率はよくないことが想像できる.

　効率改善効果がないことに関しては,効率の式において厳密に検証でき,C_1 の影響はまったく受けない. 式 (5.3)〜(5.5) と式 (5.56), (5.57) からもわかるが,C_1 の影響は電流の分母に影響しており,I_1, I_2 の大きさは変わるが,効率には影響しない. 各々の電力比は,式 (5.3)〜(5.5) と,式 (5.65) の条件を適応していない式 (5.56), (5.57) より,

$$P_{r1} : P_{r2} : P_2 = \{(r_2 + R_L)^2 + (\omega L_2)^2\} r_1 : (\omega L_m)^2 r_2 : (\omega L_m)^2 R_L \quad (5.60)$$

となる. よって,式 (5.1) と式 (5.60) より,効率の式は次式となる.

$$\eta = \frac{(\omega L_m)^2 R_L}{\{(r_2 + R_L)^2 + (\omega L_2)^2\} r_1 + (\omega L_m)^2 r_2 + (\omega L_m)^2 R_L} \quad (5.61)$$

この式からも,C_1 の値がないことから,1 次側コンデンサが効率に与える影響がないことがわかる. つまり,1 次側共振回路 S-N の効率は非共振回路 N-N の効率式 (5.20) と一致する. 最大効率となる最適負荷の式も最大効率の式も,非共振回路と同じである.

　一方,2 次側変換インピーダンス Z_2' と 1 次側入力インピーダンス Z_{in1} は,それぞれ以下の式で表される.

$$Z_2' = \frac{j\omega L_m I_2}{I_1} = \frac{(\omega L_m)^2}{Z_{in2}} \quad (5.62)$$

$$Z_{in1} = r_1 + j\omega L_1 + \frac{1}{j\omega C_1} + Z_2' \quad (5.63)$$

よって,1 次側入力インピーダンスは,式 (5.59), (5.62), (5.63),もしくは式 (5.56) より,次式となり,N-N とは違う.

$$Z_{in1} = \frac{V_1}{I_1} = \frac{\left\{ r_1 + j\left(\omega L_1 - \dfrac{1}{\omega C_1}\right) \right\} (r_2 + R_L + j\omega L_2) + \omega^2 L_m^2}{r_2 + R_L + j\omega L_2}$$

$$(5.64)$$

5.4.1 ┃ 1 次側共振条件 (S-N) としての設計

　次節で扱う磁界共鳴では,1 次側の L_1 と C_1 で共振させ,かつ,2 次側の L_2 と C_2 で共振させたうえで,磁界を用いて結合しているが,本項のように,2 次側に共振コンデンサ C_2 がない状態で,1 次側に共振コンデンサ C_1 を入れた場合は,2 次側の虚数成分がみえてしまうので,単純に L_1 と C_1 の共振としてとらえることができない. そのため,1 次側共振回路を力率補償として動作させるための共振条件は $\cos\theta_{Z_{in1}} = 1$ となるように計算するので,次の 5.4.2 項で取り扱うように,式 (5.71), (5.72) の条

件で考えることになる．一方，次節で扱う磁界共鳴 (S-S) のときの C_1 の値を使って，L_1 と C_1 を用いて 1 次側のみの共振条件を作り出し，計算すると，式 (5.65) であり，そのときの角周波数は式 (5.66) となる．このときの条件を，本書では 1 次側共振条件とよぶ．

$$V_{L1} + V_{C1} = j\omega L_1 + \frac{1}{j\omega C_1} = 0 \tag{5.65}$$

$$\omega_1 = \sqrt{\frac{1}{L_1 C_1}} \tag{5.66}$$

この式を満たすと，電流 I_1, I_2 が以下のように求められる．

$$I_1 = \frac{r_2 + R_L + j\omega L_2}{r_1(r_2 + R_L + j\omega L_2) + \omega^2 L_m^2} V_1 \tag{5.67}$$

$$I_2 = -\frac{j\omega L_m}{r_1(r_2 + R_L + j\omega L_2) + \omega^2 L_m^2} V_1 \tag{5.68}$$

このとき，2 次側に励起される誘導起電力 V_{Lm2} の定義式は式 (5.13) なので，1 次側電流 I_1 の式 (5.67) を代入すると，次式となる．

$$V_{Lm2} = \frac{j\omega L_m(r_2 + R_L + j\omega L_2)}{r_1(r_2 + R_L + j\omega L_2) + \omega^2 L_m^2} V_1 \tag{5.69}$$

しかしながら，当然のことではあるが，1 次側に C_1 を挿入しても，2 次側のインピーダンスに影響しないので，2 次側入力力率 Z_{in2} は，式 (5.59) のままである．式 (5.59)，(5.62) より，1 次側共振条件下では，1 次側入力インピーダンスは，

$$Z_{in1} = r_1 + Z_2' = r_1 + \frac{(\omega L_m)^2}{r_2 + R_L + j\omega L_2} \tag{5.70}$$

となる．この条件下では，Z_2' の中には $j\omega L_2$ が含まれているので，力率 1 にはならない．

5.4.2　全体共振条件（力率 1）としての設計

1 次側入力力率 $\cos\theta_{Z_{in1}} = 1$ となる条件は，式 (5.64) の虚数が 0 となるときであるので，

$$\mathrm{Im}\{Z_{in1}\} = 0 \tag{5.71}$$

を計算すると，以下の C_1 の条件式 (5.72) を得る．

$$C_1 = \frac{(r_2 + R_L)^2 + (\omega L_2)^2}{\omega[\omega L_1\{(r_2 + R_L)^2 + (\omega L_2)^2\} - \omega L_2(\omega L_m)^2]} \tag{5.72}$$

この条件を本書では全体共振条件とよぶ．この C_1 の式を代入して計算することにな

るが，式が煩雑になるので，5.4.3 項においてこの式の値を代入した，力率 1 のときの
計算結果を用いて検証する．

5.4.3 ┃ 1 次側共振条件と全体共振条件（力率 1）の計算結果の比較

　本項では計算結果を用いて，1 次側に共振コンデンサ C_1 を挿入した 1 次側共振回路
における，1 次側共振条件と全体共振条件（力率 1）の比較を行う．また，適宜 C な
しの非共振回路との比較を行う．計算条件としては，最適負荷値をもとにグラフを作
成する．1 次側共振条件の計算結果を表 5.5(a) に，全体共振条件（力率 1）の計算結
果を表 (b) に示す．

　L_1 と C_1 で共振した状態における 1 次側共振条件の計算結果のフェーザ図を図 5.19
に示す．また，1 次側入力力率 $\cos\theta_{Z_{\text{in1}}} = 1$ とした全体共振条件の計算結果のフェー
ザ図を図 5.20 に示す．ただし，V_{L11} と V_{C1} に関しては，1/6 のスケールに圧縮して
描いてある．各々のフェーザ図は V_1 を基準として，ベクトルを描いている．電流に
関しても 1 V＝1 A のスケールに基づいて描かれている．

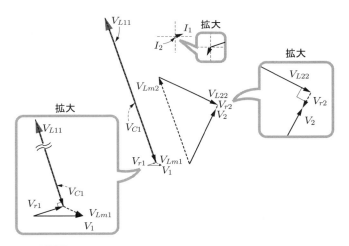

図 5.19　1 次側共振回路のフェーザ図（S-N，1 次側共振条件）

　まず，効率は，1 次側共振条件と全体共振条件も同じ値となり，かつ，非共振回路と
も同じになる．これは，式 (5.61), (5.20) と一致する．効率の値は 27.1% と低い値で
ある．I_2 と I_1 の位相差 $\theta_{I_2 I_1}$ はすべて 225.5° であり，C_1 の値を変えても一定である．
式 (5.58) より，I_2 と I_1 の振幅も C_1 の値は関係しない．よって，V_{Lm2} と $(V_2 + V_{r2})$
と V_{L22} で作られる 3 角形は図 5.19 と図 5.20 では相似の関係となっており，効率は変
わらない．

表 5.5 1 次側共振回路 (S-N) の計算結果（P_2, P_{r1}, P_{r2} は純抵抗なので Im は 0 となり，abs の値は Re の値と一致する）

(a) 1 次側共振条件

	Re	Im	abs	θ [deg]
I_1 [A]	51.1	13.8	53.0	15.1
I_2 [A]	-1.8	-3.2	3.7	240.6
V_{L11} [V]	-1377.5	5114.9	5297.2	105.1
V_{C1} [V]	1377.5	-5114.9	5297.2	285.1
V_{R1} [V]	67.7	18.2	70.1	15.1
V_{Lm1} [V]	32.3	-18.2	37.1	330.6
V_{Lm2} [V]	-137.8	511.5	529.7	105.1
V_{L22} [V]	323.3	-182.2	371.2	330.6
V_{R2} [V]	-2.4	-4.3	4.9	240.6
V_2 [V]	183.2	325.0	373.0	60.6
$Z_{\mathrm{in}1}$ [Ω]	1.8	-0.5	1.9	341.8
Z_2' [Ω]	0.5	-0.5	0.7	315.4
$Z_{\mathrm{in}2}$ [Ω]	101.8	100.0	142.7	44.6
P_1 [W]	5114.9	1377.5	5297.2	15.1
P_2 [W]	1384.5	$\theta_{I_2 I_1}(I_2/I_1)$ [deg]		225.5
P_{r1} [W]	3712.1	$\theta_{V_2 V_1}(V_2/V_1)$ [deg]		60.6
P_{r2} [W]	18.2	$\theta_1(V_1/I_1)$ [deg]		344.9
効率 [%]	27.1	$\theta_2(V_2/-I_2)$ [deg]		0.0
R_{Lopt} [Ω]	100.5	$\theta_{Z_{\mathrm{in}2}}(V_{Lm2}/-I_2)$ [deg]		44.5

(b) 全体共振条件（力率 1）

	Re	Im	abs	θ [deg]
I_1 [A]	54.9	0.0	54.9	0.0
I_2 [A]	-2.7	-2.7	3.8	225.5
V_{L11} [V]	0.0	5485.9	5485.9	90.0
V_{C1} [V]	0.0	-5459.0	5459.0	270.0
V_{R1} [V]	72.6	0.0	72.6	0.0
V_{Lm1} [V]	27.4	-26.9	38.4	315.5
V_{Lm2} [V]	0.0	548.6	548.6	90.0
V_{L22} [V]	274.3	-269.3	384.4	315.5
V_{R2} [V]	-3.6	-3.6	5.1	225.5
V_2 [V]	270.7	275.6	386.3	45.5
$Z_{\mathrm{in}1}$ [Ω]	1.8	0.0	1.8	0.0
Z_2' [Ω]	0.5	-0.5	0.7	315.5
$Z_{\mathrm{in}2}$ [Ω]	101.8	100.0	142.7	44.5
P_1 [W]	5485.9	0.0	5485.9	0.0
P_2 [W]	1485.0	$\theta_{I_2 I_1}(I_2/I_1)$ [deg]		225.5
P_{r1} [W]	3981.4	$\theta_{V_2 V_1}(V_2/V_1)$ [deg]		45.5
P_{r2} [W]	19.5	$\theta_1(V_1/I_1)$ [deg]		0.0
効率 [%]	27.1	$\theta_2(V_2/-I_2)$ [deg]		0.0
R_{Lopt} [Ω]	100.5	$\theta_{Z_{\mathrm{in}2}}(V_{Lm2}/-I_2)$ [deg]		44.5
C_1 [nF]	16.0			

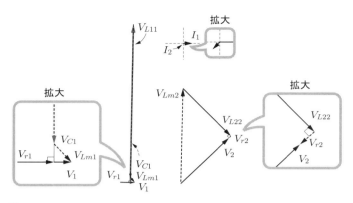

図 5.20　1 次側共振回路のフェーザ図（S-N，全体共振条件，力率 1）

次に，大電力を実現させるための力率改善効果についてであるが，1 次側入力位相 θ_1 は，非共振回路のときの $\theta_1 = 89.0°$ に比べ，1 次側共振条件のときは $\theta_1 = 344.9° = -15.1°$ に改善し，全体共振条件のときは，当然ながら，$\theta_1 = 0°$ に改善する．2 次側共振回路（N-S）の 1 次側入力位相 $\theta_1 = 84.2°$ に比べても，ともに大きな改善である．

このことは，フェーザ図の I_1, V_1 からも確認できる．全体共振条件においては，図 5.20 にあるように，$V_{L11} \neq V_{C1}$ であるが，$I_1 // V_1$ であり，力率 1 となる．一方，1 次側共振条件では図 5.19 にあるように，I_1 と V_1 は同じ向きにはならない．1 次側の L_1 と C_1 で共振させているので，図 5.19 にあるように，$V_{L11} = V_{C1}$ となり，インダクタンス成分をきれいに共振コンデンサ C_1 のキャパシタンス成分で消しているが，そのことに対しては設計としての大きな利点はみられない．P_1 の値をみると，大きな電力は得られるので，大電力化の効果はあるが，あえて L_1 と C_1 で共振させる意味はない．ただし，最大電力ではなく，比較的大きな電力がほしいという場合には，全体共振条件の 1 次側入力力率 1 の共振条件式 (5.72) に比べ，式 (5.66) のほうが C_1 の値が簡単に計算できるという利点は残っている．また，力率もそれほど悪くはならない．

以上より，1 次側共振回路 S-N は，いずれの条件においても大電力を実現できるが，効率は N-N と同じく低い．

5.5　磁界共鳴（S-S 方式）の等価回路

本節では磁界共鳴の S-S 回路について検討する[2]．図 5.1(d) で示した回路である．

（1）等価回路の検証
拡張型の T 型等価回路を図 5.21 に示す．2 次側インピーダンス変換と誘導起電力に

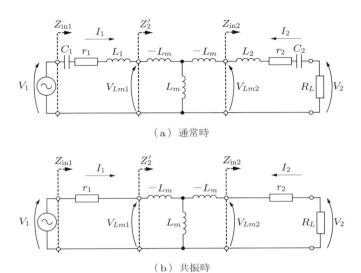

（a）通常時

（b）共振時

図 5.21 拡張型 T 型等価回路 (S-S)

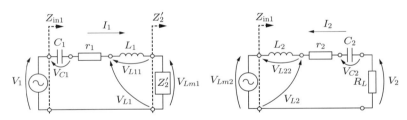

図 5.22 2 次側変換と誘導起電力による等価回路 (S-S)

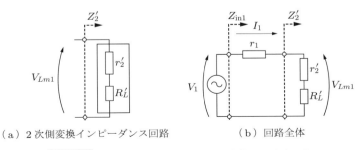

（a）2 次側変換インピーダンス回路　　　　　（b）回路全体

図 5.23 共振時に Z_2' を組み込んだ全体の回路 (S-S)

よる等価回路を図 5.22 に示す．共振時の 2 次側変換インピーダンス回路 Z_2' と共振時に Z_2' を組み込んだ全体の回路を図 5.23 に示す．

各部位のインピーダンスは，Z_{in2}，Z_2'，Z_{in1} はそれぞれ以下の式となる．Z_2' の式 (5.74) からわかるとおり，負荷が純抵抗であれば，Z_2' は純抵抗のままである．

$$Z_{\mathrm{in2}} = j\omega L_2 + \frac{1}{j\omega C_2} + r_2 + R_L \tag{5.73}$$

$$Z_2' = \frac{j\omega L_m I_2}{I_1} = \frac{(\omega L_m)^2}{Z_{\mathrm{in2}}} \tag{5.74}$$

$$Z_{\mathrm{in1}} = r_1 + j\omega L_1 + \frac{1}{j\omega C_1} + Z_2' \tag{5.75}$$

図 5.1(d) の等価回路より，以下に示す 1 次側の電圧と 2 次側の電圧の式 (5.76)，(5.77) は式 (5.78)，(5.79) となるので，電流 I_1, I_2 が式 (5.80)，(5.81) のように求められる．

$$V_1 = V_{L11} + V_{C1} + V_{r1} + V_{Lm1} \tag{5.76}$$

$$V_{Lm2} = V_{L22} + V_{C2} + V_{r2} + V_2 \tag{5.77}$$

$$V_1 = j\omega L_1 I_1 + \frac{1}{j\omega C_1} I_1 + I_1 r_1 + j\omega L_m I_2 \tag{5.78}$$

$$0 = j\omega L_2 I_2 + \frac{1}{j\omega C_2} I_2 + I_2 r_2 + I_2 R_L + j\omega L_m I_1 \tag{5.79}$$

$$I_1 = \frac{r_2 + R_L + j\left(\omega L_2 - \frac{1}{\omega C_2}\right)}{\left\{r_1 + j\left(\omega L_1 - \frac{1}{\omega C_1}\right)\right\}\left\{r_2 + R_L + j\left(\omega L_2 - \frac{1}{\omega C_2}\right)\right\} + \omega^2 L_m^2} V_1 \tag{5.80}$$

$$I_2 = -\frac{j\omega L_m}{\left\{r_1 + j\left(\omega L_1 - \frac{1}{\omega C_1}\right)\right\}\left\{r_2 + R_L + j\left(\omega L_2 - \frac{1}{\omega C_2}\right)\right\} + \omega^2 L_m^2} V_1 \tag{5.81}$$

また，I_1 と I_2 の比率は次式で表される．

$$\frac{I_1}{-I_2} = \frac{r_2 + R_L + j\left(\omega L_2 - \frac{1}{\omega C_2}\right)}{j\omega L_m} \tag{5.82}$$

さらに，2 次側の共振条件は下記の式 (5.83) であり，かつ，1 次側の共振周波数も式 (5.84) となる．1 次側と 2 次側の共振周波数を同じにすると，このときの共振角周波

数は式 (5.85) となる.

$$V_{L22} + V_{C2} = j\omega L_2 + \frac{1}{j\omega C_2} = 0 \tag{5.83}$$

$$V_{L11} + V_{C1} = j\omega L_1 + \frac{1}{j\omega C_1} = 0 \tag{5.84}$$

$$\omega_0 = \omega_1 = \sqrt{\frac{1}{L_1 C_1}} = \omega_2 = \sqrt{\frac{1}{L_2 C_2}} \tag{5.85}$$

これらの共振条件の式を満たすと,電流 I_1,I_2 が以下のように求められる.

$$I_1 = \frac{r_2 + R_L}{r_1(r_2 + R_L) + \omega^2 L_m^2} V_1 \tag{5.86}$$

$$I_2 = -\frac{j\omega L_m}{r_1(r_2 + R_L) + \omega^2 L_m^2} V_1 \tag{5.87}$$

また,I_1 と I_2 の比率は下記の式 (5.88) で表される.共振時のこの式は,2 次側共振回路 (N-S) のときの式 (5.38) と同じである.

$$\frac{I_1}{-I_2} = \frac{r_2 + R_L}{j\omega L_m} \tag{5.88}$$

このとき,2 次側に励起される誘導起電力 V_{Lm2} の定義式は式 (5.13) なので,1 次側電流 I_1 の式 (5.86) を代入すると,次式となる.

$$V_{Lm2} = \frac{j\omega L_m(r_2 + R_L)}{r_1(r_2 + R_L) + \omega^2 L_m^2} V_1 \tag{5.89}$$

一方,式 (5.77) より,V_{Lm2} は以下の式となり,2 次側の電圧はすべて抵抗で作られている.

$$V_{Lm2} = V_{r2} + V_2 \tag{5.90}$$

つまり,共振時には,2 次側の入力インピーダンス Z_{in2} が純抵抗になる.つまり,2 次側の入力力率が 1 となる.これは,式 (5.86),(5.87) を用いて算出した,次の式からも直接的にわかる.

$$Z_{\mathrm{in2}} = \frac{V_{Lm2}}{-I_2} = \frac{j\omega L_m I_1}{-I_2} = r_2 + R_L \tag{5.91}$$

V_{Lm2} の値は,2 次側共振回路とは違うが,Z_{in2} の値は同じになり,式 (5.91) のように 2 次側が純抵抗にみえることや,2 次側入力力率 $\cos\theta_{Z_{\mathrm{in2}}}$ が 1 であることは同じである.

（2）効率と電力

次に,効率について考察すると,まず,式 (5.3)〜(5.5) と,共振条件を使用してい

ない式 (5.80), (5.81) より，電力比の式と効率の式が以下のように求められる．

$$P_{r1} : R_{r2} : P_2 = \left\{ (r_2 + R_L)^2 \left(\omega L_2 - \frac{1}{\omega C_2} \right)^2 \right\} r_1 : (\omega L_m)^2 r_2 : (\omega L_m)^2 R_L \tag{5.92}$$

$$\eta = \frac{(\omega L_m)^2 R_L}{\left\{ (r_2 + R_L)^2 + \left(\omega L_2 - \frac{1}{\omega C_2} \right)^2 \right\} r_1 + (\omega L_m)^2 r_2 + (\omega L_m)^2 R_L} \tag{5.93}$$

この式からも，C_1 の値がないことから，1 次側コンデンサが効率に与える影響がないことがわかる．影響を与えているのは，C_2 の値である．さらに，式 (5.83)〜(5.85) の共振条件を考えた場合，電力比の式と効率の式はそれぞれ以下となる．

$$P_{r1} : P_{r2} : P_2 = (r_2 + R_L)^2 r_1 : (\omega L_m)^2 r_2 : (\omega L_m)^2 R_L \tag{5.94}$$

$$\eta = \frac{(\omega L_m)^2 R_L}{(r_2 + R_L)^2 r_1 + (\omega L_m)^2 r_2 + (\omega L_m)^2 R_L} \tag{5.95}$$

つまり，磁界共鳴 (S-S) の効率は 2 次側共振回路 (N-S) の効率式 (5.45) と一致する．最大効率となる最適負荷の式も最大効率の式も N-S と同じである．そのため，以下に示す S-S の共振時の最適負荷の式 (5.96) と最大効率の式 (5.97) も，N-S の共振時と等しい．

$$R_{Lopt} = \sqrt{r_2^2 + \frac{r_2(\omega L_m)^2}{r_1}} \tag{5.96}$$

$$\eta_{\max} = \frac{(\omega_0 L_m)^2}{\left(\sqrt{r_1 r_2} + \sqrt{r_1 r_2 + (\omega_0 L_m)^2} \right)^2} \tag{5.97}$$

次に，電力について考える．1 次側入力インピーダンスは，式 (5.80) より，次式となる．

$$\begin{aligned} Z_{\mathrm{in}1} &= \frac{V_1}{I_1} \\ &= \frac{\left\{ r_1 + j \left(\omega L_1 - \frac{1}{\omega C_1} \right) \right\} \left\{ r_2 + R_L + j \left(\omega L_2 - \frac{1}{\omega C_2} \right) \right\} + \omega^2 L_m^2}{r_2 + R_L + j \left(\omega L_2 - \frac{1}{\omega C_2} \right)} \end{aligned} \tag{5.98}$$

さらに，共振条件式 (5.83)〜(5.85)，もしくは，式 (5.86) より，下記の式 (5.99) とな

る．これは，共振条件を適応したうえで式 (5.73)～(5.75) を使用しても算出できる．

$$Z_{\text{in}1} = \frac{V_1}{I_1} = \frac{r_1(r_2 + R_L) + \omega^2 L_m^2}{r_2 + R_L} \tag{5.99}$$

このように，1 次側の入力からみると純抵抗となっている．つまり，1 次側入力力率が 1 となる．通常，式 (5.84) にあるような，L_1 と C_1 による 1 次側だけの共振は，2 次側のコイル成分 L_2 がみえてしまう．つまり，虚数がみえてしまい，式 (5.84) としては，全体の力率改善はできない．そのため，1 次側共振回路 (S-N) における C_1 の式 (5.72) のような複雑な共振条件が必要であり，1 次側の L_1 と C_1 での共振という発想がない．しかしながら，磁界共鳴の条件下では，2 次側が共振しており，つまり，2 次側入力インピーダンスが純抵抗となっている．式 (5.74) からわかるとおり，負荷が純抵抗であれば，Z_2' は純抵抗のままなのである．つまり，L_m が関与する結合部分を表した K-インバータ（8.2 節参照）を通しても，位相は変わらないので，Z_2' は純抵抗のままなのである．そのため，この条件下で L_1 成分を C_1 成分で消す 1 次側共振を行うと回路全体としても力率 1 になり，大電力で動作させることができる．

以上が，磁界共鳴が大エアギャップかつ位置ずれ時に，高効率かつ大電力で動作できるメカニズムである．つまり，1 次側の共振周波数と 2 次側の共振周波数を一致させたうえで，磁界で結合させると，大エアギャップかつ位置ずれ時に高効率かつ大電力が実現できるということの背景としては，上記のようなメカニズムがある．これにより，電磁誘導の条件を絞ったものが磁界共鳴と結論づけられる．

5.5.1 | 磁界共鳴 S-S 方式の計算結果

上述した磁界共鳴のメカニズムについて，計算結果を用いて検討を行う．計算条件としては，最適負荷値をもとにグラフを作成する．

磁界共鳴の計算結果を表 5.6 に示す．計算結果のフェーザ図を図 5.24 に示す．各々のフェーザ図は V_1 を基準として，ベクトルを描いている．図 5.24 では，電圧に対し電流の値が小さいので 10 倍のスケールにして描かれている．つまり，1 V = 10 A のスケールに基づいて描かれている．

まず，効率は非共振回路 (N-N) に比べ大幅に改善され，かつ，2 次側共振回路 (N-S) と同じ値 $\eta_{\max} = 76.8\%$ となる．最適負荷の値も $R_{L\text{opt}} = 10.1\,\Omega$ で同じである．高効率になるのは，2 次側の L_2 と C_2 が共振して，2 次側入力力率 $\cos\theta_{Z_{\text{in}2}}$ が 1 となるためである．つまり，$Z_{\text{in}2}$ が純抵抗となる．フェーザ図からも $V_{Lm2}//I_2$ が確認できる．

一方，1 次側入力力率 $\cos\theta_1$ も 1 となり，1 次側に大電流が流れ大電力が実現できている．これはフェーザ図の $I_1//V_1$ からも確認できる．このとき，L_1 と C_1 の共振条件が，そのまま，1 次側入力力率 1 に一致している．このことが，1 次側共振回路 (S-N)

表 **5.6**　磁界共鳴 (S-S) の計算結果（P_2, P_{r1}, P_{r2} は純抵
抗なので Im は 0 となり，abs の値は Re の値と
一致する）

	Re	Im	abs	θ [deg]
I_1 [A]	9.9	0	9.9	0
I_2 [A]	0	-8.7	8.7	270
V_{L11} [V]	0	991.4	991.4	90
V_{C1} [V]	0	-991.4	991.4	270
V_{R1} [V]	13.1	0	13.1	0
V_{Lm1} [V]	86.9	0	86.9	0
V_{Lm2} [V]	0	99.1	99.1	90
V_{L22} [V]	868.8	0	868.8	0
V_{C2} [V]	-868.8	0	868.8	180
V_{R2} [V]	0	-11.5	11.5	270
V_2 [V]	0	87.6	87.6	90.0
$Z_{\mathrm{in}1}$ [Ω]	10.1	0	10.1	0.0
Z_2' [Ω]	8.8	0	8.8	0.0
$Z_{\mathrm{in}2}$ [Ω]	11.4	0	11.4	0.0
P_1 [W]	991.4	0	991.4	0.0
P_2 [W]	761.5	$\theta_{I_2 I_1}(I_2/I_1)$ [deg]		270.0
P_{r1} [W]	130	$\theta_{V_2 V_1}(V_2/V_1)$ [deg]		90.0
P_{r2} [W]	99.9	$\theta_1(V_1/I_1)$ [deg]		0.0
効率 [%]	76.8	$\theta_2(V_2/-I_2)$ [deg]		0.0
R_{Lopt} [Ω]	10.1	$\theta_{Z_{\mathrm{in}2}}(V_{Lm2}/-I_2)$ [deg]		0

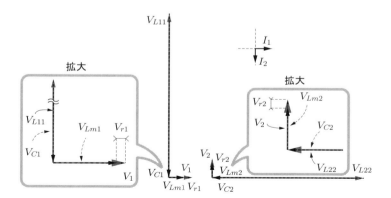

図 **5.24**　2 次側共振回路のフェーザ図 (S-S)

との違いである．つまり，2 次側変換インピーダンス Z_2' が純抵抗なので，1 次側のインダクタンス成分 L_1 を 1 次側共振コンデンサ C_1 で消すだけで 1 次側入力力率が 1 になる．I_1 に対する I_2 の比率は，式 (5.82) より，I_2 に対して I_1 は 1.1 倍程度である．

　以上より，磁界共鳴のメカニズムを確認できた．次に，最大効率の実現時のメカニズムについて述べる．負荷の最適化と損失の割合を図 5.25 に示す．この値は，図 5.15(b)でみた 2 次側共振回路 (N-S) と同じである．負荷の値を変えても，効率の値が変わるだけであるので，フェーザ図において振幅の変動はあるが，位相は変わらない．つまり，矢印の大きさは変わるが，向きは変わらない．電力比は式 (5.94) からわかるとおり，負荷の値が小さくなり過ぎると，$r_2 : R_L$ の割合で，2 次側の内部抵抗における損失 P_{r2} が支配的になってしまう．一方で，負荷の値が大きすぎると，1 次側の内部抵抗による損失 P_{r1} の割合が増えてしまう．最適な負荷 $R_{Lopt} = 10.1\,\Omega$ の場合，負荷での消費電力 P_2 の割合が一番大きく，最大効率となる．

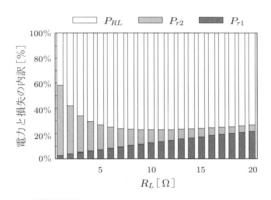

図 5.25　負荷の最適化と損失の割合 (S-S)

　また，S-S 方式の磁界共鳴として動作するときには，$\theta_{V_2 V_1} = 90°$ になるのは特徴の一つである．

　S-S 方式のもう一つの特徴として，4.2.3 項で述べたように，定電流特性がある．ある程度 Q 値が高くないと確認しづらい現象なので，$r_1 = r_2 = 0.1\,\Omega$ として I_2 のグラフを描くと，図 5.26 のように最適負荷周辺ではほぼ I_2 が一定であることが確認できる．点で示したところが，各々の結合係数における最適負荷である．ただし，結合が弱い領域や内部抵抗が大きいと定電流特性から離れていくので注意が必要である．

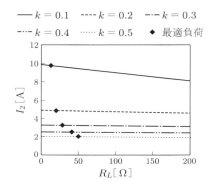

図 5.26　S-S の定電流特性

5.6　磁界共鳴（S-P 方式）の等価回路

本節では，磁界共鳴の S-P 回路について検討する[2],[21]-[24]．図 5.1(e) で示した回路である．

（1）等価回路の検証

拡張型の T 型等価回路を図 5.27 に示す．2 次側インピーダンス変換と誘導起電力に

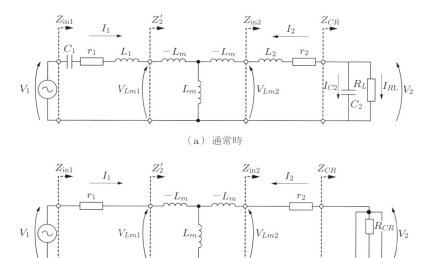

（a）通常時

（b）共振時

図 5.27　拡張型 T 型等価回路 (S-P)

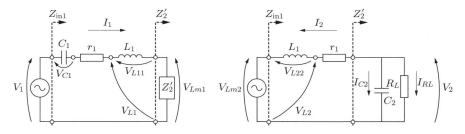

図 5.28　2 次側変換と誘導起電力による等価回路 (S-P)

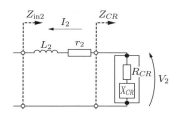

図 5.29　誘導起電力による等価回路の 2 次側共振コンデンサと
負荷の直列変換表示 (S-P)

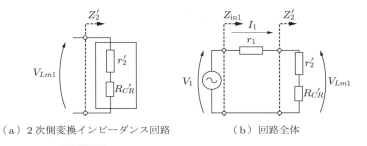

（a）2 次側変換インピーダンス回路　　　　　　（b）回路全体

図 5.30　共振時に Z_2' を組み込んだ回路 (S-P)

よる等価回路を図 5.28 に示す．Z_{in2} において，2 次側共振コンデンサと負荷を直列変換として表した図を図 5.29 に示す．共振時の Z_2' の内部を表した 2 次側変換インピーダンス回路と共振時に Z_2' を組み込んだ全体の回路を，図 5.30 に示す．

　2 次側共振コンデンサと負荷で作られるインピーダンス Z_{CR} は，下記の式 (5.100) となる．このとき，実部成分を式 (5.101) のように R_{CR} とおき，虚数成分を式 (5.102) のように $-jX_{CR}$ とおく．R_{CR} と R_L はほぼ反比例の関係である．Z_{in2} は式 (5.103)，Z_2' は式 (5.104)，Z_{in1} は式 (5.105) となる．式 (5.104) より，負荷が純抵抗であれば，Z_2' は純抵抗のままである．

$$Z_{CR} = R_L // \frac{1}{j\omega C_2} = \frac{R_L \cdot \frac{1}{j\omega C_2}}{R_L + \frac{1}{j\omega C_2}} = \frac{R_L - j\omega C_2 R_L^2}{1 + \omega^2 C_2^2 R_L^2} = R_{CR} - jX_{CR}$$

(5.100)

$$R_{CR} \equiv \frac{R_L}{1 + \omega^2 C_2^2 R_L^2}$$

(5.101)

$$-jX_{CR} \equiv \frac{-j\omega C_2 R_L^2}{1 + \omega^2 C_2^2 R_L^2}$$

(5.102)

$$Z_{\text{in}2} = j\omega L_2 + r_2 + R_{CR} - jX_{CR}$$

(5.103)

$$Z_2' = \frac{j\omega L_m I_2}{I_1} = \frac{(\omega L_m)^2}{Z_{\text{in}2}}$$

(5.104)

$$Z_{\text{in}1} = r_1 + j\omega L_1 + \frac{1}{j\omega C_2} + Z_2'$$

(5.105)

図 5.1(e) の等価回路より，以下に示す 1 次側の電圧と 2 次側の電圧の式 (5.106)，(5.107) は，式 (5.108)，(5.109) となるので，電流 I_1, I_2 が式 (5.110)，(5.111) のように求められる．

$$V_1 = V_{L11} + V_{C1} + V_{r1} + V_{Lm1}$$

(5.106)

$$V_{Lm2} = V_{L22} + V_{r2} + V_2$$

(5.107)

$$V_1 = j\omega L_1 I_1 + \frac{1}{j\omega C_1} I_1 + I_1 r_1 + j\omega L_m I_2$$

(5.108)

$$0 = j\omega L_2 I_2 + I_2 r_2 + I_2 Z_{CR} + j\omega L_m I_1$$

(5.109)

$$I_1 = \frac{r_2 + R_L + j(\omega L_2 - X_{CR})}{\left\{r_1 + j\left(\omega L_1 - \frac{1}{\omega C_1}\right)\right\}\{r_2 + R_L + j(\omega L_2 - X_{CR})\} + \omega^2 L_m^2} V_1$$

(5.110)

$$I_2 = -\frac{j\omega L_m}{\left\{r_1 + j\left(\omega L_1 - \frac{1}{\omega C_1}\right)\right\}\{r_2 + R_L + j(\omega L_2 - X_{CR})\} + \omega^2 L_m^2} V_1$$

(5.111)

また，I_1 と I_2 の比率は次式で表される．

$$\frac{I_1}{-I_2} = \frac{r_2 + R_L + j(\omega L_2 - X_{CR})}{j\omega L_m}$$

(5.112)

ここで，共振条件であるが，S-S 方式と同様に，

$$j\omega L_2 + \frac{1}{j\omega C_2} = 0 \tag{5.113}$$

$$V_{L11} + V_{C1} = j\omega L_1 + \frac{1}{j\omega C_1} = 0 \tag{5.114}$$

$$\omega_0 = \omega_1 = \sqrt{\frac{1}{L_1 C_1}} = \omega_2 = \sqrt{\frac{1}{L_2 C_2}} \tag{5.115}$$

のようにすると，1 次側と 2 次側の共振条件がずれる．問題は，この式 (5.113) では 2 次側の共振がとれないことに起因している．

　S-P 方式でも，S-S 方式と同様に磁界共鳴として動作させるには，2 次側の共振条件を成立させる必要がある．そのための条件式を考えよう．図 5.29 で示したとおり，また，式 (5.100) で並列接続を直列に変換したように，V_2 は R_{CR} と $-jX_{CR}$ で作られる電圧であり，以下に示す式 (5.116) で表されるので，式 (5.107) より，式 (5.117) が導ける．このときに，虚数成分が 0 になればよいので，式 (5.118) が共振条件になる．式 (5.102)，(5.116)，(5.118) より，2 次側の共振角周波数は，式 (5.119) と求められる．後述するように，1 次側の共振条件式は式 (5.114) となるので，S-P 方式でも 1 次側と 2 次側の共振周波数は合わせるが，その共振周波数の条件式は，まとめて式 (5.120) と表される．

$$V_2 = V_{RCR} + V_{XCR} = I_2 R_{CR} - I_2 j X_{CR} \tag{5.116}$$

$$-V_{Lm2} = V_{L22} + V_{r2} + V_{RCR} + V_{XCR} \tag{5.117}$$

$$V_{L22} + V_{XCR} = 0 \tag{5.118}$$

$$\omega_2 = \sqrt{\frac{1}{L_2 C_2} - \left(\frac{1}{C_2 R_L}\right)^2} \tag{5.119}$$

$$\omega_0 = \omega_1 = \sqrt{\frac{1}{L_1 C_1}} = \omega_2 = \sqrt{\frac{1}{L_2 C_2} - \left(\frac{1}{C_2 R_L}\right)^2} \tag{5.120}$$

　これらの共振条件の式を満たすと，電流 I_1, I_2 が以下のように求められる．

$$I_1 = \frac{r_2 + R_{CR}}{r_1(r_2 + R_{CR}) + \omega^2 L_m^2} V_1 \tag{5.121}$$

$$I_2 = -\frac{j\omega L_m}{r_1(r_2 + R_{CR}) + \omega^2 L_m^2} V_1 \tag{5.122}$$

また，I_1 と I_2 の比率は式 (5.112) で表されるので，共振時のこの式は，次式となる．この式は S-S 方式の式 (5.88) に酷似している．

$$\frac{I_1}{-I_2} = \frac{r_2 + R_{CR}}{j\omega L_m} \tag{5.123}$$

このとき，2 次側に励起される誘導起電力 V_{Lm2} の定義式は式 (5.13) なので，1 次側電流 I_1 の式 (5.121) を代入すると，次式となる．

$$V_{Lm2} = \frac{j\omega L_m(r_2 + R_{CR})}{r_1(r_2 + R_{CR}) + \omega^2 L_m^2} V_1 \tag{5.124}$$

一方，式 (5.116)，(5.107) より，V_{Lm2} の式は，次式となる．

$$V_{Lm2} = V_{r2} + V_{RCR} \tag{5.125}$$

つまり，S-S 方式と同様に，共振時には，2 次側の入力インピーダンス $Z_{\text{in}2}$ が純抵抗になるということである．別の言い方をすれば，2 次側の入力力率が 1 となる．これは，式 (5.121)，(5.122) を用いて算出した，次式からもわかる．

$$Z_{\text{in}2} = \frac{V_{Lm2}}{-I_2} = \frac{j\omega L_m I_1}{-I_2} = r_2 + R_{CR} \tag{5.126}$$

V_{Lm2} の値は，S-S 方式とは違うが，式 (5.126) にみられる 2 次側が純抵抗にみえることや，2 次側入力力率が 1 であることは同じである．

（2）効率と電力

次に，効率について考察すると，まず，式 (5.3)〜(5.5) と，共振条件を使用していない式 (5.109)，(5.110) より，電力比の式と効率の式が以下のように求められる．

$$P_{r1} : P_{r2} : P_2 = \{(r_2 + R_L)^2 + (\omega L_2 - X_{CR})^2\}r_1 : (\omega L_m)^2 r_2 : (\omega L_m)^2 R_{CR} \tag{5.127}$$

$$\eta = \frac{(\omega L_m)^2 R_{CR}}{\{(r_2 + R_L)^2 + (\omega L_2 - X_{CR})^2\}r_1 + (\omega L_m)^2 r_2 + (\omega L_m)^2 R_{CR}} \tag{5.128}$$

さらに，式 (5.120) の共振条件を考えた場合，電力比の式と効率の式はそれぞれ以下となる．

$$P_{r1} : P_{r2} : P_2 = (r_2 + R_{CR})^2 r_1 : (\omega L_m)^2 r_2 : (\omega L_m)^2 R_{CR} \tag{5.129}$$

$$\eta = \frac{(\omega L_m)^2 R_{CR}}{(r_2 + R_{CR})^2 r_1 + (\omega L_m)^2 r_2 + (\omega L_m)^2 R_{CR}} \tag{5.130}$$

つまり，S-P 方式の磁界共鳴の効率は，S-S 方式の効率式 (5.95) における R_L を R_{CR} に置き換えたものと一致する．

よって，式 (5.119) の共振周波数条件を満たすと，S-S 方式と同様に考えることができ，最大効率については，式 (5.130) と以下に示す式 (5.131) から最大効率となる最適負荷の条件式 (5.132) が得られる．この式を式 (5.130) に代入すれば，最大効率が

得られる．さらに，共振条件式 (5.120) と R_{CR} の定義式 (5.101) から，R_L と C_2 が求められる．R_{CR} が最大効率を実現できる最適負荷条件式を満たしているとき，R_L と C_2 も最適負荷 R_{Lopt} 条件式 (5.133) と最適 2 次側共振コンデンサ C_{2opt} の条件式 (5.134) になる．

$$\frac{\partial \eta}{\partial R_{CR}} = 0 \tag{5.131}$$

$$R_{CRopt} = \sqrt{r_2^2 + \frac{r_2(\omega L_m)^2}{r_1}} \tag{5.132}$$

$$R_{Lopt} = \frac{R_{CR}^2 + (\omega L_2)^2}{R_{CR}} \tag{5.133}$$

$$C_{2opt} = \frac{L_2}{R_{CR}^2 + (\omega L_2)^2} \tag{5.134}$$

次に，電力について考える．1 次側入力インピーダンスは，式 (5.110) より，次式となる．

$$Z_{in1} = \frac{V_1}{I_1} = \frac{\left\{r_1 + j\left(\omega L_1 - \dfrac{1}{\omega C_1}\right)\right\}\{r_2 + R_L + j(\omega L_2 - X_{CR})\} + \omega^2 L_m^2}{r_2 + R_L + j(\omega L_2 - X_{CR})} \tag{5.135}$$

さらに，共振条件式 (5.120)，もしくは，式 (5.121) より，次式となる．

$$Z_{in1} = \frac{V_1}{I_1} = \frac{r_1(r_2 + R_{CR}) + \omega^2 L_m^2}{r_2 + R_{CR}} \tag{5.136}$$

このように，1 次側の入力からみると純抵抗となっている．つまり，1 次側入力力率 1 となる．S-P 方式においても，S-S 方式同様 2 次側が共振していれば 2 次側入力インピーダンス Z_{in2} は純抵抗となり，2 次側入力力率 1 となる．よって，S-S 方式と同様の条件となるので，同じ考察ができる．すなわち，式 (5.104) からわかるとおり，負荷が純抵抗であれば，Z_2' は純抵抗のままである．つまり，L_m が関与する結合部分を表した K-インバータ（8.2 節参照）を通しても，位相は変わらないので，Z_2' は純抵抗のままである．そのため，この条件下で 1 次側共振を行うと全体の力率 1 になる．全体の力率が 1 ということなので，大電力で動作させることができる．

以上のように，S-P 方式でも，S-S 方式と同様に，磁界共鳴が大エアギャップかつ位置ずれ時に，高効率かつ大電力で動作できるメカニズムを説明できる．

5.6.1 磁界共鳴 S-P 方式の計算結果

上述した磁界共鳴のメカニズムについて，計算結果を用いて検討を行う．計算条件としては，最適負荷値をもとにグラフを作成する．

1 次側共振条件の計算結果を表 5.7 に示す．計算結果のフェーザ図を図 5.31 に示す．各々のフェーザ図は，V_1 を基準としてベクトルを描いている．図 5.31 では，電圧に対し電流の値が小さいので，10 倍のスケールにして描かれている．つまり，$1\,\mathrm{V} = 10\,\mathrm{A}$ のスケールに基づいて描かれている．

まず，効率は S-S 方式と同じ値になる．ただし，最適負荷の値は S-S 方式に比べ 100 倍ほどになっており，$R_{Lopt} = 1001.4\,\Omega$ である．このとき，2 次側の L_2 と C_2 と R_L を含んだ $-X_{CR}$ が共振して，2 次側入力力率 $\cos\theta_{Z_{in2}}$ は 1 となるため高い効率が得

表 5.7 磁界共鳴 (S-P) の計算結果（P_2, P_{r1}, P_{r2} は純抵抗なので Im は 0 となり，abs の値は Re の値と一致する）

	Re	Im	abs	θ [deg]
I_1 [A]	9.9	0	9.9	0
I_2 [A]	0	-8.7	8.7	270
I_C [A]	-0.9	8.6	8.6	95.8
V_R [A]	0.9	0.1	0.9	5.8
V_{L11} [V]	0	991.4	991.4	90
V_{C1} [V]	0	-991.4	991.4	270
V_{R1} [V]	13.1	0	13.1	0
V_{Lm1} [V]	86.9	0	86.9	0
V_{Lm2} [V]	0	99.1	99.1	90
V_{L22} [V]	868.8	0	868.8	0
V_{R2} [V]	0	-11.5	11.5	270
V_{RCR} [Ω]	0	87.6	87.6	90
V_{XCR} [V]	868.8	0	868.8	0.0
V_2 [V]	868.8	87.6	873.3	5.8
Z_{in1} [Ω]	10.1	0	10.1	0.0
Z_2' [Ω]	8.8	0	8.8	0.0
Z_{in2} [Ω]	11.4	0	11.4	0.0
P_1 [W]	991.4	0	991.4	0.0
P_2 [W]	761.5	$\theta_{I_2 I_1}(I_2/I_1)$ [deg]		270.0
P_{r1} [W]	130	$\theta_{V_2 V_1}(V_2/V_1)$ [deg]		90.0
P_{r2} [W]	99.9	$\theta_1(V_1/I_1)$ [deg]		0.0
効率 [%]	76.8	$\theta_2(V_2/-I_2)$ [deg]		275.8
R_{Lopt} [Ω]	1001.4	$\theta_{Z_{in2}}(V_{Lm2}/-I_2)$ [deg]		0.0
R_{CR} [Ω]	10.1	X_{CR} [Ω]		-100.0
C_2 [nF]	15.8			

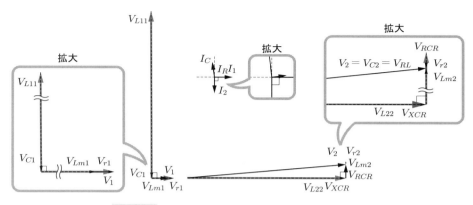

図 5.31　2 次側共振回路の全体のフェーザ図 (S-P)

られる．つまり，Z_{in2} が純抵抗となる．フェーザ図からも，$V_{Lm2}/\!/I_2$ が確認できる．
等価直列抵抗 R_{CR} に流れる電流 I_2 と I_1 を比較すると，式 (5.123) より，I_2 に対し
て I_1 は 1.1 倍程度である．また，等価直列抵抗 R_{CR} は S-S 方式の磁界共鳴の最適負
荷 R_{Lopt} と同じ値になっていることも確認できる．

　一方，1 次側入力力率 $\cos\theta_1$ も 1 となり，1 次側に大電流が流れ，大電力が実現でき
ている．フェーザ図の $I_1/\!/V_1$ からも確認できる．このとき，L_1 と C_1 の共振が，そ
のまま，1 次側入力力率 1 に一致している．つまり，2 次側変換インピーダンス Z_2' が
純抵抗なので，1 次側のインダクタンス成分 L_1 を 1 次側共振コンデンサ C_1 で消すだ
けでよい．このように，1 次側の動作は S-S 方式と同じである．

　以上より，S-P 方式の磁界共鳴のメカニズムを確認できたので，次に，最大効率の
実現時のメカニズムについて述べる．負荷の最適化と損失の割合を図 5.32(a) に示す．
S-S 方式と同じく，負荷の値を変えても，効率の値が変わるだけであるので，フェーザ
図において振幅の変動はあるが，位相は変わらない．そのため V_2 を除いて，矢印の大
きさこそ変わるが，向きは変わらない．電力比は式 (5.129) からわかるとおり，R_{CR}
の値が小さくなり過ぎると，$r_2 : R_{CR}$ の割合で，2 次側の内部抵抗における損失 P_{r2}
が支配的になってしまう．一方で，R_{CR} が大きすぎると，1 次側の内部抵抗による損
失 P_{r1} の割合が増えてしまう．最適な負荷 $R_{Lopt} = 1001.4\,\Omega$ の場合，$R_{CR} = 10.1\,\Omega$
となり，一番負荷での消費電力 P_2 の割合が大きく，最大効率となる．S-P 方式では，
V_{RCR} が V_1 に対して 90° の位相差をもつ．

　S-S と S-P ともに適用できる考え方は，$\omega_1 = 1/\sqrt{L_1 C_1} = \omega_2 = 1/\sqrt{L_2 C_2}$ ではな
く，$\cos\theta_{Z_{\mathrm{in1}}} = \cos\theta_{Z_{\mathrm{in2}}} = 1$ であり，かつ $f_0 = f_1 = f_2$ という考え方である．つま
り，S-P に関しては，

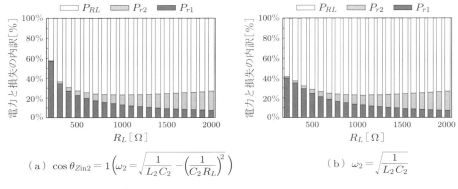

（a）$\cos\theta_{Z_{in2}} = 1 \left(\omega_2 = \sqrt{\dfrac{1}{L_2 C_2} - \left(\dfrac{1}{C_2 R_L}\right)^2} \right)$ 　　　　（b）$\omega_2 = \sqrt{\dfrac{1}{L_2 C_2}}$

図 5.32　負荷の最適化と損失の割合 (S-P)

$$\omega_0 = \omega_1 \sqrt{\frac{1}{L_1 C_1}} = \omega_2 = \sqrt{\frac{1}{L_2 C_2} - \left(\frac{1}{C_2 R_L}\right)^2} \tag{5.137}$$

である．ただし，S-P 方式を磁界共鳴として動作させるために，$\cos\theta_{Z_{in2}} = 1$ で計算するのが正確と述べてきたが，図 5.32(b) に示すように，$\omega_2 = 1/\sqrt{L_2 C_2}$ としても，大きな差は生じないので，$\omega_1 = 1/\sqrt{L_1 C_1} = \omega_2 = 1/\sqrt{L_2 C_2}$ としても実用上はあまり問題にならない．この場合，ω_2 が R_L に依存しないので，設計が楽であるメリットもある．

S-S の負荷と効率特性の図 5.25 と，S-P の負荷と効率特性の図 5.32 を見比べると，負荷抵抗に対する損失特性の大小が逆転している．これについて簡単に説明する．

まず，S-P は S-S の変形として考えられることは今まで述べてきたとおりである．そのため，R_{CR} は R_L と同じはたらきをする．つまり，S-S の R_L が大きいとき，S-P の R_{CR} が大きいときと同じである．一方で，S-P の R_{CR} と S-P の R_L の関係は，式 (5.101) と図 5.33 より，反比例の関係であることを考慮すると，R_{CR} が大きいとき，S-P の実際の負荷 R_L が小さいときに相当する．それゆえに，R_{CR} が大きいとき，S-P の実際の負荷は小さくなり，P_{r2} は小さくなり，P_{r1} は大きくなる．

この逆も同じであり，R_{CR} が小さいとき，S-P の実際の負荷 R_L は大きいときに相当し，P_{r2} は大きくなり，P_{r1} は小さくなる．

これらの理由により，S-S と S-P では，負荷抵抗に対する損失特性の大小が逆転している．

S-P 方式の一つの特徴が定電圧特性である．ある程度 Q 値が高くないと確認できない現象なので，$r_1 = r_2 = 0.1\,\Omega$ として，V_2 のグラフを描くと図 5.34 のように最適負荷周辺でもほぼ V_2 が一定であることが確認できる．点で示したところが各々の結合

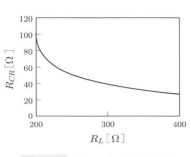

図 5.33 R_{CR} と R_L の関係

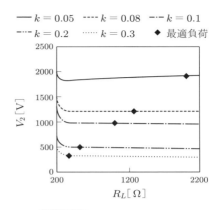

図 5.34 S-P の定電圧特性

係数における最適負荷である.

5.7 五つの回路の比較のまとめ

共振周波数 $f = f_0$ における,100 V 時の結果について,効率を図 5.35 に,入力電力と負荷消費電力を図 5.36 に示す.効率においては,N-N と S-N が低く,N-S と S-S と S-P が高くなることが確認できる.電力に関しては,S-N と S-S と S-P が大きいことが確認できる.電力と効率を両立できているのは,磁界共鳴の S-S と S-P だけである.

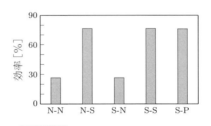

図 5.35 五つの回路における効率

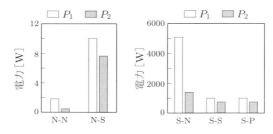

図 5.36　五つの回路における入力電力 P_1 と負荷消費電力 P_2

5.8　X_1 軸と X_2 軸での 4 回路方式の推移と比較

　前節 5.7 までで，N-N, S-N, N-S, S-S, S-P の五つの回路の基本的な比較を行い，式の導出を行った．S-P は S-S の変換として扱えることも示したので本節以降では S-P は省略する[†]．とくに，前節では式の導出に主眼を置いたため，N-N, S-N, N-S, S-S の回路をほぼピンポイントで評価した．本節では，N-N から S-S への推移を確認する．おもに，1 次側および 2 次側のコイルのリアクタンス X_1, X_2 を軸にとり，その上に描く 3D マップでの推移で確認する[30]．

　前節での結果をまとめると，大きなエアギャップ時，つまり，結合が弱いときの N-N から S-S までの 4 回路方式の効率と受電電力は表 5.8 のようになる．N-N から S-S までの変化のようすをまとめたものを図 5.37 に示す．1 次側に挿入される共振コンデンサ C_1 と 2 次側に挿入される共振コンデンサ C_2 の役割についてまとめて示した．要点としては，C_1 を入れると電力が増え，C_2 を入れるとわずかに電力が増加し，そして，主だった効果としては効率が増加する．

　S-S 方式の T 型等価回路を図 5.38 に示す．N-N から S-S への推移を一括表示する図 5.40 をこの後確認するが，そのとき，理論的には S-S 回路から考えると理解しやす

表 5.8　共振の分類による 4 回路方式の効率と受電電力

	η	P_2	C_1	C_2
N-N	小	小	×	×
N-S	最大	小	×	○
S-N	小	大	○	×
S-S	最大	大	○	○

[†] 本書の範囲を超えるので示していないが，1 次側に P をもってくるタイプの P-S, P-P[24]–[27] や，S と P を 1 次側もしくは 2 次側に複数組み合わせる Double LCC[28],[29] など，さまざまな方式が盛んに提案されている．

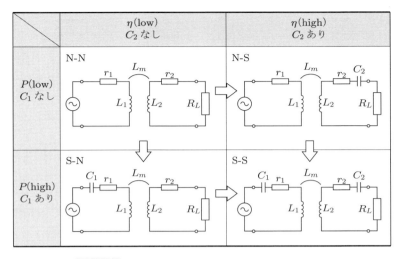

図 5.37 1 次側および 2 次側共振コンデンサの役割

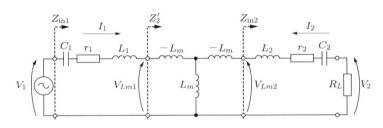

図 5.38 S-S の T 型等価回路

い．S-S 回路においては，以下に示す式 (5.138) のように 1 次側のインピーダンスの虚数成分，つまり，リアクタンスは X_1 であり，同様に，式 (5.139) のように 2 次側のリアクタンスは X_2 である．それぞれ，L_1 と C_1 もしくは L_2 と C_2 で作られる．まず，コイルは前節と同じものを考えるので，$\omega L_1 = \omega L_2 = 100\,\Omega$ は変わらない．

$$X_1 = \omega L_1 - \frac{1}{\omega C_1} \tag{5.138}$$

$$X_2 = \omega L_2 - \frac{1}{\omega C_2} \tag{5.139}$$

次に，共振コンデンサを考える．C_1 を無限大にした場合，1 次側にコンデンサはないことになり，つまり，導通状態になり，式 (5.138) は $X_1 = \omega L_1$ になる．同様に，C_2 を無限大にした場合，式 (5.139) は $X_2 = \omega L_2$ になる．つまり，両方の共振コンデンサの値を無限大にした場合，N-N 回路になる．そこから，C_1 や C_2 の共振コンデン

サの値を小さくしていき，絶縁状態に近づけていくと，N-N から S-S へと推移することになる．たとえば，N-N から N-S を経由して，S-S になるときには，はじめに C_2 を挿入し，$X_2 = 0$ として，次に C_1 を挿入し，$X_1 = 0$ とするという手順となる．

N-N から S-S への推移を考える一般式は，共振条件を適用する前の S-S の式 (5.93) が適している．以下の式 (5.140) に再掲する．

$$\eta = \frac{(\omega L_m)^2 R_L}{\left\{ (r_2 + R_L)^2 + \left(\omega L_2 - \dfrac{1}{\omega C_2} \right)^2 \right\} r_1 + (\omega L_m)^2 r_2 + (\omega L_m)^2 R_L} \tag{5.140}$$

また，最大効率となる最適負荷の条件式は式 (5.47) である．以下の式 (5.141) に再掲する．本節の設定では，それぞれの回路トポロジーの条件において最大効率となるように，この式を適用している．

$$R_{Lopt} = \sqrt{r_2^2 + \frac{r_2(\omega L_m)^2}{r_1} + \left(\omega L_2 - \frac{1}{\omega C_2} \right)^2} \tag{5.141}$$

これらの式は，5.3 節や 5.5 節で求めた式である．電力なども同様に求められるが，本節では省略する．繰り返しとなるが，これらの式には C_1 の値がないことから，1 次側コンデンサが効率に与える影響がないことがわかる．影響を与えているのは，C_2 の値である．上記式を使用し，C_1 と C_2 を変化させることで，N-N, N-S, S-N, S-S だけでなく，その推移も計算することが可能である．

実際に大きなエアギャップといわれるときは，$k = 0.1$ を下回る領域が多いが，説明の都合上，はじめに $k = 0.5$ のときのグラフを使用して説明する．参考として，エアギャップ g と結合係数 k のグラフを図 5.39 に示す．

$k = 0.5$ のときの送電電力 P_1，受電電力 P_2，1 次側力率 $\cos \theta_{Z_{\mathrm{in}1}}$，効率 η，2 次側力率 $\cos \theta_{Z_{\mathrm{in}2}}$ について，N-N から S-S への推移をまとめて図 5.40 に示す．図の右端

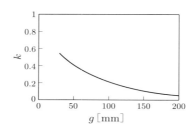

図 5.39　エアギャップ g と結合係数 k

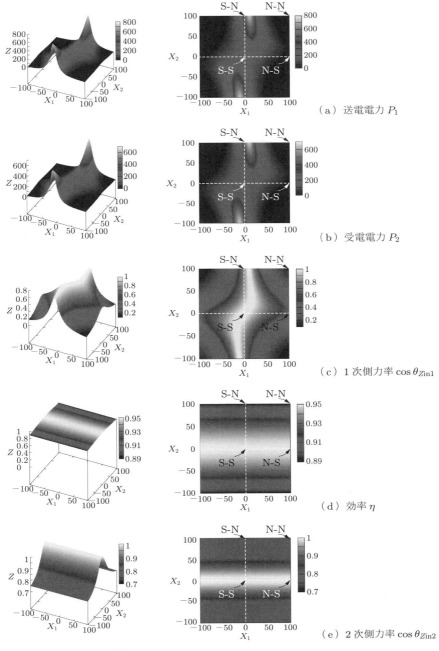

（a）送電電力 P_1

（b）受電電力 P_2

（c）1 次側力率 $\cos\theta_{Zin1}$

（d）効率 η

（e）2 次側力率 $\cos\theta_{Zin2}$

図 **5.40**　N-N, N-S, S-N, S-S の一括表示 $(k = 0.5)$

$X_1 = 100\,\Omega$ のときが C_1 がないとき，図の上端 $X_2 = 100\,\Omega$ のときが C_2 がないときに相当する．

各々の図における Z 軸は，P_1，P_2，$\cos\theta_{Z_{\text{in}1}}$，$\eta$，$\cos\theta_{Z_{\text{in}2}}$ に対応している．このときの負荷条件は最大効率となる最適負荷値 $R_{L\text{opt}}$ になっており，また，効率は X_2 軸，つまり，C_2 に依存している．電力がたくさん送られるのは 1 次側力率 $\cos\theta_{Z_{\text{in}1}}$ が 1 のときである．たとえば，X_2 を $X_2 = 100\,\Omega$ で固定して考えると，$X_1 = 0$ の X_1 軸上が必ずしも大電力ではないことがわかる．むしろ，X_1 軸からずれた場所になっている．これは，先に述べたように，1 次側力率 $\cos\theta_{Z_{\text{in}1}}$ が 1 の場所である．一方，効率については，2 次側力率 $\cos\theta_{Z_{\text{in}2}}$ が 1 の場所で最大になる．

効率が高くなる条件である 2 次側力率が 1 となっているのは，N-S と S-S であるが，N-S は 1 次側力率が 1 からほど遠く，電力が小さい．それゆえ，効率が高く，かつ，電力が多くとれる回路トポロジーである磁界共鳴の S-S が最も望ましい．さらに述べると，X_1 軸上で力率が 1 になるのは，$X_2 = 0$ のときだけである．つまり，$X_1 = X_2 = 0$ となり，これも S-S に一致する．以上のように，共振のとり方によって，効率も電力も大幅に変わる．スケールこそ違うが，同様の議論が，ほかのエアギャップにしたときにもいえる．$k = 0.02$ のときの結果を図 5.41 に，$k = 0.1$ のときの結果を図 5.42 に，それぞれ示す．

本章では，大エアギャップに着目して述べてきたが，結合が非常に強い $k \fallingdotseq 1$ のときには事情が異なるので，簡単に解説する．$k = 1$ のときの結果を図 5.43 に示す．まず，ただの密着状態では $k \fallingdotseq 1$ にはならない．磁束の漏れを極限まで減らす工夫をした変圧器などが達成できる値であり，当然エアギャップは存在しない．このときは，どの領域においても効率が高い．そのため，大エアギャップ時の設計のコンセプトと変わってくる．効率が高いので，2 次側のコンデンサの役割が不要である．そうなると，次に考えるのは電力である．大きな電力が得られる構成かつ回路の部品点数が少ない回路トポロジーが望まれる．電力が得られる構成は S-N の全体共振条件時が一番であり，その次に S-S，N-N，N-S という順である．部品点数の多い S-S は電力的に S-N に及ばないので好まれない．同様に，N-S は N-N に比べ電力が得られないので好まれない．よって，エアギャップがなく，密着かつ結合が非常に強いときには，大電力にするために S-N を採用するか，部品点数を一番少なくするために N-N を採用することが考えられる．

N-N，S-N，N-S，S-S に関してより深く知るには，k 軸での比較，R_L 軸での比較，f 軸での特性を理解する必要があるが，詳しい話となるので，詳細は，付録 C～E に示す．

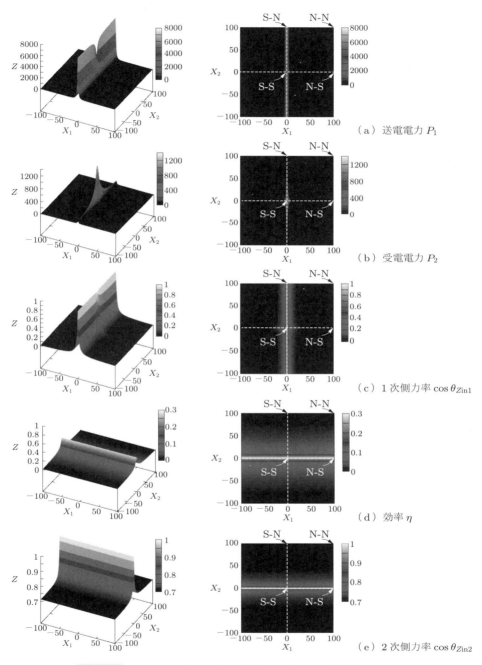

（a）送電電力 P_1

（b）受電電力 P_2

（c）1 次側力率 $\cos\theta_{Zin1}$

（d）効率 η

（e）2 次側力率 $\cos\theta_{Zin2}$

図 5.41 X_1 と X_2 軸における N-N から S-S への推移 $(k = 0.02)$

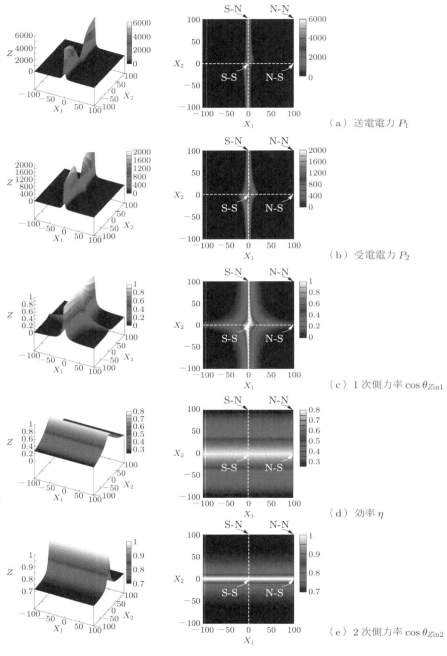

図 **5.42**　N-N, N-S, S-N, S-S の一括表示 ($k = 0.1$)

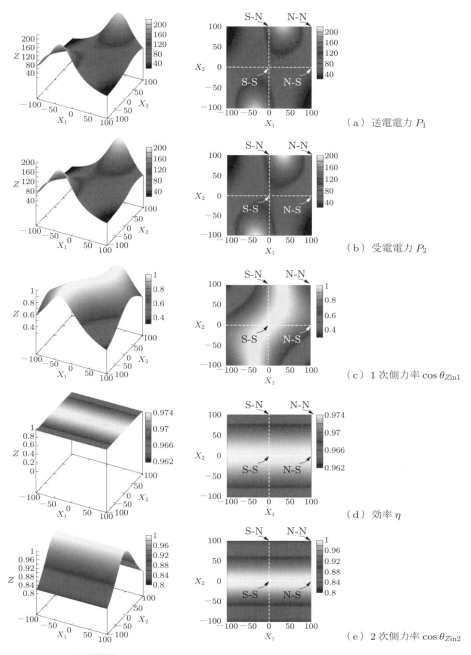

（a）送電電力 P_1

（b）受電電力 P_2

（c）1 次側力率 $\cos\theta_{Zin1}$

（d）効率 η

（e）2 次側力率 $\cos\theta_{Zin2}$

図 **5.43**　X_1 と X_2 軸における N-N から S-S への推移 $(k = 1.0)$

5.9 磁束分布での 4 回路方式の比較

本節では，四つの方式の磁束の分布を示す．効率が N-N と S-N で等しく，N-S と S-S でも等しいので，磁束の分布が特徴的な形になる[31]．まず，基本的な磁束分布の概形図を図 5.44 に示す．共振コンデンサが 1 次側にも 2 次側にも入っているので S-S 方式の回路トポロジーであるが，共振コンデンサをなくせば，ほかの回路トポロジーになるのはこれまでみてきたとおりである．

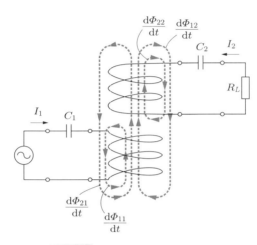

図 5.44　磁束分布の概形図 (S-S)

2.2.4 項の式 (2.29)〜(2.39) では N-N に相当する磁束の式を示した．基本的に共振コンデンサ以外は同じである．共振コンデンサ部分を考慮する今回の場合は，

$$v_{C1} = \frac{1}{j\omega\, C_1} I_1 = -v_{L11} \tag{5.142}$$

$$v_{C2} = \frac{1}{j\omega\, C_2} I_2 = -v_{L22} \tag{5.143}$$

を考慮し，それぞれ 1 次側と 2 次側に加えればよい．これにより，自己インダクタンスで生じる電圧が共振コンデンサの電圧で相殺することができる．

また，磁束分布について考える場合，$\Phi = LI$ なので，式 (2.35)〜(2.38) の関係より，各々の磁束とインダクタンスと電流の関係は，以下のようになる．

$$\Phi_{11} + \Phi_{21} = L_1 I_1 \tag{5.144}$$

$$\Phi_{12} = L_m I_2 \tag{5.145}$$

$$\Phi_{22} + \Phi_{12} = L_2 I_2 \tag{5.146}$$

$$\Phi_{21} = L_m I_1 \tag{5.147}$$

よって，Φ_{11} と Φ_{22} は以下の式で求められる．

$$\Phi_{11} = L_1 I_1 - L_m I_1 \tag{5.148}$$

$$\Phi_{22} = L_2 I_2 - L_m I_2 \tag{5.149}$$

主磁束 Φ_m と主磁束の内訳 Φ_{21} と Φ_{12} との関係は以下の式 (5.150) である．Φ_{21} が 1 次側の電流で発生し 2 次側に鎖交する磁束であり，Φ_{12} が 2 次側の電流で発生し 1 次側に鎖交する磁束である．

$$\Phi_m = \Phi_{21} + \Phi_{12} \tag{5.150}$$

また，1 次側電流と 2 次側電流の電流比は，S-S と N-S は下記の式 (5.151) となり，S-N と N-N は式 (5.152) となる．

$$\frac{I_1}{I_2} = \frac{r_2 + R_L}{j\omega L_m} \tag{5.151}$$

$$\frac{I_1}{I_2} = \frac{r_2 + R_L + j\omega L_2}{j\omega L_m} \tag{5.152}$$

以上より，各々の回路トポロジーにおける各コイルに生じる磁束と電流と電圧の関係を計算すると，表 5.9 のようにまとめられる．この際，各回路トポロジーにおいて最大効率となる最適負荷 R_{Lopt} を使用する．N-N, S-N, N-S, S-S に発生する磁束と電流と電圧の関係は以下のように説明できる．

N-N は I_1 も I_2 もともに小さく，V_{L1} も V_{L2} も小さく，1 次側と 2 次側のコイルに発生する磁界が小さい．また，式 (5.152) に示した電流比を保持するので，1 次側のほうが電流も磁束も大きくなる．1 次側の電力が大きく，2 次側の電力が小さく，効率は低い．

S-N は I_1 も I_2 も大きくなり，V_{L1} も V_{L2} も大きくなり，1 次側と 2 次側のコイルに発生する磁界が大きくなる．しかし，式 (5.152) に示した電流比を保持したままなので，N-N と同様に 1 次側のほうが電流も磁束も大きくなる．それゆえに，1 次側の電力が大きく，2 次側の電力が小さく，効率は低いままである．

N-S は N-N と比べると，2 次側での共振があるために，N-N のときに比べ 2 次側での電流が増える．N-N のときと比べると，I_2 の値が I_1 に対して大きくなり，V_{L2} も V_{L1} に対して大きくなる．ただし，式 (5.151) に示した電流比を保持し，最適負荷のときには，$I_1 \fallingdotseq I_2$ なので，1 次側と 2 次側の電流がほぼ等しい状況まで増えるという

表 5.9 N-N, S-N, N-S, S-S（P_2, P_{r1}, P_{r2} は純抵抗なので Im は 0 となり，abs の値は Re の値と一致する）

(a) N-N

	Re	Im	abs	θ [deg]
I_1 [A]	0.0	−1.0	1.0	271.0
I_2 [A]	−0.1	0.0	0.1	136.6
V_{L11} [V]	100.5	1.8	100.5	1.0
V_{r1} [V]	0.0	−1.3	1.3	271.0
V_{Lm1} [V]	−0.5	−0.5	0.7	226.6
V_{Lm2} [V]	10.0	0.2	10.0	1.0
V_{L22} [V]	−4.8	−5.1	7.0	226.6
V_{r2} [V]	−0.1	0.1	0.1	136.6
V_2 [V]	5.1	−4.9	7.1	316.6
ϕ_{11} [μWb]	2.6	−143.9	143.9	271.0
ϕ_{21} [μWb]	0.3	−16.0	16.0	271.0
ϕ_{22} [μWb]	−7.3	6.9	10.1	136.6
ϕ_{12} [μWb]	−0.8	0.8	1.1	136.6
ϕ_m [μWb]	−0.5	−15.2	15.2	268.0
P_1 [W]	1.8	100.5	100.5	89.0
P_2 [W]	0.5	η [%]		27.1
P_{r1} [W]	1.3	R_{Lopt} [Ω]		100.5
P_{r2} [W]	0.0			

(b) S-N

	Re	Im	abs	θ [deg]
I_1 [A]	51.1	13.8	53.0	15.1
I_2 [A]	−1.8	−3.2	3.7	240.6
V_{L11} [V]	−1377.5	5114.9	5297.2	105.1
V_{C1} [V]	1377.5	−5114.9	5297.2	285.1
V_{r1} [V]	67.7	18.2	70.1	15.1
V_{Lm1} [V]	32.3	−18.2	37.1	330.6
V_{Lm2} [V]	−137.8	511.5	529.7	105.1
V_{L22} [V]	323.3	−182.2	371.2	330.6
V_{r2} [V]	−2.4	−4.3	4.9	240.6
V_2 [V]	183.2	325.0	373.0	60.6
ϕ_{11} [μWb]	7326.6	1973.2	7587.6	15.1
ϕ_{21} [μWb]	814.1	219.2	843.1	15.1
ϕ_{22} [μWb]	−261.0	−463.1	531.6	240.6
ϕ_{12} [μWb]	−29.0	−51.5	59.1	240.6
ϕ_m [μWb]	785.1	167.8	802.8	12.1
P_1 [W]	5114.9	1377.5	5297.2	15.1
P_2 [W]	1384.5	η [%]		27.1
P_{r1} [W]	3712.1	R_{Lopt} [Ω]		100.5
P_{r2} [W]	18.2			

(c) N-S

	Re	Im	abs	θ [deg]
I_1 [A]	0.1	-1.0	1.0	275.8
I_2 [A]	-0.9	-0.1	0.9	185.8
V_{L11} [V]	99.0	10.0	99.5	5.8
V_{r1} [V]	0.1	-1.3	1.3	275.8
V_{Lm1} [V]	0.9	-8.7	8.7	275.8
V_{Lm2} [V]	9.9	1.0	9.9	5.8
V_{L22} [V]	8.8	-86.8	87.2	275.8
V_{C2} [V]	-8.8	86.8	87.2	95.8
V_{r2} [V]	-1.1	-0.1	1.2	185.8
V_2 [V]	8.8	0.9	8.8	5.8
ϕ_{11} [μWb]	14.3	-141.8	142.5	275.8
ϕ_{21} [μWb]	1.6	-15.8	15.8	275.8
ϕ_{22} [μWb]	-124.3	-12.5	124.9	185.8
ϕ_{12} [μWb]	-13.8	-1.4	13.9	185.8
ϕ_m [μWb]	-12.2	-17.1	21.1	234.5
P_1 [W]	10.0	99.0	99.5	84.2
P_2 [W]	7.7	η [%]		76.8
P_{r1} [W]	1.3	R_{Lopt} [Ω]		10.1
P_{r2} [W]	1.0			

(d) S-S

	Re	Im	abs	θ [deg]
I_1 [A]	9.9	0.0	9.9	0.0
I_2 [A]	0.0	-8.7	8.7	270.0
V_{L11} [V]	0.0	991.4	991.4	90.0
V_{C1} [V]	0.0	-991.4	991.4	270.0
V_{r1} [V]	13.1	0.0	13.1	0.0
V_{Lm1} [V]	86.9	0.0	86.9	0.0
V_{Lm2} [V]	0.0	99.1	99.1	90.0
V_{L22} [V]	868.8	0.0	868.8	0.0
V_{C2} [V]	-868.8	0.0	868.8	180.0
V_{r2} [V]	0.0	-11.5	11.5	270.0
V_2 [V]	0.0	87.6	87.6	90.0
ϕ_{11} [μWb]	1420.0	0.0	1420.0	0.0
ϕ_{21} [μWb]	157.8	0.0	157.8	0.0
ϕ_{22} [μWb]	0.0	-1244.5	1244.5	270.0
ϕ_{12} [μWb]	0.0	-138.3	138.3	270.0
ϕ_m [μWb]	157.8	-138.3	209.8	318.8
P_1 [W]	991.4	0.0	991.4	0.0
P_2 [W]	761.5	η [%]		76.8
P_{r1} [W]	130.0	R_{Lopt} [Ω]		10.1
P_{r2} [W]	99.9			

表現が正しい．V_{L2} も V_{L1} とほぼ等しくなる．よって，2 次側コイルの磁束も増え，1
次側コイルの磁束と同じくらいまでになる．効率は高いが，そもそも電流が 1 次側も
2 次側もほとんど流れないので，受電電力は小さい．

　S-S は N-N と比べると，2 次側と 1 次側の共振があり，1 次側に流れる電流も 2 次
側に流れる電流も大きくなる．その比は，式 (5.151) に示した電流比を保持し，N-S
と同様に，最適負荷のときには，$I_1 \fallingdotseq I_2$ なので，1 次側と 2 次側の電流がほぼ等しい
状況まで増える．V_{L2} も V_{L1} とほぼ等しくなる．よって，2 次側コイルの磁束も増え，
1 次側コイルの磁束と同じくらいまでになる．効率は高く，受電電力も大きい．

　図 5.45 に磁束分布を示す．最大の磁束の強さは N-N では 8.3 A/m，S-N では 844.5
A/m，N-S では 8.2 A/m，S-S では 96.6 A/m であり，それぞれその値で最大値を規
格化されている．図 5.45 からも，磁束密度の強弱がこれまで述べてきたとおりである
ことがわかる．

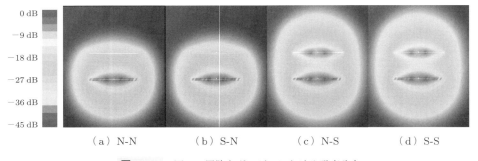

図 5.45　四つの回路トポロジーにおける磁束分布

　つまり，N-N と S-N のときは 1 次側の磁束が大きい．ただし，N-N は磁束が小さ
く，S-N は磁束が大きい．そして，N-S と S-S のときは，最適負荷のときには，$I_1 \fallingdotseq I_2$
という特徴をもつので，1 次側と 2 次側の磁束がほぼ等しくなる．ただし，N-S は磁
束が小さく，S-S は磁束が大きい．

　各々の回路トポロジーにおいて，磁束の強さの最大値を規格化している．そのため，
式 (5.152) の電流比を保持した N-N と S-N が同じ磁束分布となり，式 (5.151) の電流
比を保持した N-S と S-S が同じ磁束分布となる．

5.10　主磁束の役割

　前節の終わりに回路トポロジーと磁束の関係を示したが，ここでさらに詳しく磁束
について述べる．S-S の回路トポロジーを用いて，主磁束の役割について述べる[31]．

一般に，磁束の結合は主磁束 Φ_m が行っているとされているが，正確な理解が必要である．ワイヤレス電力伝送においてまず重要なのは，主磁束の一部であり，かつ，誘導起電力の元となる磁束 Φ_{21} である．この磁束は 1 次側の電流を流すことによって生じる．当然ながら 2 次側の負荷に電流が流れ，つまり，電力が送られると Φ_{12} によって，1 次側の電圧降下が生じるため，Φ_{12} も同様に重要であり，その関係を正しく理解することが重要である．そこで，特徴的な二つの周波数に着目する．

　磁界共鳴方式においては，結合が強い領域では，コイル単体の共振周波数 f_0 を中心に両側に二つの電力ピークの周波数 f_m と f_e $(f_m \leqq f_e)$ が存在する．それぞれのピーク周波数において，磁気壁と電気壁を生じ，各々偶モード (even mode)，奇モード (odd mode) とよばれ，単体の共振周波数より低い周波数では電流が同位相に近づいていき，高い周波数では電流が逆位相に近づいていく（図 5.46）．このときの磁束分布は低いピーク周波数 f_m に関しては，電流が同位相に近いので，磁束が中央に集まり対称面に対し垂直に磁束が向く磁気壁に近い状態となり，高いピーク周波数 f_e においては，磁束が端に集まり対称面に対して水平に磁束が向く電気壁に近い状態となる（図 5.47）．

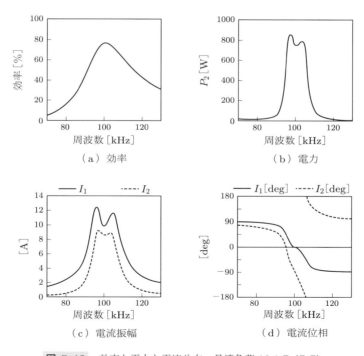

図 5.46　効率と電力と電流分布，最適負荷 $10.1\,\Omega$ (S-S)

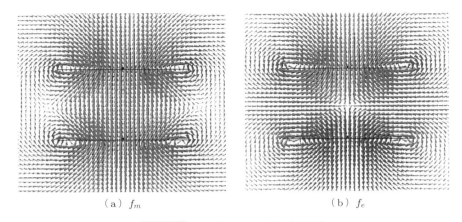

（a）f_m 　　　　　　（b）f_e

図 **5.47**　f_m と f_e における磁束分布

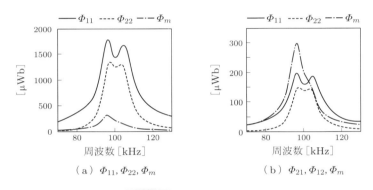

（a）$\Phi_{11}, \Phi_{22}, \Phi_m$ 　　　　（b）$\Phi_{21}, \Phi_{12}, \Phi_m$

図 **5.48**　磁束分布 (S-S)

　一見，f_m では主磁束が存在するが，f_e では磁束が存在しないようにみえる．その
ため，f_e では電力伝送ができないように思えるが，コイル近傍の磁束分布はほぼ漏れ
磁束 Φ_{11} と Φ_{22} が支配的であり，主磁束 Φ_m の占める割合は図 5.48(a) に示すように
小さく，確認が困難なだけである．また，その主磁束 Φ_m も f_m のときのほうが大き
く，f_e のときは小さいが，図 5.46 からわかるように，効率や電力に関して，主磁束
に比例して影響を及ぼしておらず，むしろ Φ_{12} と Φ_{21} に比例して電力などに影響を与
えていることがわかる．つまり，主磁束は，Φ_{12} と Φ_{21} の位相が一致しているか否か
の違いを読み取ることには使えるが，Φ_{12} と Φ_{21} の合算となった後では，それ自体は
電力伝送などに対して重要な意味をもたない．これらのことは，式 (5.145), (5.147),
(5.150) からもいえる．つまり，電力伝送に重要なパラメータは，主磁束 Φ_m を構成し
ている Φ_{12} と Φ_{21} であるといえる．Φ_{12} の役割がわかる極端な例としては，負荷 R_L

が繋がっていない場合，$I_2 = 0$ なので，式 (5.145) より，$\Phi_{12} = 0$ となる．I_2 が流れ始めると，Φ_{12} が発生し，電力伝送が行われたことになる．主磁束の中でも特に，電力伝送の始まりとなる 2 次側に誘導起電力を生じさせている Φ_{21} が重要といえる．これは，2 次側に生じた誘導起電力 V_{Lm2} が 2 次側の電源となり，2 次側に電力を供給する源になるからである．

6 オープンタイプ・ショートタイプコイル

　磁界共鳴（磁界共振結合）のコイルは2種類の共振のさせ方があり，それぞれオープンタイプ（型），ショートタイプ（型）とよばれる．基本的に，ともに磁界共鳴として動作させることが可能であるが，オープンタイプは共振コンデンサがなくても単独で共振させることが可能である．一方，ショートタイプは外付けのコンデンサを必要とする．また，共振できる周波数についても違いが生じる．本章では，このオープンタイプとショートタイプのコイルについて述べる．

6.1 オープンタイプ・ショートタイプの概要

　オープンタイプとショートタイプについて，スパイラルコイルとヘリカルコイルを用いて説明する．LC共振をさせる方法は2種類あり，オープンタイプとショートタイプがある．それらの違いを示すために，図6.1に1素子のときのスパイラルコイルを示す．ここでは，1素子において2層構造のオープンタイプのスパイラルコイルを使用する（図6.2）．また，ヘリカルコイルを図6.3に示す．送電コイルと受電コイルが一組になっている．本章で使用するヘリカルコイルは，オープンタイプもショートタイプも同じく，半径150 mm，5巻，ピッチ5 mmである．

　電力を入力する給電コネクタ部分 (port) の反対側の線がつながっていない場合は，開放やオープンタイプとよばれる．一方，給電部分の反対側の線がつながっている場

（a）オープンタイプ　　　　　　　　（b）ショートタイプ

図 **6.1**　オープンタイプとショートタイプのスパイラルコイル

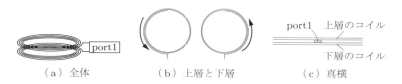

（a）全体　　　　　　（b）上層と下層　　　　　　（c）真横

図 **6.2**　2層構造のオープンタイプのスパイラルコイル

（a）オープンタイプ（端側）　（b）オープンタイプ（給電側）

（c）ショートタイプ（端側）　（d）ショートタイプ（給電側）

図 6.3　オープンタイプとショートタイプのヘリカルコイル

合は，短絡やショートタイプとよばれる．大多数の一般的なコイルは，途中で導線が切れていることはなく，すべてつながっているのでショートタイプである．

　本書では，MHz 帯においてはコイルの端がどこにも接続されていないオープンタイプのコイルを使用することが多いが，コイルの端がオープンになっていないショートタイプのコイルに関しても同様に，磁界共鳴型のコイルとして使用することができる．LC 共振の起こし方が違うだけである．一般に，オープンタイプは MHz 帯で使われることが多い．概形図を図 6.4 に示す．

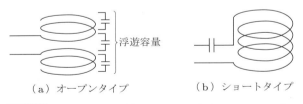

（a）オープンタイプ　　　　　（b）ショートタイプ

図 6.4　オープンタイプとショートタイプのヘリカルコイル

　オープンタイプは，コイル自体に生じる浮遊容量の C を利用して，LC 共振を生じさせる．つまり，自己共振型であり，その周波数は自己共振周波数とよぶ．そのため，一般には外付けのコンデンサは不要であるが，もし，外付けの共振コンデンサを挿入すると，オープンタイプは自己共振周波数より高い周波数で動作する．

　一方，ショートタイプは，コンデンサがないと共振できない．そこで，外付けのコ

ンデンサ C をつけることで，共振を生じさせている．ともに磁界共鳴として動作できるが，動作範囲が異なる．ショートタイプは外付けの共振コンデンサを使い，反共振周波数より低い周波数で動作が可能であり，この周波数はオープンタイプの自己共振周波数より低い．つまり，低い周波数で動作させるにはショートタイプが適しており，高い周波数で動作させるにはオープンタイプが適している．

　オープンタイプはコンデンサが不要（コンデンサレス）なので，ただ巻くだけであり製作が容易である．また，コストの面やスペースの面で有利であり，コンデンサの耐圧問題も気にする必要がない．さらに，コンデンサの内部抵抗による損失の増加がないのもメリットである．一方，浮遊容量のコンデンサ成分で自己共振させているので，コイルの精度のみで共振周波数の精度が決まるという意味においては，難しさがある．そして，浮遊容量を用いているので，ショートタイプと比べると周囲環境の影響を受けやすく，共振周波数がずれやすい．また，コイル端において電圧が高くなるので，コイル端同士が近いと絶縁破壊が生じ，アークが飛ぶ．空気の絶縁破壊は約 $3\,\mathrm{kV/mm}$ で起こる．つまり，コイルの端で $3\,\mathrm{kV}$ が生じる場合に，$1\,\mathrm{mm}$ の距離しかとっていない場合，アークが飛ぶことになる．そのため，コイルの端同士が近づきすぎないようにするなどの工夫が必要になる．

　一方で，ショートタイプは，コイルの L の値は LCR メータで測定できるので，共振周波数で共振するようにコンデンサの C を選ぶだけであるという点では，設計のしやすさがある．共振用のコンデンサは，積層セラミックコンデンサやフィルムコンデンサが，共振コンデンサとして使われる．また，オープンタイプの自己共振周波数に比べて，低い周波数で動作可能なので，非常に多くの用途で使われる．これは，一般にオープンタイプの自己共振周波数は，kHz 帯においては実際に使いたい周波数に比べて高い共振周波数になる場合が多いからである．しかしながら，ショートタイプのコイルは必ずコイル以外にコンデンサを接続する必要があるので，高周波においてもコンデンサの等価直列抵抗である ESR (equivalent series resistance) による損失の少ないコンデンサを使用することが必須となる．かつ，共振しているときのコンデンサには，ほぼコイルに等しい電圧が印加されるため，高い耐圧が求められる．一番厳しい条件を考えると，電源電圧の Q 倍の電圧が生じる．これは，2 次側との結合がなくなったときに生じ，1 次側のみで LC 共振を起こし，負荷が内部抵抗だけとなったときである．たとえば，$Q = 100$ のコイルで入力電圧 $V_{\mathrm{in}} = 100\,\mathrm{V}$ であれば，コンデンサ電圧 $V_c = 10\,\mathrm{kV}$ となる．コンデンサの耐圧が足りないと，故障モードとなり得るので，エアギャップや負荷を含めて，動作範囲に応じての設計が必要である．負荷が接続され結合がある一般の動作時としては，たとえば，第 5 章の例では，$100\,\mathrm{V}$ 入力でも $k = 0.1$ のときには，$V_c = 1\,\mathrm{kV}$ 未満となっている．さらに，コンデンサ精度に

よりばらつきの問題が生じる．コンデンサは±5%以上の誤差は一般的なので，現実には微調整は必要である．このように，オープンタイプ，ショートタイプは一長一短があるので，その特性を理解したうえで使用する必要がある．

6.2 ダイポールアンテナによるオープンタイプの直感的理解

ショートタイプはコイル L にコンデンサ C をつけるので，LC 共振を起こすのはわかりやすい．一方で，オープンタイプについては浮遊容量での説明をしたが，アンテナ理論を理解している人にとっては，半波長ダイポールアンテナから連想したほうが理解しやすい[32]．磁界型も電界型も同様のため，付録 A で説明する電界型も併せてここで示す．

磁界型結合であるヘリカルコイルを図 6.5(a) に，電界型結合であるメアンダライン共振器を図 (b) に示す．ともに線路長の中央から給電し，端が切れているオープンタイプである．ヘリカルコイルは，線状のダイポールアンテナをループ構造にすることで，磁界を集中させることにより，磁界型コイルとして動作する．一方，メアンダライン共振器は，電界の向きを y 軸方向に発生，集中させることにより，電界型として動作する．さらに，線路を交互に蛇行させることにより z 軸側の結合方向の空間に発生する磁界を打ち消し，電界型共振器として動作する．

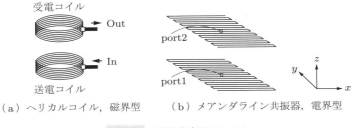

（a）ヘリカルコイル，磁界型　　（b）メアンダライン共振器，電界型

図 6.5 電磁共鳴用アンテナ

図 6.6 に示すように，共振の原理は半波長ダイポールアンテナの共振と同じである．まず，線路長が周波数のおもな決定要因となる．半波長ダイポールアンテナは全長が1/2波長のとき，1/4波長線路とみえるので（6.3 節参照），リアクタンスが0となり共振を起こす．ただし，ヘリカルコイルやメアンダライン共振器はループ状や曲がりくねった構造をしており，それらの影響からインダクタンスとキャパシタンスが変化し，半波長ダイポールアンテナの共振周波数からずれた周波数で共振を起こす．数巻程度では，そのずれは小さいため，MHz 用コイルなどは，波長の長さと線路長の関係がみ

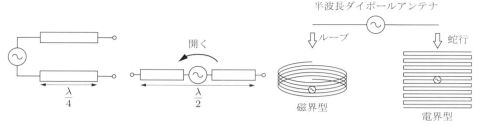

（a）λ/4 線路　　（b）半波長ダイポールアンテナ　　（c）磁界共鳴と電界共鳴の共振器

図 6.6　半波長ダイポールアンテナとの関係

えるが，それでも半波長からはずれる．巻数が数十巻となると大幅にずれるので，実際には，集中定数としての L 値と C 値を算出して共振周波数を計算する必要がある．

　また，電磁共鳴（電磁界共振結合）タイプのコイルは，構造上，コイル全体の大きさが波長に比べ小さくなり，小型アンテナに属する大きさとなる．そのため，小型アンテナが，放射抵抗が小さく，素子単独で空間とのインピーダンスマッチングがほぼとれないという特徴をそのまま備えており，半波長ダイポールアンテナと違い電磁波が放射されづらい．したがって，送電コイル単独で使用しようとしても，電力は送電コイルからほとんど放射されない．一方で，受電コイルがくると，結合が生じて電力伝送できる．この受電側がこないと電力が出ない特性を逆手にとって，電力伝送に使用しているということになる．一般に，これらの特性を備えたものを，フィルタの分野では共振器とよんでいるため，最近では共振器とよばれることも多い．

6.3　集中定数回路と分布定数回路

　本書においては，基本的に集中定数回路で議論できる範囲を対象としている．しかしながら，オープンタイプやショートタイプのコイルの詳細な話においては，分布定数の概念なしに説明することは困難である．そこで，簡単に集中定数回路と分布定数回路について説明する．

　端的に違いを述べると，波長の長さが無視できるのが集中定数回路であり，一般の人にとっても馴染みがある．この場合，ある時刻において，線路における各部位での電圧は一定である．一方，波長の長さが無視できない場合には，分布定数回路を考慮する必要がある．回路における配線の長さやアンテナの長さなどの，物理的な長さが波長に近い場合，もしくは，波長より大きい場合には，波長の長さは無視できない．この場合，ある時刻において，線路における各位置での電圧は異なるため，より設計が困難になる．伝送線路と波形の概形図を図 6.7 に示す．図 (b) のように波長が短いと，

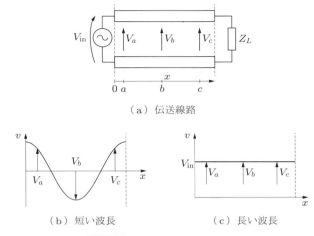

（a）伝送線路

（b）短い波長　　　　　　　　　（c）長い波長

図 6.7　伝送線路と波形の概形

位置において電圧が一定でないので分布定数回路で考える必要があるが，図 (c) のように波長が長いと，どの位置でも同じ電圧となるので集中定数回路で考えれば十分である．

　平衡二線の伝送線路の概形図を図 6.8 に示す．図 6.8(b) はオープンの状態，図 6.8(c) はショートの状態である．オープンとは，伝送線路の先の負荷がなく，開放状態のことであり，負荷でのインピーダンスが $\infty\,[\Omega]$ であることである．ショートとは，伝送線路の先の負荷が短絡され，負荷でのインピーダンスが $0\,\Omega$ であることである．伝送線路理論の慣例に従い，負荷がある場所を $d = 0$ とし，そこから電源側に移動した距離を d と定義する．伝送線路上の位置 d における電圧，電流，インピーダンスに関する式を式 (6.1)〜(6.3) に示す．Z_L は負荷のインピーダンス，Z_0 は $50\,\Omega$ の特性インピーダンスであり，β は位相定数であり，$\beta = 2\pi/\lambda$ で定義される．

$$V(d) = V^+(d) + V^-(d) = I_L\{Z_L\cos(\beta d) + jZ_0\sin(\beta d)\} \tag{6.1}$$

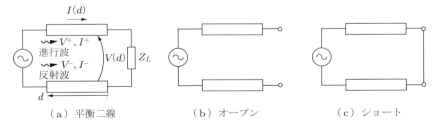

（a）平衡二線　　　　　（b）オープン　　　　　（c）ショート

図 6.8　伝送線路の概形図

$$I(d) = I^+(d) - I^-(d) = \frac{I_L}{Z_0}\{Z_0\cos(\beta d) + jZ_L\sin(\beta d)\} \tag{6.2}$$

$$Z(d) = Z_0\frac{Z_L\cos(\beta d) + jZ_0\sin(\beta d)}{Z_0\cos(\beta d) + jZ_L\sin(\beta d)} = Z_0\frac{Z_L + jZ_0\tan(\beta d)}{Z_0 + jZ_L\tan(\beta d)} \tag{6.3}$$

一般に，kHz 帯のワイヤレス電力伝送で使用するコイルは波長に対して十分小さいサイズなので，集中定数回路で考えて問題ない．一方，MHz 帯辺りからは考慮する必要性に迫られる．GHz 帯においては，一般には無視することができない．たとえば，100 kHz では波長は 3 km であり，コイルサイズに対して十分に大きい．一方，10 MHz では 30 m なので，次第に気になってくる．1 GHz では 30 cm なので，考慮するべき領域である．

また，波長の長さが無視できない領域では，反射の現象を考慮する必要がある．つまり，進行波 V^+, I^+ と反射波（後退波）V^-, I^- が作り出す定在波が線路上に現れる．よって，電圧は進行波と反射波の加算として現れる．進行波は電源から負荷に向かって進む波であり，反射波は負荷で反射が生じて電源側に戻ってくる波である．式 (6.1) ～(6.3) はそれらを考慮した式である．

一例として，負荷 Z_L を 100 Ω に固定した状態における 30 m の線路長のときを考える．ここでは周波数の違いを確認する．30 m は 10 MHz のときの波長である．よって，波長の長さが無視できない 10 MHz のときの伝送線路の電圧分布を図 6.9(a) に，一方，30 m に対し波長が十分長いとみなせる周波数として 100 kHz のときの電圧分布を図 (b) に示す．このように，波長が線路長に近い長さであると，反射の影響が無視できない．そして，波長が十分に長いときには，反射の影響を無視することができる．ほかにも，一般に使われている商用周波数の 50 Hz/60 Hz などでは十分に波長が長いので，家庭で使う際には当然反射の影響を無視することができ，集中定数回路で考えることできる．

次に，10 MHz における，負荷から距離 d における電圧 $V(d)$，電流 $I(d)$，インピーダンス Z_in を図 6.10 に示す．ここではインピーダンスを変えている．横軸は 1 波長

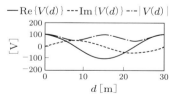 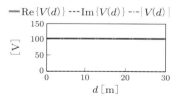

（a）$f = 10\,\mathrm{MHz}, Z_L = 100\,\Omega, V_L = 100\,\mathrm{V}$　　（b）$f = 100\,\mathrm{kHz}, Z_L = 100\,\Omega, V_L = 100\,\mathrm{V}$

図 6.9　伝送線路における電圧分布，電流分布，インピーダンス（波長の比較）

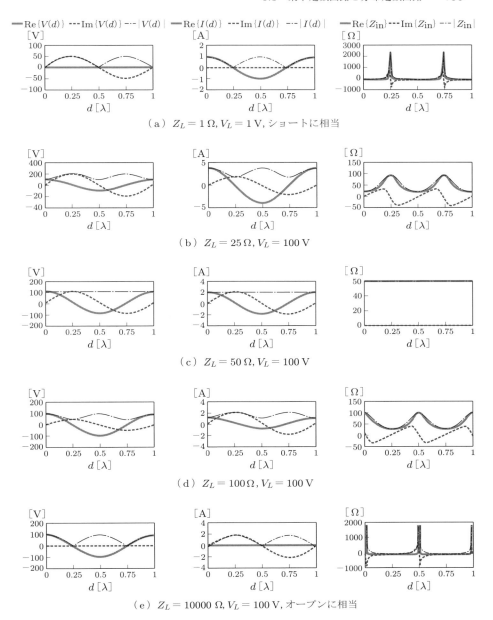

（a）$Z_L = 1\,\Omega, V_L = 1\,\mathrm{V}$，ショートに相当

（b）$Z_L = 25\,\Omega, V_L = 100\,\mathrm{V}$

（c）$Z_L = 50\,\Omega, V_L = 100\,\mathrm{V}$

（d）$Z_L = 100\,\Omega, V_L = 100\,\mathrm{V}$

（e）$Z_L = 10000\,\Omega, V_L = 100\,\mathrm{V}$，オープンに相当

図 6.10 伝送線路における電圧分布，電流分布，インピーダンス（Z_L 変化）

λ で規格化してある．図 (a) のみ負荷での電圧 $V_L = V(0) = 1\,\mathrm{V}$ とし，それ以外は $V_L = V(0) = 100\,\mathrm{V}$ とする．図 (a) は $1\,\Omega$ であり，負荷のところではほぼショート状態である．図 (b) は $25\,\Omega$，図 (c) は $50\,\Omega$，図 (d) は $100\,\Omega$ である．図 (e) は $10000\,\Omega$ であり，負荷のところではほぼオープン状態である．図 (a) では，負荷のところで $V_L = V(0) = 1\,\mathrm{V}$ を得るために，$V(d)$ のところに電源を置く場合，何 V 必要かを示している．同様に，図 (b)〜(e) は，負荷のところで $V_L = V(0) = 100\,\mathrm{V}$ を得るために，$V(d)$ のところに電源を置く場合，何 V 必要かを示している．

たとえば，図 6.10(a) のときに，$V(0.25) = 50\,\mathrm{V}$ としても，負荷では $V_L = V(0) = 1\,\mathrm{V}$ しか得られない．また，負荷では最大電流 $I_L = 1\,\mathrm{A}$ となる．つまり，負荷のところでは $Z_L = Z_{\mathrm{in}}(0) = 1\,\Omega$ なので，ほぼショート状態になっている．一方，0.25λ の電源のところでは，インピーダンスは $Z_{\mathrm{in}}(0.25) = 2500\,\Omega$ となり，オープンの回路としてみえる．0.25λ のところでは，$V(0.25) = 50\,\mathrm{V}$ であり，$I(0.25) \fallingdotseq 0\,\mathrm{A}$ となり，ほとんど電流が流れずオープンとなっていることが，ここからもわかる．

図 6.10(b) のときには，負荷のところでは $Z_L = Z_{\mathrm{in}}(0) = 25\,\Omega$ であるが，0.25λ に電源を設けたとすると，そこでのインピーダンスは $Z_{\mathrm{in}}(0.25) = 100\,\Omega$ となる．電源からみえる負荷の値と，実際の負荷の値が違うことがわかる．

図 6.10(c) のときには，負荷の値が $Z_L = Z_{\mathrm{in}}(0) = 50\,\Omega$ である．特性インピーダンスと負荷インピーダンスが一致している．この場合は反射波が生じない，つまり，反射がないので，電源からみたインピーダンスと $d = 0$ の負荷でのインピーダンスは一致している．また，0.25λ に限らず，どの地点に電源を設置しても $50\,\Omega$ としてみえる．

図 6.10(d) のときには，負荷のところでは $100\,\Omega$ であるが，$Z_{\mathrm{in}}(0.25) = 25\,\Omega$ となる．

図 6.10(e) のときには，$d = 0.25\lambda$ の電源において $V(0.25) = 0.5\,\mathrm{V}$ としても，負荷では $V_L = V(0) = 100\,\mathrm{V}$ と大きくなり，一方，負荷電流は最小電流 $I_L = 0.01\,\mathrm{A}$ となる．つまり，負荷のところでは $Z_L = Z_{\mathrm{in}}(0) = 1000\,\Omega$ なので，ほぼオープン状態になっている．一方，0.25λ の電源のところでは，インピーダンスは $Z_{\mathrm{in}}(0.25) = 0.25\,\Omega$ となり，ほぼショートの回路としてみえる．0.25λ のところでは，$V(0.25) = 0.5\,\mathrm{V}$ であり，$I(0.25) = 2\,\mathrm{A}$ となり，電圧が小さいのに対して大きな電流が流れており，ほぼショートとしてみえることがここからもわかる．

1/4 波長のところにおけるインピーダンスの式は式 (6.3) に $d = \lambda/4$ を代入することで下記の式 (6.4) のように得られる．Z_L は負荷のインピーダンス，Z_0 は特性インピーダンスであり，位相定数 $\beta = 2\pi/\lambda$ である．負荷のショートが電源からはオープンにみえたり，負荷のオープンが電源からはショートにみえたりする．また，虚数成分が式 (6.4) には含まれないこともあり，1/4 波長の長さはインピーダンス変換として

よく使われる値である．とくに，その特性からインピーダンスの反転といわれる．純抵抗におけるインピーダンスの大小だけでなく，Z_L が誘導性であれば Z は容量性になり，Z_L が容量性であれば Z は誘導性になる．

$$Z(\lambda/4) = Z_0 \frac{Z_L \cos\left(\dfrac{2\pi}{\lambda}\dfrac{\lambda}{4}\right) + jZ_0 \sin\left(\dfrac{2\pi}{\lambda}\dfrac{\lambda}{4}\right)}{Z_0 \cos\left(\dfrac{2\pi}{\lambda}\dfrac{\lambda}{4}\right) + jZ_L \sin\left(\dfrac{2\pi}{\lambda}\dfrac{\lambda}{4}\right)} = \frac{Z_0^2}{Z_L} \tag{6.4}$$

ここでの例では，$d = \lambda/4 (= 0.25\lambda)$ のところに電源があることを想定して説明したが，グラフをみれば，電源がどの位置にあっても，電圧などの動作を理解することができる．

繰り返しとなるが，本章以外のトピックは波長の影響が無視できるので，ここで紹介した内容は意識する必要がない．

6.4 分布定数回路からみたオープンタイプコイルとショートタイプコイル

前節では，1/4 波長において，線路の端がショートしているか，オープンとなっているかで特性が変わることを述べた．線路の端がオープンであると，入力側からはショートになっており，線路の端がショートであると，入力側からはオープンになっているようにみえる．

このことは，伝送線路における位置 d における電圧，電流，インピーダンスに関する式 (6.3) に $d = \lambda/4$ を代入した式 (6.4) で示した．また，1/4 波長線路の特徴として，インピーダンス変換としてよく使われることについても述べた．

このように，前節では，周波数を固定して線路長におけるインピーダンスの変化という視点で述べた．本節では，線路長を固定して，周波数を変える視点で述べる．

本節では，最初にオープンタイプコイルが $f_0 = 10.0\,\mathrm{MHz}$ で共振する線路長 d の平衡二線を考える．波長は $\lambda_0 = c/f_0 = 30\,\mathrm{m}$ である．光速は $c = 299792458\,\mathrm{m/s} \fallingdotseq 3.0 \times 10^8$ とした．よって，線路長は $d = \lambda_0/4 = 7.5\,\mathrm{m}$ となる（図 6.11）．位相定数

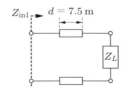

図 6.11 平衡二線の伝送線路

β は動作周波数の関数であるので，下記の式 (6.5) となる．これらを式 (6.3) に代入すると，式 (6.6) となり，ここからグラフを作成したものを図 6.12 に示す．純抵抗を考えているので，$Z_L = R_L$ とする．特性インピーダンス $Z_0 = 50\,\Omega$ である．

$$\beta = \frac{2\pi}{\lambda} = \frac{2\pi f}{c} = \frac{\omega}{c} \tag{6.5}$$

$$Z_{\mathrm{in}}(f) = Z_0 \frac{Z_L \cos\left(\dfrac{\omega}{c}d\right) + jZ_0 \sin\left(\dfrac{\omega}{c}d\right)}{Z_0 \cos\left(\dfrac{\omega}{c}d\right) + jZ_L \sin\left(\dfrac{\omega}{c}d\right)} \tag{6.6}$$

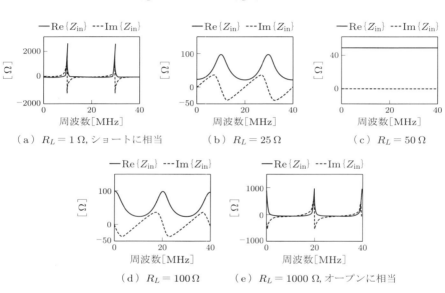

図 **6.12**　線路長が 10 MHz に対する 1/4 波長のときの入力インピーダンス

図 6.12 では参考のため負荷の値を変えているが，オープンタイプコイルに相当するのは図 (e) であり，ショートタイプコイルに相当するのは図 (a) である．ここではこの二つに注目して述べる．

まず，オープンタイプコイルに相当するほうについて述べる．図 6.12(e) に示すように，負荷がほぼオープンのときは，10 MHz において入力インピーダンスとしてはショートのようにみえる．つまり，共振状態であり，10 MHz が共振周波数である．2次高調波の 20 MHz においては，オープンとなり反共振周波数としてみえる．3次高調波の 30 MHz はショートとしてみえる．分布定数回路でみると，このような繰り返し現象が確認できる．ただし，電力伝送において使用するのは，一般には最初の共振周波数なので，この部分を集中定数回路の等価回路として使用する．詳細な等価回路

の場合は，2 次高調波以降も考えることになる[†].

　次に，ショートタイプコイルに相当するほうについて述べる．図 6.12(a) に示すように，負荷がほぼショートのときは，10 MHz において入力インピーダンスとしてはオープンのようにみえる．つまり，反共振周波数である．20 MHz の 2 次高調波には共振周波数がみえるが，一般には，電力伝送では使われていない．それでは，どこの周波数を使うのかというと，共振コンデンサを使用することで，10 MHz の反共振周波数より下側に共振点を作り出し，そこで電力伝送している．

　また，オープンタイプコイルの共振周波数は，ショートタイプコイルの反共振周波数に一致することも，これらのことからわかる．ただし，実際には，平衡二線のモデルに対し，ワイヤレス電力伝送で使用するコイルは大きなインダクタンスをもち，そして，浮遊容量も発生するので，キャパシタンスももつ．そのため，平衡二線のモデルで示した共振周波数などの値からずれが生じる．しかしながら，分布定数回路から考えることで，共振や反共振，高調波の発生が理解できる．

　オープンタイプコイルが $f_0 = 17.6$ MHz で共振する場合，波長は $\lambda_0 = c/f_0 = 17.05$ m である．$L = 8.5\,\mu\text{H}$，$C = 9.7\,\text{pF}$，$L_m = 0.71\,\mu\text{H}$，$r = 1.46\,\Omega$ である．エアギャップは 150 mm である．光速は $c = 299792458\,\text{m/s} \fallingdotseq 3.0 \times 10^8$ なので，線路長は $d = \lambda_0/4 = 4.26$ m となる．同様の手順でグラフを作成すると，図 6.13 となる．図 (a) にショートに近いときの入力インピーダンスを，図 (b) にオープンに近いときの入力インピーダンスを示す．

　実際のヘリカルコイルの電磁界解析結果を図 6.14 に示す．コイル自体のインダクタンスやキャパシタンスにより，伝送線路モデルとは異なり，共振と反共振の間隔が均等でないことがわかる．

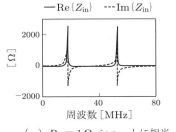
（a）$R_L = 1\,\Omega$，ショートに相当

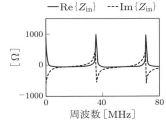
（b）$R_L = 1000\,\Omega$，オープンに相当

図 **6.13**　線路長が 17.6 MHz に対する 1/4 波長のときの入力インピーダンス

[†] 2 次共振を使っての電力伝送も可能であり，近年 1 次共振と 2 次共振を用いた 2 周波数対応コイルの報告もある[33],[34].

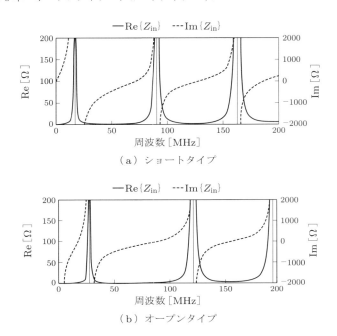

（ａ）ショートタイプ

（ｂ）オープンタイプ

図 **6.14** 実際のヘリカルコイルにおける共振と反共振（半径 150 mm，5 巻，ピッチ 5 mm）

6.5 オープンタイプのコイル

図 6.15 にオープンタイプのコイルの概形を示す[35]．電力伝送を考えるときには，オープンタイプもショートタイプも等価回路は図 6.16 となる．

オープンタイプの伝送線路と入力インピーダンスの概形を図 6.17 に示す．先にも示したように，1/4 波長となる周波数において共振（○印）が生じ，1/2 波長において反共振（×印）が生じ，以降，繰り返しとなる．電力伝送では，最初の共振周波数のところが重要であり，そこだけを集中定数回路としてピックアップして考えると図 6.18(a)

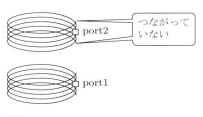

図 **6.15** オープンタイプコイルの概形

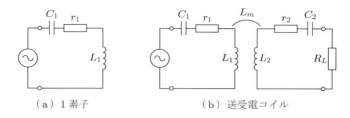

（a）1 素子　　　　　　　　　（b）送受電コイル

図 6.16 等価回路はオープンタイプもショートタイプも変わらない

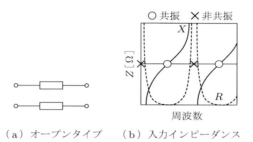

（a）オープンタイプ　　（b）入力インピーダンス

図 6.17 オープンタイプの伝送線路と入力インピーダンスの概形

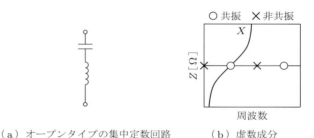

（a）オープンタイプの集中定数回路　　　（b）虚数成分

図 6.18 オープンタイプの集中定数回路と虚数成分の概形

に示すように，直列共振として考えることができる．このときの入力インピーダンスの虚数成分は図 (b) となる．分布定数回路でみられたような実数成分が周波数特性をもつことまでは一般に模擬されないので，入力インピーダンスの実数成分は一定として扱われることが多い．

　外付けのコンデンサがない場合の，オープンタイプのコイルの特性を確認する．オープンタイプのコイルは自己共振する．1 素子の特性を図 6.19 に示す．このように，そのままの状態で 17.6 MHz において共振する．このときの効率，電力，入力インピーダンスの全体像を図 6.20 に，拡大図を図 6.21 に示す．

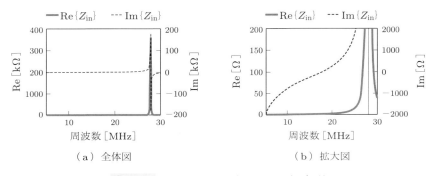

図 6.19　オープンタイプ，C なし（1 素子）

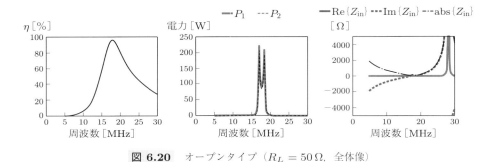

図 6.20　オープンタイプ（$R_L = 50\,\Omega$，全体像）

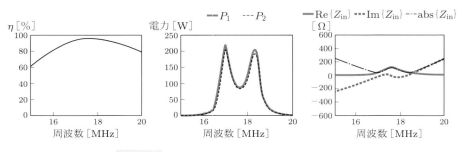

図 6.21　オープンタイプ（$R_L = 50\,\Omega$，拡大）

（1）オープンタイプにおける C_s と C_p の理論

　そのままで共振するので一般に共振用コンデンサは不要であるが，周波数調整をする場合には必要になる．直列に C_s を接続した場合（図 6.22(a)）と，並列に C_p を接続した場合（図 6.22(b)）では，その振る舞いが異なる．C_{1s} は直列接続として表現されるコイルの浮遊容量である．図 6.23(a) に示すように，直列にコンデンサ C_s を挿入すると元の共振周波数から高いほうへ移行し，反共振周波数の位置まで変化させる

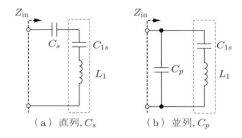

（a）直列, C_s （b）並列, C_p

図 6.22 オープンタイプコイルにおけるコンデンサの直列接続と並列接続

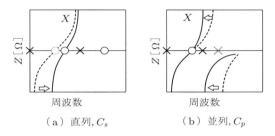

（a）直列, C_s （b）並列, C_p

図 6.23 オープンタイプコイルにおけるコンデンサの直並列接続の効果

ことができる．このとき，反共振周波数は動かない．一方，図 6.23(b) に示すように，並列にコンデンサ C_p を挿入すると，今度は反共振周波数が低くなり共振周波数までの範囲で調整が可能である．この場合，共振周波数は動かない．

　この動作を数式を用いて説明するには，より詳細なオープンタイプの等価回路が必要である．図 6.24 に，並列に入るコイルの浮遊容量 C_{1p} を考慮したオープンタイプコイルの等価回路を示す．

　はじめに，直列に C_s を挿入した図 6.24(a) を考える．この場合は図 6.22(a) でも説明できるが，図 6.24(a) の回路で説明する．図 6.24(a) における Z_{in} の式を以下に

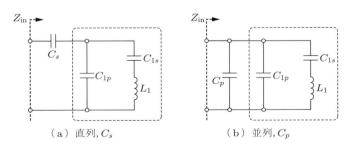

（a）直列, C_s （b）並列, C_p

図 6.24 詳細なオープンタイプコイルの等価回路におけるコンデンサの直列接続と並列接続

示す.

$$Z_{\mathrm{in}} = \frac{1}{j\omega C_s} + \frac{\dfrac{1}{j\omega C_{1p}}\left(\dfrac{1}{j\omega C_{1s}} + j\omega L_1\right)}{\dfrac{1}{j\omega C_{1p}} + \left(\dfrac{1}{j\omega C_{1s}} + j\omega L_1\right)} \tag{6.7}$$

　式 (6.7) を展開し，分子が 0 となる条件が共振条件であるが，そのときの共振角周波数は，下記の式 (6.8) となる．C_s がないときは，式 (6.9) となる．式 (6.8) と式 (6.9) の比をとると，式 (6.10) に示すとおり，必ず 1 より大きくなり，C_s を直列に入れることにより，共振周波数が上がることがわかる．このことは図 6.22(a) でも確認できるが，その場合は，式 (6.8) における $C_{1p} = 0$ として得られる値に等しい．

$$\omega_0' = \frac{1}{\sqrt{C_{1s}L_1}}\sqrt{\frac{C_{1p} + C_s + C_{1s}}{C_{1p} + C_s}} \tag{6.8}$$

$$\omega_0 = \frac{1}{\sqrt{C_{1s}L_1}} \tag{6.9}$$

$$\frac{\omega_0'}{\omega_0} = \sqrt{1 + \frac{C_{1s}}{C_{1p} + C_s}} > 1 \tag{6.10}$$

　次に，並列に C_p を挿入した図 6.24(b) を考える．この場合は図 6.22(b) では説明できないので，図 6.24(b) の回路で説明する．図 6.24(b) における Z_{in} の式を式 (6.11) に示す．C_p と C_{1p} は並列なので，加算して計算している．

$$Z_{\mathrm{in}} = \frac{\dfrac{1}{j\omega(C_p + C_{1p})}\left(\dfrac{1}{j\omega C_{1s}} + j\omega L_1\right)}{\dfrac{1}{j\omega(C_p + C_{1p})} + \left(\dfrac{1}{j\omega C_{1s}} + j\omega L_1\right)} \tag{6.11}$$

一方，並列に C_p を挿入する前の式，つまり，C_p がないときは，次式となる．

$$Z_{\mathrm{in}} = \frac{\dfrac{1}{j\omega C_{1p}}\left(\dfrac{1}{j\omega C_{1s}} + j\omega L_1\right)}{\dfrac{1}{j\omega C_{1p}} + \left(\dfrac{1}{j\omega C_{1s}} + j\omega L_1\right)} \tag{6.12}$$

反共振周波数は式を展開し，分母が 0 となる条件から求められる．式 (6.11) で得られる反共振周波数 ω_a' と式 (6.12) で得られる反共振角周波数 ω_a との比を式 (6.13) に示す．このように，必ず 1 より小さくなり，反共振周波数が下がることがわかる．

$$\frac{\omega_a'}{\omega_a} = \sqrt{\frac{(C_{1p}C_{1s} + C_{1p}^2 + C_pC_{1p})}{(C_{1p}C_{1s} + C_{1p}^2 + C_pC_{1p}) + C_pC_{1s}}} < 1 \tag{6.13}$$

（2）オープンタイプにおける C_s と C_p の解析結果

　以上の理論を電磁界解析の結果で確認する．先に直列にコンデンサ C_s を挿入した結果について，1素子における入力インピーダンスを図 6.25 に，2素子のときの特性の全体像を図 6.26 に，拡大図を図 6.27 に示す．図 6.25 より，共振周波数が高くなり，反共振周波数までの間であれば周波数の調整が可能であることがわかる．コンデンサはキャパシタンスが大きいほど導通状態に近く，キャパシタンスが小さいほど絶縁状態に近いので，C_s が小さいほど影響が強いことがわかる．ここでは，共振と反共振の影響を確認することを目的としたため，ほかのパラメータはなるべく変えない方針で比較してある．そのため，負荷の値を一定としており，$R_L = 50\,\Omega$ なので，最大効率条件は満たしていない．

　次に，並列にコンデンサ C_p を挿入した結果について，1素子における入力インピーダンスを図 6.28 に，2素子のときの特性の全体像を図 6.29 に，拡大図を図 6.30 に，それぞれ示す．図 6.28 より，反共振周波数が低くなり，共振周波数までの間であれば反共振周波数の調整が可能であることがわかる．コンデンサはキャパシタンスが大きいほど導通状態に近く，キャパシタンスが小さいほど絶縁状態に近いことを思い出すと，回路から考えて並列に挿入された C_p が大きいほど影響が強いことがわかる．C_p が小さければ絶縁状態に近づくので，C_p がなかったことと同じである．いずれにせよ，並列にコンデンサ C_p を挿入すると，反共振周波数は低いほうに移動してしまう．共振周波数と反共振周波数が近づくと，効率などにも悪影響が生じることが多く，一般には共振周波数と反共振周波数は離したいので，このような使用法は一般的ではない．ここでは，動作の振る舞いの理解という意味で紹介した．

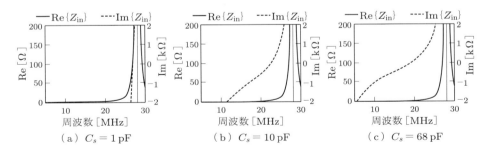

図 6.25　オープンタイプ + 直列 C_s（1素子）

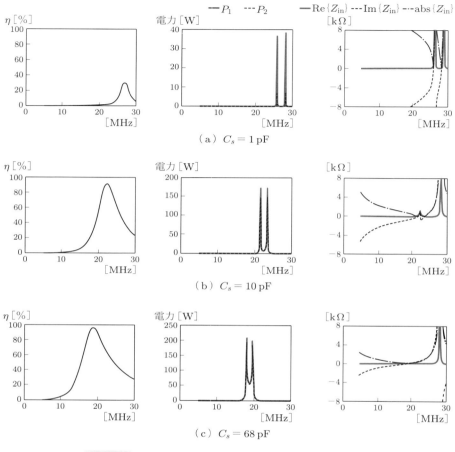

（a）$C_s = 1\,\mathrm{pF}$

（b）$C_s = 10\,\mathrm{pF}$

（c）$C_s = 68\,\mathrm{pF}$

図 **6.26**　オープンタイプ + 直列 C_s（$R_L = 50\,\Omega$，全体）

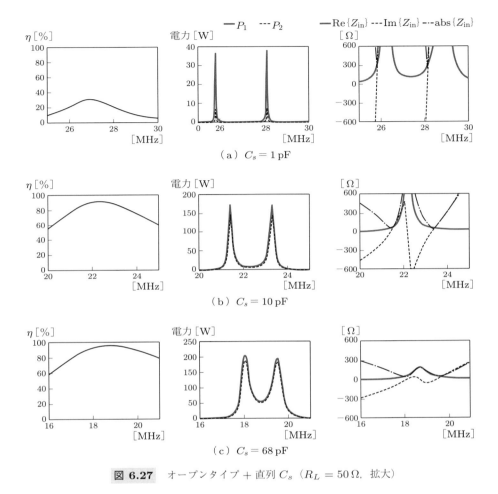

（a）$C_s = 1\,\mathrm{pF}$

（b）$C_s = 10\,\mathrm{pF}$

（c）$C_s = 68\,\mathrm{pF}$

図 **6.27**　オープンタイプ + 直列 C_s（$R_L = 50\,\Omega$，拡大）

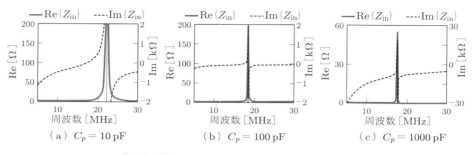

図 **6.28**　オープンタイプ + 並列 C_p （1 素子）

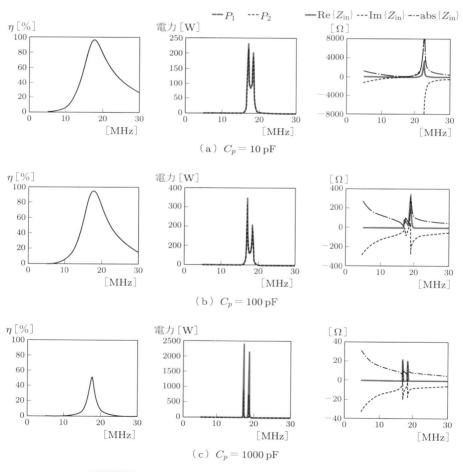

図 **6.29**　オープンタイプ + 並列 C_p （$R_L = 50\,\Omega$, 全体）

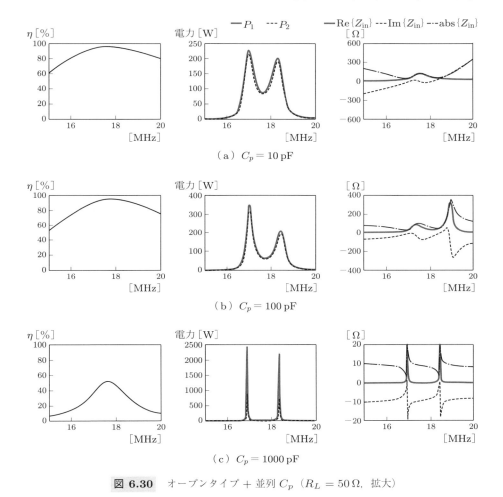

（a）$C_p = 10\,\mathrm{pF}$

（b）$C_p = 100\,\mathrm{pF}$

（c）$C_p = 1000\,\mathrm{pF}$

図 6.30　オープンタイプ ＋ 並列 C_p（$R_L = 50\,\Omega$，拡大）

6.6　ショートタイプのコイル

　図 6.31 にショートタイプのコイルの概形を示す[35]．電力伝送を考えるときには，外付けのコンデンサを付けた場合，ショートタイプも等価回路は図 6.16 となる．後述するように，反共振周波数まで考慮する場合はもう少し複雑な形状になる（図 6.36(a)）．

　ショートタイプの伝送線路と入力インピーダンスの概形を図 6.32 に示す．先にも示したように，1/4 波長となる周波数において反共振（×印）が生じ，1/2 において共振（○印）が生じ，以降，繰り返しとなる．これはオープンタイプと逆の特性である．

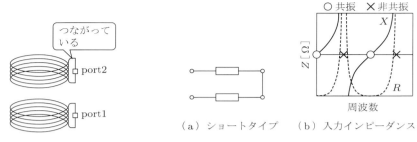

図 6.31　ショートタイプコイルの概形　**図 6.32**　ショートタイプの伝送線路と入力インピーダンスの概形

（a）ショートタイプ　（b）入力インピーダンス

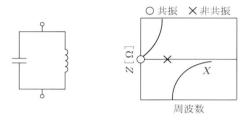

（a）ショートタイプの集中定数回路　（b）虚数成分

図 6.33　ショートタイプの集中定数回路と虚数成分の概形

ショートタイプでは，外付けのコンデンサがない場合，0 Hz を無視すれば最初にみえるのは反共振周波数である．そこだけを集中定数回路としてピックアップして考えると，図 6.33(a) に示すように並列共振として考えることができる．このときの入力インピーダンスの虚数成分は図 6.33(b) となる．

（1）ショートタイプにおける C_s と C_p の理論

　外付けのコンデンサがない場合の，ショートタイプのコイルの特性を確認する．ショートタイプのコイルは自己共振できない．原理上は，反共振周波数において電力伝送が可能であるが，上手に調整しないとまったく電力が送れないので一般的には使われず，この後に述べる外付けのコンデンサが利用される．1 素子の特性を図 6.34 に示す．このように，17.6 MHz において反共振になっていることがわかる．このときの効率，電力，入力インピーダンスを図 6.35 に示す．

　ショートタイプはそのままでは共振できないので，共振用コンデンサが必要となる．それにより，周波数調整も行える．直列に C_s を接続した場合（図 6.36(a)）と，並列に C_p を接続した場合（図 6.36(b)）ではその振る舞いが異なる．図 6.37(a) に示すように，直列にコンデンサ C_s を挿入すると共振周波数を作り出すことができ，0 Hz か

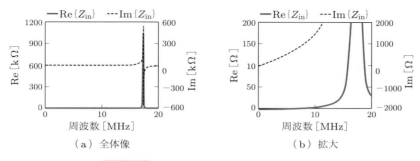

図 6.34 ショートタイプ，C なし（1 素子）

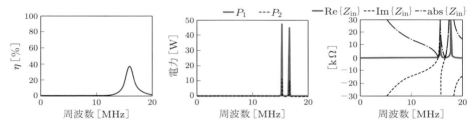

図 6.35 ショートタイプ，C なし（$R_L = 50\,\Omega$）

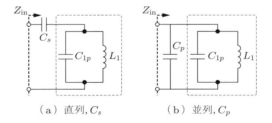

図 6.36 ショートタイプコイルへのコンデンサの直列接続と並列接続

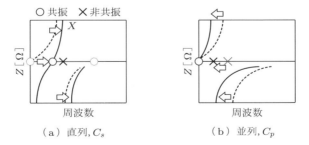

図 6.37 ショートタイプコイルにおけるコンデンサの直並列接続の効果

ら反共振周波数までの間で変化させることができる．このとき，反共振周波数は動か
ない．ただし，あまりにも 0 Hz に近いと，Q 値が小さいので電力伝送効率は著しく低
下する．これは，$Q = \omega L / r$ の ω が小さくなるためである．一方，図 6.37(b) に示す
ように並列にコンデンサ C_p を挿入すると，今度は反共振周波数が低くなり，0 Hz ま
での範囲で調整が可能である．

　この動作を数式を用いて説明する．はじめに直列に C_s を挿入した図 6.36(a) を考
える．C_{1p} はコイルに並列に発生している浮遊容量である．この図 (a) における Z_{in}
の式を次式に示す．

$$Z_{\text{in}} = \frac{1}{j\omega C_s} + \frac{\dfrac{1}{j\omega C_{1p}} \cdot j\omega L_1}{\dfrac{1}{j\omega C_{1p}} + j\omega L_1} \tag{6.14}$$

この式を展開し，分子が 0 となる共振角周波数を求めると，次式となる．

$$\omega_0 = \frac{1}{\sqrt{(C_s + C_{1p})L_1}} \tag{6.15}$$

一般に，$C_s \gg C_{1p}$ なので，次式が使われる．

$$\omega_0 = \frac{1}{\sqrt{C_s L_1}} \tag{6.16}$$

反共振周波数は分母が 0 となる条件なので，それを求めると次式となる

$$\omega_a = \frac{1}{\sqrt{C_{1p} L_1}} \tag{6.17}$$

C_{1p} は小さいので，ω_a が ω_0 に比べ高くなることがわかる．この反共振周波数より低
いところであれば式 (6.15) または式 (6.16) のように直列に C_s を挿入することで，共
振周波数を生成できる．

　次に，並列に C_p を挿入した図 6.36(b) を考える．このときの Z_{in} の式を式 (6.18)
に示す．C_p と C_{1p} は並列なので，加算して計算している．

$$Z_{\text{in}} = \frac{\dfrac{1}{j\omega(C_p + C_{1p})} \cdot j\omega L_1}{\dfrac{1}{j\omega(C_p + C_{1p})} + j\omega L_1} \tag{6.18}$$

反振周波数は式を展開し，分母が 0 となる条件から求められ，次式となる．

$$\omega_a = \frac{1}{\sqrt{L_1(C_p + C_{1p})}} \tag{6.19}$$

C_p が挿入される前の反共振角周波数は，式 (6.19) から C_p を除けばよいので，次式と

なる.

$$\omega_a = \frac{1}{\sqrt{L_1 C_{p1}}} \tag{6.20}$$

式 (6.19) と式 (6.20) を見比べると,式 (6.19) のほうが式 (6.20) に比べ必ず小さくなることがわかる.

(2) ショートタイプにおける C_s と C_p の解析結果

以上の理論を電磁界解析の結果で確認する.先に直列にコンデンサ C_s を挿入した結果について,1 素子における入力インピーダンスを図 6.38 に,2 素子のときの特性の全体像を図 6.39 に,拡大図を図 6.40 に示す.図 6.38 より,共振周波数が発生し,0 Hz から反共振周波数までの間であれば,周波数の調整が可能であることがわかる.

次に,並列にコンデンサ C_p を挿入した結果について,1 素子における入力インピーダンスを図 6.41 に,2 素子のときの特性を図 6.42 に示す.図 6.41 より,反共振周波数が低くなり,0 Hz までの間であれば反共振周波数の調整が可能であることがわかる.ただし,このような使用法は一般的ではない.ここでは,動作の振る舞いの理解という意味で紹介した†.

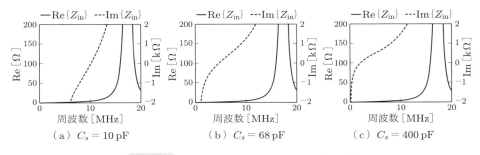

図 6.38 ショートタイプ + 直列 C_s (1 素子)

---

† 並列にコイルを入れることで,反共振周波数を高いほうに動かすことも可能である[36].

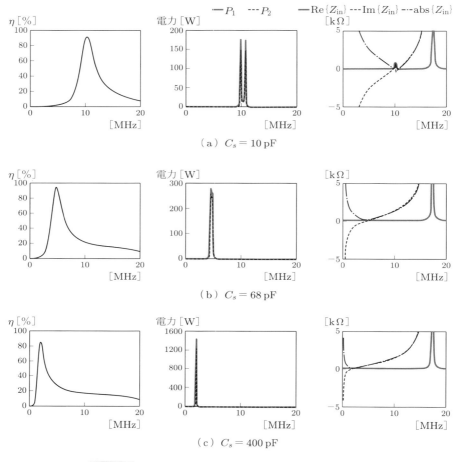

（a）$C_s = 10\,\mathrm{pF}$

（b）$C_s = 68\,\mathrm{pF}$

（c）$C_s = 400\,\mathrm{pF}$

図 **6.39**　ショートタイプ + 直列 C_s（$R_L = 50\,\Omega$，全体）

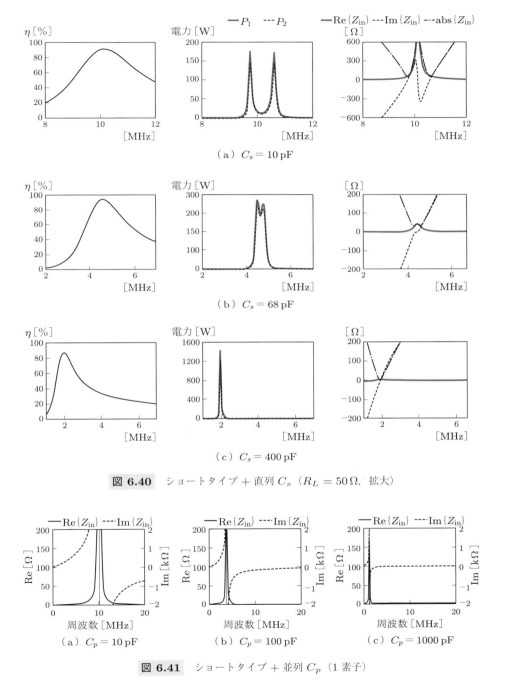

図 6.40　ショートタイプ ＋ 直列 C_s（$R_L = 50\,\Omega$, 拡大）

図 6.41　ショートタイプ ＋ 並列 C_p（1 素子）

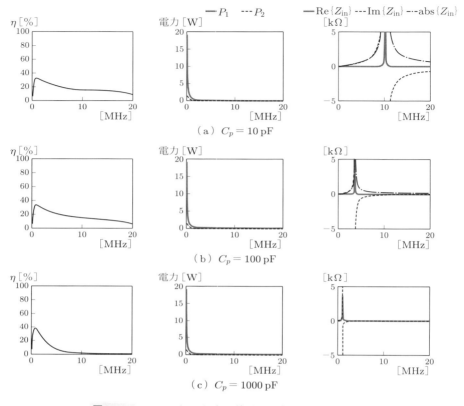

図 **6.42**　ショートタイプ + 並列 C_p（$R_L = 50\,\Omega$. 全体）

6.7　オープンタイプ・ショートタイプのまとめ

　以上，ワイヤレス電力伝送として動作させる場合，オープンタイプのコイルであれば自己共振周波数で動作させるか，直列コンデンサ C_s を挿入してより高い周波数で動作させることが可能である．一方，ショートタイプのコイルであれば，直列コンデンサ C_s を挿入して 0 Hz から反共振周波数までの間において電力伝送として動作させることが可能である．ただし，あまりにも低い周波数はコイルとしては Q 値が下がるので，効率は低くなる．また，オープンタイプの自己共振周波数は，ショートタイプの反共振周波数に等しい．

磁界共鳴のシステム

　磁界共鳴（磁界共振結合）は，大きなエアギャップにおいても高効率かつ大電力を達成できる回路トポロジー（回路構成）である．しかしながら，システムを考えるにあたっては，高効率と所望電力の両立を実現することが重要である．所望電力とは受電側の負荷が必要としている電力である．たとえば，最大効率を実現させるには，最適負荷にする必要がある．しかし，最適負荷にすると，受電電力が決定してしまう．そのため，所望電力どおりの電力が受電側に来るわけではない．一方で，所望電力になるように負荷の値を調整すると，最大効率になるとは限らない．本章では，これらの現象について確認し，解決する方法などについて述べる．

　また，本章はすべて S-S 方式を対象とする[†]．

7.1　ワイヤレス電力伝送システムの概要

　ワイヤレス電力伝送の基本的なシステム構成を図 7.1 に示す．直流電源で DC を作り，その後，インバータで DC/AC 変換を行う．ここで 85 kHz や 6.78 MHz などの高周波の交流を発生させる．電圧を変化させるには，インバータで 3 レベルの波形を作るか，インバータの前段に DC/DC コンバータを入れる（1.4 節参照）．送電コイルと受電コイルの間は磁界で結合しており，ここがワイヤレス電力伝送の部分である．受電コイルに送られた交流の電力は，整流器で直流に戻される．平滑コンデンサ C_{DC} を入れることで，DC リンクの電圧を安定化させる．その後に，DC/DC コンバータで，インピーダンスを調整して最大効率などを実現する．最後に，負荷のところに電力が送られる．負荷はバッテリであれば定電圧負荷であるが，電子機器などを直結すると定電力負荷として動作するものも多い．制御に関しては，無線通信が使われることが多いが，1 次側から 2 次側を推定，もしくはその逆を行うことで，無線通信を不要とすることも可能である．

[†] S-P 方式の磁界共鳴は定電圧特性が 2 次側に生じるので，定電流特性の S-S 方式の磁界共鳴とは必ずしもシステムとして完全には一致しないが，本章で説明している技術の大半は共通であるので，参考にしてほしい．

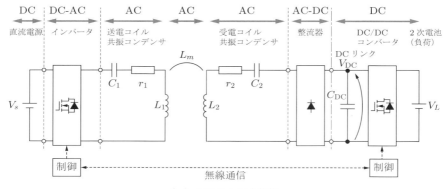

（ａ）システムの全体像

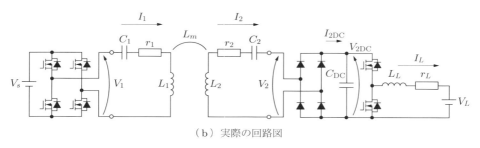

（ｂ）実際の回路図

図 7.1　システムの基本構成

7.2　抵抗負荷，定電圧負荷（2 次電池），定電力負荷（モータ・電子機器）

　負荷には，抵抗負荷，定電圧負荷（2 次電池），定電力負荷（モータ・電子機器）などさまざまな種類がある．ワイヤレス電力伝送においては，負荷を考慮した設計が必要になる．本節では，抵抗負荷，定電圧負荷（2 次電池），定電力負荷を用いて，負荷特性を考慮したシステム作りが必要であることを述べる．

　本章では説明のため，V_2–V_1 軸の効率マップを多用する．$L_m = 12.5, 25, 50\,\mu\mathrm{H}$ と変化したときの効率マップは図 7.2 のようになる．いずれも，$V_1 = V_2$ 周辺で高効率となっていることがわかる．以後，一部を除き $L_m = 25\,\mu\mathrm{H}$ 固定として話を進める．また，本節で使用するコイルとコンデンサのパラメータを表 7.1 に示す．

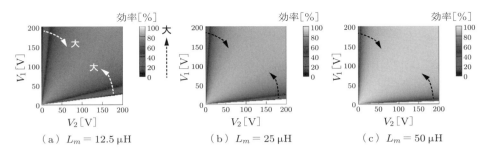

（a）$L_m = 12.5\,\mu\text{H}$　　（b）$L_m = 25\,\mu\text{H}$　　（c）$L_m = 50\,\mu\text{H}$

図 7.2　効率マップ（相互インダクタンス変化）

表 7.1　本節で使用するコイルとコンデンサのパラメータ

r_1, r_2	$1\,\Omega$	L_m	$25\,\mu\text{H}$
L_1, L_2	$500\,\mu\text{H}$	k	0.05
C_1, C_2	$5070\,\text{pF}$	f	$100\,\text{kHz}$
		Q	314

7.2.1 ｜ 抵抗負荷

　抵抗負荷は，一番馴染みのある負荷である．一方で，実用上この構成をとるものは少ないが，基本特性を調べるうえでは欠かせない構成である．後述するとおり，整流器前の等価負荷抵抗 $R_{LAC}(R_L)$ が最適負荷になるような抵抗値をもつ抵抗が接続されていれば，最大効率の電力伝送を実現することができる．そこで，本節では等価負荷抵抗 R_L に注目して述べる．整流器の後段には，リプルを抑えるための平滑コンデンサ C_{DC} が，実際の抵抗 R_L' と並列に入る（図 7.3）．

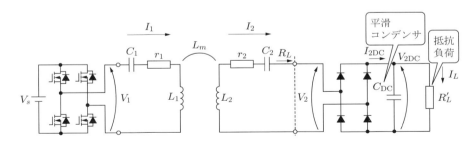

図 7.3　抵抗負荷と平滑コンデンサ

　整流器以降のインピーダンスは等価的に純抵抗とみなせる[39]．そのため，$\dot{V}_2$ と $\dot{I}_2$ の位相は同じになり，以下に示す式 (7.1) で表される．$\dot{I}_2$ は式 (7.2) なので，$\dot{V}_2$ は式 (7.3) のように表される．以上より，1次側電圧と2次側電圧と効率の関係は，式 (7.1)

と式 (7.2) から R_L の式 (7.4) を導き，効率の式 (7.5) に代入することで，1 次側電圧と 2 次側電圧と効率の関係式 (7.6) が得られる．

$$R_L = \frac{\dot{V}_2}{\dot{I}_2} \tag{7.1}$$

$$\dot{I}_2 = \frac{j\omega L_m}{r_1(r_2 + R_L) + \omega^2 L_m^2} V_1 \tag{7.2}$$

$$\dot{V}_2 = jV_2 \tag{7.3}$$

$$R_L = \frac{\omega^2 L_m^2 + r_1 r_2}{\omega L_m V_1 - r_1 V_2} V_2 \tag{7.4}$$

$$\eta = \frac{(\omega L_m)^2 R_L}{(r_2 + R_L)^2 r_1 + (\omega L_m)^2 r_2 + (\omega L_m)^2 R_L} \tag{7.5}$$

$$\eta = \frac{V_2(\omega L_m V_1 - r_1 V_2)}{V_1(\omega L_m V_2 + r_2 V_1)} \tag{7.6}$$

式 (7.4) から，V_1 を変えたときの V_2 と等価負荷抵抗 R_L の図 7.4 が得られる．V_1 と V_2 と R_L の関係を示している．送受電圧と負荷の関係を知るときに便利な図である．

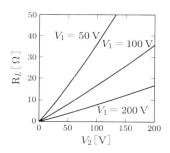

図 7.4　2 次側電圧 V_2 と等価負荷抵抗 R_L

$V_1 = 100\,\text{V}$ のときと，$V_1 = 50, 100, 200\,\text{V}$ で変化させたときの効率と V_2 との関係を，図 7.5 に示す．電圧増幅率 $A_V \fallingdotseq 1$，つまり，$V_1 \fallingdotseq V_2$ のときに最大効率となるので，V_2 との関係においては，効率は V_1 に依存する．一方で，最適負荷周辺において，V_2 の変動に対して効率 η の変動を考えると変動が非常に少なく，ワイヤレス電力伝送の効率はロバスト（外からの影響を受けにくく問題を生じづらい）であるといえる．たとえば，図 7.5(a) $V_1 = 100$ のときは，最大効率を実現できる最適受電電圧 $V_{2\text{opt}} = 93.8\,\text{V}$ であるが，V_2 が $50\,\text{V} \sim 150\,\text{V}$ まで変化したとしても効率の変化はわずかである．

次に，V_1 と V_2 軸における効率 η をマップでみることを考える．1 次側電圧と 2 次

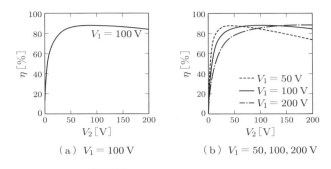

図 7.5　2 次側電圧 V_2 と効率 η

側電圧と負荷の関係は下記の式 (7.7) やその変形である式 (7.8) で得られる．

$$V_2 = I_2 R_L = \frac{j\omega L_m R_L}{r_1(r_2 + R_L) + \omega^2 L_m^2} V_1 \tag{7.7}$$

$$V_1 = \frac{r_1(r_2 + R_L) + \omega^2 L_m^2}{j\omega L_m R_L} V_2 \tag{7.8}$$

抵抗の値を変えたときの効率 η のマップを図 7.6(a) に示す．

　最適負荷 R_{Lopt} は，ほぼ $V_1 \fallingdotseq V_2$ のときであることも確認できる．最大効率を実現できる最適負荷条件に近づけるだけであれば，ほぼ $V_1 \fallingdotseq V_2$ を満たし続ければよいので，1 次側の電圧が既知であれば簡単に設計できる．ただし，これは，最大効率となる電圧増幅率 $A_V \fallingdotseq 1$ が満たせる領域のみである．結合が弱すぎる領域では $A_V \fallingdotseq 1$ は満たせないので，最終的には制御が必要になる．図 (b) に，抵抗だけでなく電力もプロットした図を示す．1 枚のグラフで，負荷の値 R_L，送電電圧 V_1，受電電圧 V_2，受電電力 P_2 を理解することができるので，大変便利な図である．たとえば，$V_1 = 100\,\mathrm{V}$ の

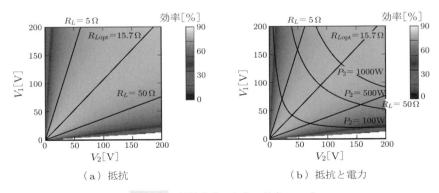

図 7.6　抵抗負荷のときの効率マップ

とき，最大効率を実現しつつ，$P_2 = 1000\,\mathrm{W}$ を得ることは不可能であることもわかる．$V_1 = 100\,\mathrm{V}$ のとき，最大効率のみもしくは所望電力のみであれば V_2 を変えることで実現できることもわかる．一方，最適負荷 $R_{Lopt} = 15.7\,\Omega$ の線を辿り，$P_2 = 1000\,\mathrm{W}$ と交わるところがある．このとき，V_1 と V_2 は一意に決まることがわかる．この条件は，1 次側電圧 V_1 と 2 次側電圧 V_2 両方をほぼ同じ値に制御したときである．このように効率マップは，いろいろな視点で確認することができ，大変便利である．この電力の線の導出は，定電力負荷のところで示す．

また，電圧増幅率 A_V には限界があるので，V_1 に対し，V_2 が非常に高い領域はそもそも電力伝送ができない．式 (7.7) を変形して，

$$V_2 = \frac{j\omega L_m}{r_1 + \dfrac{r_1 r_2 + \omega^2 L_m^2}{R_L}} V_1 \tag{7.9}$$

とする．ここで，$R_L = \infty\,[\Omega]$ とすると下記の式 (7.10) と式 (7.11) が得られ，ここが電力伝送できるかどうかの境界線となる．限界を超えて実現不可能な領域は白く示してある．

$$V_2|_{R_L=\infty} = \frac{j\omega L_m}{r_1} V_1 \tag{7.10}$$

$$A_V|_{R_L=\infty} = \left.\frac{V_2}{V_1}\right|_{R_L=\infty} = \frac{j\omega L_m}{r_1} \tag{7.11}$$

また，以下に示す最適負荷 R_{Lopt} の式 (7.12) を，V_2 と V_1 の関係式 (7.7) に代入することで，最大効率を実現できる受電電圧 V_{2opt} が式 (7.13) のように求められる．

$$R_{Lopt} = \sqrt{r_2^2 + \frac{r_2(\omega L_m)^2}{r_1}} \tag{7.12}$$

$$V_{2opt} = \sqrt{\frac{r_2}{r_1}} \frac{\omega L_m}{\sqrt{r_1 r_2 + (\omega L_m)^2} + \sqrt{r_1 r_2}} V_1 \tag{7.13}$$

7.2.2 ｜定電圧負荷（2 次電池）

一般的な負荷としては，2 次電池（バッテリ）への充電が考えられる（図 7.7）．2 次電池が負荷である場合は，電圧が 2 次電池によって決まる．つまり，定電圧負荷である．ここが抵抗負荷と違うところである．現実的には，整流器の後に DC/DC コンバータなどで電圧調整が行われることが多いので，整流器前の電圧は制御できるが，ここでは一番シンプルな構成として直付けで考えている．

定電力負荷との違いが重要である．2 次電池のような定電圧負荷は送られてきた電力は仕様を満たせばいくらでも吸い込める特徴をもち，この特徴は抵抗と同じである．

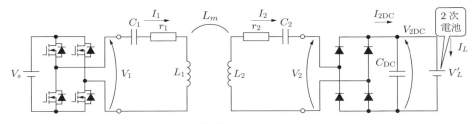

図 7.7 2次電池

そのため，電力を素早く調整する必要がなく，高度な制御が不要である．平たくいうと，100 W 送られても 1000 W 送られても，壊れることなく問題なく吸い込むことができる．そのため，最大効率制御のみを行えば十分である[†]．

　定電圧負荷のときの効率マップを図7.8に示す．たとえば，$V_2 = 100\,\mathrm{V}$ の場合，最

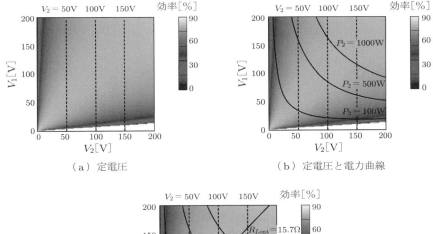

（a）定電圧 　　　　　　　　　　（b）定電圧と電力曲線

（c）定電圧と電力曲線と最適負荷

図 7.8 定電圧負荷のときの効率マップ

[†] 定電流モードや定電圧モードなどの一般的に行われる充電モードの切り替えは必要であるが，定電力負荷のように素早い制御は一般に不要である．

大効率での充電を行うには，最適負荷値に設定し，それを実現する 1 次側電圧に設定すればよいので $V_1 = 106.6\,\mathrm{V}$ に設定すればよい．すると，受電電力は $P_2 = 635.3\,\mathrm{W}$ となる[†]．

特別に多くの電力が欲しい場合は，V_1 を上げることになるが，負荷側は定電圧なので，$V_2 = 100\,\mathrm{V}$ のままであり，最適負荷からずれていく．数%のロスを許容できるのであれば，そのような使い方も可能である．また，定電圧負荷の条件から離れるが，もし，DC/DC コンバータがあり，V_1 と V_2 をともに大きくできる構成であれば，最適負荷をトラッキングしながら電力を増やすことができる．

7.2.3 定電力負荷

一定の量の電力消費しかできない負荷を定電力負荷とよぶ（図 7.9）．定電力負荷は，一般の電子機器やモータなどがある．定電圧負荷の 2 次電池ではワイヤレス電力伝送されたエネルギーは 2 次電池に溜まる．一方で，定電力負荷の場合，一定の量しか消費できないので，わずかな過不足も許されない．消費される電力以上にエネルギーがわずかでも送られた場合，行き場を失った電力は平滑コンデンサの電圧上昇に繋がり，回路が破損する．

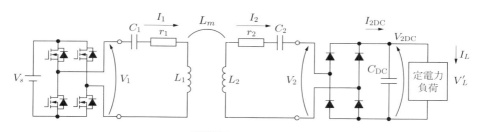

図 7.9 定電力負荷

これは，ワイヤレス電力伝送ならではの現象である[37]．供給エネルギーを，確実に，比較的簡単に，そして瞬時に絶つことができるのが通常の機器であるが，1 次側と 2 次側はワイヤレスで電力を送っているので，2 次側と 1 次側は独立したうえで協調して動いている．平滑コンデンサの電圧上昇に対応する制御のように，非常に速い制御を，通信を介した 1 次側で行う構成をとることは，リスクの点から一般的には好まれない．そのため，2 次側のみで電力遮断も含めた電力調整機能が望まれるので，7.8 節で紹介するショートモードが使用される．

[†] ただし，AC の V_2（実効値）と DC の V_L'（直流での電圧）の値は異なる．この場合，V_L' は 111.1 V になる（7.5.2 項参照）．

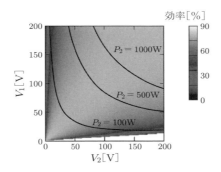

図 7.10 定電力負荷のときの効率マップ

定電力負荷のときの V_1, V_2 特性を用いた効率マップを図 7.10 に示す. この電力の曲線は, 下記の式 (7.14) と式 (7.15) から式 (7.16) を導き描いている.

$$V_2 = I_2 R_L = \frac{j\omega L_m R_L}{r_1(r_2 + R_L) + \omega^2 L_m^2} V_1 \tag{7.14}$$

$$P_2 = \frac{V_2^2}{R_L} \quad \Leftrightarrow \quad R_L = \frac{V_2^2}{P_2} \tag{7.15}$$

$$V_1 = \frac{r_1 \left(r_2 + \dfrac{V_2^2}{P_2} \right) + \omega^2 L_m^2}{j\omega L_m \dfrac{V_2^2}{P_2}} V_2 \tag{7.16}$$

定電力負荷が接続されたとき, 負荷の消費電力が 100 W の場合, $P_2 = 100$ W の曲線上のみ動ける. 500 W, 1000 W も同様である. 2 次側に送られる電力がこの曲線よりわずかに多いと平滑コンデンサの電圧が急上昇し破損する. 一方, 電力がわずかに少ないと電圧が急降下し機器の必要電力を下回り, 動作しなくなるなどの不都合を生じる. そのため, 7.8 節で述べるショートモードなどの速い制御によって対応することが必要となる.

7.3 周波数追従制御による大電力化

磁界共鳴の効率と電力のグラフを図 7.11 に示す. ここでは $f = 100$ kHz で最大効率となる最適負荷を接続している. 広い帯域でみると, 効率は鋭いピークをもつようにもみえるが, 拡大すると, 効率は周波数の変動に対してはロバストである. 一方, 電力は周波数の影響を大きく受けロバストではない. 高効率を目指すときには, 1 素子での共振周波数 f_0 にすればよいので, 周波数を変える必要はない. これは磁界共鳴の

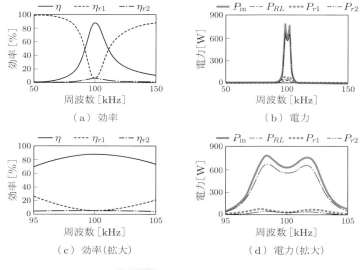

（a）効率　　　　　　　　　（b）電力

（c）効率(拡大)　　　　　　　（d）電力(拡大)

図 7.11　電力と効率 (S-S)

一つの特徴である．当然，動作周波数と共振周波数 f_0 がずれていた場合は，動作周波数を共振周波数 f_0 に合わせ直せばよく，磁界共鳴はギャップ変化によって1素子での共振周波数 f_0 は変わらないので，一度設定すればよい[†1]．

　一方で，効率は周波数が共振周波数 f_0 に若干ずれても高いので，ある程度合わせておけばよいという考え方もある．このとき，電力を優先した設計をすることも可能であり，その場合は，電力の二つのピークを追従する制御，つまり，周波数追従制御を行う必要がある[†2]．具体的には，電源の周波数を変えることになる．このとき，周波数を変える制御は1次側しか行えないので，1次側の制御になる．電流が多く流れる周波数に調整するだけなので，図 (d) の2ピークのどちらかに電源周波数を合わせ，大きな電力を得る追従制御は容易に行える．

　ただし，周波数追従制御だけでは原理的に，最大効率制御することはできない．最大効率となる最適負荷を実現できるのは2次側なので，動作周波数を f_0 にすることで高効率にはできるが，原理上の最大効率になるかどうかは負荷の値次第であり，積極的に制御することはできない．磁界共鳴としての原理上の最大効率は，動作周波数を共振周波数 f_0 に合わせたうえで，最適負荷にする必要があるからである．

[†1] ただし，密着状態に近づき過ぎると，インダクタンスが変わり，共振周波数が変わるため，その場合は適宜調整する必要がある．大エアギャップのときは，この影響は無視できる．

[†2] 二つのピークは結合が生じた際に発生する二つの共振周波数 f_m, f_e の近くに現れるピークである（3.2節参照）．

7.4 インピーダンス追従制御による最大効率実現の概念

　インピーダンス追従制御による最大効率の実現方法について説明する[38]-[43]．はじめに，インピーダンス追従制御の概念について説明する．この方法は，AC 側の等価負荷抵抗（AC 等価負荷抵抗）のインピーダンスを常に最適化することで最大効率にする方法である．共振周波数 f_0 と違い，実際の負荷の値は頻繁に変わるため，等価負荷抵抗が最適負荷の値になるように常に制御が必要である．

　大きな流れとしては，以下となり，手順④，⑤で最大効率になるように制御する．

① 電力伝送する．
② 整流器で AC から DC に整流する．
③ 平滑コンデンサで電圧を平滑化する．
④ インピーダンス変換器の DC/DC コンバータでインピーダンスを制御する．
⑤ ④によって，等価的に整流器前の受電共振器の等価負荷抵抗 R_{LAC} (R_L) が制御され，最大効率になる．

これにより，常に最大効率で動作させることができる．結局は，AC 側の等価負荷抵抗 R_{LAC} (R_L) を最適化することで最大効率になるのだが，制御を行うのは DC 側である．つまり，DC/DC コンバータが直接インピーダンス変換を行う場所は R'_L と R'_{DC} であるが，その影響は AC 側にも及ぶので，R'_L と $R_{LAC}(R_L)$ のインピーダンス変換としても動作する．

　以下，上記を一つひとつ説明する．簡易説明図を図 7.12 に，詳細な説明図を図 7.13 に示す．前章までは，負荷側はまとめて R_L と表示したが，本章ではシステムを扱う関係上，負荷側を詳細に検討するため，交流側の負荷を R_{LAC} とする．ワイヤレス電力伝送において重要なのは，後段の実際に接続されている負荷のインピーダンス R'_L

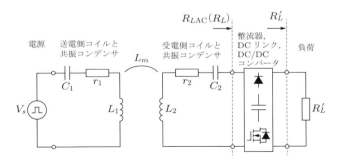

図 7.12　等価負荷抵抗とインピーダンス追従制御システムの簡易説明図

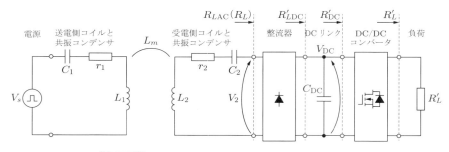

図 7.13 インピーダンス追従制御システムの詳細図

ではなく，この交流部分の等価負荷抵抗 R_{LAC} (R_L) である[†]．

　まず，磁界共鳴として動作させるために，動作周波数は 1 素子での共振周波数 f_0 にする．そのうえで，2 次側共振器の負荷に相当するところ，つまり，共振器の出口以降のインピーダンスを等価負荷抵抗 R_{LAC}（前章までの R_L）とすると，その等価負荷抵抗を最適負荷値 R_{LACopt}（前章までの R_{Lopt}）にすることで，最大効率を実現することができる．つまり，回路の実際の負荷としてどのような R_L' の抵抗が付いていたとしても，インピーダンス変換を行い，電力伝送部において最大効率となる最適負荷 R_{LACopt} にすること（インピーダンス最適化）で，最大効率 η_{max} を実現できる．

　図 7.14 で示すように，エアギャップが変化し，L_m が変動しても，AC 等価負荷抵抗が最適負荷にできれば，最大効率を得られる．たとえば，図 (b) では，最大効率となる等価負荷抵抗は 15.7 Ω である．そのときの効率は 88.1%である．つまり，最大効率追従制御においては，エアギャップや負荷変動に合わせて，常に最大効率となる AC 等価負荷抵抗が最適負荷となるように制御を行えばよい．ただし，それぞれのエアギャップにおいて，1 次側の電圧が固定の場合（大抵は固定である），AC 等価負荷抵抗が一意（一つ）に決まれば，受電電力も一意に決まる．等価負荷抵抗が 15.7 Ω の

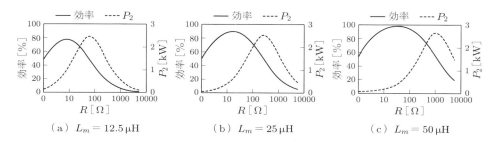

（a）$L_m = 12.5\,\mu\mathrm{H}$ （b）$L_m = 25\,\mu\mathrm{H}$ （c）$L_m = 50\,\mu\mathrm{H}$

図 7.14 等価負荷抵抗と効率

[†] 当然，変換器の効率も重要であるが，変換器自体の話となるので，その特性は他書に譲る．

ときの受電電力は 559.4 W になる.

　7.4, 7.6, 7.7 節では, 最大効率追従制御をメインに話す. しかしながら, 現実的には最大効率よりも, 必要な電力 (所望電力) が得られるほうが優先される場合もあるので, そのことについても触れておく. 図 7.14 からわかるとおり, 2 次側の負荷インピーダンス制御のみで最大効率と最大電力は両立できない以上, アプリケーションに分けて大きく二つの設計指針を立てる必要がある[†].

　一つ目は, 負荷の電子機器が必要とする電力を受け取れるように, つまり, 負荷が所望する電力になるように 2 次側で電力制御を行う方法である. ただしこの場合, 効率は最大効率からずれるので, そのことについては許容せざるを得ない. もし, 2 次側での制御がなく, 負荷が使用する以上の, つまり, 所望電力以上の電力を送ってしまった場合, エネルギーの行き先がなくなり, DC リンクの電圧が急上昇して回路が壊れてしまう. そのため, 所望電力制御を行うことが重要となる. 一般的な電子機器やモータなどを駆動する場合は, 定電力負荷 (瞬時において必要な電力のみ消費する負荷) とみなすことができ, 電子機器が必要とした電力に応じて, 負荷の値が細かくリアルタイムで変動する. そのため, もし 1 次側での電力制御を前提としたシステムの場合, つまり, 通信が前提であると, 通信遅れによる誤差が生じるので, 容易には実現できない. また, 通信ができなくなったときは危険である. そこで, 受電側だけで対応できる受電電力制御が必要になる. また, 2 次側で電力を遮断する機能も必要になるが, それについては, 7.8 節で述べる.

　二つ目は, 最大効率制御を行い, 電力が流入する分はいくらでも受け止めるようなアプリケーションで使用することが考えられる. たとえば, バッテリが負荷であれば, 最大効率制御をして, 電力はそのときの負荷の値で勝手に決められるとしても問題がない. いくら電力が入ってきてもエネルギーの行き先があるので, DC リンク電圧を安定化する制御を行い, その値が最大効率を実現できる値となるように制御を行えば問題ない. つまり, ワイヤレスの充電などはこのような考え方が適応できる. また, ワイヤレス充電の場合は数時間かけて充電するのが一般的であり, インピーダンスは定電力負荷に比べ急変しない. さらに, 7.6 節で後述する 2 次側効率制御 1 次側電力制御のように, 受電電力制御よりゆっくりした制御で十分のため, 所望電力を実現させるために通信を前提とした 1 次側による電圧制御を用いた電力制御をシステムに組み入れても, それほど問題にはならない. たとえば, 最大効率となる最適負荷で得られる $P_2 = 559.4$ W があまりにも所望電力に対して小さく, 充電に時間がかかり過ぎてしまうのであれば, 通信を行い V_1 を上げて P_2 を増やすのが現実的である.

[†] 7.9 節で後述するが, 時間軸の自由度を加えることで, 2 次側制御のみで最大効率と最大電力を実現することが可能である.

7.9節で述べる時間軸の自由度を加えた方法を行えば，2次側制御のみで最大効率と所望電力の両立は可能であるが，2次側のインピーダンス調整による原則論としては，上述したように効率と電力の値は一意に決まる．

7.5 インピーダンス追従制御による最大効率実現のための予備知識

7.4節で述べた最大効率を実現させるシステムについて，7.6節で述べるが，そのために必要な予備知識を本7.5節で説明する．

7.5.1 整流器による AC/DC 変換

実際の回路においては，最大効率追従制御は整流後の DC 側がかかわるので，整流

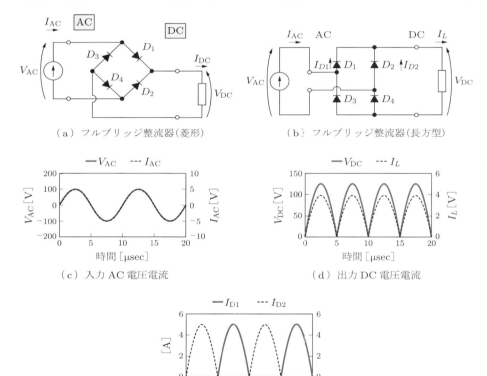

（a）フルブリッジ整流器（菱形）　　　（b）フルブリッジ整流器（長方型）

（c）入力 AC 電圧電流　　　（d）出力 DC 電圧電流

（e）ダイオード電流

図 7.15　整流器（2通りの描き方）と電圧と電流の波形

器における AC/DC 変換での注意点を述べる．まず，ワイヤレス電力伝送は 85 kHz などの AC であり，かつ，S-S 方式では 2 次側は定電流特性をもつ．そのため，定電流源を整流器の直前に接続した回路で考えることができる．

ワイヤレス電力伝送では，2 次側のコイルで AC の電力を受け取った後，まず整流し，DC に変換する．整流器の回路図と波形を図 7.15 に示す．(a),(b) ともにまったく同じ回路であるが，好みで菱形状で描かれたり，長方形で描かれたりする．本章すべてに共通するが，波形は定常状態に落ち着いてからの図である．図 7.15 では平滑コンデンサがないので，大きなリプルが生じるが電圧も電流もすべてプラスであり，マイナスにならない．負荷が抵抗の場合，平滑コンデンサがないと，電圧と電流ともに正弦波の絶対値をとった形になる．ただし，このように平滑化されない状態では通常使用されない．

実際には，図 7.16 のように，DC に直すときには平滑コンデンサでリプルを取り除

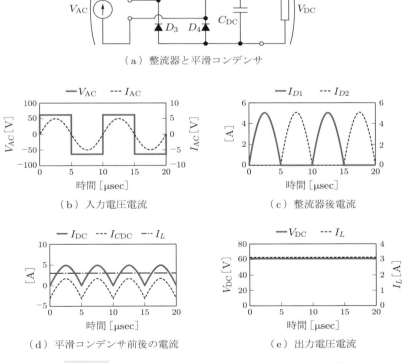

（a）整流器と平滑コンデンサ

（b）入力電圧電流

（c）整流器後電流

（d）平滑コンデンサ前後の電流

（e）出力電圧電流

図 7.16 平滑コンデンサによるリプルの低減（定電流源）

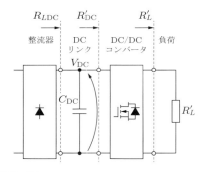

図 7.17　DC リンク前後のインピーダンス

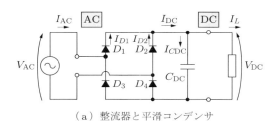

（a）整流器と平滑コンデンサ

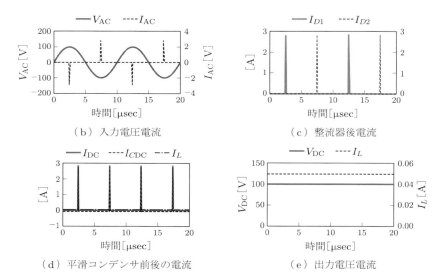

（b）入力電圧電流 　　　　　　　　　　　（c）整流器後電流

（d）平滑コンデンサ前後の電流 　　　　　（e）出力電圧電流

図 7.18　定電圧源の整流と平滑コンデンサ（定電圧源）

き，電圧と電流を綺麗な一定の DC に安定させて負荷に接続される．

　結局，リプルを低減するだけなので，DC リンクの前後においては，定常状態においては電圧と電流の関係は同じになるため，図 7.17 において，$R_{LDC} = R'_{DC}$ となる．そのため，R_{LDC} とだけ書かれることが多い（図 7.13）．

　S-P 方式のときには定電圧特性をもつ．定電流源にコイルを直列に接続すると大きな電圧が生じるように，定電圧源にコンデンサを並列に接続すると大きな電流が生じるので，一般には好まれる構成ではないが，定電流源特性をもつ S-S との比較という意味合いとして図 7.18 に示す．この構成では，I_{AC} が正弦波状にはならないことがわかる[†]．

7.5.2 | AC/DC の電圧・電流・等価負荷抵抗

　AC から DC へ変換する整流器は，実効値，波高値，平均値などの計算を丁寧に扱わないと，電圧や電流の計算を間違えてしまう．そこで，整流器前後の AC/DC の波形の取り扱い方について説明する．

（1）矩形波における基本波と 3 次高調波など

　矩形波と基本波と奇数波の高調波（3 次，5 次，…）について説明する．S-S 方式の最終的な波形を先に述べると，1 次側を矩形波駆動する場合，1 次側電流は正弦波となり，負荷側に平滑コンデンサをつけることにより，2 次側の電圧はほぼ矩形波，電流はほぼ正弦波になるので，1 次側矩形波電圧，2 次側正弦波電流におもに注目して述べる．

　まず，矩形波は

$$V_{1DC} = \frac{4}{\pi} V_{1DC} \left\{ \sin(\omega t) + \frac{1}{3} \sin(3\omega t) + \frac{1}{5} \sin(5\omega t) + \cdots \right\}$$

$$= \sum_{n=1}^{\infty} \frac{4}{\pi} V_{1DC} \frac{1}{2n-1} \sin\{(2n-1)\omega t\} \tag{7.17}$$

に示すように，基本波と奇数倍の高調波（3 次高調波，5 次高調波，…）の合成波である．ここで重要なのは，矩形波の振幅を 1 とすると，基本波は $4/\pi$ 倍になっていることである．ただし，この値は実効値ではなく波高値である．そして，3 次高調波は基本波の 1/3 倍，5 次高調波は 1/5 倍なので，高調波になるに従って振幅は小さくなる．

　$V_{1DC} = 1\,\mathrm{V}$ としたときの，基本波，3 次高調波，5 次高調波と，その合成波を図 7.19 に示す．図 7.20 に 19 次高調波までを合成した波形と 99 次高調波までを合成した波形を示す．次数が高くなるほど矩形波に近づく．

[†] 大電流が流れないように，定電流源のときと比べて抵抗値を大きくしている．一般的には，定電圧源にはチョークコイルが直列に挿入される．

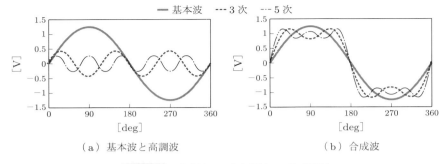

（a）基本波と高調波　　　　　　　　（b）合成波

図 7.19　基本波，3 次高調波，5 次高調波

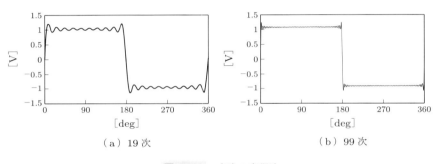

（a）19 次　　　　　　　　　　　（b）99 次

図 7.20　高次の高調波

　つまり，1 次側の波高値 1 の矩形波に含まれる基本波電圧 v_{1f} は次式となる（電圧波形は図 7.21 となる）．

$$v_{1f} = \frac{4}{\pi} V_{1\mathrm{DC}} \sin(\omega t) \tag{7.18}$$

つまり，振幅だけ考えると，基本波の波高値（振幅）V_{1m} と，矩形波の波高値 $V_{1\mathrm{DC}}$ の関係は

$$V_{1m} = \frac{4}{\pi} V_{1\mathrm{DC}} \tag{7.19}$$

となる．後述するとおり，電力伝送の効率は基本波のみ考えればよい[†1]．

　実効値は基本波の波高値を $\sqrt{2}$ で割ればよいので，矩形波の振幅 $V_{1\mathrm{DC}}$ を用いると，基本波の実効値 V_{1f} を用いた基本波電圧 v_{1f} は次式となる[†2]．

---

†1　ただし，高調波はノイズとしてシステムに影響するので，ノイズ対策を行う際には高調波を考慮する必要がある．

†2　本節では，わかりやすいように，基本波の実効値は V_{1f} と記したが，次節以降は高調波は考えないので，V_1 と記す．

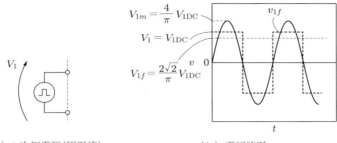

（a）1次側電源（矩形波） （b）電圧波形

図 7.21 電源（矩形波）と電圧波形

$$v_{1f} = \frac{1}{\sqrt{2}}\frac{4}{\pi}V_{1\mathrm{DC}}\sin(\omega t) = \frac{2\sqrt{2}}{\pi}V_{1\mathrm{DC}}\sin(\omega t) = V_{1f}\sin(\omega t) \tag{7.20}$$

つまり，実効値 V_{1f} だけ取り出すと次式となる．

$$V_{1f} = \frac{2\sqrt{2}}{\pi}V_{1\mathrm{DC}} \fallingdotseq 0.90V_{1\mathrm{DC}} \tag{7.21}$$

さらに，2次側にいく間に一度電圧も正弦波になるが，平滑コンデンサの電圧を超えられない影響で，2次側の電圧は矩形波になり，かつ，平滑コンデンサの電圧 $V_{2\mathrm{DC}}$ と同じになる．1次側と同様に考えることができるので，矩形波の振幅を $V_{2\mathrm{DC}}$ とすると，その中に含まれる基本波成分の実効値 V_{2f} を用いた電圧 v_{2f} は次式となる（図 7.22，図 7.23(a)）．

$$v_{2f} = \frac{2\sqrt{2}}{\pi}V_{2\mathrm{DC}}\sin(\omega t) = V_{2f}\sin(\omega t) \tag{7.22}$$

以上，電圧振幅をまとめると，1次側の基本波の正弦波の波高値 V_{1m} は $(4/\pi)V_{1\mathrm{DC}}$ （1.27 倍），矩形波は $V_{1\mathrm{DC}}$，正弦波の基本波の実効値 V_{1f} は $(2\sqrt{2}/\pi)V_{1\mathrm{DC}}$ （0.90 倍）

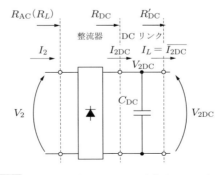

図 7.22 整流器前後の DC/AC 変換と R_{AC} と R_{LDC}

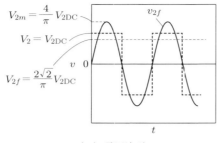

（ａ）電圧波形

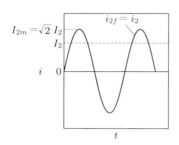

（ｂ）整流器前の電流波形

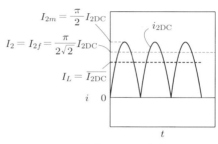

（ｃ）整流器後の電流波形

図 7.23　平滑コンデンサの電圧と電流波形

となる．2 次側の電圧も同様である．

　次に，2 次側の電流を考える．整流器前後の電流波形を図 7.23(b),(c) に示す．AC から DC に変換されても理想状態では損失がないので，エネルギー保存の法則より，または，そもそもの実効値の定義[†]より，式 (7.23) となる．負荷に流れる電流 I_L は I_{2DC} の平均値 $\overline{I_{2CD}}$ と等しい．波高値の積 $(V_{2m} \cdot I_{2m})$ ではなく，実効値の積 $(V_{2f} \cdot I_{2f})$ である．

$$V_{2f} \cdot I_{2f} = V_{2DC} \cdot \overline{I_{2DC}} \tag{7.23}$$

　式 (7.22) と式 (7.23) より，等価直流電流（平均電流）$\overline{I_{2DC}}$ と正弦波の実効値 I_{2f} の関係は次式になる．

$$I_{2f} = \frac{\pi}{2\sqrt{2}} I_{2DC} \fallingdotseq 1.11 \overline{I_{2DC}} \tag{7.24}$$

つまり，電流は電圧における AC と DC の振幅の関係と分子，分母が逆転するので，注意が必要である．

[†] 直流での電圧と電流の積と交流での電圧と電流の積のそれぞれの 1 周期分の平均電力が一致する値を実効値としている．

正弦波の波高値で書くと次式となる.

$$I_{2m} = \frac{\pi}{2}\overline{I_{2\mathrm{DC}}} \tag{7.25}$$

以上, 電流振幅をまとめると, 正弦波の波高値 I_{2m} は $(\pi/2)\overline{I_{2\mathrm{DC}}}$ (1.57 倍), 等価直流電流（平均電流）は $\overline{I_{2\mathrm{DC}}}$, 正弦波の実効値 I_{2f} は $(\pi/2\sqrt{2})\overline{I_{2\mathrm{DC}}}$ (1.11 倍) となる.

それゆえ, 交流における等価負荷抵抗 R_{AC} (R_L) は, 直流における負荷の値と異なる. 交流における負荷の値は次式である.

$$R_L = \frac{V_{2f}}{I_{2f}} \tag{7.26}$$

一方, 直流 (DC) 側の R_{LDC} は, 交流における AC 側等価負荷抵抗 R_{AC} (R_L) を用いて, 式 (7.22) と式 (7.24) と式 (7.26) より, 次式となる.

$$R_{\mathrm{LDC}} = \frac{V_{2\mathrm{DC}}}{I_{2\mathrm{DC}}} = \frac{\dfrac{\pi}{2\sqrt{2}}V_{2f}}{\dfrac{2\sqrt{2}}{\pi}I_{2f}} = \frac{\pi^2}{8}R_{\mathrm{AC}} \tag{7.27}$$

みやすいように, R_{AC} (R_L) を先に出すと,

$$R_{\mathrm{AC}} = \frac{8}{\pi^2}R_{\mathrm{LDC}} \fallingdotseq 0.81R_{\mathrm{LDC}} \tag{7.28}$$

となり, R_{LDC} の 0.81 倍になる. 最大効率になる最適負荷の値を設定するときに, この値の違いを見過ごすと, 当然, 間違った値になるので注意が必要である.

以上をまとめると, 直流側からみると, 交流側は負荷の値が小さくなるので, 電流 I_2 が大きく電圧 V_2 は小さい. つまり, 抵抗値 R_{AC} (R_L) が小さくみえる. 一方, 交流側からみると, その逆となり, 直流側は負荷の値 R_{LDC} が大きくみえるので, 電圧 $V_{2\mathrm{DC}}$ が大きく電流 $\overline{I_{2\mathrm{DC}}}$ が小さくなる. つまり, 抵抗値 R_{LDC} が大きくみえる.

（2）矩形波駆動 + 抵抗 (S-S) とバンドパスフィルタ特性

以上が, 矩形波と正弦波の式の上での取り扱い方法である. これを踏まえて, 1 次側と 2 次側の電圧電流の波形について詳細に解説する.

整流前後では, AC から DC に変化する. そのため, 波形は矩形波と正弦波（サイン波）が混在しているので, まずはそこの理解が必要である. はじめに, 通常はあまり使われない構成であるが, 整流器がない場合の波形を確認する（図 7.24, 図 7.25）. 1 次側の電圧は矩形波であるが, 1 次側の電流は正弦波になる. 一方, 2 次側の電圧は正弦波になり, 電流も正弦波になる.

ここで, 1 次側の矩形波電圧から 2 次側電圧までの計算方法を確認する. 図 7.24 においては, 1 次側の入力電圧 V_1 は矩形波であり, V_1 は電源電圧 V_s と同じなので, $V_1 = V_s =$

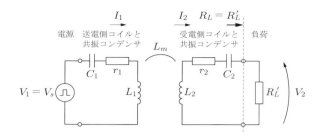

図 7.24　矩形波駆動（整流器なし）

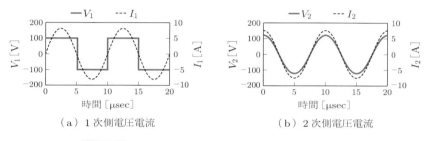

（ａ）1 次側電圧電流　　　　　　　（ｂ）2 次側電圧電流

図 7.25　矩形波駆動における電圧と電流（整流器なし）

$V_{1\mathrm{DC}} = 100\,\mathrm{V}$ なので，式 (7.21) より，基本波成分の実効値は $V_{1f} = V_{1\mathrm{DC}} \cdot 2\sqrt{2}/\pi = 90.0\,\mathrm{V}$ となる．抵抗 R'_L が直接みえているので，AC 部の抵抗 $R_L(R_{\mathrm{LAC}}) = R'_L = 15.7\,\Omega$ になる．これを V_2 の式 (7.7) に代入すると，2 次側電圧が得られ，$V_{2f} = 84.5\,\mathrm{V}$ となる．

　では，なぜ 1 次側の電流が正弦波になるのであろうか．まず，1 次側からみた場合は図 7.26 のようになる．Z'_2 は結合部分を含む 2 次側のインピーダンス (reflected impedance) である．

　C_1 と L_1 によって共振周波数以外のインピーダンスは高くなるため，共振周波数だけの電流を通し，それ以外を遮断するバンドパスフィルタ (BPF: band pass filter) の効果がある．V_1 から I_1 までの周波数特性，つまり，伝達関数を求めると，図 7.27(a) となる[†]．

　共振周波数周辺以外は 2 次側の影響が小さく，図 7.26 の回路における Z'_2 の影響をほぼ無視できるので，概形としては，図 7.27(b) のように，概算として $j\omega L_1$ と $1/(j\omega C_1)$ の足し算で表すことができる．ただし，これらの議論は広帯域でみたときの特性であ

[†] ただし，ここでは基本的な原理を説明するため，2 次共振などは考慮していない．実際には，オープン・ショートを記した第 6 章でみたとおり，2 次共振以上の現象が生じる．ただし，一般的なワイヤレス電力伝送においては基本波のみを考慮すれば十分である．

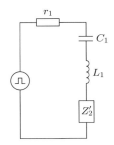

図 7.26 1 次側からみた全体の回路

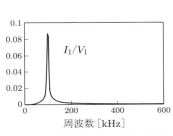

（a）V_1 から I_1 までの伝達関数

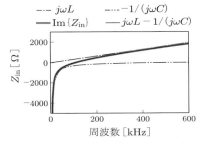

（b）電源からみた入力インピーダンスの
虚数成分

図 7.27 バンドパスフィルタ特性（全体像）

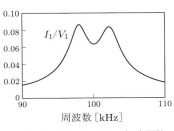

（a）V_1 から I_1 までの伝達関数

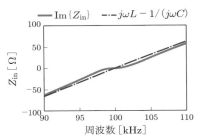

（b）電源からみた入力インピーダンス

図 7.28 バンドパスフィルタ特性（拡大図）

る．電力伝送にかかわる共振周波数周辺に関しては，図 7.28(b) に示すように，概算値とは一致しない．概算で考えると大きな間違いを起こすので，電力伝送に関しては，前章まで検討してきたとおりに詳細に考える必要がある．
　つまり，共振している周波数においてのみ，インピーダンスが低いので電流が流れ，共

振している周波数成分のみが通過し，3次高調波 (300 kHz) や 5次高調波 (500 kHz) などの高調波にとってはインピーダンスが大きいので高調波の電流は流れない (図 7.29)．そのため，基本波成分だけ残るので，基本波による正弦波が電流として現れる．2次側においては，今回のように負荷が抵抗の場合，1次側電流が基本波のみの正弦波であり，誘起される電圧も正弦波になるので，2次側の電圧は正弦波であり，2次側の電流も正弦波である．

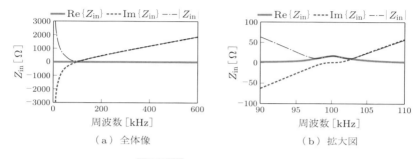

図 7.29　入力インピーダンス

たとえば，それぞれの周波数 $f_1 = 100\,\text{kHz}$, $f_3 = 300\text{kHz}$, $f_5 = 500\,\text{kHz}$ について分解して考えるとわかりやすい．各々の周波数における電流を式 (7.29)～(7.31) に示す．I_{f1} が I_{f3} や I_{f5} に比べて大きく，ほぼ基本波が占めていることがわかる．

$$I_{f1} = \frac{V}{Z_{f1}} = \frac{100}{15.7} = 6.36 \tag{7.29}$$

$$I_{f3} = \frac{V}{Z_{f3}} = \frac{100}{835.3} = 0.12 \tag{7.30}$$

$$I_{f5} = \frac{V}{Z_{f5}} = \frac{100}{1503.8} = 0.07 \tag{7.31}$$

1次側の電源電圧 V_1 からみた2次側の電圧 V_2 や電流 I_2 の伝達特性を図 7.30 に示す．これらの特性においても，バンドパスフィルタの特性をもっていることがわかる．V_1 からみた2次側の電圧 V_2 は，電圧増幅率 A_V そのものである．

（3）矩形波駆動 + 整流器 + 抵抗 (S-S)

次に，整流器のみを取付けた場合を考える (図 7.31)．平滑コンデンサがない場合であり，これも一般には使われないが，動作を確認するうえで示す．整流後の電圧と電流は大きなリプルがあり，実用的ではない (図 7.32)．

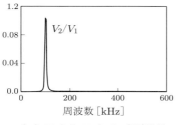

（a）V_1 から V_2 までの伝達特性

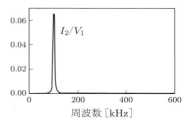

（b）V_1 から I_2 までの伝達特性

図 7.30 送受間のバンドパスフィルタ特性

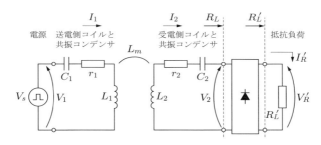

図 7.31 矩形波駆動（平滑なし）

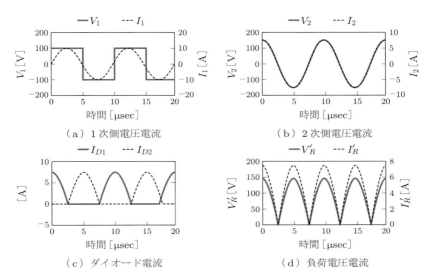

（a）1次側電圧電流

（b）2次側電圧電流

（c）ダイオード電流

（d）負荷電圧電流

図 7.32 矩形波駆動における電圧と電流（整流器と抵抗・平滑なし）

（4）矩形波駆動 + 整流器 + 平滑コンデンサ + 抵抗 (S-S)

　次に，整流器の後に平滑コンデンサがある，より実用的な構成を考える（図 7.33,

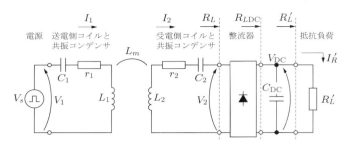

図 7.33　整流器 + 平滑コンデンサ + 抵抗

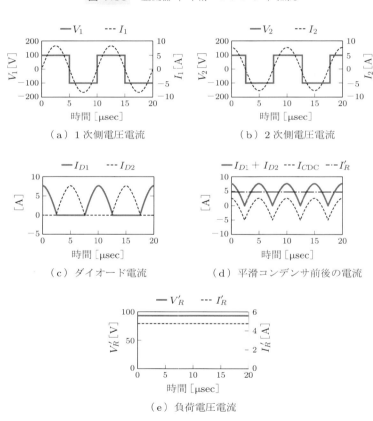

（a）1 次側電圧電流　　　　　　　（b）2 次側電圧電流

（c）ダイオード電流　　　　　　　（d）平滑コンデンサ前後の電流

（e）負荷電圧電流

図 7.34　矩形波駆動における電圧と電流（整流器 + 平滑コンデンサ + 抵抗)[†]

† I_{D1}, I_{D2}, I_{CDC} の位置は図 7.16 参照.

図 7.34）．ただし，インピーダンス変換を行う DC/DC コンバータは除く．平滑コンデンサは電圧を一定に保つ役割がある．そのため，整流器と平滑コンデンサがないときに比べ，電圧と電流が安定化しており，抵抗負荷においてリプルのない見慣れた直流波形となっている．1 次側の電圧は矩形波，電流は正弦波になる．平滑コンデンサが入っても，1 次側の動作は同じである．一方，AC 部分である 2 次側の電圧 V_2 は，平滑コンデンサが入ると矩形波状になる．先ほどの V_2 は正弦波に準じた形となったが，ここでは平滑コンデンサがあるので，平滑され矩形波状になった．そして，電流はほぼ正弦波になる．

　ここで，1 次側の矩形波電圧から 2 次側電圧までの計算方法を確認する．図 7.33 においては，1 次側の入力電圧 V_1 は矩形波であり，V_1 は電源電圧 V_s と同じなので，$V_1 = V_s = V_{1\mathrm{DC}} = 100\,\mathrm{V}$ なので，式 (7.21) より，基本波成分の実効値は $V_{1f} = 2\sqrt{2}/\pi = 90.0\,\mathrm{V}$ となる．直流部での抵抗 $R_L'(R_{\mathrm{LDC}}) = 19.4\,\Omega$ とすると，式 (7.28) より AC 部の等価負荷抵抗 $R_L(R_{\mathrm{LAC}}) = R_L'(R_{\mathrm{LDC}}) = 19.4 \times 8/\pi^2 = 15.7\,\Omega$ となる．これを V_2 の式 (7.7) に代入すると，2 次側電圧に表れる基本波成分が得られ，$V_{2f} = 84.5\,\mathrm{V}$ となる．平滑コンデンサの影響で V_2 の電圧が DC 状になるので，式 (7.22) の関係を踏まえると，$V_2 = V_{2\mathrm{DC}} = (\pi/2\sqrt{2})V_{2f} = 93.8\,\mathrm{V}$ が得られる．2 次側が抵抗なので，上記のように計算できる．

（5）矩形波駆動 + 整流器 + バッテリ (S-S)

　最後に，整流器の後に定電圧負荷の 2 次バッテリ（2 次電池）がある構成を考える（図 7.35）．ただし，平滑コンデンサやインピーダンス変換を行う DC/DC コンバータは除いたため，バッテリに入る電流 I_L は大きなリプルをもっている（図 7.36）．ここでは，バッテリのような，定電圧負荷があった場合の計算方法を確認する．（4）の抵抗の場合は，1 次側の矩形波電圧から 2 次側電圧までの計算をしたが，バッテリの場合，2 次側電圧は固定であるので，ここでは，1 次側の矩形波電圧から 2 次側の電流までの計

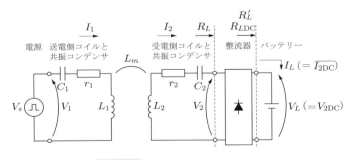

図 7.35 整流器 + 2 次バッテリ

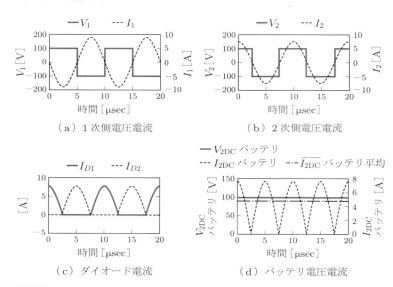

（a）1 次側電圧電流　　　　　　　（b）2 次側電圧電流

（c）ダイオード電流　　　　　　　（d）バッテリ電圧電流

図 7.36　矩形波駆動における電圧と電流（整流器 + 2 次バッテリ，$V_2 = 100\,\mathrm{V}$）

を示す．図 7.35 においては，1 次側の入力電圧 V_1 に矩形波であり，V_1 は電源電圧 V_s と同じなので，$V_1 = V_s = V_{1\mathrm{DC}} = 100\,\mathrm{V}$ である．式 (7.21) より，基本波成分の実効値は $V_{1f} = (2\sqrt{2}/\pi)V_1 = 90.0\,\mathrm{V}$ となる．次に，バッテリがあるため，2 次側電圧 V_2 も DC であるため $V_2 = V_{2\mathrm{DC}} = 100\,\mathrm{V}$ である．そこに，式 (7.22) の関係を踏まえると，$V_{2f} = (2\sqrt{2}/\pi)V_{2\mathrm{DC}} = (2\sqrt{2}/\pi)V_2 = 90.0\,\mathrm{V}$ が得られる．R_L と V_1, V_2 の関係式 (7.4) より，$R_L\ (R_{LAC}) = 16.8\,\Omega$ と求められる．$I_2 = V_2/R_L = 90.0/16.8 = 5.3\,\mathrm{A}$ と求められるので，バッテリに流れる等価平均電流 $\overline{I_{2\mathrm{DC}}} = I_L$ は式 (7.24) の関係より $\overline{I_{2\mathrm{DC}}} = (2\sqrt{2}/\pi)I_2 = 4.8\,\mathrm{A}$ と求められる．2 次側はバッテリなので，2 次側電圧が固定であることによりこのような計算ができる．

（6）基本波成分の電力と高調波成分の電力

電流が正弦波になっていれば，電力伝送にかかわるのは基本波成分のみで高調波成分は無視できるのも，一つの大きな特徴である．そのことについて式を用いて説明する．ただし，ここでは説明の簡略化のため，基本波の力率を 1 とする．電圧は矩形波であり，下記の式 (7.32) である．電流が正弦波のときは，式 (7.33) となる．電力は，式 (7.32) と式 (7.33) の積で表されるので，式 (7.34) が得られる．

$$v_1(t) = \frac{4}{\pi}V_{1\mathrm{DC}}\left\{\sin(\omega t) + \frac{1}{3}\sin(3\omega t) + \frac{1}{5}\sin(5\omega t) + \cdots\right\}$$

$$= \sum_{n=1}^{\infty} \frac{4}{\pi} V_{1\text{DC}} \frac{1}{2n-1} \sin\{(2n-1)\omega t\} \tag{7.32}$$

$$i_1(t) = I_{1m} \sin(\omega t) \tag{7.33}$$

$$p_1(t) = v_1(t) i_1(t)$$
$$= \frac{4}{\pi} V_{1\text{DC}} I_{1m} \left\{ \sin(\omega t) \cdot \sin(\omega t) + \frac{1}{3} \sin(\omega t) \cdot \sin(3\omega t) \right.$$
$$\left. + \frac{1}{5} \sin(\omega t) \cdot \sin(5\omega t) + \cdots \right\}$$
$$= \sum_{n=1}^{\infty} \frac{4}{\pi} V_{1\text{DC}} I_{1m} \frac{1}{2n-1} \sin(\omega t) \cdot \sin\{(2n-1)\omega t\} \tag{7.34}$$

まず，式 (7.34) の中の電圧と電流の基本波成分同士の積から作られる 1 周期分の電力 P_{f1} を考えると，下記の式 (7.35) となる．ただし，$V_{1\text{DC}}$ と V_{1m} の関係は式 (7.19) の関係を利用し，式 (7.36) の関係を踏まえた．V_{1m} と I_{1m} は波高値であり，V_{1f} と I_{1f} は実効値である．

$$P_{f1} = \frac{1}{T} \int_0^T \frac{4}{\pi} V_{1\text{DC}} I_{1m} \sin(\omega t) \sin(\omega t) dt$$
$$= \frac{\omega}{2\pi} \int_0^{2\pi/\omega} V_{1m} I_{1m} \sin(\omega t) \sin(\omega t) dt$$
$$= V_{1m} I_{1m} \frac{\omega}{2\pi} \int_0^{2\pi/\omega} \frac{1-\cos(2\omega t)}{2} dt$$
$$= \frac{V_{1m} I_{1m}}{2} \frac{\omega}{2\pi} \int_0^{2\pi/\omega} \{1 - \cos(2\omega t)\} dt$$
$$= V_{1f} I_{1f} \frac{\omega}{2\pi} \left[T - \frac{1}{2\omega} \sin(2\omega t) \right]$$
$$= V_{1f} I_{1f} \frac{\omega}{2\pi} \frac{2\pi}{\omega} = V_{1f} I_{1f} \tag{7.35}$$

$$\omega = 2\pi f \quad \Leftrightarrow \quad T = \frac{2\pi}{\omega} \tag{7.36}$$

次に，式 (7.34) の括弧の中の電圧の高調波成分と電流の基本波との積を一つピックアップして考える．ここでは，3 次高調波の式をピックアップし，式 (7.37) に示す．係数を除いたので，P'_{f3} とする．

$$P'_{f3} = \int_0^T \sin(\omega t) \cdot \sin(3\omega t) dt \tag{7.37}$$

式 (7.36) を踏まえると，次式が得られ，$P'_{f3} = 0$ となり，3 次高調波は電力伝送されないことがわかる．

$$P'_{f3} = \int_0^T \sin(\omega t) \cdot \sin(3\omega t) dt$$

$$= -\frac{1}{2} \int_0^T \{\cos(4\omega t) - \cos(-2\omega t)\} dt$$

$$= -\frac{1}{2} \left\{ \left[\frac{1}{4\omega} \sin(4\omega t) \right]_0^T - \left[\frac{1}{2\omega} \sin(2\omega t) \right]_0^T \right\} = 0 \tag{7.38}$$

上式 (7.38) では，以下に示す三角関数の積和の公式を使用した．

$$\sin(\alpha \cdot \beta) = -\frac{1}{2} \{\cos(\alpha + \beta) + \cos(\alpha - \beta)\} \tag{7.39}$$

ここでは 3 次高調波をピックアップしたが，5 次，7 次，…も同様である．このように，高調波成分で作られる電力は伝送されない．つまり，ワイヤレス電力伝送においては，基本波成分のみ考えればよい．

7.5.3　DC/DC コンバータによるインピーダンス変換の概念

次に，パワーエレクトロニクスを使ったインピーダンス変換の概用について述べる．インピーダンスを最適化する変換器の代表が，DC/DC コンバータである（図 7.37）．通常，DC/DC コンバータは，電圧の変換という役割で使われる．たとえば，入力の 5 V に対し，出力を 12 V にする用途などである．電圧の変換が目的なので，理想的なのは，損失がなく，エネルギーの保存則が適応され，入力の電力と出力の電力が等しくなるものである．このような，損失を無視できる理想的な DC/DC コンバータにおいては，たとえば，入力が $5\,\mathrm{V} \times 4.8\,\mathrm{A} = 24\,\mathrm{W}$ であれば，出力は $12\,\mathrm{V} \times 2\,\mathrm{A} = 24\,\mathrm{W}$ である．一方，インピーダンスの変換器という視点でみると，出力が $R'_L = 12\,\mathrm{V}/2\,\mathrm{A} = 6\,\Omega$ に対し，入力が $R'_{DC} = 5\,\mathrm{V}/4.8\,\mathrm{A} \fallingdotseq 1\,\Omega$ の変換器とみることができる．

このように，DC/DC コンバータによってインピーダンスを変換することができる．

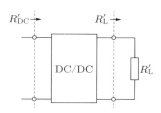

図 7.37　DC/DC によるインピーダンス変換

変換比が固定のものもあるが，各種回路において，スイッチの ON/OFF の時間の比率であるデューティー比 D を変えることによってインピーダンスの変換比を変えることができる．そこで，リアルタイムでデューティー比を変えることで，常にインピーダンスを最適化することにより，常に効率を最大にすることができる．これが，インピーダンス追従制御（最大効率追従制御）である．インピーダンス変換の詳細は，7.5.4 項で述べる．

7.5.4 DC/DC コンバータによる降圧・昇圧・昇降圧チョッパのインピーダンス変換

　ここでは，DC/DC コンバータの種類を示す．大きく分けて 3 種類ある．ここでは双方向チョッパを示す[†1]．電圧を下げることのみ可能な降圧チョッパ，電圧を上げることのみ可能な昇圧チョッパ，電圧を上げることも下げることも可能な昇降圧チョッパの 3 種類である．いずれも，インピーダンス変換回路として使用することが可能である．2 次側にこれらのインピーダンス調整機能がある回路を図 7.38 に示す．次節では降圧チョッパを使用している．本項では，降圧チョッパと昇圧チョッパの 2 種類を紹介する[†2]．

　はじめに，降圧チョッパについて説明する．DC/DC コンバータの降圧チョッパ回路を図 7.39 に示す．上側のスイッチが ON のときと OFF のとき，つまり，T_{on}, T_{off} 時の回路を図 7.40 に示し，動作波形を図 7.41 に示す．ここでは，S-S 方式は定電流特性をもつことから，入力側 $I_{2DC} = 1\,A$ の定電流源があり，出力側はバッテリが接続され，出力電圧 $V_{outDC} = 10\,V$ とし，スイッチング周波数 $10\,kHz$（スイッチング周期 $0.1\,ms$），デューティー比 0.5，$L_s = 2\,mH$，$r_s = 0.1\,\Omega$，$C_{DC} = 1\,mF$ として解析した結果を示す[†3]．

　DC/DC コンバータの入力の電圧と電流を $V_{inDC}(V_{2DC})$，I_{inDC} とし，出力の電圧と電流を $V_{outDC}(V_L')$，$I_{outDC}(I_L')$ とする．また，損失を無視できる理想的な DC/DC コンバータをここでは考える．このため，入力と出力の電力は等しい．式 (7.40) に示す通流率（デューティー比）D は，一周期における T_{on} の割合を示す（$0 \leq D \leq 1$）．D や T_{on} は上側のスイッチを基準とする．エネルギー保存則より，1 周期における入

[†1] 図 7.38 の回路では整流器があるので，双方向でないチョッパと比べ，双方向チョッパを使う利点はないが，もし整流器が PWM コンバータ（7.8 節参照）である場合，PWM コンバータ（AC→DC）をインバータ動作（DC→AC）させて 1 次側に電力を戻すことが可能となるなど，拡張性が高い．PWM コンバータとインバータは同じ回路である．

[†2] 図 7.38 からもわかるとおり，昇降圧チョッパは降圧チョッパと昇圧チョッパを組み合わせた回路となっており，基本的な特性も組み合わせたものになる．

[†3] S-S 方式では交流を整流するので I_{inDC} からリプルのない直流になるのに対し，ここでの検討では I_{2DC} に直接，リプルのない DC の定電流源を接続している．このような違いはあるが，I_{inDC} 以降は等しく考えられるので，考え方としては，もしくは，得られる結果としては問題ない．

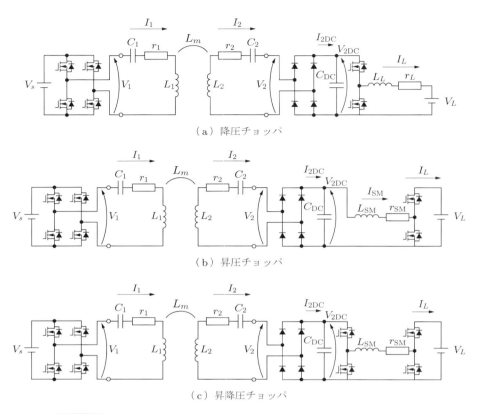

（a）降圧チョッパ

（b）昇圧チョッパ

（c）昇降圧チョッパ

図 7.38　インピーダンス追従制御システムの DC-DC コンバータの回路図

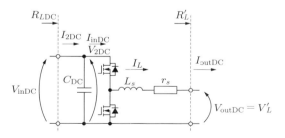

図 7.39　降圧チョッパによるインピーダンス変換

出力の平均電力は等しい．T_{on} のときには，$I_{\mathrm{inDC}} = I_L = I_{\mathrm{outDC}}$ であり，T_{off} のときには $I_{\mathrm{inDC}} = 0$, $I_L = I_{\mathrm{outDC}}$ であるので，式 (7.41) となる．式 (7.40) を使い整頓すると，式 (7.42) となる．

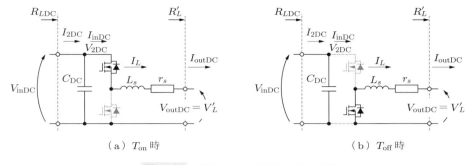

（a）T_{on} 時　　　　　　　　　　　（b）T_{off} 時

図 7.40 降圧チョッパ（T_{on}, T_{off} 時）

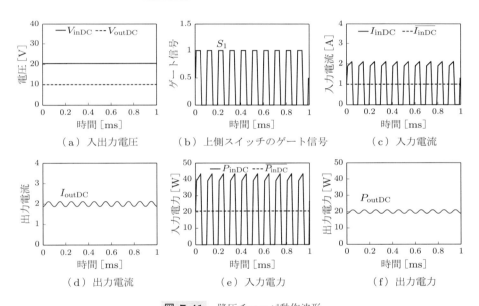

（a）入出力電圧　　　（b）上側スイッチのゲート信号　　　（c）入力電流

（d）出力電流　　　　　　（e）入力電力　　　　　　（f）出力電力

図 7.41 降圧チョッパ動作波形

$$D = \frac{T_{\mathrm{on}}}{T} = \frac{T_{\mathrm{on}}}{T_{\mathrm{on}} + T_{\mathrm{off}}} \tag{7.40}$$

$$V_{\mathrm{inDC}} I_{\mathrm{inDC}} \frac{T_{\mathrm{on}}}{T} = V_{\mathrm{outDC}} I_{\mathrm{outDC}} \frac{T_{\mathrm{on}} + T_{\mathrm{off}}}{T} \tag{7.41}$$

$$V_{\mathrm{inDC}} I_{\mathrm{inDC}} D = V_{\mathrm{outDC}} I_{\mathrm{outDC}} \tag{7.42}$$

また，平滑リアクトル（平滑用のコイル）のインダクタンスが十分に大きいとし，定常状態において，平滑リアクトルに流れる電流を一定とみなし，また，平滑コンデンサが十分大きいとして電圧も一定とみなすと，電流のリプルは無視でき，一定の値とみなせるので，式 (7.41) において $I_{\mathrm{inDC}} = I_{\mathrm{outDC}}$ となり，入出力の電圧の関係は次

式となる（図 7.41(a)）.

$$V_{\mathrm{outDC}} = DV_{\mathrm{inDC}} \tag{7.43}$$

時間平均の入力電力と出力電力は等しいので，次式となる.

$$V_{\mathrm{inDC}}\overline{I}_{\mathrm{inDC}} = V_{\mathrm{outDC}}I_{\mathrm{outDC}} \tag{7.44}$$

式 (7.43) と式 (7.44) より，平均入力電流の式が次のように得られる.

$$\overline{I}_{\mathrm{inDC}} = DI_{\mathrm{outDC}} \tag{7.45}$$

電圧と DC/DC コンバータの出力側の実際の負荷 R'_L と電流の関係は，次式である.

$$V_{\mathrm{outDC}} = R'_L I_{\mathrm{outDC}} \tag{7.46}$$

以上，式 (7.43)，(7.45)，(7.46) より，入力側から仮想的にみえるインピーダンス R_L (R_{LDC}) は，次式となる.

$$R_{LDC} = \frac{V_{\mathrm{inDC}}}{\overline{I}_{\mathrm{inDC}}} = \frac{R'_L}{D^2} \tag{7.47}$$

通流率 D の範囲は $(0 \leqq D \leqq 1)$ なので，降圧チョッパは実際の負荷 R'_L に対し，仮想的にみえる負荷 R_{LDC} は大きくできる. つまり，可変できる範囲は次式となる.

$$R'_L \leqq R_{LDC} \leqq \infty \tag{7.48}$$

昇圧チョッパも同様に考えることができる. DC/DC コンバータのチョッパ回路の説明のため，回路を図 7.42 に，$T_{\mathrm{on}}, T_{\mathrm{off}}$ 時の回路を図 7.43 に，動作波形を図 7.44 に示す. 条件は降圧チョッパと同じである. DC/DC コンバータでは損失がないので，入力と出力の電力は等しい. エネルギー保存則より 1 周期における入出力の平均電力は等しい. T_{on} のときには，$I_{\mathrm{inDC}} = I_L = I_{\mathrm{outDC}}$ であり，T_{off} のときには $I_{\mathrm{inDC}} = I_L$，$I_{\mathrm{outDC}} = 0$ であるので，下記の式 (7.49) となる. 式 (7.40) を使い整頓すると，式 (7.50) となる.

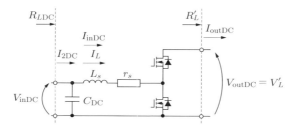

図 7.42　昇圧チョッパによるインピーダンス変換

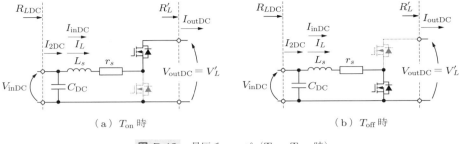

（a）T_{on} 時　　　　　　　　　　（b）T_{off} 時

図 7.43　昇圧チョッパ（T_{on}, T_{off} 時）

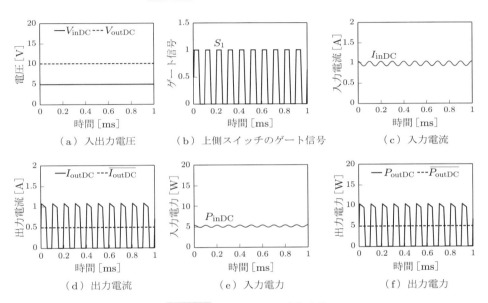

（a）入出力電圧　　　（b）上側スイッチのゲート信号　　　（c）入力電流

（d）出力電流　　　（e）入力電力　　　（f）出力電力

図 7.44　昇圧チョッパ動作波形

$$V_{\mathrm{inDC}}I_{\mathrm{inDC}}\frac{T_{\mathrm{on}}+T_{\mathrm{off}}}{T}=V_{\mathrm{outDC}}I_{\mathrm{outDC}}\frac{T_{\mathrm{on}}}{T} \tag{7.49}$$

$$V_{\mathrm{inDC}}I_{\mathrm{inDC}}=V_{\mathrm{outDC}}I_{\mathrm{outDC}}D \tag{7.50}$$

また，平滑コイルのインダクタンスが十分に大きいとすると，電流のリプルは無視でき，一定の値とみなせるので，式 (7.49) において $I_{\mathrm{inDC}}=I_{\mathrm{outDC}}$ となり，入出力の電圧の関係は次式となる（図 7.44(a)）.

$$V_{\mathrm{outDC}}=\frac{V_{\mathrm{inDC}}}{D} \tag{7.51}$$

時間平均の入力電力と出力電力は等しいので，次式となる.

$$V_{\text{inDC}} I_{\text{inDC}} = V_{\text{outDC}} \overline{I_{\text{outDC}}} \tag{7.52}$$

式 (7.51) と式 (7.52) より，平均入力電流の式が次のように得られる．

$$I_{\text{inDC}} = \frac{\overline{I_{\text{outDC}}}}{D} \tag{7.53}$$

電圧と DC/DC コンバータの出力側の実際の負荷 R'_L と電流の関係は，次式のようになる．

$$V_{\text{outDC}} = R'_L \overline{I_{\text{outDC}}} \tag{7.54}$$

以上，式 (7.51)，(7.53)，(7.54) より，入力側から仮想的にみえるインピーダンス R_L (R_{DC}) は，次式となる．

$$R_{LDC} = \frac{V_{\text{inDC}}}{I_{\text{inDC}}} = D^2 R'_L \tag{7.55}$$

通流率 D の範囲は $(0 \leqq D \leqq 1)$ なので，昇圧チョッパは実際の負荷 R'_L に対し，仮想的にみえる負荷 R_{LDC} は小さくなる．つまり，可変できる範囲は下記の式 (7.56) となる．r_s も無視できるくらい小さければ，式 (7.57) となる．

$$r_s \leqq R_{LDC} \leqq R'_L \tag{7.56}$$

$$0 \leqq R_{LDC} \leqq R'_L \tag{7.57}$$

以上をまとめると，表 7.2 のようになる．

表 **7.2**　チョッパ動作

方式	入出力電圧	可変インピーダンス値	可変範囲
降圧チョッパ	$V_{\text{outDC}} = D V_{\text{inDC}}$	$R_{LDC} = R'_L / D^2$	$R'_L \leqq R_{LDC} \leqq \infty$
昇圧チョッパ	$V_{\text{outDC}} = V_{\text{inDC}} / D$	$R_{LDC} = D^2 R'_L$	$0 \leqq R_{LDC} \leqq R'_L$

7.6　インピーダンス最適化による最大効率追従制御の実現

以上の予備知識をもとに，実際の最大効率追従制御実現の方法について述べる．技術的に多岐にわたる説明を行うが，最大効率を決定する最適負荷は整流器前の AC 側の等価負荷抵抗 R_{AC} (R_L) で決まるので，そこを最適負荷 R_{ACopt} (R_{Lopt}) にして最大効率 $\eta_{\max}$ を得るという大きな流れは変らない．

7.6.1　最大効率の簡易な設計

実際に最大効率を実現させるには，制御を行う必要がある．そのため，制御からの

観点で式を組み立てる必要がある．現代制御の知識が必要な部分ではあるが，事前知識がなくてもわかる範囲で説明する．本書ではフィードバック制御のみ行う．

　制御のやり方は，さまざまな方法がある．しっかり設計したうえでの制御は，次の項から述べるとし，ここでは，非常に簡易な方法で，2次側効率を最大化する制御について述べる．

　簡易な方法のため，制御器（コントローラ）である PID 制御器の設計は試行錯誤のうえ決める必要があり，システムの安定は保証しないが，パラメータを上手に選べば動作させることは可能である．完璧ではないが，一応の動作もし，全体像を理解するのにはこちらのほうがわかりやすい．図 7.45 に示すように，制御対象（プラント）である DC/DC コンバータのところをブラックボックスとし，この部分をモデル化する必要のない方法である．1次側の入力電圧と相互インダクタンスは固定で既知とする．

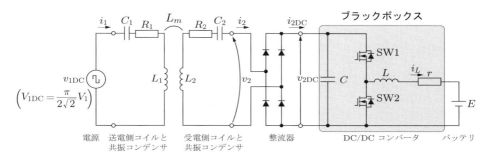

図 7.45 降圧チョッパによる最大効率制御

　プラント（DC/DC コンバータ）の入出力の電圧に注目する．最大効率となる v_{2DC} の電圧条件式は求められているので，最終的に充電したい負荷のバッテリ電圧 E と v_{2DC} の関係が成立するように，デューティー比 D を決めるだけである．ただし，AC と DC では電圧が違うことに注意が必要である．よって，順に説明すると以下となる．

　はじめに，最大効率となる最適負荷 $R_{ACopt}(R_{Lopt})$ を求める．最適負荷の式は次のように表される．

$$R_{ACopt} = \sqrt{r_2 \left\{ \frac{(\omega_0 L_m)^2}{r_1} + r_2 \right\}} \tag{7.58}$$

この式を，2次側共振器の電圧実効値 V_2 の式に代入すると，

$$V_2^* = \sqrt{\frac{r_2}{r_1}} \frac{\omega_0 L_m}{\sqrt{r_1 r_2 + (\omega_0 L_m)^2} + \sqrt{r_1 r_2}} V_1 \tag{7.59}$$

が得られる．これが，最大効率を実現できる2次側の電圧である．得られた2次側電

圧の実効値を指令値（目標値）とし，これに追従するように制御することで最大効率を常に得ることができる．V_2 の右上にあるアスタリスク $*$ が，指令値であることを示している．

2次側電圧も1次側電圧も矩形波であるが，基本波成分 V_1 を使用して式で表すことを考える[†]．式 (7.22) を書き換え，以下に示す式 (7.60) を得ると，式 (7.59) より，式 (7.61) と表される．ちなみに，1次側電圧も同様の関係であり，V_{1DC} と電圧実効値 V_1 の関係は式 (7.62) なので，V_{2DC}^* は式 (7.63) のようにも書ける．

$$V_2^* = \frac{2\sqrt{2}}{\pi} V_{2DC}^* \quad \Leftrightarrow \quad V_{2DC}^* = \frac{\pi}{2\sqrt{2}} V_2^* \tag{7.60}$$

$$V_{2DC}^* = \frac{\pi}{2\sqrt{2}} \sqrt{\frac{r_2}{r_1}} \frac{\omega_0 L_m}{\sqrt{r_1 r_2 + (\omega_0 L_m)^2} + \sqrt{r_1 r_2}} V_1 \tag{7.61}$$

$$V_{1DC} = \frac{\pi}{2\sqrt{2}} V_1 \tag{7.62}$$

$$V_{2DC}^* = \sqrt{\frac{r_2}{r_1}} \frac{\omega_0 L_m}{\sqrt{r_1 r_2 + (\omega_0 L_m)^2} + \sqrt{r_1 r_2}} V_{1DC} \tag{7.63}$$

また，DC/DC コンバータが理想的に動けば，デューティー比 D は下記の式 (7.64) で与えられるので，入出力の電圧の関係は式 (7.65) となり，式 (7.63) を代入することで，平衡点となる D を得ることができる．

$$D = \frac{T_{on}}{T_{on} + T_{off}} \tag{7.64}$$

$$E = D V_{2DC}^* \quad \Leftrightarrow \quad D = \frac{E}{V_{2DC}^*} \tag{7.65}$$

この平衡点の D を最適負荷が得られるように設定すると，理論上は最大効率を得ることができるが，実際には設計誤差などによりうまくいかない．そこで，フィードバック制御を行う．ブロック線図を図 7.46 に示す．DC/DC コンバータがブラックボックスの部分であり，C_{PID} のコントローラが試行錯誤的に決める所である．

右側の v_{2DC} が実際に出力される値であり，測定される値である．また，制御した

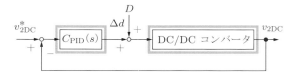

図 7.46　2次側電圧制御のブロック線図

[†] 前節では，V_{1f} と記したが，本節以降は V_1 と記す．

い量なので制御量とよばれる. この量をフィードバックし, 指令値との差分 (エラー) をコントローラに入力する. ここでのコントローラは, コントローラに入ってきたエラーの量 (偏差) を 0 にするように, デューティー比 D からの微小変動分のデューティー比 Δd を決定している.

ここでは, 一般によく使われている PID コントローラを使用する. 名称のアルファベットはそれぞれ, P：比例, I：積分, D：微分を意味している. 理想的な PID コントローラは, 下記の式 (7.66) で表される.

$$C_{\mathrm{PID}}(s) = K_P + \frac{K_I}{s} + K_D s \tag{7.66}$$

P は, 入ってきた量に対して K_P 倍する比例動作であるので比例ゲイン, 同様に, K_I は積分ゲイン, K_D は微分ゲインとよばれる. 積分は偏差を 0 にする効果, 微分は素早い動作で振動を抑制するなどの効果がある.

次の項から述べる方法との大きな違いは, ここでの PID コントローラは試行錯誤的に経験則に基づいて K_P, K_I, K_D のパラメータを設定する必要があり, システムが安定かどうかの保証がないことである. それは, ブラックボックスである DC/DC コンバータのプラントモデルが数式を用いてモデル化できなかったために, PID コントローラも経験則に基づいた以上の設計ができないからである. 平たくいえば, 図 7.46 の太枠で囲まれた部分において, DC/DC コンバータのモデル化を行っていないために, コントローラも適当になり, 安定かどうかは保証できないが, 動作させることは可能なシステムとなっている.

7.6.2 | 最大効率制御の厳密な設計

前項では, プラントのモデル化を行わなかったため, 制御器 (コントローラ) の PID ゲインを適当に決めざるを得なかった. そこでこの項では, プラントである DC/DC コンバータを数式でモデル化し, 数式で表されるプラントモデルに基づいて設計する方法について説明する[42],[43]. これにより, システム全体をしっかり設計でき, 経験則に頼らない安定なコントローラを誰でも設計できる. 一言でいうならば, 現代制御理論と古典制御理論を用いたモデル化に基づく極配置法による制御器設計となる.

先に大きな流れを述べるため, 2 次側電圧制御による最大効率実現のためのブロック線図を図 7.47 に示す. プラント (制御対象, DC/DC コンバータ) に対して, 微小変動を利用した小信号モデル $\Delta P_v(s)$ を数式で表す. つまり, $\Delta d(s)$ から $\Delta v_{2\mathrm{DC}}$ までの伝達関数 $\Delta P_v(s)$ を求める. これは, 制御器 (コントローラ) を設計する前段階として必要な作業である. 次に, コントローラの PID ゲインの設定を極配置法で決定するという流れとなる. その前段として, 計算や制御ができるように非線形なモデル

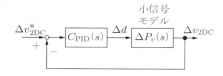

図 **7.47**　2 次側電圧制御のブロック線図

を線形化し，計算や制御ができる形にする必要があり，そこから述べる.

（1）線形化（計算可能な式への変形）の準備

はじめに問題になるのが，スイッチングの ON，OFF で回路が切り替わることである．このとき，計算式としては不連続となってしまうので，計算することが非常に困難である．そこで，この問題に関して，回路の状態を平均化してモデル化することで対応する．つまり，状態空間平均化法によるモデル化である．次に，回路はモデル化しても非線形に振る舞っているので，小信号モデルによって線形化する．この手順を踏むことで，計算を容易に行うことが可能となる．また，1 次側の入力電圧と相互インダクタンスは固定で既知とする.

状態空間平均化法は，スイッチが ON のときの回路と，OFF のときの回路の回路を足して，動作している時間の比率で分配する手法である．そのため，平均化法と名付けられている．ここでは，図 7.48 に示すように降圧チョッパを使用し，負荷をバッテリとする．スイッチ SW1 が ON のときの回路図と OFF のときの回路図を図 7.49 に示す．SW1 が ON のとき SW2 は OFF で，SW1 が OFF のとき SW2 は ON とする．また，このときの降圧チョッパにおける各位置の電流を図 7.50 に示す．平滑リアクトル L に流れる電流 i_L は 0 A になるモードがなく，連続している領域（電流連続モード）で使用する[†1]．i_{2DC} は平均値として扱う[†2].

スイッチ SW1 が ON のときおよび SW1 が OFF のときは，それぞれ以下の式 (7.67)，(7.68) となる.

$$\frac{\mathrm{d}}{\mathrm{d}t}\begin{bmatrix} i_L(t) \\ v_{2DC}(t) \end{bmatrix} = \begin{bmatrix} -\dfrac{r}{L} & \dfrac{1}{L} \\ -\dfrac{1}{C} & 0 \end{bmatrix}\begin{bmatrix} i_L(t) \\ v_{2DC}(t) \end{bmatrix} + \begin{bmatrix} -\dfrac{1}{L} & 0 \\ 0 & \dfrac{1}{C} \end{bmatrix}\begin{bmatrix} E \\ i_{2DC}(t) \end{bmatrix} \tag{7.67}$$

$$\frac{\mathrm{d}}{\mathrm{d}t}\begin{bmatrix} i_L(t) \\ v_{2DC}(t) \end{bmatrix} = \begin{bmatrix} -\dfrac{r}{L} & 0 \\ 0 & 0 \end{bmatrix}\begin{bmatrix} i_L(t) \\ v_{2DC}(t) \end{bmatrix} + \begin{bmatrix} -\dfrac{1}{L} & 0 \\ 0 & \dfrac{1}{C} \end{bmatrix}\begin{bmatrix} E \\ i_{2DC}(t) \end{bmatrix} \tag{7.68}$$

[†1] 電流が 0 A となり，電流が流れない時間を含む不連続モードになると，解析が難しくなる.
[†2] 平均値は $\overline{i_{2DC}}$ と記すべきであるが，煩雑さを避けるため，本項ではそのまま i_{2DC} と記す.

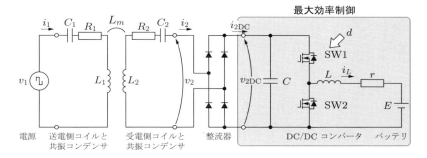

図 7.48　降圧チョッパによる最大効率制御

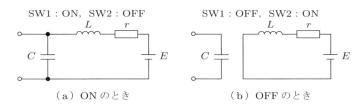

図 7.49　SW1 が ON のときと OFF のときの回路図

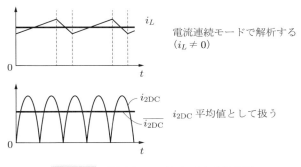

図 7.50　降圧チョッパにおける電流波形

　これらの式を現代制御の分野では，状態方程式とよぶ．状態方程式は，変数とその微分で表現し，現代制御での基本的な表現方法となり，制御を数学的に扱うことができる．古典制御における伝達関数表現の出力には現れない変数の変化を考慮できたり，多入力多出力に対応できたりするなど，多くのメリットを享受することができ，一つの大きな分野を築いている．

　式 (7.67) と式 (7.68) をデューティー比，つまり，導通率 $d(t)$ $(0 \leqq d(t) \leqq 1)$ の割合で平均化する．これが状態空間平均化法である．この値はリアルタイムに更新され

る．時間変化を考えるため，導通率 d は t の関数となっている．導通率 $d(t)$ を上側の
スイッチ SW1 の ON 時間とし，導通率 $d(t)$ で重み付けを行うと次式が得られる．具
体的に行うこととしては，式 (7.67) を d 倍し，式 (7.68) を $(1-d)$ 倍して和をとる．

$$\frac{\mathrm{d}}{\mathrm{d}t}\begin{bmatrix} i_L(t) \\ v_{2\mathrm{DC}}(t) \end{bmatrix} = \begin{bmatrix} -\dfrac{r}{L} & \dfrac{d(t)}{L} \\ -\dfrac{d(t)}{C} & 0 \end{bmatrix} \begin{bmatrix} i_L(t) \\ v_{2\mathrm{DC}}(t) \end{bmatrix} + \begin{bmatrix} -\dfrac{1}{L} & 0 \\ 0 & \dfrac{1}{C} \end{bmatrix} \begin{bmatrix} E \\ i_{2\mathrm{DC}}(t) \end{bmatrix}$$

$$(7.69)$$

（2）状態空間表現（現代制御）を使用した定式化

　まず，現代制御で基本的な式となる状態空間表現の一般的な式を式 (7.70) と式 (7.71)
に示す．ここまでをまとめて，状態空間表現で表すと，式 (7.72)〜(7.75) となる．$x(t)$
を状態変数ベクトル，A をシステムの状態行列，B を入力行列，c を出力行列（ここ
では出力が一つのため，出力ベクトルでもよい）とよび，式 (7.70) や式 (7.72) を状態
方程式，式 (7.71) や式 (7.73) を出力方程式とよぶ．x の中身である式 (7.74) は変数
であるが，状態を表す変数なので，状態変数とよばれる．A は変数の変化を表す係数
であり，行列で表すので係数行列とよばれる．B は入力にかかわり，c は出力にかか
わる．O はゼロベクトルであり，行列の形式にするためにあるだけなので無視する．

$$\frac{\mathrm{d}}{\mathrm{d}t}x(t) = Ax(t) + bu(t) \tag{7.70}$$

$$y(t) = cx(t) \tag{7.71}$$

$$\frac{\mathrm{d}}{\mathrm{d}t}x(t) = A(d(t))x(t) + B\begin{bmatrix} E \\ i_{2\mathrm{DC}}(t) \end{bmatrix} \tag{7.72}$$

$$v_{2\mathrm{DC}}(t) = cx(t) \tag{7.73}$$

$$x(t) := \begin{bmatrix} i_L(t) \\ v_{2\mathrm{DC}}(t) \end{bmatrix} \tag{7.74}$$

$$\left[\begin{array}{c|c} A & B \\ \hline c & O \end{array}\right] := \left[\begin{array}{cc|cc} -\dfrac{r}{L} & \dfrac{d(t)}{L} & -\dfrac{1}{L} & 0 \\ -\dfrac{d(t)}{C} & 0 & 0 & \dfrac{1}{C} \\ \hline 0 & 1 & O \end{array}\right] \tag{7.75}$$

　この時点では，出力は式 (7.73) にあるように $v_{2\mathrm{DC}}$ であり，入力ベクトル $u(t)$ は式
(7.72) にあるとおり E と $i_{2\mathrm{DC}}(t)$ である．

（3）平衡点周りの微小変動を用いた線形化

　ここでは，式 (7.69) を平衡点周りの微小変動を用いて線形化し，伝達関数 $\Delta P_v(s)$ を求める．図 7.51 の太枠のところである．

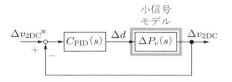

図 **7.51**　2 次側電圧制御のブロック線図

　先に示した式 (7.69) は非線形であるため，そのままでは計算ができない．そこで，図 7.52 のように，任意の平衡点とその周りの微小変動を用いて線形化を行う．線形化の際に定義する平衡点は，時間変化を考える必要がなくなる部分である．一方で，平衡点は時間変化しない分，微小変動で時間変動を考慮することになる．そこで，下記の式 (7.76) のように，$i_L(t)$, $v_{2\mathrm{DC}}(t)$, $i_{2\mathrm{DC}}(t)$, $d(t)$ の平衡点を I_L, $V_{2\mathrm{DC}}$, $I_{2\mathrm{DC}}$, D とし，微小変動分を $\Delta i_L(t)$, $\Delta v_{2\mathrm{DC}}(t)$, $\Delta i_{2\mathrm{DC}}(t)$, $\Delta d(t)$ とする．これらを用いると平衡点周りの状態方程式 (7.77) が得られる．ここからは，基準となる点，つまり，平衡点とその周辺での微小変動分に分けて考えていく．

$$\begin{cases} i_L(t) := I_L(t) + \Delta i_L(t), \qquad i_{2\mathrm{DC}}(t) := I_{2\mathrm{DC}}(t) + \Delta i_{2\mathrm{DC}}(t) \\ v_{2\mathrm{DC}}(t) := V_{2\mathrm{DC}}(t) + \Delta v_{2\mathrm{DC}}(t), \qquad d(t) := D(t) + \Delta d(t) \end{cases} \tag{7.76}$$

$$\frac{\mathrm{d}}{\mathrm{d}t} \begin{bmatrix} \Delta i_L(t) \\ \Delta v_{2\mathrm{DC}}(t) \end{bmatrix} = \begin{bmatrix} -\dfrac{r}{L} & \dfrac{D}{L} \\ -\dfrac{D}{C} & 0 \end{bmatrix} \begin{bmatrix} \Delta i_L(t) \\ \Delta v_{2\mathrm{DC}}(t) \end{bmatrix} + \begin{bmatrix} \dfrac{V_{2\mathrm{DC}}}{C} & 0 \\ -\dfrac{I_L}{C} & \dfrac{1}{C} \end{bmatrix} \begin{bmatrix} \Delta d(t) \\ \Delta i_{2\mathrm{DC}}(t) \end{bmatrix}$$

$$\tag{7.77}$$

　状態空間表現でまとめると，下記の式 (7.78)〜(7.80) を得る．このときの内訳の式は式 (7.81) である．つまり，出力を $\Delta v_{2\mathrm{DC}}(t)$ とするため，出力方程式の一般の式 (7.71)

図 **7.52**　平衡点における線形化（小信号モデル）

より式 (7.79) となる.

$$\frac{\mathrm{d}}{\mathrm{d}t}\Delta x(t) = \Delta A \Delta x(t) + \Delta B \Delta u(t) \tag{7.78}$$

$$\Delta v_{2\mathrm{DC}}(t) = \Delta c \Delta x(t) \tag{7.79}$$

$$\left[\begin{array}{c|c} \Delta A & \Delta B \\ \hline \Delta c & O \end{array}\right] := \left[\begin{array}{cc|cc} -\dfrac{r}{L} & -\dfrac{D}{L} & \dfrac{V_{2\mathrm{DC}}}{L} & 0 \\ -\dfrac{D}{C} & 0 & -\dfrac{I_L}{C} & \dfrac{1}{C} \\ \hline 0 & 1 & \multicolumn{2}{c}{O} \end{array}\right] \tag{7.80}$$

$$\begin{cases} x(t) := X + \Delta x(t), \qquad \Delta x(t) := \begin{bmatrix} \Delta i_L(t) \\ \Delta v_{2\mathrm{DC}}(t) \end{bmatrix} \\[2ex] u(t) := U + \Delta u(t), \qquad \Delta u(t) := \begin{bmatrix} \Delta d_L(t) \\ \Delta i_{2\mathrm{DC}}(t) \end{bmatrix} \\[2ex] X := \begin{bmatrix} I_L \\ V_{2\mathrm{DC}} \end{bmatrix}, \qquad U := \begin{bmatrix} D \\ I_{2\mathrm{DC}} \end{bmatrix} \end{cases} \tag{7.81}$$

次に, 平衡点での関係式を求める. 式 (7.63) より, 最大効率を実現できる $V_{2\mathrm{DC}}$ は求められているので, $I_{2\mathrm{DC}}$ を求めることを行う.

実効値 V_1 と V_2 の関係を表す A_V は, 下記の式 (7.82) であり, 等価負荷抵抗 R_L の式 (7.83) を使って式変形を行うと, 2 次側電流の実効値 I_2 の式 (7.84) が得られる.

$$A_V = \frac{V_2}{V_1} = \frac{\omega_0 L_m R_L}{r_1 r_2 + r_1 R_L + (\omega_0 L_m)^2} \tag{7.82}$$

$$R_L = \frac{V_2}{I_2} \tag{7.83}$$

$$I_2 = \frac{\omega_0 L_m V_1 - r_1 V_2}{r_1 r_2 + (\omega_0 L_m)^2} \tag{7.84}$$

1 次側と 2 次側の矩形波の波高値 $(V_{1\mathrm{DC}}, V_{2\mathrm{DC}})$ と実効値 (V_1, V_2) の関係は

$$V_1 = \frac{2\sqrt{2}}{\pi} V_{1\mathrm{DC}}, \qquad V_2 = \frac{2\sqrt{2}}{\pi} V_{2\mathrm{DC}} \tag{7.85}$$

なので, これらを式 (7.84) に代入すると, 次式が得られる.

$$I_2 = \frac{2\sqrt{2}}{\pi} \frac{\omega_0 L_m V_{1\mathrm{DC}} - r_1 V_{2\mathrm{DC}}}{r_1 r_2 + (\omega_0 L_m)^2} \tag{7.86}$$

2 次側における AC と DC での電流の関係は

$$I_2 = \frac{\pi}{2\sqrt{2}} I_{2\mathrm{DC}} \tag{7.87}$$

なので，式 (7.86) に代入すると，式 (7.88) が得られる．

$$I_{2\mathrm{DC}} = \frac{8}{\pi^2} \frac{\omega_0 L_m V_{1\mathrm{DC}} - r_1 V_{2\mathrm{DC}}}{r_1 r_2 + (\omega_0 L_m)^2} \tag{7.88}$$

DC/DC コンバータの回路構成を図 7.53 に示す．平衡点 I_L, $V_{2\mathrm{DC}}$, $I_{2\mathrm{DC}}$, D は，上記の性質に加え，下記の式を満たす．

$$I_L = \frac{I_{2\mathrm{DC}}}{D} \tag{7.89}$$

$$D V_{2\mathrm{DC}} = -r I_L + E \tag{7.90}$$

$$V_{2\mathrm{DC}} = \frac{ED - r I_{2\mathrm{DC}}}{D^2} \tag{7.91}$$

デューティー比 D を考えると，I_L は $I_{2\mathrm{DC}}$ との割合がわかるので，式 (7.45) で示したように，平均電流から式 (7.89) が導かれる．さらに，SW2 に発生する電圧を考えると，$DV_{2\mathrm{DC}}$ となり，式 (7.89) と式 (7.90) から式 (7.91) が求められる．

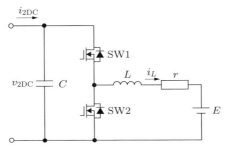

図 7.53 DC/DC コンバータの回路構成

まとめて平衡点を示すと，平衡点 $V_{2\mathrm{DC}}$, $I_{2\mathrm{DC}}$, D, I_L は，それぞれ以下の式 (7.92) 〜(7.95) である．式 (7.94) は式 (7.91) から求められる．

$$V_{2\mathrm{DC}} = \sqrt{\frac{r_2}{r_1}} \frac{\omega_0 L_m}{\sqrt{r_1 r_2 + (\omega_0 L_m)^2} + \sqrt{r_1 r_2}} V_{1\mathrm{DC}} \tag{7.92}$$

$$I_{2\mathrm{DC}} = \frac{8}{\pi^2} \frac{\omega_0 L_m V_{1\mathrm{DC}} - r_1 V_{2\mathrm{DC}}}{r_1 r_2 + (\omega_0 L_m)^2} \tag{7.93}$$

$$D = \frac{E + \sqrt{E^2 - 4r V_{2\mathrm{DC}} I_{2\mathrm{DC}}}}{2 V_{2\mathrm{DC}}} \tag{7.94}$$

$$I_L = \frac{I_{2\mathrm{DC}}}{D} \tag{7.95}$$

　次に，求めた $I_{2\mathrm{DC}}$ の式 (7.93) を用いてモデルを簡略化する．やり方としては，この整流後の平滑コンデンサに流入する 2 次側の直流電流の平均値 $i_{2\mathrm{DC}}$ の次の式 (7.96) を用いて線形化する．ここで，2 次側電圧と電流が時変のため，小文字の $i_{2\mathrm{DC}}$，$v_{2\mathrm{DC}}$ を用いている．

$$i_{2\mathrm{DC}} = \frac{8}{\pi^2} \frac{\omega_0 L_m V_{1\mathrm{DC}} - r_1 v_{2\mathrm{DC}}}{r_1 r_2 + (\omega_0 L_m)^2} \tag{7.96}$$

この $i_{2\mathrm{DC}}$ を平衡点周りで線形化すると，次式が得られる．

$$\Delta i_{2\mathrm{DC}} = -\frac{8}{\pi^2} \frac{r_1}{r_1 r_2 + (\omega_0 L_m)^2} \Delta v_{2\mathrm{DC}} \tag{7.97}$$

この式 (7.97) を求める過程について述べる．まず，式 (7.96) の $i_{2\mathrm{DC}}$ は $v_{2\mathrm{DC}}$ の関数のため，$i_{2\mathrm{DC}}(v_{2\mathrm{DC}})$ と表す．ここで $v_{2\mathrm{DC}} = V_{2\mathrm{DC}}$（平衡点）において 1 次までのテイラー展開で線形近似すると，次式が得られる．

$$
\begin{aligned}
i_{2\mathrm{DC}}(v_{2\mathrm{DC}}) &\fallingdotseq i_{2\mathrm{DC}}(V_{2\mathrm{DC}}) + \left.\frac{\mathrm{d}i_{2\mathrm{DC}}(v_{2\mathrm{DC}})}{\mathrm{d}v_{2\mathrm{DC}}}\right|_{v_{2\mathrm{DC}}=V_{2\mathrm{DC}}} (v_{2\mathrm{DC}} - V_{2\mathrm{DC}}) \\
&= I_{2\mathrm{DC}} + \left.\frac{\mathrm{d}i_{2\mathrm{DC}}(v_{2\mathrm{DC}})}{\mathrm{d}v_{2\mathrm{DC}}}\right|_{v_{2\mathrm{DC}}=V_{2\mathrm{DC}}} \Delta v_{2\mathrm{DC}} \\
&= I_{2\mathrm{DC}} + \frac{8}{\pi^2} \frac{\omega_0 L_m \left.\frac{\mathrm{d}V_{1\mathrm{DC}}}{\mathrm{d}v_{2\mathrm{DC}}}\right|_{v_{2\mathrm{DC}}=V_{2\mathrm{DC}}} - r_1 \left.\frac{\mathrm{d}v_{2\mathrm{DC}}}{\mathrm{d}v_{2\mathrm{DC}}}\right|_{v_{2\mathrm{DC}}=V_{2\mathrm{DC}}}}{r_1 r_2 + (\omega_0 L_m)^2} \Delta v_{2\mathrm{DC}} \\
&= I_{2\mathrm{DC}} + \left\{ -\frac{8}{\pi^2} \frac{r_1}{r_1 r_2 + (\omega_0 L_m)^2} \right\} \Delta v_{2\mathrm{DC}} \\
&= I_{2\mathrm{DC}} + \Delta i_{2\mathrm{DC}}
\end{aligned}
\tag{7.98}
$$

したがって，$\Delta i_{2\mathrm{DC}}$ は式 (7.97) で表される．

　このとき，$V_{1\mathrm{DC}}$ は $v_{2\mathrm{DC}}$ に対し独立なので $\mathrm{d}V_{1\mathrm{DC}}/\mathrm{d}v_{2\mathrm{DC}} = 0$ であり，そして，平衡点からの差分として，下記の式 (7.99) を使用している．この式は，式 (7.76) の一部である．

$$\Delta v_{2\mathrm{DC}} = v_{2\mathrm{DC}} - V_{2\mathrm{DC}} \tag{7.99}$$

また，平衡点 $V_{2\mathrm{DC}}$ を $i_{2\mathrm{DC}}$ に与えているので，次式の関係も使用している．

$$I_{2\mathrm{DC}} = i_{2\mathrm{DC}}(V_{2\mathrm{DC}}) \tag{7.100}$$

　式 (7.97) を式 (7.77) もしくは，式 (7.78) に代入すると，下記の式 (7.101) が得られ，モデルを簡略化でき，入力を Δd 一つにできる．また，出力方程式の式 (7.79) より，出力が $\Delta v_{2\mathrm{DC}}(t)$ であることは先に確認したとおりである．

$$\frac{\mathrm{d}}{\mathrm{d}t}\begin{bmatrix} \Delta i_L(t) \\ \Delta v_{2\mathrm{DC}}(t) \end{bmatrix} = \begin{bmatrix} -\dfrac{r}{L} & \dfrac{D}{L} \\ -\dfrac{D}{C} & -\dfrac{1}{C}\dfrac{8}{\pi^2}\dfrac{r_1}{r_1 r_2 + (\omega_0 L_m)^2} \end{bmatrix}\begin{bmatrix} \Delta i_L(t) \\ \Delta v_{2\mathrm{DC}}(t) \end{bmatrix}$$
$$+ \begin{bmatrix} -\dfrac{V_{2\mathrm{DC}}}{C} \\ -\dfrac{I_L}{C} \end{bmatrix}\Delta d(t) \tag{7.101}$$

以上をまとめると，以下の式 (7.102)〜(7.104) のように表すことができる．

$$\frac{\mathrm{d}}{\mathrm{d}t}\Delta x(t) = \Delta A \Delta x(t) + \Delta B \Delta u(t) \tag{7.102}$$

$$\Delta v_{2\mathrm{DC}}(t) = \Delta c \Delta x(t)$$

$$\left[\begin{array}{c|c} \Delta A & \Delta B \\ \hline \Delta c & O \end{array}\right] := \left[\begin{array}{cc|c} -\dfrac{r}{L} & \dfrac{D}{L} & \dfrac{V_{2\mathrm{DC}}}{L} \\ -\dfrac{D}{C} & -\dfrac{8}{\pi^2}\dfrac{r_1}{C\{r_1 r_2 + (\omega_0 L_m)^2\}} & -\dfrac{I_L}{C} \\ \hline 0 & 1 & O \end{array}\right] \tag{7.103}$$

$$\begin{cases} x(t) := X + \Delta x(t), & \Delta x(t) := \begin{bmatrix} \Delta i_L(t) \\ \Delta v_{2\mathrm{DC}}(t) \end{bmatrix} \\ u(t) := D + \Delta d(t), & \Delta u(t) := \Delta d(t) \\ X := \begin{bmatrix} I_L \\ V_{2\mathrm{DC}} \end{bmatrix}, & U := D \end{cases} \tag{7.104}$$

　これにより，状態空間表現でひととおり表すことができたので，状態空間表現から伝達関数表現への変換公式を使うと，Δd から $\Delta v_{2\mathrm{DC}}$ までの伝達関数が導出できる．変換公式を式 (7.105) に示す．ここでの I は単位行列である．入力が $U(s)$ であり，出力が $Y(s)$ であり，得られる伝達関数が $G(s)$ である．ここでは，$U(s)$ が Δd であり，$Y(s)$ が $\Delta v_{2\mathrm{DC}}$ であり，$G(s)$ が $\Delta P_v(s)$ である．よって，式 (7.102), (7.103) より，$\Delta d(s)$ から $\Delta v_{2\mathrm{DC}}$ までの伝達関数 $\Delta P_v(s)$ が求められ，式変形をすると式 (7.106) が得られる．これを展開すれば式 (7.107) のように，求めるべき伝達関数 $\Delta P_v(s)$ が得られる．

$$G(s) = \frac{Y(s)}{U(s)} = \boldsymbol{c}(s\boldsymbol{I} - \boldsymbol{A})^{-1}\boldsymbol{b} \tag{7.105}$$

$$\Delta P_v(s) = \frac{\Delta v_{2\mathrm{DC}}}{\Delta d}$$

$$
= \begin{bmatrix} 0 & 1 \end{bmatrix} \left(s \begin{bmatrix} 1 & 0 \\ 0 & 1 \end{bmatrix} - \begin{bmatrix} -\dfrac{r}{L} & \dfrac{D}{L} \\ -\dfrac{D}{C} & -\dfrac{1}{C}\dfrac{8}{\pi^2}\dfrac{r_1}{r_1 r_2 + (\omega_0 L_m)^2} \end{bmatrix} \right)^{-1} \begin{bmatrix} \dfrac{V_{2DC}}{C} \\ -\dfrac{I_L}{C} \end{bmatrix}
$$

$$
(7.106)
$$

$$
\Delta P_v(s) = \begin{bmatrix} 0 & 1 \end{bmatrix} \begin{bmatrix} s + \dfrac{r}{L} & -\dfrac{D}{L} \\ \dfrac{D}{C} & s + \dfrac{1}{C}\dfrac{8}{\pi^2}\dfrac{r_1}{r_1 r_2 + (\omega_0 L_m)^2} \end{bmatrix}^{-1} \begin{bmatrix} \dfrac{V_{2DC}}{C} \\ -\dfrac{I_L}{C} \end{bmatrix}
$$

$$
= \begin{bmatrix} 0 & 1 \end{bmatrix} \frac{1}{\left(s + \dfrac{r}{L}\right)\left(s + \dfrac{1}{C}\dfrac{8}{\pi^2}\dfrac{r_1}{r_1 r_2 + (\omega_0 L_m)^2}\right) - \left(-\dfrac{D}{L}\right)\left(\dfrac{D}{C}\right)}
$$

$$
\cdot \begin{bmatrix} s + \dfrac{1}{C}\dfrac{8}{\pi^2}\dfrac{r_1}{r_1 r_2 + (\omega_0 L_m)^2} & \dfrac{D}{L} \\ -\dfrac{D}{C} & s + \dfrac{r}{L} \end{bmatrix} \begin{bmatrix} \dfrac{V_{2DC}}{C} \\ -\dfrac{I_L}{C} \end{bmatrix}
$$

$$
\begin{cases}
\Delta P_v(s) = \dfrac{b_{1s} + b_0}{s^2 + a_{1s} + a_0} \\[2mm]
a_1 := \dfrac{r}{L} + \dfrac{8}{\pi^2}\dfrac{r_1}{C\{r_1 r_2 + (\omega_0 L_m)^2\}} \\[2mm]
a_0 := \dfrac{1}{LC}\left(D^2 + \dfrac{8}{\pi^2}\dfrac{r r_1}{r_1 r_2 + (\omega_0 L_m)^2}\right) \\[2mm]
b_1 := \dfrac{I_L}{C}, \qquad b_0 = \dfrac{1}{LC}(r I_L - D V_{2DC})
\end{cases}
\quad (7.107)
$$

（4）制御器設計（古典制御理論と極配置法）

　DC/DC コンバータの伝達関数モデルが求められたので，ここからは古典制御の領域になる．次に行うことは，図 7.54 における太枠のコントローラを求めることである．経験則や試行錯誤的に決めるのではなく，安定して動作する値を理論的に求める一つの方法が極配置法であり，本書ではこれを採用する．極配置法は，極配置する位置によって応答速度や制御性能を決めることができる．基本的に，極を遅くすればするだ

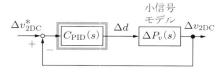

図 7.54　2 次側電圧制御のブロック線図

け安定して動作する一方で，応答が遅くなる．そのため，このトレードオフの関係を見極めることが重要になる．

まず，フィードバック制御を行うため，閉ループ系の伝達関数 $\Delta v_{2\mathrm{DC}}/\Delta v_{2\mathrm{DC}}^*$ を求める．これは，目標値（指令値）に対して，実際に出力される割合を意味する．左から指令値 $\Delta v_{2\mathrm{DC}}^*$ が入り，出力との差分をとったうえで，コントローラに入り，その後プラントに入り，その出力が $\Delta v_{2\mathrm{DC}}$ である．以上を式にすると，下記の式 (7.108) となり，整頓すると式 (7.109) となる．式 (7.109) の分子と分母をそれぞれ $B_{\mathrm{cl}}(s)$，$A_{\mathrm{cl}}(s)$ とおく (cl: closed loop を表す)．

$$\Delta v_{2\mathrm{DC}} = \Delta P_v(s)C_{\mathrm{PID}}(s) - (\Delta v_{2\mathrm{DC}}^* - \Delta v_{2\mathrm{DC}}) \tag{7.108}$$

$$\frac{\Delta v_{2\mathrm{DC}}}{\Delta v_{2\mathrm{DC}}^*} = \frac{C_{\mathrm{PID}}(s)\Delta P_v(s)}{1 + C_{\mathrm{PID}}(s)\Delta P_v(s)} = \frac{B_{\mathrm{cl}}(s)}{A_{\mathrm{cl}}(s)} \tag{7.109}$$

プラントモデルは 2 次なので，PID 制御器を用いることで任意の極配置が可能となる（節末のコラム参照）．コントローラは PID 制御器を採用するので，下記の式 (7.110) となる．K_P は比例ゲイン，K_I は積分ゲイン，K_D は微分ゲインである．

$$C_{\mathrm{PID}}(s) = K_P + \frac{K_I}{s} + \frac{K_D s}{T_D s + 1} \tag{7.110}$$

実用的な微分器を使用するためには，ノイズ対策が必要である．ノイズがある信号をそのまま微分すると，過度に増幅してしまう．そのため，分母に $(\tau_D s + 1)$ を入れ，微分を行う際に生じる高調波のノイズを取り除く．つまり，これは 1 次のローパスフィルタ（1 次遅れフィルタ）である．τ_D（D: Differential，微分を表す）は 1 次遅れフィルタの時定数である．ローパスフィルタは低い周波数だけ通過し，高い周波数は減衰させて通りにくくするフィルタである．1 次の場合は分母に s が一つであるが，2 次になると，s^2 が現れる．この次数は，フィルタの周波数に対する減衰の割合を変えることになり，次数が高いほど急峻にカットすることができる．

ここで，各々のゲインを試行錯誤的に決定するのではなく，極を適切に配置することで安定化させたシステムから逆算して決定する方法である，極配置法を利用する．極は分母のみで決まり，負の実数であると安定することが知られている．ちなみに，正の実数になると発散してしまう†．さらに，不適当に大きな虚数成分をもつと最終的には安定化するが，信号入力直後は振動が激しくなる．そこで，振動がなく安定となる負の実数のみの極となるように設計する．よって，以下に示す式 (7.111) のように閉ループ極が $s = -1000\,\mathrm{rad/s}$（4 重根）をもつように極配置を行う．極の位置，つま

---

† たとえば，a を極とすると，逆ラプラス変換すると，e^{at} になる（1 次系の場合）．a が正だと無限大に発散し，a が負だと 0 に収束する．

り，−1000 のところは，よりマイナスにすると振動の収束が早くなるが，極端にマイ
ナスにし過ぎると発散する．

$$A_{cl}(s) = (s + 1000)^4 \tag{7.111}$$

そもそも，状態空間平均化法において，10 kHz の速さで ON, OFF を行ってモデ
ル化しているので，遅い領域のみで平均化，線形化されたようにみえる．そのため，
今回は，この状態空間平均化法が利用できている．一方で，このシステムの極を早く
するということは，平均化されていない状態に近づくということである．そのため，
一般的には，1/10 位の速さ程度，つまり，ここでは 1 kHz 位が目安となる．今回は
−1000 rad/s = −159 Hz とした（$\omega = 2\pi f$）．式 (7.111) と，式 (7.107)，(7.109)，
(7.110) を比べることで，K_P, K_I, K_D, τ_{bc} が求められ，つまり，PID コントローラ
の設計ができたことになる．

以上で，小信号モデルによるモデル化とコントローラの設計が終了したので，これ
を実行すればよい．PC などで実際にプログラムを用いて制御するので，実装のため
にデジタル信号に直す必要がある．つまり，連続系の制御器から離散系の制御器を設
計する必要がある．離散化の方法は一つではないが，ここでは，Tustin（タスティン）
変換により離散系の制御器を設計することとし，次式を使用する．

$$s = \frac{2(z - 1)}{T(z + 1)} \tag{7.112}$$

離散化した制御器を $C_{PID}(z)$ として，システムは完成である．完成した 2 次側電圧
制御のブロック線図を図 7.55 に示す．ここでは離散化した後のブロック線図なので z
を使用しているが，ブロック線図自体は，図 7.46 と同じになる．

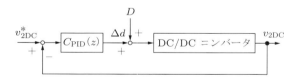

図 7.55　2 次側電圧制御のブロック線図

以上のように，7.6.1 項との違いは，プラント周りでモデル化しているかどうかであ
り，コントローラの設計が経験ではなく，数式を用いることで安定動作を保証して設
計できるかどうかの差となる．

表 7.3 にコイルと回路のパラメータを示す．電源に関しては，入力電圧は 100 V であ
り，矩形波入力である．また，電力伝送部における周波数は 100 kHz である．DC/DC
コンバータにおけるキャリア周波数は 10 kHz である．

表 7.3　DC/DC コンバータの回路のパラメータ

r	$0.1\,\Omega$
L	$1000\,\mu\mathrm{H}$
C	$1000\,\mu\mathrm{F}$
fc	$10\,\mathrm{kHz}$
p	$-1000\,\mathrm{rad/s}$

相互インダクタンスを変えたときに，最大効率制御を行ったとき (w: with) と行わなかったとき (w/o: without) の結果を図 7.56 に示す．このときのバッテリ電圧は 30 V である．このように，等価負荷抵抗のインピーダンスを最適化し，つまり，2 次側の電圧を最適化することで，最大効率追従制御を行うことができ，どのエアギャップにおいても最大効率が実現できる．また，バッテリ電圧を変えたときに，最大効率制御を行ったときと行わなかったときの結果を図 7.57 に示す．このとき，相互インダクタンス $L_m = 25\,\mu\mathrm{H}$ である．この結果からも，最大効率追従制御の効果が理解できる．

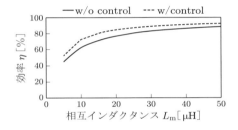

図 7.56　相互インダクタンスに対する
最大効率制御

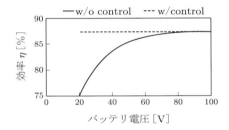

図 7.57　バッテリ電圧に対する最大効
率制御の結果

Column　プラントモデルの次数と PID 制御器を使った理由

　なぜ PI 制御器などを使わないで，PID 制御器を使ったかについて補足する．

（1）PI 制御器を使った場合

　プラントの式を式 (7.113) に示す．また，コントローラを式 (7.114) に示す．それぞれ，分子 (n: numerator) と分母 (d: denominator) に分けて定義する．プラントは 2 次であり，コントローラは積分器があるため 1 次であるので，最終的に閉ループの伝達関数は 3 次になる．

$$\Delta P_v(s) = \frac{b_1 s + b_0}{s^2 + a_1 s + a_0} \equiv \frac{\Delta P_{vn}(s)}{\Delta P_{vd}(s)} \tag{7.113}$$

$$C(s) = K_P + \frac{K_I}{s} = \frac{s K_P + K_I}{s} \equiv \frac{C_{\mathrm{n}}(s)}{C_{\mathrm{d}}(s)} \tag{7.114}$$

　閉ループ (cl: closed loop) の伝達関数は下記の式 (7.115) となり，ここでも分子と分母に分けて定義する．

$$\frac{\Delta v_{2\mathrm{DC}}}{\Delta v_{2\mathrm{DC}}^*} = \frac{C(s)\Delta P_v(s)}{1 + C(s)\Delta P_v(s)} \equiv \frac{\dfrac{C_\mathrm{n}(s)}{C_\mathrm{d}(s)}\dfrac{\Delta P_{vn}(s)}{\Delta P_{vd}(s)}}{1 + \dfrac{C_\mathrm{n}(s)}{C_\mathrm{d}(s)}\dfrac{\Delta P_{vn}(s)}{\Delta P_{vd}(s)}}$$

$$= \frac{C_\mathrm{n}(s)\Delta P_{vn}(s)}{C_\mathrm{d}(s)\Delta P_{vd}(s) + C_\mathrm{n}(s)\Delta P_{vn}(s)} \equiv \frac{B_\mathrm{cl}(s)}{A_\mathrm{cl}(s)} \tag{7.115}$$

分母だけ取り出すと，下記の式 (7.116) となる．この式は，式 (7.113) と式 (7.114) からわかるとおり，分母に s^3 があり，つまり次数は 3 次となる．

$$A_\mathrm{cl}(s) = C_\mathrm{d}(s)\Delta P_{vd}(s) + C_\mathrm{n}(s)\Delta P_{vn}(s)$$

$$= s^3 + (K_P b_1 + a_1)s^2 + (K_I b + K_P b_0 + a_0)s + K_I b_0 \tag{7.116}$$

そのため，3 重根となるように設計するため，A_cl が次の式 (7.117) となるように設計する．

$$A_\mathrm{cl}(s) = (s + \omega)^3 = s^3 + 3\omega s^2 + 3\omega^2 s + \omega^3 \tag{7.117}$$

　すると，式 (7.116) と式 (7.117) から s についている係数を比べると，下記のような三つの方程式 (7.118) が作れる．つまり，二つの未知数と三つの方程式となる．このため，コントローラの設計パラメータの K_P，K_I が求められない．

$$\begin{cases} 3\omega = K_P b_1 + a_1 \\ 3\omega^2 = K_I b + K_P b_0 + a_0 \\ \omega^3 = K_I b_0 \end{cases} \tag{7.118}$$

（2）PID 制御器を使った場合（擬似微分あり）

　擬似微分を行わない PID では，高調波起因のノイズを増大されるので，実装の際には使われない．そのため，ローパスフィルタを備えた PID 制御器が使われる．PID に疑似微分を加えると，設計パラメータは K_P，K_I，K_D，τ_D となる．微分時の高調波ノイズを取り去るために，1 次遅れフィルタとよばれる一般的かつ簡易なローパスフィルタを加えた制御器である．このローパスフィルタによって微分を行っても高調波ノイズが乗らない．

　プラントの式を式 (7.119) に示す．また，コントローラを式 (7.120) に示す．それぞれ，分子 (n: numerator) と分母 (d: denominator) に分けて定義する．a_{c2}，b_{c2} などは，各係数をまとめて示したものである．

$$\Delta P_v(s) = \frac{b_1 s + b_0}{s^2 + a_1 s + a_0} \equiv \frac{\Delta P_{vn}(s)}{\Delta P_{vd}(s)} \tag{7.119}$$

$$C(s) = K_P \frac{K_I}{s} + \frac{K_D s}{\tau_D s + 1} = \frac{s(\tau_D s + 1)K_P + (\tau_D s + 1)K_I + K_D s^2}{s(\tau_D s + 1)}$$

$$= \frac{(\tau_D K_P + K_D)s^2 + (K_P + \tau_D K_I)s + K_I}{\tau_D s^2 + s}$$

$$
= \frac{\dfrac{\tau_D K_P + K_D}{\tau_D} s^2 + \dfrac{K_P + \tau_D K_I}{\tau_D} s + \dfrac{1}{\tau_D} K_I}{s^2 + \dfrac{1}{\tau_D} s} = \frac{b_{c2}s^2 + b_{c1}s + b_{c0}}{s^2 + a_{c1}s}
$$

$$
\equiv \frac{C_\mathrm{n}(s)}{C_\mathrm{d}(s)} \tag{7.120}
$$

閉ループ (cl: closed loop) のフィードバックは次式となり，ここでも分子と分母に分けて定義する．

$$
\frac{\Delta v_{2\mathrm{DC}}}{\Delta v_{2\mathrm{DC}}^*} = \frac{C(s)\Delta P_v(s)}{1 + C(s)\Delta P_v(s)} \equiv \frac{\dfrac{C_\mathrm{n}(s)}{C_\mathrm{d}(s)} \dfrac{\Delta P_{vn}(s)}{\Delta P_{vd}(s)}}{1 + \dfrac{C_\mathrm{n}(s)}{C_\mathrm{d}(s)} \dfrac{\Delta P_{vn}(s)}{\Delta P_{vd}(s)}}
$$

$$
= \frac{C_\mathrm{n}(s)\Delta P_{vn}(s)}{C_\mathrm{d}(s)\Delta P_{vd}(s) + C_\mathrm{n}(s)\Delta P_{vn}(s)} \equiv \frac{B_\mathrm{cl}(s)}{A_\mathrm{cl}(s)} \tag{7.121}
$$

分母だけ取り出すと，下記の式 (7.122) となる．この式は，式 (7.119) と式 (7.120) からわかるとおり，分母に s^4 があり，つまり次数は 4 次となる．

$$
A_\mathrm{cl}(s) = C_\mathrm{d}(s)\Delta P_{vd}(s) + C_\mathrm{n}(s)\Delta P_{vn}(s)
$$
$$
= s^4 + (b_{c2}b_1 + a_{c1} + a_1)s^3 + (b_{c2}b_0 + b_{c1}b_1 + a_{c1}a_1 + a_0)s^2
$$
$$
+ (b_{c1}b_0 + b_{c0}b_1 + a_{c1}a_0)s + b_{c0}b_0 \tag{7.122}
$$

そのため，4 重根となるように設計するため，A_cl が次の式 (7.123) となるように設計する．

$$
A_\mathrm{cl}(s) = (s + \omega)^4 = s^4 + 4\omega s^3 + 6\omega^2 s^2 + 4\omega^3 s + \omega^4 \tag{7.123}
$$

よって，式 (7.122) と式 (7.123) から s についている係数を比べると，下記のような四つの方程式 (7.124) が作れる．つまり，四つの未知数と四つの方程式が得られるので，コントローラの設計パラメータの K_P, K_I, K_D, τ_D が求められ，極配置法によってコントローラのパラメータが決定される．

$$
\begin{cases}
4\omega = b_{c2}b_1 + a_{c1} + a_1 \\
6\omega^2 = b_{c2}b_0 + b_{c1}b_1 + a_{c1}a_1 + a_0 \\
4\omega^3 = b_{c1}b_0 + b_{c0}b_1 + a_{c1}a_0 \\
\omega^4 = b_{c0}b_0
\end{cases} \tag{7.124}
$$

7.7 最大効率と所望電力の実現

実際にワイヤレス電力伝送をするときには，送電コイルと受電コイルの位置が決まる．つまり，エアギャップがある値に決定していることが多い．本節では，エアギャッ

プを固定とし，$L_m = 25\,\mu\mathrm{H}$，$k = 0.05$ とする[1]．この条件下で最大効率にするためには，最適負荷 R_{Lopt} で動作させる必要があることは，これまでに述べてきた．一方，それ以外の負荷の値のときには，効率と電力の関係は図 7.58 のようになる．このように，効率が最大となる負荷の値と，電力が最大になる負荷の値は異なる．また，負荷の値を決めたら効率も電力も一意に決まる．つまり，最大効率となる最適負荷の値 R_{Lopt} に R の値を決めると受電電力 P_2 も勝手に決まってしまい，2 次側で所望する電力（所望電力）にはならない．そのため，2 次側の負荷抵抗値を変えるだけでは，最大効率と所望電力の実現は基本的に不可能である[2]．

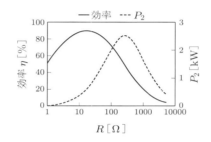

図 7.58　負荷に対する効率と電力の関係

7.7.1 ┃ 2 次側最大効率・1 次側所望電力

　2 次側のみで最大効率と所望電力の同時両立は不可能であっても，1 次側も制御すれば，この所望電力に調整することができる．つまり，最大効率と所望電力の両立は実現させることが可能である．そこで，最大効率かつ所望電力にすることを目標とする．この項では，2 次側最大効率，1 次側所望電力について述べる．

（１）最適負荷

　まず，2 次側において最大効率になる最適負荷 R_{Lopt} を選ぶ．そのうえで，所望電力になるように，1 次側の電圧 V_1 を調整すれば，最大効率と所望電力を実現することができる（図 7.59）．

　まず，負荷の値 R_L を変えると効率が変えられる．つまり，2 次側は効率を制御することができる．ただし，同時に電力も変化することも忘れてはならない．一方で，1 次側の電圧を変えても効率は変わらないが，図 7.59 のように，電力のみを大きく変えることができる．ちなみに，図 (a) からわかるように，負荷に対して電力のピークの位

---

　[1]　エアギャップが決まってなく，L_m がわからないときは，L_m を指定すればよい（7.10 節参照）．
　[2]　ただし，回路の工夫と時間軸の自由度を利用することで実現させることは可能である（7.9 節参照）．

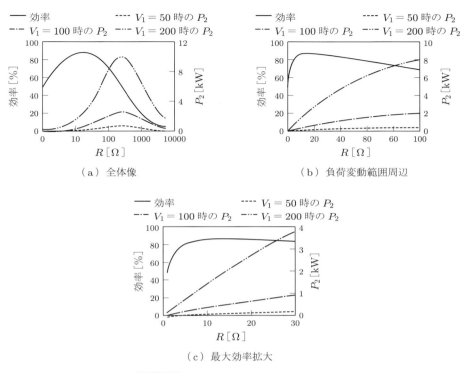

（a）全体像　　　　　　　　　　　　　　（b）負荷変動範囲周辺

（c）最大効率拡大

図 7.59　負荷に対する効率と電力の関係

置は変動しない[†]. この図中において, 入力電圧を 50, 100, 200 V に変化させている. 具体例としては, 2 次側を最適負荷値 $R_{Lopt} = 15.7\,\Omega$ として最大効率にしたうえで, 所望電力となるように V_1 を変化させればよい. たとえば, 567 W 欲しいということであれば, $R_{Lopt} = 15.7\,\Omega$ にしたうえで, $V_1 = 100\,\mathrm{V}$ と設定すればよい. また, 電力は電圧の 2 乗に比例するので, 電圧が 2 倍になれば電力は 4 倍, 電圧が 4 倍になれば電力は 16 倍になる. このように, 1 次側で電力制御することができる. 以上より, 2 次側で効率制御かつ 1 次側で所望電力制御となる.

　ワイヤレス電力伝送で変更できるパラメータは, 1 次側の電圧 V_1 とエアギャップにかかわる相互インダクタンス L_m と負荷 R_L であるが, コイル位置が決まっているので, 相互インダクタンス L_m は既に決まっている. そのため, 1 次側電圧 V_1 と 2 次側の負荷 R_L の二つのパラメータのみ自由に変える（制御する）ことができる. 最大効率となる最適負荷は下記の式 (7.125) であるので, 最大効率にするために R_L が決ま

[†] ただし, 最大電力となるときは効率は 50%になるので, ここで動作させることはない.

る．その値を効率の式 (7.126) に代入すると，最大効率が得られる．

$$R_{Lopt} = \sqrt{r_2^2 + \frac{r_2(\omega L_m)^2}{r_1}} \tag{7.125}$$

$$\eta = \frac{(\omega L_m)^2 R_L}{(r_2 + R_L)^2 r_1 + (\omega L_m)^2 r_2 + (\omega L_m)^2 R_L} \tag{7.126}$$

最後に残ったパラメータは，1 次側の電圧 V_1 である．2 次側の電流は下記の式 (7.127) なので，$P = I^2 R$ の関係を考えると，2 次側の負荷の受電電力 P_2 は式 (7.128) となる．

$$I_2 = -\frac{j\omega L_m}{r_1(r_2 + R_L) + \omega^2 L_m^2} V_1 \tag{7.127}$$

$$P_2 = \frac{R_L(\omega L_m)^2}{\{r_1(r_2 + R_L) + \omega^2 L_m^2\}^2} V_1^2 \quad \Leftrightarrow \quad V_1 = \frac{r_1(r_2 + R_L) + \omega^2 L_m^2}{\omega L_m}\sqrt{\frac{P_2}{R_L}} \tag{7.128}$$

つまり，1 次側の電圧 V_1 のみ変える（制御する）ことができる．そこで，1 次側の電圧を調整することで，2 次側が所望している電力になるように制御することが可能である．

　この前提には，相互インダクタンス L_m が既知であるという条件が付く．しかし，相互インダクタンスは 1 次側からも 2 次側からも推定が可能であるので，既知とみなして構わない（7.10 節参照）．よって，2 次側最大効率制御かつ 1 次側所望電力制御によって，最大効率と所望電力を実現できる．

（2）最適 2 次側電圧

　最適負荷に注目した説明は以上であるが，2 次側を最大効率にする別のアプローチがあるので紹介する．2 次側電流の式 (7.127) より，負荷の値 R_L をかけることにより，2 次側電圧の式 (7.129) が下記のように得られる．この式を利用して，最適負荷の値を 2 次側電圧の式に代入すると，最大効率を実現できる最適 2 次側電圧を式 (7.130) のように求めることができる．

$$V_2 = \frac{j\omega L_m R_L}{r_1(r_2 + R_L) + \omega^2 L_m^2} V_1 \tag{7.129}$$

$$V_{2opt} = \sqrt{\frac{r_2}{r_1}} \frac{\omega L_m}{\sqrt{r_1 r_2 + (\omega L_m)^2} + \sqrt{r_1 r_2}} V_1 \tag{7.130}$$

　実は，この式 (7.130) は式 (7.59) で既出であるが，意味合いについて深くは言及していなかったので，ここで行う．最大効率を実現できるという意味では同じことであるが，制御対象として，負荷の値 R_L を調整するのではなく，2 次側の電圧 V_2 を調整する場合は，式 (7.130) を使うことになる．負荷の値を最適化して最大効率を得る場合

は, 2 次側電圧 V_2 と 2 次側電流 I_2 を測定して負荷の値 R_L を算出するが, 式 (7.130) のように 2 次側電圧を最適化する $V_{2\mathrm{opt}}$ だけの式であれば, 2 次側電流 I_2 の式は不要である. 一方, 最適負荷 $R_{L\mathrm{opt}}$ の式 (7.125) では, 1 次側の電圧 V_1 は不要であったが, 2 次側の電圧を最適化する式 (7.130) では 1 次側の電圧 V_1 の情報が必要になる. つまり, I_2 の情報を使用して V_2 を制御して $R_{L\mathrm{opt}}$ とするか, V_1 の情報を利用して V_2 を制御して $V_{2\mathrm{opt}}$ とするかの違いになる. 得られる最大効率 $\eta_{\max}$ の値は変わらない.

(3) 1 次側所望電力制御と 2 次側効率制御のマップ上の動作

図 7.60 を用いて, 具体的な例で説明する. 所望電力 $P_2 = 500\,\mathrm{W}$ とする. たとえば, 入力電圧 $V_1 = 50.0\,\mathrm{V}$ から始まり, 2 次側で最大効率となるように最大効率制御を行っているとすると, ①の地点にいることになる†. このときの 2 次側電圧は $V_2 = 46.9\,\mathrm{V}$ であり, 電力は $140.0\,\mathrm{W}$ となっており, 所望電力に達していない. そこから, 1 次側で所望電力制御をゆっくり行うとすると, V_1 が徐々に上がり, 最大効率 $R_{L\mathrm{opt}} = 15.7\,\Omega$ の曲線に沿って右上に移動する. 2 次側で最大効率制御を行っているので, この直線からずれることはなく, 所望電力となる位置②に移動するまで V_1 が増加する. 最終的には, $V_1 = 94.5\,\mathrm{V}$, $V_2 = 88.7\,\mathrm{V}$ であり, 所望電力 $500\,\mathrm{W}$ に一致する. 当然, 効率は最大効率となるように制御されているので, 最適負荷値 $R_{L\mathrm{opt}} = 15.7\,\Omega$ に一致し, 最大効率 88.1%である.

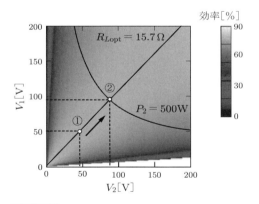

図 7.60 1 次側所望電力制御と 2 次側効率制御

7.7.2 1 次側最大効率・2 次側所望電力

前項においては, 2 次側で最大効率にしたうえで, 2 次側で受ける受電電力が所望電力になるように 1 次側で電圧制御を行った. ここでは, 2 次側の受電電力が所望電力

---

† (1) の最適負荷制御でも (2) の最適 2 次電圧制御でも, 同じ結果になる.

になるように制御したうえで，2 次側が最適負荷になり最大効率となるように 1 次側で電圧制御を行う方法について述べる．つまり，1 次側最大効率制御かつ 2 次側所望電力制御の方法について説明する[44]．

　等価回路の計算式からは，最適負荷となるように 2 次側の負荷の値を調整するのが自然な考えであるが，見方を変えることにより，1 次側最大効率制御かつ 2 次側所望電力を達成することが可能となる．まず，2 次側の負荷の値を調整することにより，所望電力 P_2 を得ることが可能である．受電電力 P_2 は下記の式 (7.131) である．つまり，このときの 1 次側の電圧は式 (7.132) となる．

$$P_2 = \frac{R_L(\omega L_m)^2}{\{r_1(r_2 + R_L) + \omega^2 L_m^2\}^2} V_1^2 \tag{7.131}$$

$$V_1 = \sqrt{\frac{\{r_1(r_2 + R_L) + \omega^2 L_m^2\}^2}{R_L(\omega L_m)^2} P_2} \tag{7.132}$$

　一方，最大効率となる最適負荷 R_{Lopt} は以下に示す式 (7.133) である．この値を式 (7.131) に代入すると，最大効率となるときの受電電力 P_2 が式 (7.134) のように求められる．つまり，最大効率にしたときの電力は式 (7.131) となる．よってこのときの 1 次側の電圧は式 (7.135) となる．P_2 は通信もしくは推定で得ることができる．

$$R_{Lopt} = \sqrt{r_2^2 + \frac{r_2(\omega L_m)^2}{r_1}} \tag{7.133}$$

$$P_2 = \frac{\sqrt{r_2\{r_1 r_2 + (\omega L_m)^2\}}(\omega L_m)^2}{\sqrt{r_1}[\sqrt{r_1 r_2\{r_1 r_2 + (\omega L_m)^2\}} + r_1 r_2 + \omega^2 L_m^2]^2} V_1^2 \tag{7.134}$$

$$V_1 = \sqrt{\frac{\sqrt{r_1}[\sqrt{r_1 r_2\{r_1 r_2 + (\omega L_m)^2\}} + r_1 r_2 + \omega^2 L_m^2]^2}{\sqrt{r_2\{r_1 r_2 + (\omega L_m)^2\}}(\omega L_m)^2} P_2} \tag{7.135}$$

　つまり，2 次側で受電電力 P_2 が所望電力になるように電力制御を行っている場合，1 次側において最大効率となる V_1 を実現することにより，結局 2 次側の負荷の値は最適負荷値に一致することで最大効率を実現させることが可能である．2 次側の電力制御は下記の式 (7.136) からわかるように，電圧と電流を測定して，所望の電力になるように 2 次側で制御するだけである．

$$P_2 = \frac{V_2^2}{R_L} = V_2 I_2 \tag{7.136}$$

　図 7.61 を用いて具体的な例で説明する．所望電力 $P_2 = 100\,\mathrm{W}$ とし，所望電力制御を 2 次側で行う．たとえば，入力電圧 $V_1 = 20.0\,\mathrm{V}$ から始まり，2 次側のみで $P_2 = 100\,\mathrm{W}$ となるように電力制御を行っているとすると，①の地点にいることになる．このとき

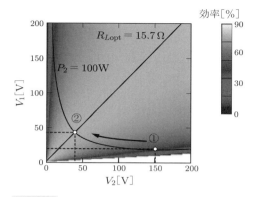

図 7.61 2 次側所望電力制御と 1 次側効率制御

の 2 次側電圧は $V_2 = 150.0\,\mathrm{V}$ であり，効率は 52.0% と低い．そこから，1 次側で最大効率制御をゆっくり行うとすると，V_1 が徐々に上がり，$P_2 = 100\,\mathrm{W}$ の曲線に沿って左側に移動する．2 次側で電力制御を行っているので，この曲線からずれることはなく，最大効率となる位置②に移動するまで V_1 が増加する．最終的には，$V_1 = 42.3\,\mathrm{V}$，$V_2 = 39.7\,\mathrm{V}$ であり，最適負荷値 $R_{Lopt} = 15.7\,\Omega$ に一致し，最大効率 88.1% となる．当然，受電電力は所望電力となるように制御されているので，$P_2 = 100\,\mathrm{W}$ である．

　この方法でのメリットとしては，受電側で電力制御を行うので，電力のより素早い制御や安定した動作が期待されるなど，メリットも多い．

7.8　2次側電力ON, OFF 機構（ショートモード，定電力負荷への対応）

　一般的な回路においては，電力遮断は容易に行えるが，ワイヤレス電力伝送の場合，1 次側と 2 次側は分離しており，瞬時に 1 次側をストップするなどのエネルギーフローの制御は容易に行えない．無線通信を使えば可能であるが，通信遅れの問題もあり，最悪のケースの場合，1 次側との通信ができないと，機器が破損する．ワーストケースを考えてシステム設計されることを考えると，2 次側の制御のみで所望電力となるように制御することは重要なことである．そこで必要になるのが，ショートモードである．

　通常，電力を調整することは 1 次側の電圧制御で行う．2 次側の負荷の値を調整することにより，受電電力を変えることができるが，電力を OFF にすることはできない．ただし，二つのモードにおいては，疑似的に電力を OFF にすること，もしくは完全に OFF にすることが可能である．それが，図 7.62 に示すショートモードとオー

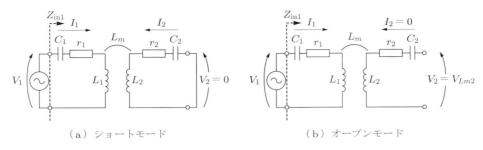

（a）ショートモード　　　　　　　　　（b）オープンモード

図 7.62　ショートモードとオープンモード

プンモードである．現実的には，ショートモードが非常に有効な手段となる．

第 5 章で確認したとおり，共振時の 2 次側のインピーダンス $Z_{\mathrm{in}2}$，1 次側からみた 2 次側のインピーダンス Z_2'，電源からみた回路全体のインピーダンス $Z_{\mathrm{in}1}$ は，図 7.63 で示され，それぞれ以下の式である．

$$Z_{\mathrm{in}2} = r_2 + R_L \tag{7.137}$$

$$Z_2' = \frac{(\omega L_m)^2}{Z_{\mathrm{in}2}} \tag{7.138}$$

$$Z_{\mathrm{in}1} = r_1 + Z_2' \tag{7.139}$$

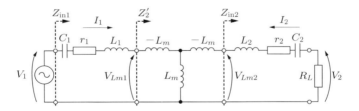

図 7.63　拡張型 T 型等価回路 (S-S)（図 5.21 再掲）

ショートモードは，負荷の値を 0 にしてショートにすることで 2 次側で電力制御を可能にできるモードである．式 (7.137) において，$R_L = 0\,\Omega$ とし，式 (7.138) に代入すると，下記の式 (7.140) が得られる．さらに，式 (7.139) に代入すると，式 (7.141) が得られる．2 次側をショートにし，負荷の値を 0 にすると，1 次側からみた 2 次側のインピーダンス Z_2' は非常に大きくなり，1 次側のインピーダンス $Z_{\mathrm{in}1}$ も大きくなる．

$$Z_2' = \frac{(\omega L_m)^2}{r_2} \tag{7.140}$$

$$Z_{\mathrm{in}1} = r_1 + \frac{(\omega L_m)^2}{Z_{\mathrm{in}2}} = r_1 + \frac{(\omega L_m)^2}{r_2} \tag{7.141}$$

　つまり，1 次側の電流が絞られ，電力を擬似的にストップすることができる．実際には，1 次側にも小さな電流が流れるので，わずかに損失は生じる．さらに，2 次側は定電流特性のため，2 次側には通常と変わらない電流が流れる．ただし，2 次側の内部抵抗は 1 次側同様に小さいので，1 次側より電流が大きいとはいえ，消費される電力はわずかですむ．その結果，2 次側で電力をストップさせることができる．この 2 次側で OFF とする機構により，電力制御を 2 次側の判断で独自に行うことができ，大きなメリットを生む．

　ちなみに，オープンモードは 2 次側に電流が一切流れないので，2 次側での損失がなく，その意味ではショートモードより優れている．しかしながら，2 次側がオープンになると，1 次側からみた 2 次側のインピーダンス Z_2' は非常に小さくなるので，大電流が 1 次側に流れ，大きな損失を生じる．とくに，大電流そのものが非常に問題であり，S-S においては推奨されない．数式を用いて説明する．上記の式 (7.137) において，$R_L = \infty\,[\Omega]$ とし，式 (7.138) に代入すると，式 (7.142) が得られる．さらに，式 (7.139) に代入すると，式 (7.143) が得られる．回路全体のインピーダンスが非常に小さく，大電流が流れることがわかる[†]．

$$Z_2' = \frac{(\omega L_m)^2}{\infty} = 0 \tag{7.142}$$

$$Z_{\mathrm{in}1} = r_1 \tag{7.143}$$

　よって，ショートモードを採用するので，ショートモードについて以下で説明を行う．電力が不要と判断したときに，1 次側との通信なしで 2 次側独自の判断で電力を OFF できるメリットは非常に大きく，定電力負荷を含む多くの回路で必須の技術である．この技術がないと，エネルギーが行き先を失い，機器が破損する．

　それでは，具体的に必要とされる定電力負荷について述べる．まず，ショートモード機構は，2 次側にエネルギーバッファがない回路はほぼ必須の機構である．たとえば，電子機器やモータなどの定電力負荷が 2 次側にあり，エネルギーを溜める 2 次電池や電気二重層コンデンサなどがない場合，必要以上のエネルギーが入ってきた場合，エネルギーの行き場がないので，破損が生じる．たとえば，2 次側がインバータ＋モータの構成の場合，平滑コンデンサの電圧が急激に上がり，平滑コンデンサが破壊される（図 7.64）．一方で，2 次側に送られた電力に対し消費するエネルギーが若干でも多いと，一気に平滑コンデンサの電圧が下がることになり，モータが動かなくなる．そのため，システムとしては，少し余裕をもたせて，2 次側で微調整することが理想的で

[†] ただし，2 次側がオープンになることで 1 次側に大電流が流れるというこの特性を用いて，2 次側があるかないかの判別を行うなどの利用方法もある．

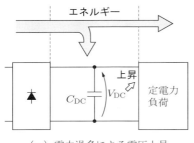 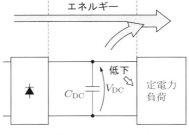

（a）電力過多による電圧上昇　　　　（b）電力不足による電圧低下

図 7.64　平滑コンデンサにエネルギーが溢れるもしくは不足する図

ある．このように，必要な電力が厳密に決まっている負荷を，定電力負荷とよぶ．定電力負荷は，ワイヤレス電力伝送において扱いが一番難しい負荷でもある．

ほかにも，定電圧負荷の 2 次電池に充電していて，これ以上エネルギーが要らないと思っても，受電コイルからエネルギーが入ってきた場合に，回路が破壊されるので，同様にショートモードが必要である．

7.8.1　ハーフアクティブ整流器

概念としては，ショートモードを作るだけなのであるが，実際の回路にすると色々と問題が生じる．たとえば，降圧チョッパ（図 7.65）を使用して，ショートモードを作ろうとしても，残念ながら作ることができない．ショートモードになることを意図して，上側の MOSFET† のスイッチ SW1 と下側の SW2 を ON にした場合，平滑コンデンサに溜まった電荷が一気に放出され，素子の破損が生じる．

そこで，別の回路を考える．二つのダイオードと二つの MOSFET（スイッチ）を用い，ショートモードを実現できる，通称ハーフアクティブ整流器 (HAR: half active

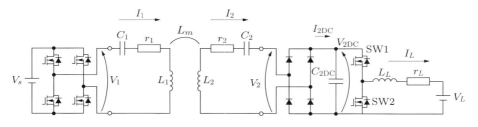

図 7.65　整流器 + DC/DC コンバータの回路図（降圧）（ショートモード不可）

---

† MOSFET: metal-oxide-semiconductor field-effect transistor の略である．ここでは，ボディダイオード（ダイオードが構造上必ず形成される寄生ダイオード）があるスイッチと理解しておけば，ひとまず十分である．

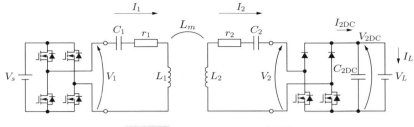

図 7.66 ハーフアクティブ整流器

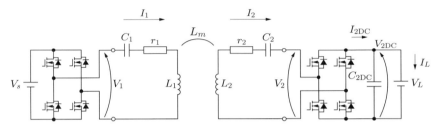

図 7.67 PWM コンバータを使用したハーフアクティブ整流器

rectifier) を図 7.66 に示す[45]–[47]．また，図 7.67 のように PWM[†1]コンバータのモジュールを利用してもハーフアクティブ整流器 (HAR) としてショートモード動作が可能である．PWM コンバータを使用する場合は，上側もしくは下側のスイッチは使用しない．どちらでもよいが，ここでは，上側を常に OFF にして，ダイオードとして動作させる．PWM コンバータはインバータと回路構成はまったく同じであるが，交流から直流を生成するので，PWM コンバータとよばれている．PWM コンバータを使うと，ボディダイオードを使っての整流や同期整流[†2]もできるが，インバータとして動作させれば，電源として受電側から送電側に電力が送れ，双方向のワイヤレス電力伝送を実現することができるなど，多くのメリットがある．

　HAR を使用すると図 7.1(a) で示したシステムの全体像は図 7.68 となる．2 次側の制御は HAR で行われる．無線通信はゆっくりとした 1 次側の効率制御などで使われるが，本題から外れるので，ここでは 2 次側の HAR に注目して説明する．

　HAR は動作方法も独特である．通常は，上側や下側を同時に ON にすることはな

---

†1 PWM: pulse width modulation の略である．
†2 同期整流は交流のタイミングに同期させて，スイッチを ON することにより，ボディダイオードではなく，スイッチ側に電流を流すことができる．それにより，高効率の整流が行える技術である．ダイオードによる電圧降下に伴う損失に比べると，電流が流れるスイッチ部分の ON 抵抗による損失のほうが小さいため，高効率になる．

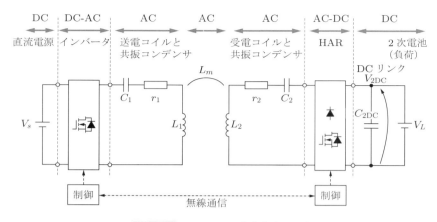

図 7.68　システムの全体像 (HAR)

いが，ハーフアクティブ整流回路として動作させる場合は，下側の MOSFET（スイッチ）を同時に ON にする．そうすると，上側のダイオードがあるおかげで，電流は下側の MOSFET を通って電力を遮断できるショートモードとなる．OFF のときは，全波整流のダイオードなので，通常の動作である整流モードとなる．つまり，ON のときにショートモード，OFF のときに整流モードとなる．ON ではなく OFF のときに電力が送れるので，注意が必要である．

　ハーフアクティブ整流器を ON にすると，ショートモードとなり電力が遮断され，OFF にすると，整流モードになり電力が送られる．ただし，ここでは，通電される整流モードの時間を T_r と表現し，ショートモードの時間を T_s と表現する．動作モードを図 7.69 に，動作時の電圧波形を図 7.70 に示す．ハーフアクティブ整流器の周期

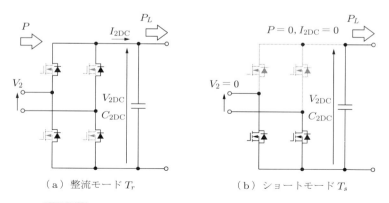

（a）整流モード T_r　　　　　（b）ショートモード T_s

図 7.69　ハーフアクティブ整流器の ON，OFF の動作モード

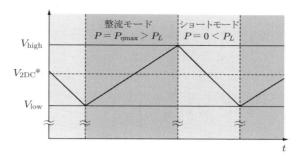

図 7.70　ハーフアクティブ整流器の動作時の電圧

は，数 ms 程度で動作させている．それでも十分な速さである．ここでは，下記の式 (7.144) に示すように上限値と下限値を決め，その範囲で V_{DC} が保たれている．上限値と下限値ではなく，T_r と T_s の時間を一定の割合にして動作させることもできる．

$$
\begin{cases}
V_{\text{high}} = V_{2\text{DC}}^* + \Delta V \\
V_{\text{low}} = V_{2\text{DC}}^* - \Delta V
\end{cases}
\tag{7.144}
$$

7.8.2 ┃ ハーフアクティブ整流器による最大効率制御

前項までは，受電電力制御の観点で述べていたが，視点を変えることにより，HAR で最大効率制御もできることについて述べる[48]．

ハーフアクティブ整流器を用いたとき，$V_{2\text{DC}}$ の電圧は，平滑コンデンサに溜まった電圧で決まる．ただの整流器の場合は $V_{2\text{DC}}$ の電圧は制御できない．一方，HAR は $V_{2\text{DC}}$ を制御できるので，ひいては V_2 を制御できる．つまり，平滑コンデンサの電圧を制御することで，受電側で効率制御を行うことが可能である．最大効率となる最適負荷 $R_{L\text{opt}}$ は $V_{2\text{opt}}$ で記述できることは，7.7.1 項(2)で示した．そこで，ショートモードを利用して，$V_{2\text{opt}}$ となるように制御すればよいことがわかる†．

7.9　2次側単独での最大効率と所望電力の実現

原理的に，最大効率と所望電力は 2 次側のみの制御だけでは実現できないことを，7.7 節で述べた．そのため，2 次側だけでなく 1 次側の制御を用いて，最大効率と所望電力の実現を行った．しかしながら，時間軸をうまく使うことで，エアギャップ変化が生じても，負荷変化が生じても，2 次側だけで最大効率と所望電力を実現させるこ

---

† ただし，ショートモード時には損失が発生するため，損失が無視できる領域で使うことが望まれる．

とができる[49],[50]. 具体的な手法としては，インピーダンス最適化による最大効率制御を行いながら，ショートモードを用いた電力制御を 2 次側で行う方法である．2 次側だけで制御を行うので無線通信が不要になる．つまり，2 次側独立制御による最大効率と所望電力の実現である．そのため，全体のシステムは図 7.71 となる．相互インダクタンス L_m の値のみ必要だが次節 7.10 で述べる推定を行うことで，L_m の値は得られる．ここでは，図 7.72 の回路図を用いて説明する[†].

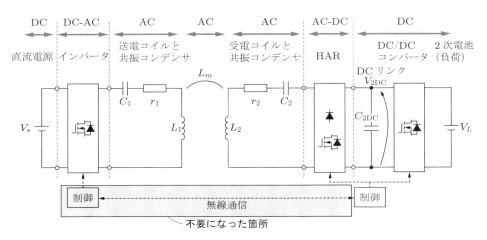

図 7.71　全体のシステム

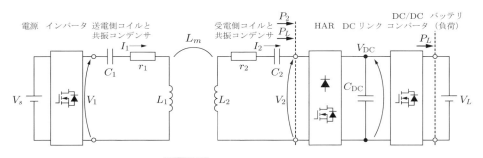

図 7.72　2 次側独立制御の回路

まず，2 次側の DC/DC コンバータによってインピーダンス最適化を行い，最大効率追従制御を行う．これにより，最大効率が実現する．何度も紹介した最適負荷と効率と受電電力の関係であるが，改めて式 (7.145)～(7.147) に示す．R_L が決まると一意（ただ一つ）に決まることがわかる．しかしながら，これだけであると，負荷の値

---

† 方式はこれ以外にもあり，現在筆者らは複数の手法を提案中である．

によって得られる受電電力は勝手に決定してしまうので，1次側の電圧が運よく所望の電圧でないと，2次側において所望電力にすることは不可能である．

$$R_{Lopt} = \sqrt{r_2^2 + \frac{r_2(\omega L_m)^2}{r_1}} \tag{7.145}$$

$$\eta = \frac{(\omega L_m)^2 R_L}{(r_2 + R_L)^2 r_1 + (\omega L_m)^2 r_2 + (\omega L_m)^2 R_L} \tag{7.146}$$

$$P_2 = \frac{R_L(\omega L_m)^2}{\{r_1(r_2 + R_L) + \omega^2 L_m^2\}^2} V_1^2 \tag{7.147}$$

そこで，2次側において，DC/DC コンバータの前段にショートモードを作れるハーフアクティブ整流器 (HAR) を入れる．ハーフアクティブ整流器は電力を ON, OFF させることができる．ショートモードのときは遮断し，整流モードのときには電力を送ることができる．つまり，ハーフアクティブ整流器の ON, OFF のデューティ比によって，受け取れる電力が変わる．繰り返しとなるが，ハーフアクティブ整流器を ON にすると，ショートモードとなり電力が遮断され，OFF にすると整流モードになり電力が送られる．通電される整流モードの時間を T_r と表現し，ショートモードの時間を T_s と表現する．デューティー比 D は次式である．

$$D = \frac{T_r}{T_r + T_s} \tag{7.148}$$

T_r における受電電力を P_{2r} とし，T_s における受電電力を P_{2s} とすると，$P_{2s} = 0$ なので，受電側の平均電力 $\overline{P_2}$ は

$$\overline{P_2} = \frac{T_r}{T_r + T_s} P_{2r} = D P_{2r} = P_L \tag{7.149}$$

になり，この電力が負荷のバッテリに送られる電力 P_L になる．1次側で何も制御を行わないことが前提となっているので，ショートモードのときの送電電力 P_{1s} は非常に絞られてはいるが，わずかに損失となる ($P_{1r} \gg P_{1s}$)．電力伝送されるのは P_{1r} のみである．そのため，厳密な平均効率は下記の式 (7.150) となる．一方で，$P_{1r} \gg P_{1s}$ の関係があるので，P_{1s} を無視すれば，式 (7.151) となる．ちなみに，2次側独立制御の枠組みから外れるが，1次側において2次側がショートモードと検出し，自動的に出力を絞ることをすれば，近似なしで式 (7.151) が達成される．

$$\eta = \frac{P_{2r}}{P_{1r} + P_{1s}} \tag{7.150}$$

$$\eta = \frac{P_{2r}}{P_{1r}} \tag{7.151}$$

（1）時間軸による説明

　得られる波形は，図 7.73 のようになる．電力や負荷が変化しても，所望電力かつ最大効率制御ができることを想定している．ここでは，途中で所望電力が大きくなる場合を想定する．また，紙面の都合上，時間軸を圧縮して，二つの所望電力条件における状況を示している．

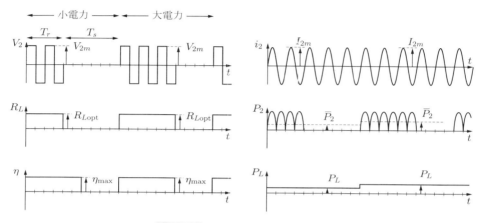

図 7.73　2 次側独立制御の概念図

　T_r のときに電力が 2 次側に伝わり，そのときに最適負荷となる R_{Lopt} とすることで，最大効率を実現できている．T_r のときに電力が 2 次側に伝わり，ショートモードの T_s のときに電力が遮断されている．そのため，ON，OFF の時間の比率によって，電力をデューティー比 D で重み付けすることで，所望電力 P_2 を得ることができる．

　波形をみると，はじめは所望電力 P_L が小さいので，1 回目の T_r のときにおいては，整流モードの T_r が短い．P_2 に対し T_s を含めた時間平均すると $\overline{P_2} = P_L$ となり，負荷には途切れることなく所望電力 P_L が得られる．T_s のときは，2 次側のインピーダンスとしては，ショートモードなので 0 となる．

　2 回目の周期に入る前に，所望電力 P_L が大きくなったとする．2 回目の T_r のときにおいては，整流モードの T_r が長くなる．先ほど同様に，P_2 に対して T_s を含めた時間平均すると $\overline{P_2} = P_L$ となり，負荷には途切れることなく，大きくなった所望電力 P_L が得られる．この間，常に最大効率制御をしているので，2 次側だけで最大効率と所望電力が達成できている．

　つまり，従来の方法であれば電力変動は直接負荷の値の変動となり，効率の低下を伴った．しかしながら，この 2 次側単独最大効率かつ所望電力制御を行うことで，最適負荷に保って最大効率を実現しながら，所望電力だけ変更することも可能である．

以上が図 7.73 の説明である.

（2）R 軸による説明

　時間軸ではなく，R 軸のグラフである図 7.74 を用いて，別の視点で説明する．7.7.1 項においては，時間の自由度がなかったため，この図に示すとおり，負荷の値を一意に決めると，効率も電力も一意に決まっていた．つまり，最大効率を実現する最適負荷にしたときには，最大効率 88.1% を得るとともに，受電電力も $P_2 = 559\,\mathrm{W}$ のただ一つの値に決まっていた．

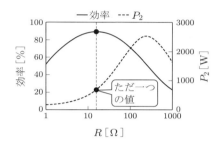

図 **7.74**　R 軸上での効率と受電電力（時間の自由度なし）

　そこで，本節で説明した時間の自由度を用いた 2 次側単独最大効率かつ所望電力制御を行った場合について，抵抗の R 軸と効率と電力の関係を表す図 7.75 を用いて説明する．図 (a) で全体像を示し，図 (b) で拡大図を示す．1 次側の電圧は $V_1 = 100\,\mathrm{V}$ で固定である．最大効率を実現するため，最適負荷 $\mathrm{R}_{Lopt} = 15.7\,\Omega$ であり，最大効率 88.1% となり，そのときの $V_2 = 93.8\,\mathrm{V}$ も固定となる．従来の方式では，$P_2 = 559\,\mathrm{W}$ で固定となっていた．しかしながら，今回は時間という自由度を使用するため，2 次側単独での最大効率と所望電力を実現できる．この制御を使用することで，$P_2 = 559\,\mathrm{W}$

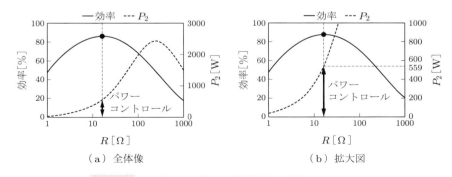

（a）全体像　　　　　　　　　（b）拡大図

図 **7.75**　R 軸上での効率と受電電力（時間の自由度あり）

は最大でとれる電力となり，最大効率をキープしたままで，$P_2 = 0 \sim 559\,\mathrm{W}$ までの電力を 2 次側の制御のみで自由に得ることができる．厳密にはショートモード時の損失を考える必要があるが，実際に動作させるのは損失が小さい条件下なので，本検討での損失は無視している．

参考として，V_2 と V_1 を用いた効率マップを図 7.76 に示す．1 次側も 2 次側も電圧は変えないため，マップ上の動作点は 1 点のみである．$P_2 = 559\,\mathrm{W}$ は最大でとれる電力を意味する．

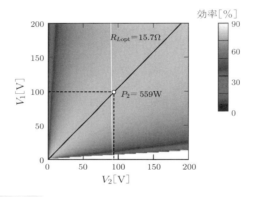

図 7.76　$V_2 - V_1$ 軸を用いた効率マップ上での動作点

7.10　相互インダクタンスの推定

ワイヤレス電力伝送は，一般に，電力伝送とは別系統で通信を行うが，通信レスにすることもできる．それが推定である[51]–[55]．知りたい情報を，1 次側もしくは 2 次側から推定することで，通信レスで最大効率にしたり，所望電力にしたりすることができる．本節では，2 次側から推定することで，最大効率にする方法について述べる．

2 次側で最大効率を実現させるためには，相互インダクタンス L_m の推定が必要である．以下に示す最適負荷の式 (7.152) を効率の式 (7.153) に代入すると，最大効率を得ることができるが，これらの式には L_m がある．また，1 次側電圧 V_1 で 2 次側の電力制御を行う際も L_m の推定が必要であり，2 次側の受電電力の式 (7.154) にも L_m があるのがわかる．本節では L_m 推定についてのみ述べることとし，V_1 などその他のパラメータは既知とする．

$$R_{\mathrm{Lopt}} = \sqrt{r_2^2 + \frac{r_2(\omega L_m)^2}{r_1}} \tag{7.152}$$

$$\eta = \frac{(\omega L_m)^2 R_L}{(r_2 + R_L)^2 r_1 + (\omega L_m)^2 r_2 + (\omega L_m)^2 R_L} \tag{7.153}$$

$$P_2 = \frac{R_L (\omega L_m)^2}{\{r_1(r_2 + R_L) + \omega^2 L_m^2\}^2} V_1^2 \tag{7.154}$$

推定は，当然ながら，測定できるパラメータを使用して行う必要がある．ここでは，一番簡単な方法として，測定できるパラメータの式から単純に逆算する方法をとる．具体的には，2 次側電圧 V_2 の値を利用する．以下に示す 2 次側電流の式 (7.155) より，負荷の値 R_L をかけることにより，2 次側電圧の式 (7.156) が得られる．もし，2 次側電圧の式 (7.156) に最適負荷値の式 (7.152) を代入すれば，最大効率を実現できる 2 次側電圧 $V_{2\mathrm{opt}}$ の式 (7.157) が得られ，2 次側で最大効率制御を行うことができる．しかしながら，L_m の値のみがわからない．そこで，L_m を推定する．

$$I_2 = \frac{j\omega L_m}{r_1(r_2 + R_L) + \omega^2 L_m^2} V_1 \tag{7.155}$$

$$V_2 = \frac{j\omega L_m R_L}{r_1(r_2 + R_L) + \omega^2 L_m^2} V_1 \tag{7.156}$$

$$V_{2\mathrm{opt}} = \sqrt{\frac{r_2}{r_1}} \frac{\omega L_m}{\sqrt{r_1 r_2 + (\omega L_m)^2} + \sqrt{r_1 r_2}} V_1 \tag{7.157}$$

2 次側で測定できる値は，2 次側電圧 V_2 と 2 次側電流 I_2 である．キルヒホッフの電圧則から，次式が求められる．これは，第 4 章の $\boldsymbol{Z}$ 行列で求めた式である．

$$\begin{bmatrix} \boldsymbol{V}_1 \\ \boldsymbol{V}_2 \end{bmatrix} = \begin{bmatrix} r_1 & j\omega_0 L_m \\ j\omega_0 L_m & r_2 \end{bmatrix} \begin{bmatrix} \boldsymbol{I}_1 \\ \boldsymbol{I}_2 \end{bmatrix} \tag{7.158}$$

式 (7.158) から，推定された相互インダクタンス $\hat{L}_m$ の式が次のように求められる[†]．

$$\hat{L}_m = \frac{V_1 \pm \sqrt{V_1^2 - 4R_1 I_2(V_2 + R_2 I_2)}}{2 I_2 \omega_0} \tag{7.159}$$

推定して得られた値はハット (^) を用いて示す．式 (7.159) 内のプラスマイナスが切り替わる領域があるので，使用する際には注意が必要である．この式から推定した値を，2 次側制御として，最大効率を実現できる 2 次側電圧 $V_{2\mathrm{opt}}$ の式 (7.157) に代入することで，最大効率 $\eta_{\max}$ を実現できる．

以上のように，推定を行うことで，通信レスで最大効率制御を行うことが可能となる．使用方法は，2 次側での最大効率制御などでみてきたとおりである．たとえば，制

[†] 実際に推定式を利用する際には，このままだとノイズに弱く，推定値が誤差をもってしまう場合がある．そのため，ノイズを減らすフィルタとして逐次最小二乗法 (RLS) などを用いて，誤差を小さくする工夫が必要である．

御前に R_L が $1\,\Omega$ などに設定されていて，当初は効率が低かったとしても，最大効率となる最適負荷 $15.7\,\Omega$ に変更することで，最大効率を得ることができる（図 7.77）．

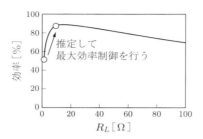

図 7.77　負荷に対する効率の関係

中継コイルと複数給電の基礎

　中継コイル (repeater) は，送電コイルと受電コイル間に挿入されるコイルであり，送電コイルと受電コイルと同じ共振周波数で動作するコイルである．用途としては，送電コイルと受電コイルのみで形成できるエアギャップの限界を超えて電力伝送をしたい場合に，中継コイルを間に挿入することにより，さらにエアギャップを延ばす目的で用いられる．

　また，複数の送電コイルや受電コイルに対する電力伝送を複数給電という．送電コイルは電源につながっているコイル，受電コイルは負荷がつながっているコイルである．中継コイルと複数給電は，ともに複数のコイルを使用する．そのため，数式が共通する部分が多いので，本章で両方を述べる．

　中継コイルと複数給電の例を図 8.1 に示す．図 (a) は中継コイルを示している．No.1 が送電コイル，No.2 が中継コイル，No.3 が受電コイルである．中継コイルは負荷がなく，電力を中継することが目的となる．このとき，送電コイルと受電コイルの距離が近いと，クロスカップリングが生じて $k_{13} \neq 0$ となるが，直線上に並べる場合は，クロスカップリングが無視でき，$k_{13} = 0$ とみなせることが多い．クロスカップリング（cross coupling，飛び越し結合）とは，隣り合ったコイルを飛び越える結合のことである．図 (a) の場合は，送電コイルと受電コイルの間には中継コイルがあるが，その中継コイルを飛び越えて，送電コイルと受電コイル間で生じている結合を意味する．また，目的外において結合してしまう部分もクロスカップリングとよぶこともある．たとえば，図 (b) は複数負荷への給電の図であるが，受電コイル No.2 と受電コイル No.3 の間は本来は不要な結合であり，ここの結合をクロスカップリングとよぶこともある．

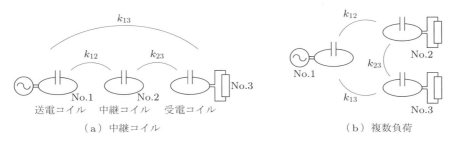

（a）中継コイル　　　　　　　　　　　（b）複数負荷

図 8.1　中継コイルと複数給電の概念図

8.1 　中継コイルの直線配置

　本節では，直線状に中継コイルが配置された場合について考える[56]．また，本節では，中継コイルの基本特性について検証するため，クロスカップリングを生じない配置に関する等価回路に関して検討する．

　本章で使用する送受電コイルと中継コイルの各パラメータは，自己インダクタンス $L = 11.0\,\mu\mathrm{H}$，キャパシタンス $C = 12.5\,\mathrm{pF}$，内部抵抗 $r = 0.77\,\Omega$ であり，負荷は $50\,\Omega$ に統一してある．

8.1.1 　中継コイルの直線配置（コイル 3 個）

　図 8.2 に，基準となる送受電コイルのみの構成で，コイル間距離 $s_a = 10\,\mathrm{mm}$ のときの結果を示す．η は効率，η_{r1} は 1 次側コイルの内部抵抗での損失の割合，η_{r2} は 2 次側コイルの内部抵抗での損失の割合である．共振周波数は $13.56\,\mathrm{MHz}$ であり，コイル間距離が小さいので高効率である．ここからコイル間距離を離し $s_a = 320\,\mathrm{mm}$ にすると，図 8.3 となり，効率が急激に悪化する．そこで，図 8.4 のように中継コイルを送受電コイルの間に挿入することで，効率が改善される．図 8.4 における相互インダクタンス $L_{12} = L_{23} = 0.542\,\mu\mathrm{H}$，結合係数 $k_{12} = L_{12}/L = 0.049$，$k_{23} = L_{23}/L = 0.049$

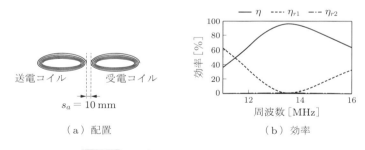

（a）配置　　　　　　　　　　　（b）効率

図 8.2　送受電コイルのみ $(s_a = 10\,\mathrm{mm})$

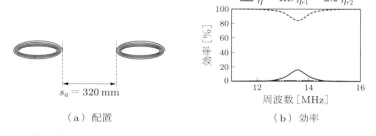

（a）配置　　　　　　　　　　　（b）効率

図 8.3　送受電コイルのエアギャップを広げたとき $(s_a = 320\,\mathrm{mm})$

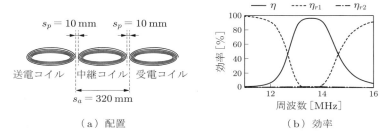

（a）配置 （b）効率

図 8.4 中継コイルと効率（$s_a = 320\,\mathrm{mm}$, $s_p = 10\,\mathrm{mm}$）

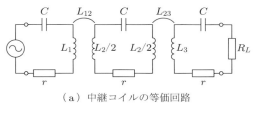

（a）中継コイルの等価回路

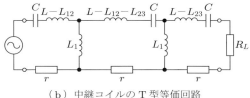

（b）中継コイルの T 型等価回路

図 8.5 クロスカップリングがないときの中継コイルの等価回路（3 個）

である．等価回路から求めた計算結果を図 8.4 に示す．クロスカップリングがほぼ無視できる場合は，中継コイルの等価回路は図 8.5 の T 型等価回路で表せる．中継コイルにおける二つの $L_2/2$ は両側への結合を意識して書かれたものなので，コイルとしては合算の L_2 となる．

8.1.2 中継コイルの直線配置（コイル n 個）

前項では，中継コイル 1 個のときについて検証したが，2 個以上の場合でも同様に等価回路で扱える．5 個，10 個と中継コイルを増やした場合の構成を図 8.6 に，その結果を図 8.7 に示す．図 8.8 に等価回路を示す．一番左が送電コイルであり，中継コイル 5 個もしくは 10 個を介して，一番右が受電コイルである．等価回路は中継コイルが n 個の場合として示してある．相互インダクタンスは $0.542\,\mathrm{\mu H}$，結合係数は 0.049，$R_L = 50\,\Omega$ である．

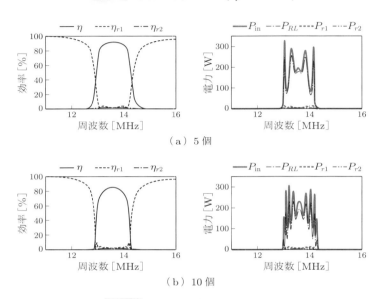

（a）中継コイル 5 型

（b）中継コイル 10 型

図 8.6　多数の中継コイル（$s_p = 10\,\mathrm{mm}$）

（a）5 個

（b）10 個

図 8.7　効率と電力（$s_p = 10\,\mathrm{mm}$）

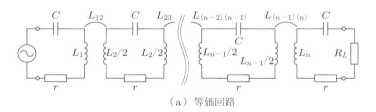

（a）等価回路

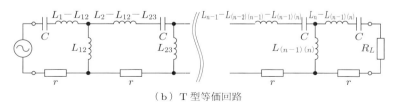

（b）T 型等価回路

図 8.8　クロスカップリングがないときの中継コイルの等価回路（n 個）

8.2 K-インバータ理論

K-インバータは，負荷側につながれたインピーダンス Z を逆数に変換し，その値に比例する機能をもった回路である．インピーダンスの逆数なので，アドミタンス $Y = Z^{-1}$ が得られる．

回路インピーダンスを変換する意味でのインバータであり，前章の DC/AC 変換のインバータとは違う事柄を指しているので，注意が必要である．

代表的な K-インバータの形が磁界共鳴にも現れているので，この K-インバータ特性を知ることが重要である[57]–[59]．

具体的な回路を図 8.9 に示す．また，入力インピーダンス Z_1 を次式に示す．

$$Z_1 = -j\omega L_m + \frac{j\omega L_m(-j\omega L_m + Z_2)}{j\omega L_m + (-j\omega L_m + Z_2)} = \frac{(\omega L_m)^2}{Z_2} = \frac{K}{Z_2} \tag{8.1}$$

$(\omega L_m)^2$ を K とおくと，非常に簡易に表すことができる．式 (8.1) からわかるとおり，K-インバータを通して負荷 Z_2 をみると，K に比例したうえで，Z_2 の逆数，つまりアドミタンスに比例した形で Z_1 を表すことができる[†1]．

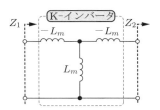

図 8.9　K-インバータの代表例

8.2.1 K-インバータによる計算方法

K-インバータを利用すると，直線状コイルの計算が簡単に行える[†2]．ここでは図 8.10 に示すような 3 コイルの場合について検討する．

K-インバータの特性を考慮すると，Z_{in3}, Z_{in2}, Z_{in1} におけるインピーダンスはそれぞれ以下となる．

$$Z_{in3} = r_3 + R_3 \tag{8.2}$$

[†1] K-インバータはインピーダンスをアドミタンスに変換したが，アドミタンスをインピーダンスに変換する J-インバータもある．また，インピーダンスとアドミタンスの変換器なので，略してイミタンス変換器ともよばれている．特定の共振周波数に対してのみ変換を行える共振形イミタンス変換器[60]や伝送線路を用いた分布定数回路で説明される 4 分の 1 波長線路を用いた変換もある．

[†2] 複数のコイルへの適応も可能である．

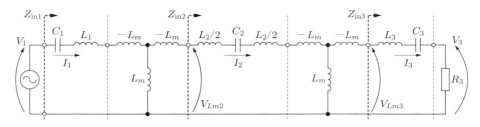

図 8.10　直線状コイルの T 型等価回路

$$Z_{\text{in}2} = r_2 + \frac{(\omega L_m)^2}{Z_{\text{in}3}} \tag{8.3}$$

$$Z_{\text{in}1} = r_1 + \frac{(\omega L_m)^2}{Z_{\text{in}2}} \tag{8.4}$$

よって，$Z_{\text{in}2}$ と $Z_{\text{in}1}$ はそれぞれ以下の式となる．

$$Z_{\text{in}2} = r_2 + \frac{(\omega L_m)^2}{r_3 + R_3} \tag{8.5}$$

$$Z_{\text{in}1} = r_1 + \frac{(\omega L_m)^2}{r_2 + \dfrac{(\omega L_m)^2}{Z_{\text{in}3}}} = r_1 + \frac{(\omega L_m)^2}{r_2 + \dfrac{(\omega L_m)^2}{r_3 + R_3}} \approx R_3 \tag{8.6}$$

$Z_{\text{in}2}$ において，1 度インピーダンスが反転しているが，$Z_{\text{in}1}$ においては，再度反転しているので，$Z_{\text{in}1}$ と $Z_{\text{in}3}$ の特性は近くなる．たとえば，$r_1 = r_2 = r_3 = 0$ とおくと，$Z_{\text{in}1} = Z_{\text{in}3} = R_3$ となることからも，$Z_{\text{in}1}$ と $Z_{\text{in}3}$ の特性が近くなることは理解できる．

　また，誘導起電力と電流の関係は，以下に示すように，コイル 1 とコイル 2 に関しては下記の式 (8.7) となり，コイル 2 とコイル 3 に関しては式 (8.8) となる．

$$V_{Lm2} = j\omega L_m I_1 \tag{8.7}$$

$$V_{Lm3} = j\omega L_m I_2 \tag{8.8}$$

各々のコイルにおける電流 I_1, I_2, I_3 は，それぞれ以下となる．

$$I_1 = \frac{V_1}{Z_{\text{in}1}} \tag{8.9}$$

$$I_2 = \frac{V_{Lm2}}{Z_{\text{in}2}} \tag{8.10}$$

$$I_3 = \frac{V_{Lm3}}{Z_{\text{in}3}} \tag{8.11}$$

負荷にかかる電圧は，次式となる．

$$V_3 = I_3 R_3 \tag{8.12}$$

入力電力 P_1 は下記の式 (8.13) であり，負荷における消費電力は式 (8.14) なので，効率は式 (8.15) となる．

$$P_1 = \mathrm{Re}\{V_1 \bar{I}_1\} \tag{8.13}$$

$$P_3 = \mathrm{Re}\{V_3 \bar{I}_3\} \tag{8.14}$$

$$\eta = \frac{P_3}{P_1} \tag{8.15}$$

このように，K-インバータ特性を軸に数式を立て，電力や効率を求めることができる．また，三つのコイルについて検討したが，n 個への拡張も同様に行うことができる．

8.2.2 デッドゾーン

K-インバータ特性を利用すると見通しがよくなることを，デッドゾーン現象を通して確認する[61]．デッドゾーンとは，中継コイルを用いて電力伝送しようとすると，電力が伝わらなくなる現象が交互に生じることを指す．地上側に中継コイルコイルが配置され，その上にある受電コイルに電力を送る場合について確認する．

まず，図 8.11 のように，受電コイルが最後にある場合は，地上側のコイルが奇数の場合も偶数の場合も電力が送られる†．電源からの入力インピーダンス $Z_{\mathrm{in}1}$ は，コイ

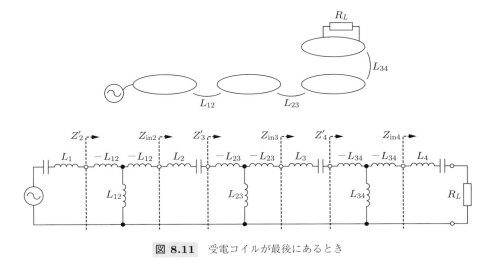

図 8.11 受電コイルが最後にあるとき

---

† 受電コイルが最後にある構成は，後述する (Odd&Odd) もしくは (Even&Even) の枠組に含まれるが，最後に負荷がある特徴に注目し，特別に先に紹介している．

ルの個数の回数インピーダンスが反転する．相互インダクタンスがすべて等しいとし，内部抵抗がない場合は，次式のようになる．

$$Z_{\mathrm{in}1} = r_1 + \cfrac{(\omega L_{12})^2}{r_2 + \cfrac{(\omega L_{23})^2}{r_3 + \cfrac{(\omega L_{34})^2}{r_4 + R_L}}} \approx \frac{(\omega L_{12})^2}{R_L} \qquad (8.16)$$

全体のコイルの個数（地上側コイルの数に受電コイル 1 個を足した数）が偶数（地上側は奇数）だとインピーダンスは反転し，式 (8.16) のようになり，全体のコイルの個数が奇数（地上側は偶数）だと式 (8.6) のように元に戻り，R_L と等しくなる．

　次に，受電コイルが最後ではなく途中にある場合についてみていく．まず，地上側のコイルが奇数個のときについて考える．このとき，奇数番目のコイルの上に受電コイルがあることをここでは Odd&Odd と記すことにし，図 8.12 のようになる．内部抵抗がない場合，受電コイル側は下記の式 (8.17) となる．地上側の三つ目のコイルは中継コイルなので，$R_3 = 0$ となる．またこのとき，Z_2' は式 (8.18) のようになる．つまり，電源からの入力インピーダンス $Z_{\mathrm{in}1}$ は，式 (8.19) のようにインピーダンスが反転するだけであり，電力が送られる．地上側コイルが奇数個のときの受電コイルが最後にある構成もここに含まれる．

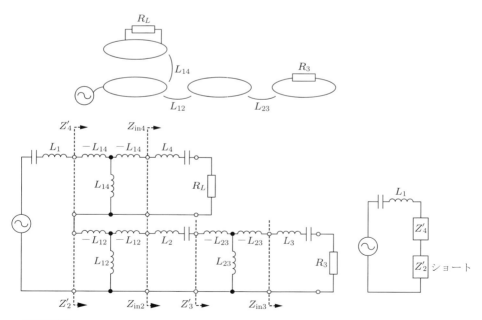

図 8.12　地上側が奇数個かつ奇数番目のコイルの上に受電コイルがあるとき (Odd&Odd)

$$Z_4' = \frac{(\omega L_{14})^2}{r_4 + R_L} \approx \frac{(\omega L_{14})^2}{R_L} \tag{8.17}$$

$$Z_2' = \frac{(\omega L_{12})^2}{r_2 + \dfrac{(\omega L_{23})^2}{r_3 + R_3}} \approx 0 \tag{8.18}$$

$$Z_{\mathrm{in1}} = r_1 + Z_4' + Z_2' \approx \frac{(\omega L_{14})^2}{R_L} \tag{8.19}$$

引き続き，地上側のコイルが奇数個のときについて考える．ただし，今度は偶数番目のコイルの上に受電コイルがあるとする (Odd&Even)．このとき，図 8.13 のようになる．内部抵抗がない場合，受電コイル側は下記の式 (8.20) となる．地上側の三つ目のコイルは中継コイルなので，$R_3 = 0$ となる．またこのとき，Z_3' は式 (8.21) のようになる．つまり，オープンの状態になってしまう．一方，電源からの入力インピー

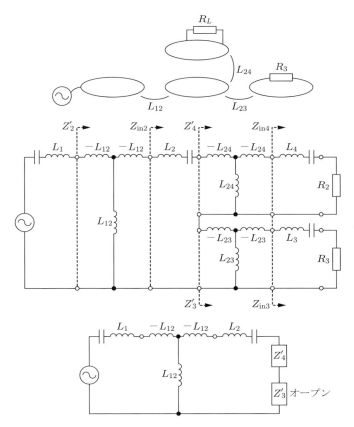

図 8.13 地上側が奇数個かつ偶数番目のコイルの上に受電コイルがあるとき (Odd&Even)

ダンス $Z_{\mathrm{in}1}$ は，式 (8.22) のようにショート状態になってしまう．つまり，負荷には電力が送られず，かつ，送電コイルのみ大電流が流れる状態になってしまう．

$$Z_4' = \frac{(\omega L_{14})^2}{r_4 + R_L} \approx \frac{(\omega L_{14})^2}{R_L} \tag{8.20}$$

$$Z_3' = \frac{(\omega L_{23})^2}{r_3 + R_3} \approx \infty \tag{8.21}$$

$$Z_{\mathrm{in}1} = r_1 + \frac{(\omega L_{12})^2}{r_2 + Z_4' + Z_3'} \approx r_1 \tag{8.22}$$

次に，地上側のコイルが偶数個のときについて考える．このとき，偶数番目のコイルの上に受電コイルがある (Even&Even) と，図 8.14 のようになる．内部抵抗がない場合，受電コイル側は下記の式 (8.23) となる．地上側の四つ目のコイルは中継コイルなので，$R_4 = 0$ となる．またこのとき，Z_3' は式 (8.24) のようになる．つまり，電源

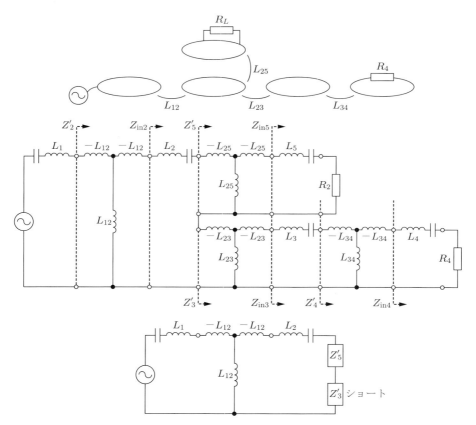

図 8.14　地上側が偶数個かつ偶数番目のコイルの上に受電コイルがあるとき (Even&Even)

からの入力インピーダンス $Z_{\text{in}1}$ は，式 (8.25) のように L_{14} と L_{25} が等しければ，R_L のままであり，電力が送られる．地上側コイルが偶数個のときの受電コイルが最後にある構成もここに含まれる．

$$Z_5' = \frac{(\omega L_{25})^2}{r_5 + R_L} \approx \frac{(\omega L_{25})^2}{R_L} \tag{8.23}$$

$$Z_3' = \frac{(\omega L_{23})^2}{r_3 + \dfrac{(\omega L_{34})^2}{r_4 + R_4}} \approx 0 \tag{8.24}$$

$$Z_{\text{in}1} = r_1 + \frac{(\omega L_{12})^2}{Z_5' + Z_3'} \approx \frac{(\omega L_{14})^2}{(\omega L_{25})^2} R_L \approx R_L \tag{8.25}$$

引き続き，地上側のコイルが偶数個のときについて考える．このとき，奇数番目のコイルの上に受電コイルがある (Even&Odd) と，図 8.15 のようになる．内部抵抗が

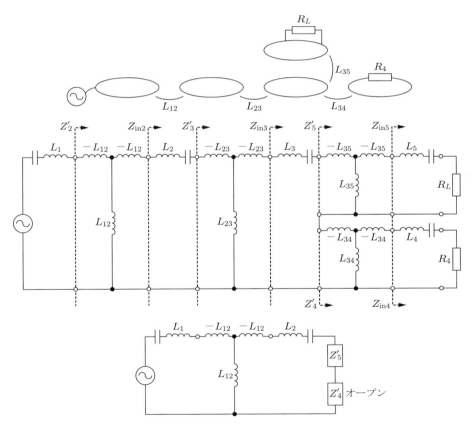

図 8.15　地上側が偶数個かつ奇数番目のコイルの上に受電コイルがあるとき (Even&Odd)

ない場合，受電コイル側は下記の式 (8.26) となる．地上側の四つ目のコイルは中継コイルなので，$R_4 = 0$ となる．またこのとき，Z_4' は式 (8.27) のようになり，オープン状態になる．つまり，電源からの入力インピーダンス $Z_{\mathrm{in}1}$ は，式 (8.28) のようにオープン状態となり，電力が送られない．

$$Z_5' = \frac{(\omega L_{35})^2}{r_5 + R_L} \approx \frac{(\omega L_{35})^2}{R_L} \tag{8.26}$$

$$Z_4' = \frac{(\omega L_{34})^2}{r_4 + R_4} \approx \infty \tag{8.27}$$

$$Z_{\mathrm{in}1} = r_1 + \cfrac{(\omega L_{12})^2}{r_2 + \cfrac{(\omega L_{23})^2}{r_3 + Z_5' + Z_4'}} \approx \frac{(\omega L_{12})^2}{(\omega L_{23})^2}(Z_5' + Z_4') \approx \infty \tag{8.28}$$

図 8.13 のような Odd&Even の場合も，図 8.15 のような Even&Odd の場合も，ともに負荷に電力は送られないデッドゾーンになる．しかし，一番最初にある送電コイルに流れる電流が，Odd&Even ではショートになり非常に危険である一方，Even&Odd ではオープンなので安全であることが大きく違う．そのため，直線状にコイルを配置するときは，地上側のコイルは偶数個にしておくのが望ましい．

このように，K-インバータは，インピーダンスを計算するときに非常に便利な方法である[†].

8.3　クロスカップリングを考慮した $\boldsymbol{Z}$ 行列による計算（コイル 3 個）

コイル 3 個における関係を，クロスカップリングも含めて考える[56]．送受電コイル間距離が大きい条件下で中継コイルを入れた場合は，送受電コイル間の結合係数はほぼ 0 であるので，その影響を無視しても問題にならず，等価回路は図 8.5 や図 8.8 のように，はしご状に T 型等価回路を並べることにより表現できたが，送電コイルと受電コイル間のクロスカップリングまで考慮した場合は，T 型等価回路では表現することが困難である．複数負荷のときにはクロスカップリングが多数発生する．そこで，本章ではクロスカップリングを考慮した場合の $\boldsymbol{Z}$ 行列を用いた等価回路について検討する．また，中継コイルは負荷の値を 0 にすることで中継コイルとなる．そこで，中継コイルを考える場合は，コイル 1 が送電コイル，コイル 2 が中継コイル，コイル 3 が受電コイルとなる（図 8.16(a)）．そして，複数負荷への給電を考える場合は，コイル

[†] 当然ながら，各々の位置のインピーダンスが求められるので，誘導起電力をインピーダンスで割ることで，各々のコイルに流れる電流が求められるため，電力や効率の計算も行える．

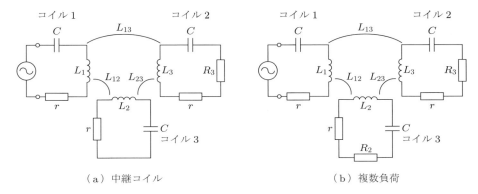

（a）中継コイル　　　　　　　　　　　（b）複数負荷

図 8.16　中継コイルと複数給電のクロスカップリングを考慮した等価回路図

1 を送電コイル，コイル 2 を受電コイル，コイル 3 をもう一つの受電コイルと考えることができる（図 8.16(b)）．送電コイルを複数にする場合は，入力の電圧を考慮することで，同様に考えることができる．

　自己インダクタンスや相互インダクタンスは，それぞれ下記の式 (8.29) で定義されている．L_1 は送電コイルの自己インダクタンス，L_2 は中継コイルまたは受電コイルの自己インダクタンス，L_3 は受電コイルの自己インダクタンスである．

$$[\boldsymbol{L}] = \begin{bmatrix} L_1 & L_{12} & L_{13} \\ L_{21} & L_2 & L_{23} \\ L_{31} & L_{32} & L_3 \end{bmatrix} \tag{8.29}$$

　$L_{12} = L_{21}$, $L_{13} = L_{31}$, $L_{23} = L_{32}$ なので，下記の式 (8.30) となる．送受電間のクロスカップリングがない場合，$L_{13} = 0$ となるので，式 (8.31) となる．

$$[\boldsymbol{L}] = \begin{bmatrix} L_1 & L_{12} & L_{13} \\ L_{12} & L_2 & L_{23} \\ L_{13} & L_{23} & L_3 \end{bmatrix} \tag{8.30}$$

$$[\boldsymbol{L}] = \begin{bmatrix} L_1 & L_{12} & 0 \\ L_{12} & L_2 & L_{23} \\ 0 & L_{23} & L_3 \end{bmatrix} \tag{8.31}$$

回路における $\boldsymbol{Z}$ パラメータは次式となる．

$$[\boldsymbol{Z}] = \begin{bmatrix} Z_{11} & Z_{12} & Z_{13} \\ Z_{21} & Z_{22} & Z_{23} \\ Z_{31} & Z_{32} & Z_{33} \end{bmatrix} \tag{8.32}$$

電圧と電流は次式で表される.

$$[\boldsymbol{V}] = \begin{bmatrix} V_1 \\ V_2 \\ V_3 \end{bmatrix}, \qquad [\boldsymbol{I}] = \begin{bmatrix} I_1 \\ I_2 \\ I_3 \end{bmatrix} \tag{8.33}$$

電圧と電流とインピーダンスとの関係は，次式となる.

$$[\boldsymbol{V}] = [\boldsymbol{Z}][\boldsymbol{I}] \tag{8.34}$$

回路における電圧はそれぞれ以下に示す式 (8.35)〜(8.39) となる. r_1 はコイル 1 の内部抵抗である. r_2, r_3 も同様である.

$$\begin{cases} V_1 = V_{L1} + V_{C1} + V_{r1} \\ V_2 = V_{L2} + V_{C2} + V_{r2} \\ V_3 = V_{L3} + V_{C3} + V_{r3} \end{cases} \tag{8.35}$$

$$\begin{cases} V_{L1} = j\omega L_1 I_1 + j\omega L_{12} I_2 + j\omega L_{23} I_3 \\ V_{L2} = j\omega L_{12} I_1 + j\omega L_2 I_2 + j\omega L_C I_3 \\ V_{L3} = j\omega L_{13} I_1 + j\omega L_{23} I_2 + j\omega L_3 I_3 \end{cases} \tag{8.36}$$

$$\begin{cases} V_{C1} = \dfrac{1}{j\omega C_1} I_1 \\ V_{C2} = \dfrac{1}{j\omega C_2} I_2 \\ V_{C3} = \dfrac{1}{j\omega C_3} I_3 \end{cases} \tag{8.37}$$

$$\begin{cases} V_{r1} = r_1 I_1 \\ V_{r2} = r_2 I_2 \\ V_{r3} = r_3 I_3 \end{cases} \tag{8.38}$$

$$\begin{cases} V_1 = j\omega L_1 I_1 + j\omega L_{12} I_2 + j\omega L_{13} I_3 + \dfrac{1}{j\omega C_1} I_1 + r_1 I_1 \\ V_2 = j\omega L_{12} I_1 + j\omega L_2 I_2 + j\omega L_{23} I_3 + \dfrac{1}{j\omega C_2} I_2 + r_2 I_2 \\ V_3 = j\omega L_{13} I_1 + j\omega L_{23} I_2 + j\omega L_3 I_3 + \dfrac{1}{j\omega C_3} I_3 + r_3 I_3 \end{cases} \tag{8.39}$$

つまり，式 (8.34) は次式のように書ける.

$$\begin{bmatrix} V_1 \\ V_2 \\ V_3 \end{bmatrix} = \begin{bmatrix} r_1 + j\omega L_1 + \dfrac{1}{j\omega C_1} & j\omega L_{12} & j\omega L_{13} \\ j\omega L_{12} & r_2 + j\omega L_2 + \dfrac{1}{j\omega C_2} & j\omega L_{23} \\ j\omega L_{13} & j\omega L_{23} & r_3 + j\omega L_3 + \dfrac{1}{j\omega C_3} \end{bmatrix} \begin{bmatrix} I_1 \\ I_2 \\ I_3 \end{bmatrix}$$

$$(8.40)$$

一方，負荷における電圧は，下記の式 (8.41) となる．コイル 2 が中継コイルの場合，負荷抵抗はないので $R_2 = 0$ とすればよい．R_2 はコイル 2 の負荷抵抗値，R_3 はコイル 3 の負荷抵抗値である．

$$\begin{cases} V_1 : 定数 \\ V_2 = -I_2 R_2 \\ V_3 = -I_3 R_3 \end{cases} \tag{8.41}$$

式 (8.39) と式 (8.41) より，次式が得られる．

$$\begin{bmatrix} V_1 \\ 0 \\ 0 \end{bmatrix}$$

$$= \begin{bmatrix} r_1 + j\omega L_1 + \dfrac{1}{j\omega C_1} & j\omega L_{12} & j\omega L_{13} \\ j\omega L_{12} & r_2 + j\omega L_2 + \dfrac{1}{j\omega C_2} + R_2 & j\omega L_{23} \\ j\omega L_{13} & j\omega L_{23} & r_3 + j\omega L_3 + \dfrac{1}{j\omega C_3} + R_3 \end{bmatrix} \begin{bmatrix} I_1 \\ I_2 \\ I_3 \end{bmatrix}$$

$$(8.42)$$

負荷を含めた $\boldsymbol{Z}$ パラメータとなったので，式 (8.42) に対応した式を，以下の式 (8.43) 〜(8.45) に再度定義し直す．

$$[\boldsymbol{V'}] = [\boldsymbol{Z'}][\boldsymbol{I}] \tag{8.43}$$

$$[\boldsymbol{I}] = [\boldsymbol{Z'}]^{-1}[\boldsymbol{V}] \tag{8.44}$$

$$[\boldsymbol{V'}] = \begin{bmatrix} V_1 \\ 0 \\ 0 \end{bmatrix}, \qquad [\boldsymbol{I}] = \begin{bmatrix} I_1 \\ I_2 \\ I_3 \end{bmatrix} \tag{8.45}$$

電力の関係式は，それぞれ以下の式で得られる．

$$
\begin{cases}
P_1 = \mathrm{Re}\{V_1\overline{I}_1\} \\
P_2 = P_{R2} = \mathrm{Re}\{V_2(-\overline{I}_2)\} \\
P_3 = P_{R3} = \mathrm{Re}\{V_3(-\overline{I}_3)\}
\end{cases}
\tag{8.46}
$$

各々のコイルにおける効率の式は，次式となる．

$$
\begin{cases}
\eta_{21} = \dfrac{P_2}{P_1} \\[2mm]
\eta_{31} = \dfrac{P_3}{P_1}
\end{cases}
\tag{8.47}
$$

総合効率は次式となる．

$$
\eta = \eta_{21} + \eta_{31}
\tag{8.48}
$$

とくに，共振時を考えることが多い．共振条件は次式である．

$$
j\omega L_n + \frac{1}{j\omega C_n} = 0
\tag{8.49}
$$

そのため，共振条件下では，次式のように書き直すことができる．

$$
\begin{cases}
V_1 = j\omega L_{12}I_2 + j\omega L_{13}I_3 + r_1 I_1 \\
V_2 = j\omega L_{12}I_1 + j\omega L_{23}I_3 + r_2 I_2 \\
V_3 = j\omega L_{13}I_1 + j\omega L_{23}I_2 + r_3 I_3
\end{cases}
\tag{8.50}
$$

行列で表すと次式となる．

$$
\begin{bmatrix} V_1 \\ 0 \\ 0 \end{bmatrix}
=
\begin{bmatrix}
r_1 & j\omega L_{12} & j\omega L_{13} \\
j\omega L_{12} & r_2 + R_2 & j\omega L_{23} \\
j\omega L_{13} & j\omega L_{23} & r_3 + R_3
\end{bmatrix}
\begin{bmatrix} I_1 \\ I_2 \\ I_3 \end{bmatrix}
\tag{8.51}
$$

以上の式で複数給電も中継コイルも求めることができる．注意点は，送受電間のクロスカップリングがない場合，$L_{13} = 0$ となることと，中継コイルとして使用する際には，そのコイルの負荷抵抗値を 0 にすることである．たとえば，コイル 2 が中継コイルとして動作するときは $R_2 = 0$ とすればよい．その場合，式 (8.51) は次式となる．

$$
\begin{bmatrix} V_1 \\ 0 \\ 0 \end{bmatrix}
=
\begin{bmatrix}
r_1 & j\omega L_{12} & j\omega L_{13} \\
j\omega L_{12} & r_2 & j\omega L_{23} \\
j\omega L_{13} & j\omega L_{23} & r_3 + R_3
\end{bmatrix}
\begin{bmatrix} I_1 \\ I_2 \\ I_3 \end{bmatrix}
\tag{8.52}
$$

8.4 相互インダクタンスのプラスとマイナス

中継コイルを使用しない場合，送電コイルと受電コイルの2素子での電力伝送となるので，相互インダクタンスの符号の正負はどちらであっても，電力伝送効率としては同じ周波数特性をもつため，符号に関しては考慮する必要がなかった．図8.17に等価回路において相互インダクタンスをプラスとマイナスにしたときの結果を示す．結合係数 k は 0.092 であり，相互インダクタンスは $L_m = 1.019\,\mu\mathrm{H}$，もしくは $L_m = -1.019\,\mu\mathrm{H}$ である．本章で使用しているのは，図6.2で示した2層構造のオープンタイプのスパイラルコイルである．図8.17(a) は横からみた図である．これらの結果から，効率と電力を考えるにあたって，相互インダクタンスの符号に関して，送受電コイルのみの場合においては影響を無視できることが実際にわかる．

しかしながら，中継コイルを使用すると符号を無視できない場合が生じる[56]．そこで，コイル近傍の磁界の振る舞いを確認する．送受電コイルのパラメータを図8.18とすると，垂直方向と水平方向における電力伝送の効率分布は図8.19となる．ただし，

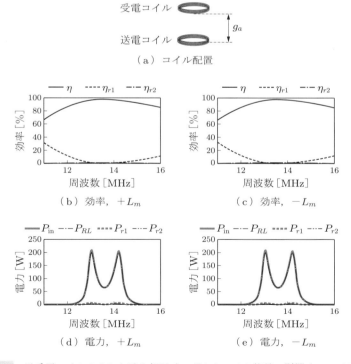

図 8.17 送受電コイルのみにおける相互インダクタンスの符号の影響 ($g_a = 150\,\mathrm{mm}$)

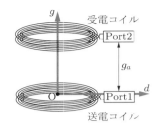

図 8.18　送受電コイルのパラメータ

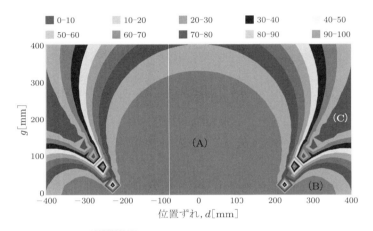

図 8.19　d 軸と g 軸における効率分布

図 8.19 における効率分布は，負荷の値を 50 Ω に統一したときの値であり，動作周波数も適宜調整している．受電コイルの位置が，垂直方向に位置する図 8.19 の (A) の場合と水平方向に位置する図 8.19 の (B) の場合では高効率の電力伝送であるが，受電コイルの位置が垂直方向から水平方向へと推移する箇所である図 8.19 の (C) において，効率が急激に悪化するヌル方向がある．幾何学的に磁界の貫ける方向は決まってくるため，磁界の振る舞いを考察すると概形図は図 8.20 となる．図 8.20(a) のように，送電コイルと受電コイルの下側から同じ向きのループ C_g のように磁束 H_g が貫く場合と，図 8.20(b) のように，送電コイルは下から磁束 H_s が貫き，受電コイルは上から磁束 H_s が貫くループ C_s の場合がある．図 8.20(a) の状態は，図 8.19 の (A) に対応し，図 8.20(b) の状態は，図 8.19 の (B) に対応するため，それぞれにおいては，高効率の電力伝送となる．一方，ヌル方向においては，図 8.20(c) のように磁界の貫く量が，同じ向き C_g と逆の向き C_s で相殺されることと等価となり，図 8.19 の (C) のように効率が低くなる．

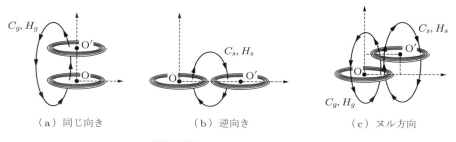

図 8.20　磁束の鎖交の 3 種類

　送電コイルと受電コイルのみの場合は，磁束の向きは一定方向になるため，常に相互インダクタンスはプラスで考えても支障はないが，中継コイルが介在する場合は，磁束の向きが逆向きになる場合がある．そこで，次項から，等価回路にするにあたって，垂直方向への配置と平面方向への配置に関して，磁束の向きと相互インダクタンス L_m の符号の影響について示す．

8.4.1 ┃ 垂直方向と $+L_m$

　垂直方向における中継コイルの等価回路について検証する．まず，垂直方向における中継コイルの効果を確認するために，図 8.21 に中継コイルの有無における電力伝送

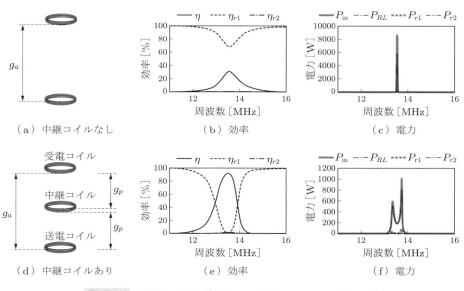

図 8.21　中継コイルの効果（$g_a = 610\,\mathrm{mm}$, $g_p = 300\,\mathrm{mm}$）

効率を示す．送受電コイル間距離 $g_a = 610\,\mathrm{mm}$ とした場合は，図 (a)～(c) のように電力伝送効率は非常に悪いが，送受電コイルの中間に中継コイルを配置し，送電コイルと中継コイルもしくは受電コイルと中継コイル間距離 $g_p = 300\,\mathrm{mm}$ とすると，図 (d)～(f) のように電力伝送距離が延び，垂直方向における中継コイルの効果が確認される．ここでの計算はクロスカップリングを考慮している．

次に，送電コイルと受電コイルのクロスカップリングの影響を評価するために，送電コイルと受電コイルの影響が現れやすい距離までエアギャップを小さくしたとき，つまり図 8.22 に示す $g_p = 150\,\mathrm{mm}$, $g_a = 310\,\mathrm{mm}$ で検討を行う．

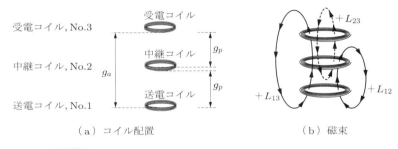

（a）コイル配置　　　　　　　（b）磁束

図 8.22　中継コイルの垂直配置 ($g_p = 150\,\mathrm{mm}$, $g_a = 310\,\mathrm{mm}$)

送受電コイル間の結合に関して，$g_a = 310\,\mathrm{mm}$ のとき，$L_{13} = 0.271\,\mu\mathrm{H}$, $k_{13} = 0.025$ である．送電コイルと中継コイル間の結合と中継コイルと受電コイル間の結合に関しては，$g_p = 150\,\mathrm{mm}$ としたとき，$L_{12} = L_{23} = 1019\,\mu\mathrm{H}$, $k_{12} = k_{23} = 0.092$ である．

クロスカップリングを考慮した等価回路から求めた計算結果を図 8.23 に示す．ここでは，相互インダクタンスの符号についても考察するため，図 8.23(a) には相互インダクタンスがプラスの場合を，図 8.23(b) には相互インダクタンスがマイナスである場合を示す．垂直配置の場合は，送電コイルが受電コイルに鎖交することで発生する誘導起電力が作り出す磁束の向きと，送電コイルが中継コイルに鎖交することで発生する誘導起電力が作り出す磁束の向きが両方下向きで一致しているため，相互インダクタンスはプラスとなる．つまり，図 8.23(a) が正しいグラフである．符号を逆にした結果は，共振周波数を中心に反転したカーブを描いてしまっている．

また，クロスカップリングを無視した等価回路から求めた結果を図 8.24 に示す．このとき，$k_{13} = 0$ である．送受電コイル間結合に，無視できない程度の結合が存在している場合，このように等価回路においてクロスカップリングを無視すると一致しない．

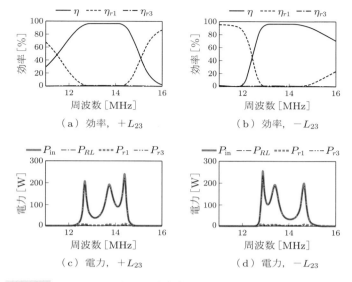

（a）効率，$+L_{23}$　　　　　　　（b）効率，$-L_{23}$

（c）電力，$+L_{23}$　　　　　　　（d）電力，$-L_{23}$

図 **8.23**　クロスカップリングを考慮した場合の垂直配置した中継コイル
（$g_p = 150\,\mathrm{mm}$, $g_a = 310\,\mathrm{mm}$）

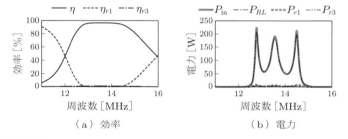

（a）効率　　　　　　　　　　　（b）電力

図 **8.24**　クロスカップリングを無視した場合の垂直配置した中継コイル
（$g_p = 150\,\mathrm{mm}$, $g_a = 310\,\mathrm{mm}$）

8.4.2 ┃ 水平方向と $-L_m$

水平方向における中継コイルの等価回路について検証する．送受電コイル間のクロスカップリングの影響を確認するために，伝送距離を小さくしたときで検討を行う．まず，$s_a = 10\,\mathrm{mm}$, $s_p = 10\,\mathrm{mm}$ のときの構成図，磁束のようすを図 8.25 に示す．左下が送電コイルで右下が受電コイルで上方向にあるのが中継コイルである．

クロスカップリングを考慮した図 8.25 の，構成時における結合に関するパラメータは，$k_{12} = k_{13} = k_{23} = 0.049$, $L_{12} = L_{13}$, $-L_{23} = -0.542\,\mathrm{\mu H}$ である．各々のパラメータのときにおいてクロスカップリングを考慮した結果を図 8.26 に示す．ここで

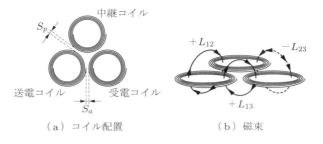

（a）コイル配置　　　　　　　　（b）磁束

図 8.25　中継コイルの水平配置 ($s_a = 10\,\mathrm{mm}$, $s_p = 10\,\mathrm{mm}$)

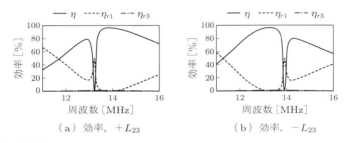

（a）効率，$+L_{23}$　　　　　　　（b）効率，$-L_{23}$

図 8.26　クロスカップリングを考慮した場合の水平配置した中継コイル
（$s_a = 10\,\mathrm{mm}$, $s_p = 10\,\mathrm{mm}$）

は，相互インダクタンスの符号を考察するため，図 8.26(a) は相互インダクタンスがプラスで，図 8.26(b) は相互インダクタンスがマイナスである．水平配置の場合は，送電コイルから発生した磁束が中継コイルと受電コイルに伝わった後，それらのコイルから発生する磁界の貫く向きが中継コイル受電コイル間で逆の方向となるため，各コイルによって誘起される誘導起電力が作り出す磁束の向きも逆の方向となり，相互インダクタンスはマイナスとなるので，図 8.26(b) が正しい．

　次に，送受電コイル間のクロスカップリングを無視した等価回路から求めた結果を図 8.27 に示す．このとき，$k_{13} = L_{13} = 0$ とする．送受電コイル間の結合が強いこの

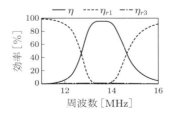

図 8.27　クロスカップリングを無視した場合の水平配置した中継コイル
（$s_a = 10\,\mathrm{mm}$, $s_p = 10\,\mathrm{mm}$）

ような構成では，等価回路においてクロスカップリングを無視するとまったく一致しない．

8.4.3 垂直方向と水平方向の配置の組み合わせ

垂直配置と水平配置を混在させた場合について検証する．図8.28(a)(b) に送電コイルと中継コイルを平面配置し，その距離 $s_p = 10\,\mathrm{mm}$ とし，中継コイルと受電コイルを垂直に配置し，その距離 $g_p = 200\,\mathrm{mm}$ とした場合のコイル配置と結合のようすと電力伝送効率を示す．送電コイルから発生した磁束が作り出す中継コイルと受電コイルの磁束の向きより，中継コイルと受電コイル間の磁束は逆向きになるため，相互インダクタンスはマイナスになる．等価回路の計算結果を図8.28(c)(d) に示す．$k_{12} = 0.049$，$k_{13} = 0.0044$，$k_{23} = 0.058$，$L_{12} = 0.542\,\mathrm{\mu H}$，$L_{13} = 0.480\,\mathrm{\mu H}$，$-L_{23} = -0.643\,\mathrm{\mu H}$ である．中継コイルと受電コイル間の相互インダクタンスをマイナスにした結果が図 (c) であり，すべての相互インダクタンスの符号を逆転した結果が図 (d) である．このように，水平と垂直配置が混在しても磁束の向きで相互インダクタンスを決定することにより，同様に計算することが可能である．

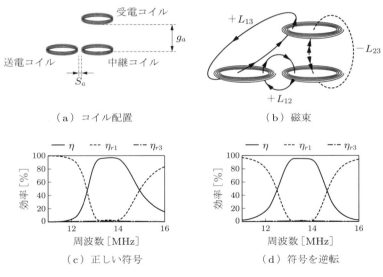

（a）コイル配置 （b）磁束

（c）正しい符号 （d）符号を逆転

図 8.28 垂直と水平配置 ($s_p = 10\,\mathrm{mm}$, $g_p = 200\,\mathrm{mm}$)

中継コイルが一つの場合，本提案のコイルパラメータでは波形の変化が小さいため，中継コイルをさらにもう一つ増やし，変化が大きい場合の結果を図8.29に示す．コイル総数が4個に増えたため，3次正方行列ではなく4次正方行列に拡張して計算している．

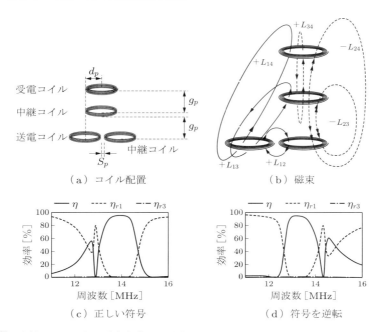

（a）コイル配置　　　　　　　　（b）磁束

（c）正しい符号　　　　　　　　（d）符号を逆転

図 **8.29**　中継コイル 2 個，垂直と水平配置時（$s_a = 10\,\text{mm}$, $d_p = 200\,\text{mm}$, $g_p = 150\,\text{mm}$）

このとき，$L_{12} = 0.542\,\mu\text{H}$, $L_{13} = 0.306\,\mu\text{H}$, $L_{14} = 0.147\,\mu\text{H}$, $-L_{23} = -0.711\,\mu\text{H}$, $-L_{24} = -0.223\,\mu\text{H}$, $L_{34} = 1.019\,\mu\text{H}$ である．

8.4.4 ┃ 複数給電の等価回路（コイル 3 個）

前項までは，中継コイルを扱ったが，本項は複数コイルを検討する．また，8.3 節で示したように，中継コイルと複数コイルは，同じ等価回路の枠組みで扱うことができる．複数負荷への給電なので，それぞれの受電コイルに負荷が接続されている場合を想定する．コイルの配置やパラメータや磁束の向きは図 8.22 と同じである．ただし，今回は No.2 は中継コイルではなく，負荷の接続されたコイルとする．コイル No.2 の負荷抵抗を R_2，コイル No.3 の負荷抵抗を R_3 とする．負荷を変動させたときの結果を図 8.30 に示す．コイルすべてのパラメータが $50\,\Omega$ の場合と，$R_2 = 200\,\Omega$, $R_3 = 50\,\Omega$ の場合，$R_2 = 50\,\Omega$, $R_3 = 200\,\Omega$ について示した．このように，8.3 節で示した式を用いて複数負荷も計算することができる．

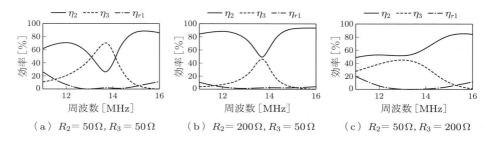

図 8.30 垂直方向における複数コイルの等価回路結果 ($g_p = 150\,\mathrm{mm}$, $g_a = 310\,\mathrm{mm}$)

8.5 クロスカップリングを考慮した Z 行列による計算（コイル n 個）

これまでの議論はコイル 3 個のみであった．しかしながら，コイルがそれ以上の n 個になっても，また，複数の中継コイルと複数負荷が共存していても，これまで述べてきた議論は同様にできる．本節では，一般化された n 個のコイルの式を Z 行列を用いて示す．

複数負荷における等価回路は図 8.31 のようになる．ただし，$n = 6$ のときを図示した．また，そのときのすべての箇所におけるクロスカップリングを考慮した自己インダクタンスと相互インダクタンスは，下記の式 (8.53) のようになる．添え字の $n = 1$

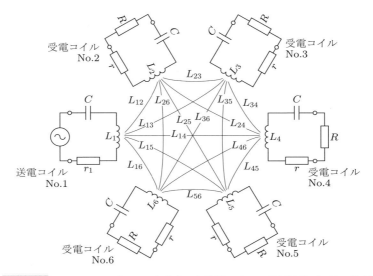

図 8.31 クロスカップリングを考慮した複数コイルの等価回路（6 個の場合）

は送電コイル，$n = 2, 3, 4 \ldots$ は受電コイルを表す.

$$[\boldsymbol{L}] = \begin{bmatrix} L_1 & L_{12} & L_{13} & \cdots & L_{1n} \\ L_{12} & L_2 & L_{23} & \cdots & L_{2n} \\ L_{13} & L_{23} & L_3 & \cdots & L_{3n} \\ \vdots & \vdots & \vdots & \ddots & \vdots \\ L_{1n} & L_{2n} & L_{3n} & \cdots & L_n \end{bmatrix} \tag{8.53}$$

　各コイルの負荷を除いた箇所のインピーダンスを $\boldsymbol{Z}$ で表し，そのときの電圧 $\boldsymbol{V}$ と電流 $\boldsymbol{I}$ は，それぞれ式 (8.54)，(8.55) となり，その関係は式 (8.56) で表される. その際，電圧 $\boldsymbol{V}$ の各要素は式 (8.57) となり，V_n と V_{Ln} と V_{Cn} と V_{rn} との関係は以下の式 (8.58)〜(8.60) となる. ω は角周波数である.

$$[\boldsymbol{Z}] = \begin{bmatrix} Z_{11} & Z_{12} & Z_{13} & \cdots & Z_{1n} \\ Z_{21} & Z_{22} & Z_{23} & \cdots & Z_{2n} \\ Z_{31} & Z_{32} & Z_{33} & \cdots & Z_{3n} \\ \vdots & \vdots & \vdots & \ddots & \vdots \\ Z_{n1} & Z_{n2} & Z_{n3} & \ddots & Z_{nn} \end{bmatrix} \tag{8.54}$$

$$[\boldsymbol{V}] = \begin{bmatrix} V_1 \\ V_2 \\ V_3 \\ \vdots \\ V_n \end{bmatrix}, \qquad [\boldsymbol{I}] = \begin{bmatrix} I_1 \\ I_2 \\ I_3 \\ \vdots \\ I_n \end{bmatrix} \tag{8.55}$$

$$[\boldsymbol{V}] = [\boldsymbol{Z}][\boldsymbol{I}] \tag{8.56}$$

$$\begin{cases} V_1 = V_{L1} + V_{C1} + V_{r1} \\ V_n = V_{Ln} + V_{Cn} + V_{rn} \end{cases} \tag{8.57}$$

$$\begin{cases} V_{L1} = j\omega L_1 I_1 + j\omega L_{12} I_2 + j\omega L_{13} I_3 + \cdots + j\omega L_{1n} I_n \\ V_{L2} = j\omega L_{12} I_1 + j\omega L_2 I_2 + j\omega L_{23} I_3 + \cdots + j\omega L_{2n} I_n \\ \qquad\qquad \vdots \\ V_{Ln} = j\omega L_{1n} I_1 + j\omega L_{2n} I_2 + j\omega L_{3n} I_3 + \cdots + j\omega L_n I_n \end{cases} \tag{8.58}$$

$$\begin{cases} V_{C1} = \dfrac{1}{j\omega C_1} I_1 \\[3mm] V_{Cn} = \dfrac{1}{j\omega C_n} I_n \end{cases} \tag{8.59}$$

$$\begin{cases} V_{r1} = r_1 I_1 \\[2mm] V_{rn} = r_n I_n \end{cases} \tag{8.60}$$

式 (8.57) に式 (8.58)〜(8.60) を代入すると，次式が得られる．

$$\begin{cases} V_1 = j\omega L_1 I_1 + j\omega L_{12} I_2 + j\omega L_{13} I_3 + \cdots + j\omega L_{1n} I_n + \dfrac{1}{j\omega C_1} I_1 + r_1 I_1 \\[3mm] V_2 = j\omega L_{12} I_1 + j\omega L_2 I_2 + j\omega L_{23} I_3 + \cdots + j\omega L_{2n} I_n + \dfrac{1}{j\omega C_2} I_2 + r_2 I_2 \\[3mm] \quad\vdots \\[1mm] V_n = j\omega L_{1n} I_1 + j\omega L_{2n} I_2 + j\omega L_{3n} I_3 + \cdots + j\omega L_n I_n + \dfrac{1}{j\omega C_n} I_n + r_n I_n \end{cases} \tag{8.61}$$

本検討は，共振条件下で動作させることを目的にしているので，自己インダクタンス L_n によるリアクタンスとキャパシタンス C_n によるリアクタンスは下記の式 (8.62) のように，互いに打ち消し合い，式 (8.63) に集約される．

$$j\omega L_n + \dfrac{1}{j\omega C_n} = 0 \tag{8.62}$$

$$\begin{cases} V_1 = 0 + j\omega L_{12} I_2 + j\omega L_{13} I_3 + \cdots + j\omega L_{1n} I_n + r_1 I_1 \\[2mm] V_2 = j\omega L_{12} I_1 + 0 + j\omega L_{23} I_3 + \cdots + j\omega L_{2n} I_n + r_2 I_2 \\[2mm] \quad\vdots \\[1mm] V_n = j\omega L_{1n} I_1 + j\omega L_{2n} I_2 + j\omega L_{3n} I_3 + \cdots + 0 + r_n I_n \end{cases} \tag{8.63}$$

一方，各コイルに接続される負荷の電圧は下記の式 (8.64) で表される．よって，式 (8.62) と次の式 (8.64) より，式 (8.65) が得られる．

$$\begin{cases} V_1 = V_1 \\[2mm] V_n = -I_n R_n \end{cases} \tag{8.64}$$

$$
\begin{cases}
V_1 = 0 + j\omega L_{12}I_2 + j\omega L_{13}I_3 + \cdots + j\omega L_{1n}I_n + r_1 I_1 \\
0 = j\omega L_{12}I_1 + 0 + j\omega L_{23}I_3 + \cdots + j\omega L_{2n}I_n + r_2 I_2 + R_2 I_2 \\
\qquad \vdots \\
0 = j\omega L_{1n}I_1 + j\omega L_{2n}I_2 + j\omega L_{3n}I_3 + \cdots + 0 + r_n I_n + R_n I_n
\end{cases}
\tag{8.65}
$$

ここで，式 (8.65) の電圧 $\boldsymbol{V'}$，インピーダンス $\boldsymbol{Z'}$，電流 $\boldsymbol{I}$ を下記の式 (8.66) のように再定義すると，式 (8.67) のようにまとめて表すことができる．当然ながら，電流 $\boldsymbol{I}$ は式 (8.56) のときと変わらない．

$$
[\boldsymbol{V'}] = [\boldsymbol{Z'}][\boldsymbol{I}]
\tag{8.66}
$$

$$
\begin{bmatrix} V_1 \\ 0 \\ 0 \\ \vdots \\ 0 \end{bmatrix}
=
\begin{bmatrix}
r_1 & j\omega L_{12} & j\omega L_{13} & \cdots & j\omega L_{1n} \\
j\omega L_{12} & r_2 + R_2 & j\omega L_{23} & \cdots & j\omega L_{2n} \\
j\omega L_{13} & j\omega L_{23} & r_3 + R_3 & \cdots & j\omega L_{3n} \\
\vdots & \vdots & \vdots & \ddots & \vdots \\
j\omega L_{1n} & j\omega L_{2n} & j\omega L_{3n} & \cdots & r_n + R_n
\end{bmatrix}
\begin{bmatrix} I_1 \\ I_2 \\ I_3 \\ \vdots \\ I_n \end{bmatrix}
\tag{8.67}
$$

電圧 $\boldsymbol{V'}$，電流 $\boldsymbol{I}$ は以下の式 (8.68) となる．式 (8.69) より，各負荷の電流を求めることができる．

$$
[\boldsymbol{V'}] = \begin{bmatrix} V_1 \\ 0 \\ 0 \\ \vdots \\ 0 \end{bmatrix}, \qquad
[\boldsymbol{I}] = \begin{bmatrix} I_1 \\ I_2 \\ I_3 \\ \vdots \\ I_n \end{bmatrix}
\tag{8.68}
$$

$$
[\boldsymbol{I}] = [\boldsymbol{Z'}]^{-1}[\boldsymbol{V}]
\tag{8.69}
$$

以下に示す式 (8.70) で入力電力 P_1 と各負荷で消費される電力 P_n が求められる．各コイルの内部抵抗で消費される電力は式 (8.71) で表される．以上より，各負荷での効率 η_{n1} は式 (8.72) となり，総合効率 η は式 (8.73) となる．

$$
\begin{cases}
P_1 = \mathrm{Re}\{V_1 \bar{I}_1\} \\
P_n = P_{Rn} = \mathrm{Re}\{V_n(-\bar{I}_n)\}
\end{cases}
\tag{8.70}
$$

$$
\begin{cases}
P_{r1} = \mathrm{Re}\{V_{r1} \bar{I}_1\} \\
P_{rn} = \mathrm{Re}\{V_{rn}(-\bar{I}_n)\}
\end{cases}
\tag{8.71}
$$

$$\begin{cases} \eta_{21} = \dfrac{P_2}{P_1} \\ \quad\vdots \\ \eta_{n1} = \dfrac{P_n}{P_1} \end{cases} \tag{8.72}$$

$$\eta = \eta_{21} + \cdots + \eta_{n1} = \sum_{m=2}^{n} \eta_{m1} \tag{8.73}$$

ここでは，6 個のコイルを使用して中継コイルの個数と複数負荷の個数と負荷の値を変化させた例を示す．垂直方向と水平方向が組み合わさった構成を図 8.32 に示す．この場合，磁束の向きを考慮した相互インダクタンスの値は，$L_{12} = -L_{34} = -L_{56} = 0.542\,\mu\mathrm{H}$, $L_{13} = -L_{24} = L_{35} = L_{46} = 1.019\,\mu\mathrm{H}$, $L_{14} = -L_{23} = L_{36} = L_{45} = 0.011\,\mu\mathrm{H}$, $L_{15} = -L_{26} = 0.271\,\mu\mathrm{H}$, $L_{16} = -L_{25} = 0.062\,\mu\mathrm{H}$ である．インピーダンスの値をすべて $50\,\Omega$ にした場合，$Z_{05} = Z_{06} = 50\,\Omega$, $Z_{02} = Z_{03} = Z_{04} = 0\,\Omega$ にした場合，$Z_{05} = 200\,\Omega$, $Z_{06} = 300\,\Omega$, $Z_{02} = Z_{03} = Z_{04} = 0\,\Omega$ にした場合の等価回路計算結果を，図 8.33 に示す．インピーダンス $0\,\Omega$ は中継コイルを意味している．このように，複数コイルが多数になっても問題なく計算することが可能である．

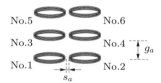

図 8.32 垂直方向における複数コイルと中継コイル
（$s_a = 10\,\mathrm{mm}$, $g_a = 150\,\mathrm{mm}$）

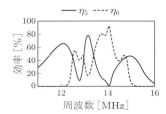

（a）$Z_{02} = Z_{03} = \cdots = Z_{06} = 50\,\Omega$　　（b）$Z_{05} = Z_{06} = 50\,\Omega$,
$Z_{02} = Z_{03} = Z_{04} = 0\,\Omega$

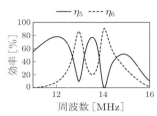

（c）$Z_{05} = 200\,\Omega,\ Z_{06} = 300\,\Omega$,
$Z_{02} = Z_{02} = Z_{04} = 0\,\Omega$

図 8.33　垂直方向における複数コイルと中継コイルの計算結果

9 複数給電の応用

前章においては，中継コイルと複数給電の基礎について述べた．本章においては，複数のコイルが増えてきたときにおける現象や，現実的な課題にフォーカスして述べる．前半では，受電コイルが複数のときの複数給電のときに生じる効率が向上する現象について述べる．後半では，受電コイル間の距離が近づいたときに生じるクロスカップリングの影響について，そして，そのクロスカップリングをキャンセリングするクロスカップリングキャンセリング法について述べる．

9.1 複数給電時の効率の向上

高効率の電力伝送を実現させるには Q 値の高いコイルが必要になるが，Q 値の高いコイルによる高効率化というアプローチにも限界がある．一方，複数の負荷への給電を考えると，Q 値に頼らない方法で総合効率を向上させる方法がある．それは，受電コイルを増やすことである．本節では複数負荷への給電によって総合効率を向上させる現象，もしくは，方法について述べる[64]．

図 9.1 のように，大きな送電コイルを使い一括で複数の小さな受電コイルとその負荷に給電するケースについて述べる．

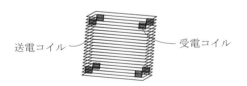

送電コイル ——　　　　　　　—— 受電コイル

図 9.1　送電コイルと 8 個の受電コイル

本節で述べる総合効率は，送電電力に対する複数の受電コイルの負荷で消費される総電力の割合である．送電電力を P_1 とし，送電側の内部抵抗による電力損失を P_{r1} とし，n 個目の受電コイルにつながれた抵抗で消費される電力を P_n とし，その内部抵抗による電力損失を P_{rn} とする．つまり，添え字の $n = 1$ は送電コイル，$n = 2, 3, 4, \ldots$ は受電コイルを表す．また，すべてのコイルの個数を n 個とし，送電コイル 1 個，受電コイル $(n-1)$ 個とすると，総合効率は以下の式 (9.1) で定義される．たとえば，受

電コイルが二つの場合は，式 (9.2) となる．

$$\eta = \frac{\displaystyle\sum_{m=2}^{n} P_m}{P_1} = \frac{\displaystyle\sum_{m=2}^{n} P_m}{P_{r1} + \displaystyle\sum_{m=2}^{n} P_{rm} + \displaystyle\sum_{m=2}^{n} P_m} \tag{9.1}$$

$$\eta = \frac{P_2 + P_3}{P_1} = \frac{P_2 + P_3}{P_{r1} + P_{r2} + P_{r3} + P_2 + P_3} \tag{9.2}$$

9.1.1 ┃ 本節で考えるモデル

　図 9.2 に，送電コイルと受電コイルが一対一の場合と受電コイルの拡大図を示す．こ
こでは，大きさの違いを示すために受電コイルを中央に配置しているが，この後の検討
では受電コイルの配置は変更する．共振周波数は送受ともに 200 kHz とし，共振周波数
で動作させる．送電コイルは 500 mm × 500 mm × 500 mm のキューブ状とする．巻数
は 20 巻，線の幅 15.0 mm，厚み 1.0 mm の平角アルミ線，外付けのコンデンサで共振さ
せるショートタイプである．受電コイルは，1/10 サイズの 50 mm × 50 mm × 50 mm
のキューブ状コイルとし，ショートタイプである．巻数は 20 巻，線の太さは半径 1 mm
の銅線である．送電コイルと受電コイルの詳細なパラメータを表 9.1 に示す†．送電コ
イルの自己インダクタンスと外付けコンデンサと内部抵抗と Q 値をそれぞれ L_1, C_1,
r_1, Q_1 で表し，受電コイルの自己インダクタンスと外付けコンデンサと内部抵抗と Q
値を L_n, C_n, r_n, Q_n で表す．

　再び 8 個の受電コイルをもつ機構を考える．受電コイルの空間配置の説明図を図
9.3(a) に示す．下から点 A, B, C, . . . とし，受電コイルの中心位置が 400 mm ごとに
配置される箇所を設定する．一番外枠の破線の立方体が送電コイルの位置である．図
(b) にコイル内の磁束が一致するところに受電コイルを配置したモデルを示す．コイ
ル内部の磁界は一様ではないが，中心に対して対象な位置関係であれば，鎖交する磁

受電コイル ──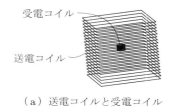

送電コイル ──

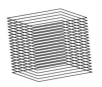

（a）送電コイルと受電コイル　　　（b）受電コイル拡大

図 9.2　キューブ状コイル

---

† ピッチは線の中心間距離である．

表 **9.1**　送電コイルと受電コイルのパラメータ

(a) 送電コイル

縦，横，高さ [mm]	$500 \times 500 \times 500$
巻数	20
線の厚み [mm]	1.0
線の幅 [mm]	15.0
線間距離 [mm]	10.5
L_1 [μH]	168.85
C_1 [nF]	3.75
r_1 [Ω]	2.13
Q_1	99.46

(b) 受電コイル

縦，横，高さ [mm]	$50 \times 50 \times 50$
巻数	20
線の半径 [mm]	1.0
ピッチ [mm]	2.6
L_n [μH]	17.57
C_n [nF]	36.05
r_n [Ω]	0.52
Q_n	42.12

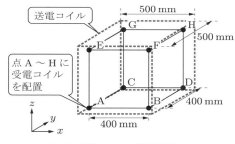

（a）受電コイルの配置位置

（b）受電コイルの配置箇所
（結合係数が等しい位置）

1）送電コイル

2）受電コイル

（c）実際のキューブ状コイル

図 **9.3**　受電コイルの配置位置

束は一致する．図 (b) のモデルの場合，鎖交する磁束は等しいため，等価回路計算において は，送電コイルと受電コイルとの結合係数はどれも同じになり，$k = 0.032$ となる．この配置では受電コイル間の結合，クロスカップリングの結合係数は小数点以下第 3 位までみても 0.000 となるので，クロスカップリングはないとみなせる．送電コイル L_1 と受電コイル L_n の相互インダクタンス L_m の関係は次式となる．

$$k = \frac{L_m}{\sqrt{L_1 L_n}} \tag{9.3}$$

各受電コイルに接続される負荷の値も同じとする．図 9.3(c) に使用したコイルの写真を示す．送電コイルの材質はアルミなので軽く，重量は 1.6 kg である．

本節では，このモデルを適宜具体例として解説する．

9.1.2 ｜ 総合効率と最適負荷値の式の導出

8.5 節で示したように，複数負荷における等価回路は図 8.31 のようになり，下記の式 (9.4) のようになる．しかしながら，今回は，受電コイル間のクロスカップリングが無視できる領域で考えるので，等価回路は図 9.4 となり，式 (9.5) となる．

$$[\boldsymbol{L}] = \begin{bmatrix} L_1 & L_{12} & L_{13} & \cdots & L_{1n} \\ L_{12} & L_2 & L_{23} & \cdots & L_{2n} \\ L_{13} & L_{23} & L_3 & \cdots & L_{3n} \\ \vdots & \vdots & \vdots & \ddots & \vdots \\ L_{1n} & L_{2n} & L_{3n} & \cdots & L_n \end{bmatrix} \tag{9.4}$$

$$[\boldsymbol{L}] = \begin{bmatrix} L_1 & L_{12} & L_{13} & \cdots & L_{1n} \\ L_{12} & L_2 & 0 & \cdots & 0 \\ L_{13} & 0 & L_3 & \cdots & 0 \\ \vdots & \vdots & \vdots & \ddots & \vdots \\ L_{1n} & 0 & 0 & \cdots & L_n \end{bmatrix} \tag{9.5}$$

各コイルの負荷を除いた箇所のインピーダンスを $\boldsymbol{Z}$ で表し，そのときの電圧 $\boldsymbol{V}$ と電流 $\boldsymbol{I}$ は，それぞれ以下に示す式 (9.6)，(9.7) となり，その関係は式 (9.8) で表される．その際，電圧 $\boldsymbol{V}$ の各要素は式 (9.9) となり，V_n と V_{Ln} と V_{Cn} と V_{rn} との関係は式 (9.10)〜(9.12) となる．ω は角周波数である．

$$[\boldsymbol{Z}] = \begin{bmatrix} Z_1 & Z_{12} & Z_{13} & \cdots & Z_{1n} \\ Z_{21} & Z_{22} & Z_{23} & \cdots & Z_{2n} \\ Z_{31} & Z_{32} & Z_{33} & \cdots & Z_{3n} \\ \vdots & \vdots & \vdots & \ddots & \vdots \\ Z_{n1} & Z_{n2} & Z_{n3} & \cdots & Z_{nn} \end{bmatrix} \tag{9.6}$$

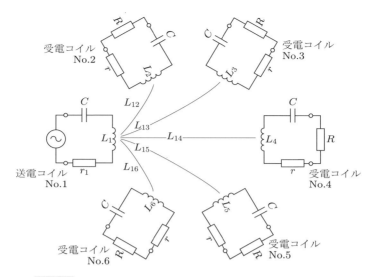

図 9.4 クロスカップリングがないときの複数負荷への等価回路

$$[\boldsymbol{V}] = \begin{bmatrix} V_1 \\ V_2 \\ V_3 \\ \vdots \\ V_n \end{bmatrix}, \qquad [\boldsymbol{I}] = \begin{bmatrix} I_1 \\ I_2 \\ I_3 \\ \vdots \\ I_n \end{bmatrix} \tag{9.7}$$

$$[\boldsymbol{V}] = [\boldsymbol{Z}][\boldsymbol{I}] \tag{9.8}$$

$$\begin{cases} V_1 = V_{L1} + V_{C1} + V_{r1} \\ V_n = V_{Ln} + V_{Cn} + V_{rn} \end{cases} \tag{9.9}$$

$$\begin{cases} V_{L1} = j\omega L_1 I_1 + j\omega L_{12} I_2 + \cdots + j\omega L_{1n} I_n \\ V_{Ln} = j\omega L_{1n} I_1 + j\omega L_n I_n \end{cases} \tag{9.10}$$

$$\begin{cases} V_{C1} = \dfrac{1}{j\omega C_1} I_1 \\ V_{Cn} = \dfrac{1}{j\omega C_n} I_n \end{cases} \tag{9.11}$$

$$\begin{cases} V_{r1} = r_1 I_1 \\ V_{rn} = r_n I_n \end{cases} \tag{9.12}$$

式 (9.9) に式 (9.10)〜(9.12) を代入すると，次式が得られる.

$$\begin{cases} V_1 = j\omega L_1 I_1 + j\omega L_{12} I_2 + \cdots + j\omega L_{1n} I_n + \dfrac{1}{j\omega C_1} I_1 + r_1 I_1 \\[2mm] V_n = j\omega L_{1n} I_1 + j\omega L_n I_n + \dfrac{1}{j\omega C_n} I_n + r_n I_n \end{cases} \tag{9.13}$$

本検討は，共振条件下で動作させることを目的にしているので，自己インダクタンス L_n によるリアクタンスとキャパシタンス C_n によるリアクタンスは以下の式 (9.14) のように，互いに打ち消し合い，式 (9.15) に集約される.

$$j\omega L_n + \dfrac{1}{j\omega C_n} = 0 \tag{9.14}$$

$$\begin{cases} V_1 = 0 + j\omega L_{12} I_2 + \cdots + j\omega L_{1n} I_n + r_1 I_1 \\[2mm] V_n = j\omega L_{1n} I_1 + 0 + r_n I_n \end{cases} \tag{9.15}$$

一方，各コイルに接続される負荷の電圧は下記の式 (9.16) で表される. よって，式 (9.14) と式 (9.16) より，式 (9.17) が得られる.

$$\begin{cases} V_1 = V_1 \\[2mm] V_n = -I_n R_n \end{cases} \tag{9.16}$$

$$\begin{cases} V_1 = 0 + j\omega L_{12} I_2 + \cdots + j\omega L_{1n} I_n + r_1 I_1 \\[2mm] 0 = j\omega L_{1n} I_1 + 0 + r_n I_n + R_n I_n \end{cases} \tag{9.17}$$

ここで，式 (9.17) の電圧 $\boldsymbol{V}'$，インピーダンス $\boldsymbol{Z}'$，電流 $\boldsymbol{I}$ を下記の式 (9.18) のように再定義すると，式 (9.19) のようにまとめて表すことができる. 当然ながら，電流 $\boldsymbol{I}$ は式 (9.8) のときと変わらない.

$$[\boldsymbol{V}'] = [\boldsymbol{Z}'][\boldsymbol{I}] \tag{9.18}$$

$$\begin{bmatrix} V_1 \\ 0 \\ 0 \\ \vdots \\ 0 \end{bmatrix} = \begin{bmatrix} r_1 & j\omega L_{12} & j\omega L_{13} & \cdots & j\omega L_{1n} \\ j\omega L_{12} & r_2 + R_2 & 0 & \cdots & 0 \\ j\omega L_{13} & 0 & r_3 + R_3 & \cdots & 0 \\ \vdots & \vdots & \vdots & \ddots & \vdots \\ j\omega L_{1n} & 0 & 0 & \cdots & r_n + R_n \end{bmatrix} \begin{bmatrix} I_1 \\ I_2 \\ I_3 \\ \vdots \\ I_n \end{bmatrix} \tag{9.19}$$

電圧 $\boldsymbol{V}'$，電流 $\boldsymbol{I}$ は以下の式 (9.20) となる. 式 (9.21) より，各負荷の電流を求めることができる.

$$
[\boldsymbol{V'}] = \begin{bmatrix} V_1 \\ 0 \\ 0 \\ \vdots \\ 0 \end{bmatrix}, \qquad [\boldsymbol{I}] = \begin{bmatrix} I_1 \\ I_2 \\ I_3 \\ \vdots \\ I_n \end{bmatrix} \tag{9.20}
$$

$$
[\boldsymbol{I}] = [\boldsymbol{Z'}]^{-1}[\boldsymbol{V}] \tag{9.21}
$$

以下に示す式 (9.22) で入力電力 P_1 と各負荷で消費される電力 P_n が求められる．各コイルの内部抵抗で消費される電力は，式 (9.23) で表される．以上より，各負荷での効率 η_{n1} は式 (9.24) となり，総合効率 η は式 (9.25) となる．

$$
\begin{cases} P_1 = \mathrm{Re}\{V_1\bar{I}_1\} \\ P_n = P_{Rn} = \mathrm{Re}\{V_n(-\bar{I}_n)\} \end{cases} \tag{9.22}
$$

$$
\begin{cases} P_{r1} = \mathrm{Re}\{V_{r1}\bar{I}_1\} \\ P_{rn} = \mathrm{Re}\{V_{rn}(-\bar{I}_n)\} \end{cases} \tag{9.23}
$$

$$
\begin{cases} \eta_{21} = \dfrac{P_2}{P_1} \\ \qquad \vdots \\ \eta_{n1} = \dfrac{P_n}{P_1} \end{cases} \tag{9.24}
$$

$$
\eta = \eta_{21} + \cdots + \eta_{n1} = \sum_{m=2}^{n} \eta_{m1} \tag{9.25}
$$

9.1.3 | 相互インダクタンス L_m が異なるとき

はじめに，相互インダクタンスが異なるとし，$L_{12} \neq L_{13} \neq \cdots \neq L_{1n} \neq L_m$ という条件を考える．これは，より一般的な状態であり，式が若干複雑になるが，定式化することは可能である．式 (9.18), (9.19) より，電流の式 (9.26) が以下のように得られ，式 (9.16) に代入することにより，電圧の式 (9.27) が得られる．

$$
\begin{cases}
I_1 = \dfrac{r + R}{r_1 R + \omega^2 \left(\displaystyle\sum_{i=2}^{n} L_{1i}^2 \right) + r_1 r} V_1 \\[4ex]
I_n = \dfrac{-j\omega L_{1n}}{r_1 R + \omega^2 \left(\displaystyle\sum_{i=2}^{n} L_{1i}^2 \right) + r_1 r}
\end{cases}
\tag{9.26}
$$

$$
\begin{cases}
V_1 : 定数 \\[2ex]
V_n = \dfrac{j\omega L_{1n} R}{r_1 R + \omega^2 \left(\displaystyle\sum_{i=2}^{n} L_{1i}^2 \right) + r_1 r} V_1
\end{cases}
\tag{9.27}
$$

式 (9.22) より，入力電力と，各負荷での受電電力が次式のように求められる．

$$
\begin{cases}
P_1 = \dfrac{r + R}{r_1 R + \omega^2 \left(\displaystyle\sum_{i=2}^{n} L_{1i}^2 \right) + r_1 r} V_1^2 \\[4ex]
P_n = \dfrac{R(\omega L_{1n})^2}{\left\{ r_1 R + \omega^2 \left(\displaystyle\sum_{i=2}^{n} L_{1i}^2 \right) + r_1 r \right\}^2} V_1^2 \\[4ex]
P_{R\text{all}} = P_2 + \cdots + P_n
\end{cases}
\tag{9.28}
$$

式 (9.23) より，送電コイルと受電コイルの内部抵抗で消費される電力が次式のように求められる．

$$
\begin{cases}
P_{r1} = \dfrac{r_1 (r + R)^2}{\left\{ r_1 R + \omega^2 \left(\displaystyle\sum_{i=2}^{n} L_{1i}^2 \right) + r_1 r \right\}^2} V_1^2 \\[4ex]
P_{rn} = \dfrac{r(\omega L_{1n})^2}{\left\{ r_1 R + \omega^2 \left(\displaystyle\sum_{i=2}^{n} L_{1i}^2 \right) + r_1 r \right\}^2} V_1^2 \\[4ex]
P_{r\text{all}} = P_{r2} + \cdots + P_{rn}
\end{cases}
\tag{9.29}
$$

式 (9.23)〜(9.25) より，次の総合効率式が得られる．

$$\eta = \frac{R\omega^2 \left(\displaystyle\sum_{i=2}^{n} L_{1i}^2\right)}{(r + R)\left\{r_1 R + \omega^2 \left(\displaystyle\sum_{i=2}^{n} L_{1i}^2\right) + r_1 r\right\}} \tag{9.30}$$

　次に，最適負荷 R_{opt} を求める．以下に示す式 (9.31) より極大値が求められ，最適負荷 R_{opt} の式 (9.32) が求められる．これが，受電コイル $(n-1)$ 個のときの最適負荷となり，この負荷のときに最大効率 $\eta_{\max}$ が式 (9.33) のように得られる．

$$\frac{\partial \eta}{\partial R} = \frac{\omega^2 \left(\displaystyle\sum_{i=2}^{n} L_{1i}^2\right)\left\{r_1 r^2 + r\omega^2 \left(\displaystyle\sum_{i=2}^{n} L_{1i}^2\right) - r_1 R^2\right\}}{(r + R)^2 \left\{r_1 R + \omega^2 \left(\displaystyle\sum_{i=2}^{n} L_{1i}^2\right) + r_1 r\right\}^2} = 0 \tag{9.31}$$

$$R_{\mathrm{opt}} = \sqrt{\frac{r\omega^2 \left(\displaystyle\sum_{i=2}^{n} L_{1i}^2\right)}{r_1} + r^2} \tag{9.32}$$

$\eta_{\max}$

$$= \frac{\omega^2 \left(\displaystyle\sum_{i=2}^{n} L_{1i}^2\right)\sqrt{\dfrac{r\omega^2 \left(\displaystyle\sum_{i=2}^{n} L_{1i}^2\right) + r_1 r^2}{r_1}}}{\sqrt{\dfrac{r\omega^2 \left(\displaystyle\sum_{i=2}^{n} L_{1i}^2\right) + r_1 r^2}{r_1}}\left\{\omega^2 \left(\displaystyle\sum_{i=2}^{n} L_{1i}^2\right) + 2r_1 r\right\} + 2r\left\{\omega^2 \left(\displaystyle\sum_{i=2}^{n} L_{1i}^2\right) + r_1 r\right\}} \tag{9.33}$$

9.1.4 相互インダクタンス L_m が一定のとき

　次に，相互インダクタンスを一定とし，$L_{12} = L_{13} = \cdots = L_{1n} = L_m$ という条件を考える．これは，9.1.1 項のモデルの状態であり，式が単純化されるので，受電コイルが増えた際の現象を理解するのに容易である．式 (9.18)，(9.19) より電流の式 (9.34) が得られ，式 (9.16) に代入することにより電圧の式 (9.35) が得られる．

$$\begin{cases} I_1 = \dfrac{r + R}{r_1 R + (n-1)\omega^2 L_m^2 + r_1 r} V_1 \\ I_n = \dfrac{-j\omega L_m}{r_1 R + (n-1)\omega^2 L_m^2 + r_1 r} V_1 \end{cases} \tag{9.34}$$

$$\begin{cases} V_1 : 定数 \\ V_n = \dfrac{j\omega L_m R}{r_1 R + (n-1)\omega^2 L_m^2 + r_1 r} V_1 \end{cases} \tag{9.35}$$

式 (9.22), (9.23) より, 入力電力 P_1 と各負荷での受電電力 P_n とコイルの内部抵抗で消費される電力 P_{rn} が, それぞれ以下の式のように求められる.

$$\begin{cases} P_1 = \dfrac{r + R}{r_1 R + (n-1)\omega^2 L_m^2 + r_1 r} V_1^2 \\ P_n = \dfrac{R(\omega L_m)^2}{\{r_1 R + (n-1)\omega^2 L_m^2 + r_1 r\}^2} V_1^2 \\ P_{Rall} = P_2 + \cdots + P_n \end{cases} \tag{9.36}$$

$$\begin{cases} P_{r1} = \dfrac{r_1(r + R)^2}{\{r_1 R + (n-1)\omega^2 L_m^2 + r_1 r\}^2} V_1^2 \\ P_{rn} = \dfrac{r(\omega L_m)^2}{\{r_1 R + (n-1)\omega^2 L_m^2 + r_1 r\}^2} V_1^2 \\ P_{rall} = P_{r2} + \cdots + P_{rn} \end{cases} \tag{9.37}$$

送電側の内部抵抗での損失と, 受電側の内部抵抗での損失と受電側の負荷での消費電力の割合は下記の式 (9.38) となる. 式 (9.23)～(9.25) より, 総合効率 η の式 (9.39) が得られる.

$$P_{r1} : P_{rall} : P_{Rall} = r_1 : r(n-1)\left(\dfrac{\omega L_m}{r + R}\right)^2 : R(n-1)\left(\dfrac{\omega L_m}{r + R}\right)^2 \tag{9.38}$$

$$\eta = \dfrac{(n-1)R\omega^2 L_m^2}{(r + R)\{r_1 R + (n-1)\omega^2 L_m^2 + r_1 r\}} \tag{9.39}$$

個数が増えた場合を検討するために, η を n で微分をすると, 次の式 (9.40) より, 単調増加であることがわかる. n はコイルの数なので $n \geqq 2$ である.

$$\dfrac{\partial \eta}{\partial n} = \dfrac{r_1 R \omega^2 L_m^2}{\{r_1 R + (n-1)\omega^2 L_m^2 + r_1 r\}^2} > 0 \tag{9.40}$$

次に, 最適負荷 R_{opt} を求める. 以下に示す式 (9.41) より極大値が求められ, 最適負荷 R_{opt} の式 (9.42) が求められる. これが, 受電コイル $(n-1)$ 個のときの最適負荷となり, この負荷のときに最大効率 η_{max} が式 (9.43) のように得られる.

$$\frac{\partial \eta}{\partial R} = \frac{(n-1)\omega^2 L_m^2 \{r_1 r^2 + (n-1)r\omega^2 L_m^2 - r_1 R^2\}}{(r+R)^2 \{r_1 R + (n-1)\omega^2 L_m^2 + r_1 r\}^2} = 0 \tag{9.41}$$

$$R_{\mathrm{opt}} = \sqrt{\frac{(n-1)r\omega^2 L_m^2}{r_1} + r^2} \tag{9.42}$$

$\eta_{\max}$

$$= \frac{(n-1)\sqrt{\dfrac{(n-1)r\omega^2 L_m^2}{r_1} + r^2 \omega^2 L_m^2}}{\left(r + \sqrt{\dfrac{(n-1)r\omega^2 L_m^2}{r_1} + r^2}\right)\left\{r_1 \sqrt{\dfrac{(n-1)r\omega^2 L_m^2}{r_1} + r^2} + (n-1)\omega^2 L_m^2 + r_1 r\right\}} \tag{9.43}$$

　この項では式 (9.16) まで立ち戻って計算したが，前の 9.1.3 項で得られた式に，$L_{12} = L_{13} = \cdots = L_{1n} = L_m$ を代入しても求められる.

9.1.5 | 複数給電時の効率向上のグラフ

　9.1.1 項のモデルのように，相互インダクタンスが一定のときには，受電コイルの個数を増やしたときの影響が理解しやすい．そのため，本項では相互インダクタンス L_m は一定として理論を検証する．前の 9.1.4 項で得られた式を使い，送受電コイルの数 n と負荷抵抗 R による効率，電力，電圧，電流の影響を確認する．対称構造なので，八つの角においては相互インダクタンス L_m が等しい．9 個以上になると，相互インダクタンスが等しい位置は容易にはわからなくなるが，この理論検討においては位置を気にせず，モデルで使用した L_m の値を用いてコイルの数 n を増やしていく．図 9.5 に L_m が一定のときの受電コイル数と負荷抵抗値および効率の関係を 3 次元プロットで示す．図にあるとおり，負荷の値が最適値から外れていても，最適値であっても，コイルの数を増やすだけで，総合効率が上昇していることがわかる．これは，コイルの数に対して，総合効率は単調増加であることを示した式 (9.40) のとおりであり，図 9.6 にそのグラフを示す．このことから，コイルの数を増やすだけ効率が増加することが理解できる．

　この，受電個数を増やせば増やすだけ効率が増加する現象は，たとえば，センサへのワイヤレス給電にとっては大きなメリットである．一般に，送受電コイルの一対一ではセンサの大きさが小さいことから，コイルのサイズも小さく，つまり，結合係数が小さくなりやすいので，高効率にすることは困難であるが，センサの個数を増やすことにより効率が改善されるので，多数のセンサを利用するような空間一斉給電シス

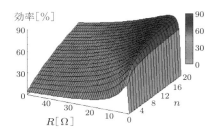

効率[%]

$R[\Omega]$

n

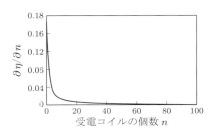

$\partial \eta / \partial n$

受電コイルの個数 n

図 9.5　負荷抵抗と受電コイルに対する効率

図 9.6　効率を受電コイルの個数で微分した結果

テムと相性がよいといえる．同様のグラフを，今度は 2 次元プロットで図 9.7 に示す．$2 \le n \le 100$ の範囲を示した．図 9.7(a) は，負荷抵抗 $R = 50\,\Omega$ のときの総合効率で，図 9.7(b) は最適負荷のときであり，総合効率の最大値である．図 9.8 に受電コイルの個数に応じた最適負荷の値と $R = 50\,\Omega$ の固定値を示す．図 9.5 でみたとおり，いずれも個数が増えるにつれ，最適負荷の抵抗値は増加する．負荷抵抗が最適値からずれていても効率が向上するが，受電コイルの個数に対応した最適負荷にすることで，最大総合効率を達成させることができる．

最終的に，受電コイルの個数 n を増やしていった場合の効率は，式 (9.39) より求めることができる．式 (9.44) に示すように，最終的には負荷側の内部抵抗と負荷抵抗で効

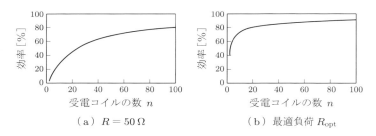

（a）$R = 50\,\Omega$　　　　　　（b）最適負荷 R_{opt}

図 9.7　効率と受電コイルの数の関係

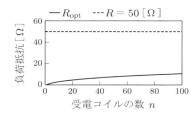

図 9.8　負荷抵抗と受電コイルの数の関係

率が決まる. さらに, 相互インダクタンスの増加と共振周波数の増加でも, 式 (9.45),
(9.46) にあるように, 同様の結果を得られる.

$$\lim_{n \to \infty} \eta = \frac{R}{r + R} \tag{9.44}$$

$$\lim_{L_m \to \infty} \eta = \frac{R}{r + R} \tag{9.45}$$

$$\lim_{\omega \to \infty} \eta = \frac{R}{r + R} \tag{9.46}$$

実際の場面を想定すると, 限られた空間の中で増やせるセンサの数も限られるので,
n の増加も限界がある. また, 相互インダクタンスが大きくなる場合は, 自己イン
ダクタンスがそれ以上に大きくなる必要がある. 自己インダクタンスや相互インダク
タンスが大きいということは, 受電コイルのサイズも大きいことを示しているので, L_m
の増加も限界がある. そして, 共振周波数を上げていくと, いずれ自己共振に達して
抵抗値が大幅に増えてしまうため, むやみに ω は大きくできない. 以上のことから,
式 (9.44)〜(9.46) で示した値にどの程度近づくかは, 一概にいえない. しかしながら,
最終的な値を知ることで設計の方針を決めることができる.

9.1.1 項のシステムにおいては, 送電コイルの 1/10 サイズの受電コイルを用いた. 図
9.7(b) より, コイル内給電の場合, 負荷を最適化すれば 1 対 1 のときの効率は 39.6 % で
あることがわかるが, 場合によっては, 1/10 のサイズより小さいサイズになることが
予想されている. その場合, 内部抵抗の値と相互インダクタンスが小さくなる. たと
えば, 相互インダクタンスだけ 1/2, 1/4 とすると, 図 9.9 のように, 1 対 1 のときの
効率は負荷の値を最適化したとしても非常に小さくなる. この場合でも, 受電コイル
の数を増やすと, 総合効率が改善されることが, $n = 20$ 個 (図 9.9), $n = 100$ 個 (図
9.10) と増やした場合から読み取れる.

次に, 電流, 電圧, 電力の関係を確認する. 入力電圧は 10 V である. 1 次側の入力
電流 I_1 について, 図 9.11 に 3 次元プロットで示す. また同様に, $R = 50 \, \Omega$ のときと

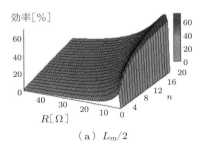
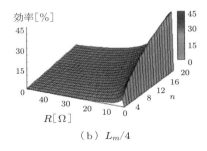

(a) $L_m/2$ (b) $L_m/4$

図 **9.9** 負荷抵抗と受電コイルに対する効率 (コイル 20 個)

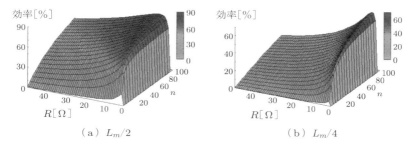

（a）$L_m/2$　　　　　　　　　　（b）$L_m/4$

図 9.10　負荷抵抗と受電コイルに対する効率（コイル 100 個）

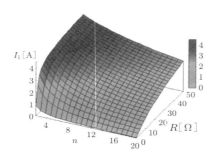

図 9.11　負荷抵抗と受電コイルに対する 1 次側電流 I_1

最適負荷のときの I_1 と負荷電流 I_n のようすを 2 次元プロットとして図 9.12 に，負荷電圧 V_n を 3 次元プロットで図 9.13 に，$R = 50\,\Omega$ のときと，最適負荷のときの電圧のようすを図 9.14 にそれぞれ示す．

　個別の受電電力 P_n と送電側内部抵抗での消費電力 P_{r1} について，図 9.15 に 3 次元プロットで示す．また，$R = 50\,\Omega$ のときと，最適負荷のときの電力のようすを図 9.16 に示す．負荷消費電力 P_{Rn} と負荷内部抵抗消費電力 P_{rn} の関係は，式 (9.38) より r/R なので，$R = 50\,\Omega$ のときには，P_{rn} はほぼ 0 になる．

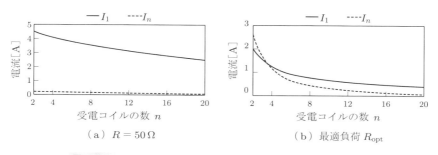

（a）$R = 50\,\Omega$　　　　　　　　（b）最適負荷 R_{opt}

図 9.12　1 次側電流 I_1 と負荷電流 I_n のコイルの数との関係

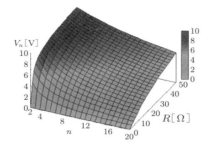

図 9.13 負荷抵抗と受電コイルに対する負荷電圧 V_n

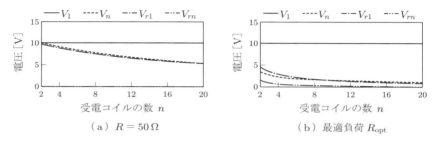

（a）$R = 50\,\Omega$ 　　　　　　（b）最適負荷 R_{opt}

図 9.14 負荷抵抗と受電コイルに対する各種電圧 $(V_1, V_{r1}, V_{rn}, V_n)$

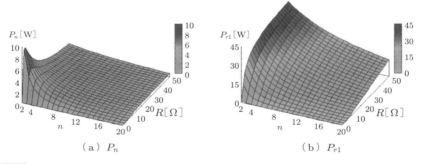

（a）P_n 　　　　　　（b）P_{r1}

図 9.15 負荷抵抗と受電コイルに対する受電電力 P_n と送電コイルの内部抵抗での消費電力 P_{r1}

　個別の値ではなく，電力を合算した値のときのグラフについては以下のようになる．コイル数と負荷抵抗値と合計受電電力 $P_{R\mathrm{all}}$ に関しては，図 9.17(a) に，コイル数と負荷抵抗値と受電側内部抵抗での合計消費電力 P_{rall} に関しては，図 9.17(b) に，それぞれ 3 次元プロットで示す．また，$R = 50\,\Omega$ のときと，最適負荷のときの電力のようすを図 9.18 に示す．

　最適負荷値を使わない場合は，効率が悪化するだけでなく，図 9.12(a) のように送電側に大きな電流が不要に流れたり，図 9.14(a) のように負荷に必要以上の電圧がか

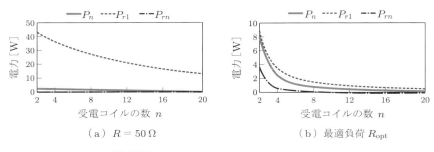

（a）$R = 50\,\Omega$ 　　　　　　（b）最適負荷 R_{opt}

図 9.16　各電力（個別）とコイルの数の関係

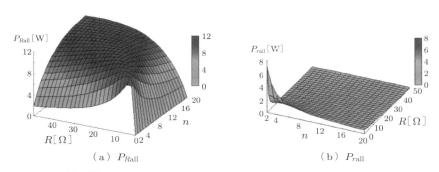

（a）$P_{R\mathrm{all}}$ 　　　　　　（b）$P_{r\mathrm{all}}$

図 9.17　負荷抵抗と受電コイルに対する受電電力の合計 $P_{R\mathrm{all}}$ と，
受電コイルの内部抵抗での損失 $P_{r\mathrm{all}}$

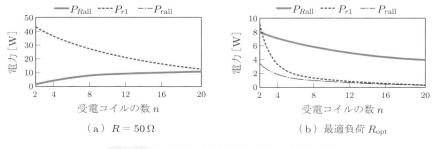

（a）$R = 50\,\Omega$ 　　　　　　（b）最適負荷 R_{opt}

図 9.18　各電力（合算）とコイルの数の関係

かったりしている．つまり，最適負荷値にすることで，効率の向上だけではなく，電
圧や電流の値を抑えることができる．また，送電側に大きな電流が流れることからわ
かるとおり，送電側の内部抵抗で消費される電力の割合が大きくなってしまい，損失
の原因になることが，図 9.16 や図 9.18 からわかる．

　次に，受電コイルの個数が増えた場合の電力の分配に関して考えると，式 (9.36) か
ら求められるとおりであるが，一例として，9.1.1 項のモデルの入力電力 10 V の場合

を考える．$n = 9$ の場合，つまり受電コイル 8 個の場合，$R = 50\,\Omega$ の負荷では，各負荷 1.13 W，合計で 9.04 W，送電コイルの内部抵抗による消費電力 25.32 W，受電コイルの内部抵抗による総消費電力 0.01 W，効率 26.2% となる．一方，最大効率となる最適負荷 $R_{\mathrm{opt}} = 3.13\,\Omega$ を使用すると，各負荷 0.70 W，合計で 5.59 W，送電コイルの内部抵抗による消費電力 1.31 W，受電コイルの内部抵抗による総消費電力 0.94 W，効率 71.3% まで改善される．

効率だけでなく，負荷に必要な電力を十分に送れるかどうかも重要な指標である．単純に電圧を上げることで必要な電力は送れるが，負荷の値が最適でない場合には，大きな電流が流れたり，大きな電圧がかかったりする恐れがあり，適切なシステム設計が必要である．

最後に，周波数特性を示す．抵抗は最適負荷値である．また，コイルの増やす順番は，図 9.3 の点でみて，A → B → C → ⋯ とする．モデルの $n = 2, 4, 9$ のときの周波数特性の関係を図 9.19 に示す．周波数軸でみても個数が増えるほど効率が上がることがわかる．そして，効率は共振周波数でピークとなる単峰特性を示している．

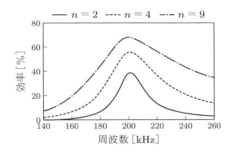

図 9.19 周波数に対する効率 ($n = 2, 4, 9$)

本節では，大きな送電コイルの内側にある複数の受電コイルの個数と最適負荷の関係について述べた．受電コイルが増えるほど総合効率は単調増加をし，つまり，総合効率が向上し，最終的には負荷側の内部抵抗と負荷の値で決められる値になった．同時に，複数器の個数に応じた最適負荷の定式化により，最大効率の電力伝送が実現できることもわかった．

これにより，たとえば，大きな空間にある多数の小さなセンサへの給電を想定した場合，小さなコイルの Q 値を大きく向上させ，個別の効率を向上させるというアプローチだけでなく，多数のセンサを使用して，総合効率を向上させるというアプローチも可能であることがわかる．

9.2　クロスカップリングキャンセリング法（CCC 法）

　ワイヤレス電力伝送のターゲットとしては，送受電コイルは 1 対 1 だけでなく，1 対多も含まれる．その場合，中継コイルや複数の受電コイル間にはクロスカップリングが生じる場合がある．クロスカップリングがワイヤレス電力伝送の特性に影響を及ぼし，効率を悪化させる現象について述べたうえで，クロスカップリングの影響をキャンセリングし，効率を改善する方法である，クロスカップリングキャンセリング法（CCC法）について述べる[63]．

　クロスカップリングは，さまざまな場面で生じる．その一例を図 9.20 に示す．送電コイルを Tx，受電コイルを Rx で表す．送電コイルと受電コイル間に生じる主要な結合ではなく，受電コイル間に生じる結合をクロスカップリングとここではよぶことにする．送受電コイル間の相互インダクタンスを L_m，受電コイル間のクロスカップリングによる相互インダクタンスを L_c とする．現象を明確にするため，図 9.21(a) のように送電コイル 1 個，受電コイル 2 個という，クロスカップリングが生じるための最小構成をもって述べる．さまざまな場面でクロスカップリングは生じるが，たとえば，図 9.21(a) は机の下に送電コイルを設置し，机の上の二つの隣接するモバイル機器へワイヤレス給電を行っていることなどに対応する．ここでは，受電コイルが複数あっ

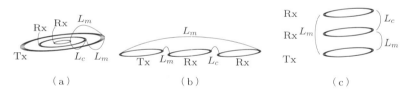

（a）　　　　　　　　　（b）　　　　　　　　　（c）

図 9.20　さまざまなところに生じるクコスカップリング

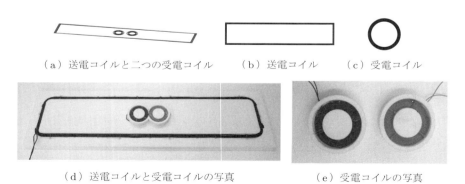

（a）送電コイルと二つの受電コイル　　（b）送電コイル　　（c）受電コイル

（d）送電コイルと受電コイルの写真　　　　（e）受電コイルの写真

図 9.21　送電コイルと二つの受電コイルによるクロスカップリングの最小構成

ても送受電間の相互インダクタンス L_m 一定とする．また，受電コイルが増えた場合も，受電コイル間のクロスカップリング L_c も一定とする．

図 9.21(b) に二つの送電コイルと受電コイルを示す．共振周波数は送受ともに 200 kHz であり，共振周波数で動作させる．図 (b) の送電コイルは 1200 mm × 250mm である．巻数は 5 巻，線の太さは半径 1.0 mm の銅線，外付けのコンデンサで共振させるショートタイプである．二つある受電側共振については，同じ形状のコイルを使用し，半径 50 mm とする．巻数は 10 巻，線の太さは半径 0.5 mm の銅線を使用し，2 層構造であり，層間距離は 10.0 mm である．こちらも，外付けのコンデンサで共振させるショートタイプである．送電コイルと受電コイルの詳細なパラメータを表 9.2 に示す．$n = 1$ は送電コイルにかかわるパラメータで，$n = 2, 3$ が受電コイルのパラメータである．受電コイルは同じ構成なので，$n = 2$ と $n = 3$ での差異はない．コイルの配置を図 9.22 に示す．受電コイル間の距離を s とする．

表 9.2　コイルのパラメータ

(a) 送電側コイル	
横 × 縦 [mm]	1200 × 250
巻数	5
線の半径 [mm]	1.0
ピッチ [mm]	4.0
L_1 [μH]	54.94
C_1 [nF]	11.53
r_1 [Ω]	0.41
Q_1	168.15

(b) 受電側コイル	
半径 [mm]	50
巻数	10
線の半径 [mm]	0.5
ピッチ [mm]	2.0
層間距離 [mm]	10.0
L_n [μH]	36.28
C_n [nF]	17.45
r_n [Ω]	0.29
Q_n	158.60

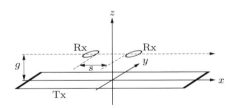

図 9.22　コイルの配置とパラメータ

送電側コイルの自己インダクタンスと外付けコンデンサと内部抵抗と Q 値をそれぞれ L_1, C_1, r_1, Q_1 で表し，受電側コイルの自己インダクタンスと外付けコンデンサと内部抵抗と Q 値を L_n, C_n, r_n, Q_n で表す．受電コイルの配置パラメータを表 9.2 に示す．受電コイルの位置を x で表すときは，受電コイルの中央の位置を示す．結合

係数 k と送電コイル L_1 と受電コイル L_n の相互インダクタンス L_m の関係は次式となる.

$$k = \frac{L_m}{\sqrt{L_1 L_n}} \tag{9.47}$$

各受電コイルに接続される負荷の値を同じとし,最適負荷の値を使用する.

9.2.1 複数負荷とクロスカップリングの式

ここでは,クロスカップリングを考慮した,複数負荷における電力伝送の効率の式を導出する.基本的には 8.3 節と同じであるが,クロスカップリングが生じている箇所を,L_c と記述してある.まず,複数負荷における等価回路を図 9.23 に示す.このときの,すべての箇所におけるクロスカップリングを考慮した自己インダクタンスと相互インダクタンスは,以下の式 (9.48) のようになる.受電コイル間の相互インダクタンス L_{23} がここではクロスカップリングに相当するので,L_c と記述する.

$$[\boldsymbol{L}] = \begin{bmatrix} L_1 & L_{12} & L_{13} \\ L_{12} & L_2 & L_c \\ L_{13} & L_c & L_3 \end{bmatrix} \tag{9.48}$$

各コイルの負荷を除いた箇所のインピーダンスを $\boldsymbol{Z}$ で表し,そのときの電圧 $\boldsymbol{V}$ と電流 $\boldsymbol{I}$ は,それぞれ下記の式 (9.49),(9.50) となる.それら関係は式 (9.51) で表される.またその際,電圧 $\boldsymbol{V}$ の各要素は式 (9.52) となる.

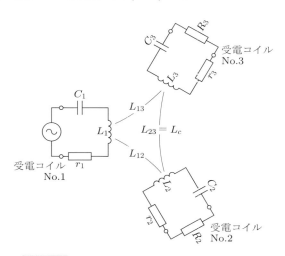

図 9.23　クロスカップリングを考慮した等価回路

$$[\boldsymbol{Z}] = \begin{bmatrix} Z_{11} & Z_{12} & Z_{13} \\ Z_{21} & Z_{22} & Z_{23} \\ Z_{31} & Z_{32} & Z_{33} \end{bmatrix} \tag{9.49}$$

$$[\boldsymbol{V}] = \begin{bmatrix} V_1 \\ V_2 \\ V_3 \end{bmatrix}, \qquad [\boldsymbol{I}] = \begin{bmatrix} I_1 \\ I_2 \\ I_3 \end{bmatrix} \tag{9.50}$$

$$[\boldsymbol{V}] = [\boldsymbol{Z}][\boldsymbol{I}] \tag{9.51}$$

$$\begin{cases} V_1 = V_{L1} + V_{C1} + V_{r1} \\ V_2 = V_{L2} + V_{C2} + V_{r2} \\ V_3 = V_{L3} + V_{C3} + V_{r3} \end{cases} \tag{9.52}$$

コイル，コンデンサ，内部抵抗で生じる電圧の関係は下記の式 (9.53)〜(9.55) となる．式 (9.52) に式 (9.53)〜(9.55) を代入すると，式 (9.56) が得られる．

$$\begin{cases} V_{L1} = j\omega L_1 I_1 + j\omega L_{12} I_2 + j\omega L_c I_3 \\ V_{L2} = j\omega L_{12} I_1 + j\omega L_2 I_2 + j\omega L_c I_3 \\ V_{L3} = j\omega L_{13} I_1 + j\omega L_c I_2 + j\omega L_3 I_3 \end{cases} \tag{9.53}$$

$$\begin{cases} V_{C1} = \dfrac{1}{j\omega C_1} I_1 \\[2mm] V_{C2} = \dfrac{1}{j\omega C_2} I_2 \\[2mm] V_{C3} = \dfrac{1}{j\omega C_3} I_3 \end{cases} \tag{9.54}$$

$$\begin{cases} V_{r1} = r_1 I_1 \\ V_{r2} = r_2 I_2 \\ V_{r3} = r_3 I_3 \end{cases} \tag{9.55}$$

$$\begin{cases} V_1 = j\omega L_1 I_1 + j\omega L_{12} I_2 + j\omega L_{13} I_3 + \dfrac{1}{j\omega C_1} I_1 + r_1 I_1 \\[2mm] V_2 = j\omega L_{12} I_1 + j\omega L_2 I_2 + j\omega L_c I_3 + \dfrac{1}{j\omega C_2} I_2 + r_2 I_2 \\[2mm] V_3 = j\omega L_{13} I_1 + j\omega L_c I_2 + j\omega L_3 I_3 + \dfrac{1}{j\omega C_3} I_3 + r_3 I_3 \end{cases} \tag{9.56}$$

一方，各コイルに接続される負荷の電圧は下記の式 (9.57) で表される．よって，式

(9.58) のようにまとめて表すことができる. 式 (9.59) で入力電力 P_1 と各負荷で消費される電力 P_2, P_3 が求められる. 以上より, 各負荷での効率 η_{21}, η_{31} は式 (9.60) となり, 総合効率 η は式 (9.61) となる.

$$
\begin{cases}
V_1 : \text{定数} \\
V_2 = -I_2 R_2 \\
V_3 = -I_3 R_3
\end{cases}
\tag{9.57}
$$

$$
\begin{bmatrix} V_1 \\ 0 \\ 0 \end{bmatrix}
=
\begin{bmatrix}
r_1 + j\omega L_1 + \dfrac{1}{j\omega C_1} & j\omega L_{12} & j\omega L_{13} \\
j\omega L_{12} & r_2 + j\omega L_2 + \dfrac{1}{j\omega C_2} + R_2 & j\omega L_c \\
j\omega L_{13} & j\omega L_c & r_3 + j\omega L_3 + \dfrac{1}{j\omega C_3} + R_3
\end{bmatrix}
\begin{bmatrix} I_1 \\ I_2 \\ I_3 \end{bmatrix}
\tag{9.58}
$$

$$
\begin{cases}
P_1 = \mathrm{Re}\{V_1 \overline{I}_1\} \\
P_2 = P_{R2} = \mathrm{Re}\{V_2(-\overline{I}_2)\} \\
P_3 = P_{R3} = \mathrm{Re}\{V_3(-\overline{I}_3)\}
\end{cases}
\tag{9.59}
$$

$$
\begin{cases}
\eta_{21} = \dfrac{P_2}{P_1} \\
\eta_{31} = \dfrac{P_3}{P_1}
\end{cases}
\tag{9.60}
$$

$$
\eta = \eta_{21} + \eta_{31}
\tag{9.61}
$$

また, 他励共振周波数 $f = f_0$ で動作させることを目的にする場合, 自己インダクタンス L_n によるリアクタンスとキャパシタンス C_n によるリアクタンスは, 以下に示す式 (9.62) のように互いに打ち消し合うので, 式 (9.63) に集約される. 本書では, クロスカップリングなどの影響を受ける前の, 自己インダクタンスと, コンデンサのキャパシタンスによって作られる共振周波数を, 他励共振周波数とよぶことにする. よって, 式 (9.64) のようにまとめて表すことができる. 次の項では, これらの式を用いて述べる.

$$
j\omega L_n + \dfrac{1}{j\omega C_n} = 0
\tag{9.62}
$$

$$
\begin{cases}
V_1 = j\omega L_{12} I_2 + j\omega L_{13} I_3 + r_1 I_1 \\
V_2 = j\omega L_{12} I_1 + j\omega L_c I_3 + r_2 I_2 \\
V_3 = j\omega L_{13} I_1 + j\omega L_c I_2 + r_3 I_3
\end{cases}
\tag{9.63}
$$

$$
\begin{bmatrix} V_1 \\ 0 \\ 0 \end{bmatrix}
=
\begin{bmatrix}
r_1 & j\omega L_{12} & j\omega L_{13} \\
j\omega L_{12} & r_2 + R_2 & j\omega L_c \\
j\omega L_{13} & j\omega L_c & r_3 + R_3
\end{bmatrix}
\begin{bmatrix} I_1 \\ I_2 \\ I_3 \end{bmatrix}
\tag{9.64}
$$

9.2.2 | クロスカップリングの影響確認と簡易な周波数追従法（方法 A）

　クロスカップリングの影響を確認するために，クロスカップリングがないとき（$L_c = 0$）とクロスカップリングがあるとき（$L_c = 1593.2\,\mathrm{nH}$, $s = 3\,\mathrm{mm}$）の数値計算で求めた周波数–効率曲線を図 9.24(a), (b) に示す．負荷の値は，クロスカップリングがないときかつ他励共振周波数 $f_0 = 200\,\mathrm{kHz}$ において最大効率となるように最適化した値 $R_{\mathrm{opt}} = 2.55\,\Omega$ を使用している．R_{opt} は，後述する式 (9.66) を使用して求めた．

　図 9.24(a) には，クロスカップリングがマイナスの場合を，図 (b) には，クロスカップリングがプラスだった場合を示す．いずれの場合も，クロスカップリングがない場

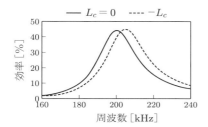

（a）相互インダクタンスがマイナスの場合
（今回の構成）
（b）相互インダクタンスがプラスの場合

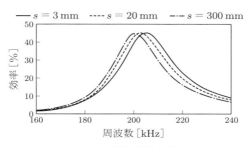

（c）実験の測定結果

図 9.24　クロスカップリングの影響

合に対して周波数がシフトしていることがわかる．ここでの構成では，クロスカップリングがマイナスなので，周波数は高いほうにシフトする．実験の測定結果を図 (c) に示す．s が小さく，結合が強いほうが周波数シフトが大きい．一方，クロスカップリングがプラスで結合する場合は，図 (b) のように，周波数は低いほうにシフトする．

他励共振周波数 $f_0 = 200\,\mathrm{kHz}$ に注目すると，周波数特性のシフトによって，効率が低下してしまっている．$s = 3\,\mathrm{mm}$ のときで，図 (a) の計算値で，4.9%の効率悪化である．ワイヤレス電力伝送を行う場合，電波法との兼ね合いで容易に周波数を変えることはできないことが多いので，他励共振周波数 f_0 における効率悪化は問題となる．つまり，クロスカップリングの効率悪化は周波数シフトが本質であることがわかる．クロスカップリングがないときの $f_0 = 200.00\,\mathrm{kHz}$ における効率は，44.121%であり，クロスカップリングがマイナスで生じたときの $f_0 = 200.00\,\mathrm{kHz}$ における効率は，39.263%なので，先述のとおり 4.9%の悪化である．

ここで少し補足を加える．図 (a) と (b) を見比べたとき，クロスカップリングがマイナスのときのピークの周波数 $f_p = 204.91\,\mathrm{kHz}$ における効率は 44.919%であり，また，クロスカップリングがプラスのときのピークとなる周波数 $f_p = 196.00\,\mathrm{kHz}$ における効率は 43.402%である．クロスカップリングがマイナスのときのピーク時の効率が，クロスカップリングがプラスのときのピーク時の効率より高い理由は，本検討においては，周波数が増加した際に，内部抵抗の増加を考慮しておらず，内部抵抗を一定としているため，Q 値が周波数が上がるほど大きくなることによって効率が向上するためである．現実の現象としては内部抵抗も増えるので，効率がよくなるか悪化するかは一概にいえないので，この差は本節の本質から考えると無視して構わない．これ以降は，とくに断りがない場合は，本提案の構成に則して，クロスカップリングがマイナスとして議論を進める．

以上のように，クロスカップリングによって他励共振周波数 f_0 での効率の低下は認められるが，クロスカップリングの本質は周波数特性のシフトであることがわかる．よって，他励共振周波数 f_0 で使用するのに比べ，周波数追従で最大効率となるピーク周波数 f_p で電力伝送を行えば，容易に高効率が達成できることがわかる．これを方法 A とする．ただし，周波数トラッキングのみでは，ピーク周波数における最大効率となるべき最適負荷からはずれてしまうが，そのことを許容する．

ここでの条件を整理すると，クロスカップリングがない時点において，f_0 で最適化した負荷のままで行う周波数追従法ということになる．ここでは，これを簡易な周波数追従法とよぶことにし，かつ，方法 A とする．方法 A に関しては，電源周波数を変化させるだけである．

9.2.3 | 負荷抵抗のみの最適化（方法 B）とその限界

前項より，クロスカップリングの影響の本質は周波数特性のシフトであることがわかった．また，方法 A にあるように簡易な周波数追従法を用いれば高効率の電力伝送が可能であることもわかった．しかしながら，電力伝送においては，動作周波数が固定されていることも多い．そこで方法 B と方法 C では，その状況での最大効率化を目指す．方法 B では，従来から行われている，負荷のインピーダンスの実数成分のみ，つまり抵抗の値の最適化による高効率化について検討する．この方式を方法 B とする．クロスカップリングが生じていない従来の最適化においては，抵抗値の最適化のみという簡易な方法で最大効率を実現できていることもあり，最大効率が実現できればそのメリットは大きいが，ここでは，その限界を示す．

まず，条件を整理する．本項の式は，他励共振周波数 f_0 での検討であり，抵抗値の最適化のみを行う．本構成においては，同じ高さでは，端以外では相互インダクタンス L_m はほぼ同じである．中央付近で検討することにより，クロスカップリングの L_c の有無の分だけ効率に与える影響を検証することができる．まず，受電コイル間のクロスカップリングが無視できるときは，式 (9.4) と式 (9.5) の関係と同様に，以下に示す式 (9.65) となり，それを用いて算出した最大効率を η_a とする．またここで，送受電間距離がどの受電コイルでも等しいので，$L_{12} = L_{13} = L_m$ とする．式 (9.25) を負荷で微分して極大値を求め，最適負荷条件式を求めると，式 (9.66) となる．式 (9.66) を効率 η_a の式 (9.67) に代入することでクロスカップリングが無視できるときの最大効率が求められる．

$$[\boldsymbol{L}] = \begin{bmatrix} L_1 & L_{12} & L_{13} \\ L_{12} & L_2 & 0 \\ L_{13} & 0 & L_3 \end{bmatrix} \tag{9.65}$$

$$R_{\mathrm{opt}} = \sqrt{\frac{2r\omega^2 L_m^2}{r_1} + r^2} \tag{9.66}$$

$$\eta_a = \frac{2R\omega^2 L_m^2}{(r + R)(r_1 R + 2\omega^2 L_m^2 + r_1 r)} \tag{9.67}$$

一方，クロスカップリングを考慮する場合の最大効率を η_b とする．クロスカップリングを考慮するので，式 (9.4) を使用すると，式 (9.48) となり，同様に，式 (9.25) を負荷で微分して極大値を求め，最適負荷条件式を求めると，下記の式 (9.68) となる．式 (9.68) を，効率 η_b の式 (9.69) に代入することで最大効率が求められる．送受電コイル間の相互インダクタンス L_m に対する，受電コイル間のクロスカップリング L_c の割合を α として式 (9.70) のように示す．α を用いて，効率の式 (9.69) を計算する

ことで，クロスカップリングの影響を確認することができる．

$$R_{\mathrm{opt}} = \sqrt{\omega^2 L_c^2 + \frac{2r\omega^2 L_m^2}{r_1} + r^2} \tag{9.68}$$

$$\eta_b = \frac{2R\omega^2 L_m^2}{(r + R)(r_1 R + 2\omega^2 L_m^2 + r_1 r) + r_1 \omega^2 L_c^2} \tag{9.69}$$

$$\alpha = \left| \frac{L_c}{L_m} \right| \tag{9.70}$$

また，クロスカップリングがないときの効率からクロスカップリングがあるときの差分 $\delta\eta$ を式 (9.71) のように示す．つまり，$\delta\eta$ はクロスカップリングの影響によって失う効率分である．式 (9.66) と式 (9.68) からわかるとおり，$\omega^2 L_c^2$ の項の影響で最適負荷値はクロスカップリングの影響で若干増加することがわかる．一方，最大効率に関しては，式 (9.67) と式 (9.69) からわかるとおり，$r_1 \omega^2 L_c^2$ の項の影響が残っているのでクロスカップリングがあるときは効率が若干悪化することがわかる．

$$\delta\eta = \eta_a - \eta_b \tag{9.71}$$

以下，送電コイルと受電コイルとの相互インダクタンス L_m を一定に保ったまま，クロスカップリングの L_c の変化させたときの影響について述べる．

エアギャップを固定して $(g = 50\,\mathrm{mm})$，受電コイル間のギャップ s を変化させる．これは，送電コイルと受電コイルとの相互インダクタンス L_m を固定し，クロスカップリングの L_c の変化を確認することになる．図 9.25(a) に結合が強い状態である，$s = 3\,\mathrm{mm}$ のとき，図 (b) に結合が無視できる状態である，$s = 150\,\mathrm{mm}$ のときを示す．

（a）$s = 3\,\mathrm{mm}$，クロスカップリングあり 　　（b）$s = 150\,\mathrm{mm}$，クロスカップリングなし

図 9.25 コイル配置

これら相互インダクタンスの値やクロスカップリングの値は，理論式からは容易には計算できないため，今回は，電磁界解析結果と実験結果の比較をし，その一致を確認したうえで，実験結果の値を用いて等価回路の理論計算を行うこととする．そこで，実験結果と電磁界解析結果を図 9.26 に示す．受電コイル間の距離とクロスカップリング L_c を図 (a) に，結合係数を図 (b) に示す．実験結果と電磁界解析結果の一致が確認できる．電磁界解析はモーメント法で行った．これ以降，すべての等価回路計算では，実験結果の値を利用している．また，本項では，高さは固定とし，$g = 50\,\mathrm{mm}$ とする．端を除き一定の高さにおいては，相互インダクタンス L_m は一定となるため，本項では，

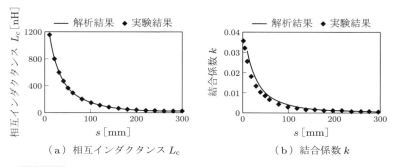

（a）相互インダクタンス L_c 　　　　（b）結合係数 k

図 9.26　受電コイル間のクロスカップリングで生じる相互インダクタンス

実験で求めた送電コイル中央のところにおける相互インダクタンス $L_m = 1498.3\,\mathrm{nH}$ を採用する．

　次に，効率について確認する．方法 B では，式 (9.68) は常に満たしている状態として検討する．つまり，コイル間距離 s 変化に対する抵抗値による最適負荷は，常に適応されている．送電コイルと受電コイルの相互インダクタンス L_m に対して，受電コイル間のクロスカップリングの相互インダクタンス L_c が効率に与える影響を，横軸を式 (9.70) の α，縦軸を $\delta\eta$ として図 9.27 に示す．これは，理論式である式 (9.70) と式 (9.71) より求められる．クロスカップリングがないとき，つまり，$\alpha = 0$ のときが一番効率がよく，クロスカップリングの割合が増えてくると効率が悪化する．たとえば，$L_m = L_c$ のとき，つまり，$\alpha = 1$ のときには，効率が 3.92% 悪化する．

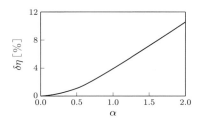

図 9.27　クロスカップリングと効率

　このように，クロスカップリングが強くなった際に方法 B の方法では効率が改善しきれないことが，α という指標を使って示せるが，よりわかりやすい具体的な例として，受電コイル間の距離 s を変化させた場合の理論式の結果を図 9.28 に示す．この図では，クロスカップリングを無視して計算した場合の f_0 における効率，クロスカップリングを考慮した場合の f_0 における効率，それらの差分が示されている．また，理論式より求めた s と α との関係を図 9.29 に示す．

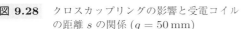
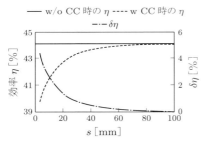

図 **9.28**　クロスカップリングの影響と受電コイルの距離 s の関係 ($g = 50\,\mathrm{mm}$)

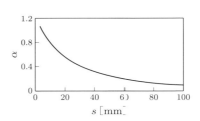

図 **9.29**　α とコイル間距離 s の関係 ($g = 50\,\mathrm{mm}$)

　これにより，受電コイル間の距離が小さいときにはクロスカップリングの影響で効率が悪化していることがわかる．たとえば，$g = 50\,\mathrm{mm}$, $s = 3\,\mathrm{mm}$ のときは，$L_m = 1498.3\,\mathrm{nH}$, $L_c = -1593.2\,\mathrm{nH}$ なので，$\alpha = 1.06$ となり，$\delta\eta = 4.3\%$ となる．一方で，コイル間距離が大きくなるにつれ，クロスカップリングの影響が小さくなり，クロスカップリングの影響で悪化した分の効率が改善されている．たとえば，クロスカップリングを無視できるとして設定している $g = 50\,\mathrm{mm}$, $s = 300\,\mathrm{mm}$ のときは，$L_m = 1498.3\,\mathrm{nH}$, $L_c = -17.2\,\mathrm{nH}$ なので，$\alpha = 0.012$ となり，$\delta\eta = 6.4 \times 10^{-4}\%$ となる．また，参考として，理論式より求めた同様の結果を，横軸をクロスカップリングによる相互インダクタンスとして図 9.30 に，横軸をクロスカップリングによる結合係数 k_c として図 9.31 に示す．k_c は次式のとおりである．

$$k_c = \frac{L_c}{L_n} \tag{9.72}$$

　また，ここでは扱わないが，α が大きくなる条件としては，受電コイル間が離れて L_c が小さくなるときだけでなく，送電コイルから空間的に少し離れた位置で使う場合にも生じる．送電コイルと受電コイルの結合は弱まり相互インダクタンス L_m は小さ

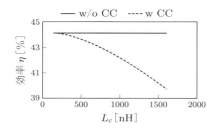

図 **9.30**　クロスカップリングを生じさせる受電コイル間距離を相互インダクタンスで表した場合 ($g = 50\,\mathrm{mm}$)

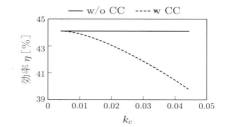

図 **9.31**　クロスカップリングを生じさせる受電コイル間距離を結合係数で表した場合 ($g = 50\,\mathrm{mm}$)

くなるため，L_c が相対的に大きくなり，結果 α が大きくなりクロスカップリングの影響が強く出る．

　以上のように，抵抗値の最適化のみという簡易な方法である方法 B では，クロスカップリングの影響を受けた際に，効率を改善させるには限界があることがわかる．

9.2.4 ┃ クロスカップリングキャンセリング法（方法 C）

　クロスカップリングによる周波数特性のシフトの影響により，他励共振周波数 f_0 における効率の悪化と，従来の抵抗値だけによる最適化での限界を，前項までで確認した．そこで，この項では，クロスカップリングキャンセリング法 (CCC 法: cross-coupling canceling method) を紹介する．本方式を方法 C とする．また，本項は前項に引き続き，他励共振周波数 f_0 での最大効率化を検討する．

　方法 B より，共振周波数時の電圧電流の関係式 (9.19) におけるクロスカップリングの相互インダクタンス L_c を打ち消し，クロスカップリングがないときまでの効率に戻れば，効率は改善されることが推測される．

（1）$-L_c$ とキャンセリングコイル L_{can}

　本構成では，クロスカップリングがマイナスである．そこで，クロスカップリングをキャンセリングさせるためのコイル L_{can} を受電側に挿入する．その式を式 (9.73) に示す．この式 (9.73) には，受電側だけでなく，送電側にも効果を確認するためのコイル L_{Tx} が挿入されているが，後述するように，効率に対する影響はない．

$$\begin{bmatrix} V_1 \\ 0 \\ 0 \end{bmatrix} = \begin{bmatrix} r_1 + j\omega L_{\mathrm{Tx}} & j\omega L_m & j\omega L_m \\ j\omega L_m & r_2 + j\omega L_{\mathrm{can}} + R_2 & -j\omega L_c \\ j\omega L_m & -j\omega L_c & r_3 + j\omega L_{\mathrm{can}} + R_3 \end{bmatrix} \begin{bmatrix} I_1 \\ I_2 \\ I_3 \end{bmatrix}$$

$$(9.73)$$

式 (9.73) より，下記の効率の式が求められる．

$$\eta = \frac{2L_m^2\omega^2 R}{(r+R)(r_1 R + 2\omega^2 L_m^2 + r_1 r) + r_1\omega^2 L_c^2 - 2r_1\omega^2 L_c L_{\mathrm{can}} + r_1\omega^2 L_{\mathrm{can}}^2}$$

$$(9.74)$$

　最大効率を実現する最適負荷の値を求める．効率を負荷で微分して極値から最適負荷を求めると，次式となる．

$$R_{\mathrm{opt}} = \sqrt{\omega^2 L_c^2 + \frac{2r\omega^2 L_m^2}{r_1} + r^2 - 2\omega^2 L_c L_{\mathrm{can}} + \omega^2 L_{\mathrm{can}}^2}$$

$$= \sqrt{\omega^2(-L_c + L_{\mathrm{can}})^2 + \frac{2r\omega^2 L_m^2}{r_1} + r^2} \tag{9.75}$$

まず，L_{Tx} は関与していないことがわかる．つまり，効率に L_{Tx} は影響を及ぼさない．次に，クロスカップリングがないときの式 (9.66) とクロスカップリングの影響を受けている式 (9.68) と式 (9.75) を比較すると，L_c は L_{can} によって相殺すれば，クロスカップリングの影響が最適負荷の式からは，次式のようにキャンセルされることがわかる．

$$-L_c + L_{\mathrm{can}} = 0 \tag{9.76}$$

つまり，クロスカップリングがないときの共振周波数 f_0 に対して最適負荷値にしたまま，キャンセリングコイルを追加するだけでよい．また，キャンセリングコイルのインダクタンス値は，クロスカップリングで生じている値と等しくなる．さらに，$-L_c$ を相殺するためには，コンデンサではなくコイルである必要があることもわかる．

クロスカップリングが強い状況である $s = 3\,\mathrm{mm}$ の値を使用して，数値計算により検証する．$g = 50\,\mathrm{mm}$ とする．図 9.32 にクロスカップリングがない状態 ($L_c = 0$)，クロスカップリングが生じた状態 ($-L_c$)，方法 C で行ったクロスカップリングキャンセリングによる共振周波数 f_0 での効率の改善を示す．これらは，すべて理論計算で求めた結果である．方法 C の条件で，f_0 における最大効率を計算すると，キャンセリング用コイル L_{can}，最適負荷 R_{opt}，総合効率 η は，$L_{\mathrm{can}} = 1.593\,\mu\mathrm{H}$，$R_{\mathrm{opt}} = 2.554\,\Omega$，総合効率 $\eta = 44.12\%$ となる．R_{opt} と総合効率は，クロスカップリングがないときの値と完全に一致しており，受電側に挿入したコイル L_{can} によってクロスカップリングの効果がキャンセリングしたときに，最大効率が達成できることがわかる．この際，式 (9.76) の条件が満たされている．周波数特性のシフトも元に戻り，$200\,\mathrm{kHz}$ で共振した元の波形に戻る．

実験で測定した結果を図 9.33 に示す．ここでは，$s = 3, 5, 10, 20\,\mathrm{mm}$ のときに，コ

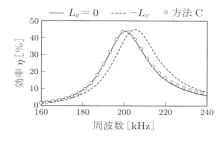

図 9.32　CCC 法：$-L_c$ の場合（L_{can} 使用）

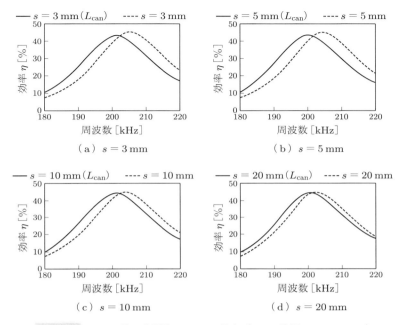

（a）$s = 3\,\mathrm{mm}$　　（b）$s = 5\,\mathrm{mm}$

（c）$s = 10\,\mathrm{mm}$　　（d）$s = 20\,\mathrm{mm}$

図 **9.33** CCC 法の実測値：$-L_c$ の場合（L_{can} 使用，$g = 50\,\mathrm{mm}$）

イル間距離を近づけてクロスカップリングが生じた後に，キャンセリングコイルを挿入して周波数特性のシフトをなくした実験を行った．当然ながら，コイル間距離が近いほど周波数特性のシフトは大きい．また，キャンセリングコイルを挿入することにより，$200\,\mathrm{kHz}$ での共振現象に戻っている．

（2）$+L_c$ とキャンセリングコンデンサ C_{can}

本構成では，クロスカップリングがマイナスであるが，もしプラスであった場合について検討を行う．そこで，クロスカップリングをキャンセリングさせるためのコンデンサ C_{can} を受電側に挿入する．その式を式（9.77）に示す．先ほどの検討と同様，式（9.77）には，効果を確認するために受電側だけでなく，送電側にもコンデンサ C_{Tx} も挿入されているが，後述するように，効率改善に対しての効果はない．

$$
\begin{bmatrix} V_1 \\ 0 \\ 0 \end{bmatrix} = \begin{bmatrix} r_1 + \dfrac{1}{j\omega C_{\mathrm{Tx}}} & j\omega L_m & j\omega L_m \\[2mm] j\omega L_m & r_2 + \dfrac{1}{j\omega L_{\mathrm{can}}} + R_2 & j\omega L_c \\[2mm] j\omega L_m & j\omega L_c & r_3 + \dfrac{1}{j\omega C_{\mathrm{can}}} + R_3 \end{bmatrix} \begin{bmatrix} I_1 \\ I_2 \\ I_3 \end{bmatrix}
$$

$$(9.77)$$

式 (9.77) より, 下記の効率の式が求められる.

$$\eta = \frac{2L_m^2\omega^2 R}{(r+R)(r_1 R + 2\omega^2 L_m^2 + r_1 r) + r_1\omega^2 L_c^2 - \dfrac{2r_1 L_c}{C_{\text{can}}} + \dfrac{r_1}{\omega^2 C_{\text{can}}^2}} \quad (9.78)$$

最大効率を実現する最適負荷の値を求める. 効率を負荷で微分して極値から最適負荷を求めると, 次式となる.

$$R_{\text{opt}} = \sqrt{\omega^2 L_c^2 + \frac{2r\omega^2 L_m^2}{r_1} + r^2 - \frac{2L_c}{C_{\text{can}}} + \frac{1}{\omega^2 C_{\text{can}}^2}}$$

$$= \sqrt{\left(\omega L_c - \frac{1}{\omega C_{\text{can}}}\right)^2 + \frac{2r\omega^2 L_m^2}{r_1} + r^2} \quad (9.79)$$

まず, C_{Tx} は関与していない. つまり, 効率に C_{Tx} は影響を及ぼさない. 次に, クロスカップリングがないときの式 (9.66) とクロスカップリングの影響を受けている式 (9.68) と式 (9.79) を比較すると, L_c は C_{can} によって相殺すれば, クロスカップリングの影響が最適負荷の式からはキャンセルされることがわかる (式 (9.80)). つまり, クロスカップリングがないときの共振周波数 f_0 に対して最適負荷値にしたまま, キャンセリングコンデンサを追加するだけでよい. また, 式 (9.80) より, キャンセリングコンデンサのキャパシタンス値 C_{can} はクロスカップリングで生じている相互インダクタンス L_c と f_0 で共振させて相殺しているとみなすことができる. また, $+L_c$ を相殺するためにはコイルではなくコンデンサである必要性もわかる.

$$\omega L_c - \frac{1}{\omega C_{\text{can}}} = 0 \quad (9.80)$$

クロスカップリングが強い状況である $s = 3\,\text{mm}$ の値を使用して, 数値計算により検証する. 先にも述べたように, 本構成では, $+L_c$ は生じない. そのため, クロスカップリングにより生じる相互インダクタンス L_c の値以外は 9.2.4 項 (1) で使用した値を参考値として利用する. 理論計算結果を図 9.34 に示す. クロスカップリングがない状態 ($L_c = 0$), クロスカップリングが生じた状態 ($+L_c$), 方法 C で行ったクロスカップリングキャンセリングによる共振周波数 f_0 での効率の改善を示す. 方法 C の条件で, f_0 における最大効率を計算すると, キャンセリング用コンデンサ C_{can}, 最適負荷 R_{opt}, 総合効率 η は, $C_{\text{can}} = 397.5\,\text{nF}$, $R_{\text{opt}} = 2.554\,\Omega$, 総合効率 $\eta = 44.12\%$ となる. R_{opt} と総合効率は, クロスカップリングがないときの値と完全一致しており, 受電側に挿入したコンデンサ C_{can} によってクロスカップリングの効果がキャンセリングしたときに, 最大効率が達成できることがわかる. この際, 式 (9.80) の条件が満たされている.

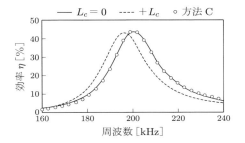

図 9.34 CCC法：$+L_c$ の場合（C_{can} 使用）

　各方法を表にまとめる．$f = f_0$ のときのクロスカップリングがない場合（元の状態）とクロスカップリングが生じて効率が悪化したときと，方法Bと方法Cの比較を表9.3に示す．$f = f_0$ での効率改善を目指した方法Bと方法Cに関して，抵抗成分のみでの最適化では限界があることを方法Bが示しており，クロスカップリングキャンセリング法の方法Cはクロスカップリングの影響を除去し，クロスカップリングがない元の効率まで改善が可能である．

表 9.3 クロスカップリングの有無と方法Bと方法Cの比較 $(f = f_0)$

	f_0 [kHz]	f_0 での効率 [%]	R_{opt}	R が最適化された周波数 [kHz]	L_{can} もしくは C_{can} による キャンセリング
w/o CC（元の状態）	200.0	44.12	2.55	200.0	N/A
w/ CC（悪化時）	200.0	39.26	2.55	200.0	N/A
方法B	200.0	39.79	3.24	200.0	N/A
方法C(−Lc)	200.0	44.12	2.55	200.0	1.593 [μH]
方法C(+Lc)	200.0	44.12	2.55	200.0	397.5 [nF]

付録 A 電界共鳴（電界共振結合）

電界共鳴（電界共振結合）に関しては，1.3 節で簡単に紹介した．電磁誘導と磁界共鳴の関係は，電界結合と電界共鳴の関係に等しく，双対の関係を成している．本文を一通り読まれた読者においては，磁界を電界に置き換えることで，電界共鳴を理解することは容易にできる．ここでは，その電界共鳴について述べる．

A.1 電磁気学におけるコンデンサと変位電流の正体

磁界共鳴のときには，コンデンサは回路の一部品として理解していれば十分であったが，電界結合を理解するためには，やはり，電磁気学的にコンデンサを理解する必要がある．そこで，コンデンサと変位電流の関係から述べる．

コンデンサの原理は，図 A.1 に示すように，二つの平面金属（電極）を平行に配置したものである．板状のままでは幅が広く場所をとるので，丸く巻いてコンパクトにし，円筒形をしているタイプが通常であるが，電界結合を行う際には板状のものが多い．コンデンサの電極間は空間であり，そもそもコンデンサは空間を飛び越えてエネルギーが行き来している[†]．ここに流れているものが変位電流である．

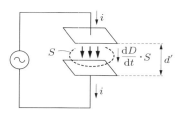

図 A.1 変位電流

コンデンサの電極間に流れているものは変位電流である．変位電流は電束密度 D の変化量 $\mathrm{d}D/\mathrm{d}t$ であり，マクスウェルが発見した．電磁誘導のときに磁界の変化が重要であったのと同様に，電束密度の変化 $\mathrm{d}D/\mathrm{d}t$，つまり，電界の変化 $\mathrm{d}E/\mathrm{d}t$（電界の時間微分）が重要である．式 (A.1) に $\mathrm{d}D/\mathrm{d}t$ と $\mathrm{d}E/\mathrm{d}t$ の関係を示し，式 (A.2) に電束密度 D と電界 E の関係を示す．ε は誘電率である．真空中の誘電率 $\varepsilon_0 = 8.854 \times 10^{-12}$ [F/m] であり，比誘電率を ε_r とすると，誘電率と比誘電率の関係は式 (A.3) となる．空気の比誘電率は 1.0006 であり，水などは約 80 である．

[†] 空気だけでは静電容量 C が小さいので，C を増やすため空間部分に誘電体を入れたものが一般的である．

$$\frac{\mathrm{d}D}{\mathrm{d}t} = \varepsilon \frac{\mathrm{d}E}{\mathrm{d}t} \tag{A.1}$$

$$D = \varepsilon E \tag{A.2}$$

$$\varepsilon = \varepsilon_0 \varepsilon_r \tag{A.3}$$

変位電流 $\mathrm{d}D/\mathrm{d}t$ は，結局は電束密度 D の変化であり，電界 E の変化といえる．また，式 (A.4) に示すように，その次元は電流 I に等しい．電束密度や電界の変化が変位電流なので，電界結合における電力伝送の正体は図 A.1 に示す変位電流である．ここでの S は変位電流が流れている面積である．

$$I = \frac{\mathrm{d}D}{\mathrm{d}t} S = \varepsilon \frac{\mathrm{d}E}{\mathrm{d}t} S \tag{A.4}$$

式 (A.2) と以下に示す式 (A.5) のように，電界と磁界の関係においては，電界 E は磁界の強さ H に対応し，電束密度 D は磁束密度 B に対応する．

$$B = \mu H \tag{A.5}$$

一方，電界においては，$\mathrm{d}D/\mathrm{d}t$ を特別に変位電流とよんだが，磁界に関しては $\mathrm{d}B/\mathrm{d}t$ は電界の渦とよぶ．ただし，変位電流という用語までは使われることもたまにあるが，電界の渦になると電磁気学に詳しい人でないと使わない用語であるため，本書では，$\mathrm{d}D/\mathrm{d}t$ と $\mathrm{d}B/\mathrm{d}t$ は適宜，電界の変化，磁界の変化と表現する．

B の変化も H の変化も，本質的には変わらないので，磁界のときには磁束密度の変化とはいわず，ただ単に，磁界の変化と述べた．このように，電界に関しても，D の変化も E の変化も，本質的には変わらないので，電束密度の変化とはいわず，ただ単に，電界の変化ということが多い．

電力伝送においては，電束密度 D の変化，つまり，電界 E の変化が影響を及ぼすことを理解しているのみで十分であるが，コンデンサ周りの基本的な式を理解するために，以下では簡単な方法で，電流と変位電流に面積をかけたものが同じ単位系であることを確認する．

キャパシタンス（静電容量）は C であり，下記の式 (A.6) となる．ここで，d' は電極間の距離である．電荷 Q と電圧 V とキャパシタンス C の関係は式 (A.7) となる．キャパシタンス C は，電圧を印加したときにどの程度電荷が溜まるかを表した比例係数である．

$$C = \frac{\varepsilon S}{d'} \tag{A.6}$$

$$Q = CV \tag{A.7}$$

電荷の変化量が電流であるので，電流は次式となる．

$$I = \frac{\mathrm{d}Q}{\mathrm{d}t} \tag{A.8}$$

よって，電流は電圧の変化量でもあるので，次式が求められる．

$$I = C \frac{\mathrm{d}V}{\mathrm{d}t} \tag{A.9}$$

そのため，式 (A.9) の両辺を積分すると，電圧の式となり，電流を積分した形になる．

$$V = \frac{1}{C} \int I \mathrm{d}r \tag{A.10}$$

また，電位は電界を距離で積分した物理量であるため，下記の式 (A.11) で表される．ここでは，簡単のため，電界が一定であるとすると，電位は電界と距離 d の積となるので，式 (A.12) となる．

$$V = \int E \mathrm{d}r \tag{A.11}$$

$$V = E d' \tag{A.12}$$

電流 I と変位電流 $\mathrm{d}D/\mathrm{d}t$ が同じ単位系であることは，以下の簡単な方法で確認できる．まとめて式 (A.13) に示す．まず，式 (A.9) の電流と電圧の関係式からはじめる．電界表現にし，電束密度表現の後，定数を外に出し，コンデンサの定義式 (A.6) を利用し，最後は，面積と変位電流の積として表すことができる．このように，変位電流に面積をかけた単位系は，電流の単位系と一致する．この事実からも，電流と同質の形態のものがコンデンサ間の空間を移動していることがわかる．それが，変位電流の正体である．

$$I = C \frac{\mathrm{d}V}{\mathrm{d}t} = C \frac{\mathrm{d}(Ed')}{\mathrm{d}t} = C \frac{\mathrm{d}}{\mathrm{d}t}\left(\frac{D}{\varepsilon}d'\right) = \frac{Cd'}{\varepsilon}\frac{\mathrm{d}D}{\mathrm{d}t} = S\frac{\mathrm{d}D}{\mathrm{d}t} \tag{A.13}$$

また，電荷 Q と電束密度 D と面積 S との関係は，式 (A.8) と式 (A.13) を積分することにより，下記の式 (A.14) となる．ちなみに，磁束 Φ と磁束密度 B と面積 S との関係は，式 (A.15) である[†]．

$$Q = DS \tag{A.14}$$

$$\Phi = BS \tag{A.15}$$

A.2 電界結合

A.1 節の知識を踏まえ，電界結合について説明する．結局のところ，磁界の変化と同様に，電界の変化がエネルギーの伝送の本質である．それが，電界の場合は変位電流 $\mathrm{d}D/\mathrm{d}t$ と名前がついているだけである．

電界結合の説明図を図 A.2 に示す．交流電源からエネルギーが送られると 1 次側の電界のプラス，マイナスに応じて，2 次側のプラス，マイナスが誘起される．そのため，等価回路は図 (a) となる．ここでの結合は電界なので，相互キャパシタンス C_m で結合の強さを表す．電界での結合部分をわかりやすく書いた模式図が図 (b) となる．結合がわかりやすいように，模式図を変形すると，図 (c) となる．このように，一部の電界が 2 次側に伝わる．等価回路

[†] 厳密には，磁束 Φ は，電束 Φ_e と対応しているが，電磁気学の教科書以外ではあまり使われないので，電束 Φ_e の発生源の電荷 Q とした．結局，両者は等しい値となる．

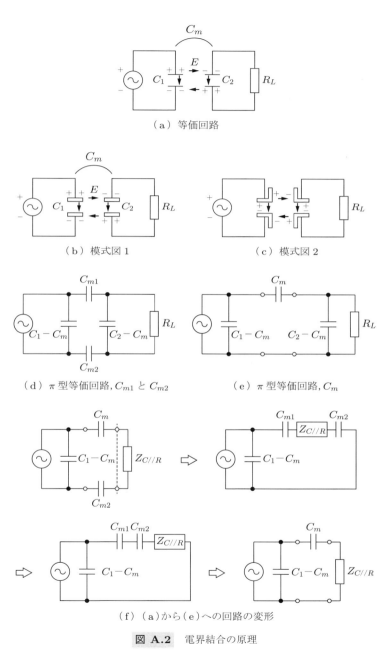

（a）等価回路

（b）模式図 1

（c）模式図 2

（d）π 型等価回路, C_{m1} と C_{m2}

（e）π 型等価回路, C_m

（f）（a）から（e）への回路の変形

図 **A.2** 電界結合の原理

は π 型で表され，図 (d) や図 (e) が使われる．図 (d) から図 (e) への変形は図 (f) に示すとおりである．ここで，$Z_{C//R}$ は $(C_2 - C_m)$ と R_L で作られる並列のインピーダンスの合算である．

$C_{m1} = C_{m2}$ のとき，$C_m = C_{m1}/2$ である．ただし，このままでは共振を利用していないので，高効率の電力伝送や，大電力の電力伝送は実現できない．2 次側は容量性（キャパシティブ）になっており，2 次側に誘起した電圧をコンデンサが使ってしまっているからである．

A.3　電界共鳴

電界での結合ができた後に目指すことは，高効率にすること，そして大電力にすることである．電界結合に関しても，共振の有無によって，図 A.3 のように，非共振，1 次側共振，2 次側共振，両側共振の電界結合，つまり，電界共鳴と分類される．磁界共鳴と同様の条件を満たすときに，高効率かつ大電力となるので，結局，1 次側の共振周波数と 2 次側の共振周波数を同じにすることになる（図 A.3(d)）[2], [64], [65]．そして，その条件を満たしたものが電界共鳴である．図 A.4 に π 型の電界共鳴の等価回路を示す．共振用のコイルを送電側と受電側に追加することで，電界共鳴として動作する．

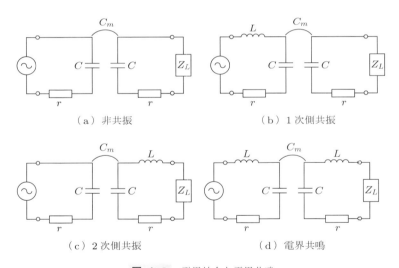

（a）非共振　　　　　　　　　　　　　（b）1 次側共振

（c）2 次側共振　　　　　　　　　　　（d）電界共鳴

図 A.3　電界結合と電界共鳴

ここでは一例として，自己共振型の電界共鳴について説明する．この付録 A で使用する電界型の共振器は，図 A.5 に示すような，メアンダライン（曲がりくねった）構造をもつメアンダライン共振器である．$lx = 500\,\mathrm{mm}$，$ly = 495\,\mathrm{mm}$，銅板の幅 $w = 5\,\mathrm{mm}$，銅板間のスペース $s = 5\,\mathrm{mm}$，段数 $n = 49$ 段とする．lx 方向に短冊状に長くなっている部分の個数を 1 段分とする．外付けのコイルが不要で，1 素子単独で自己共振できるオープンタイプの共振器

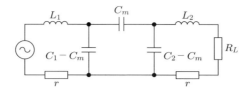

図 A.4　電界共鳴の等価回路

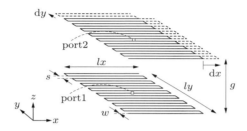

図 A.5　メアンダライン共振器のパラメータ

である.

　簡単な原理図を図 A.6 に示す. 図 (a) に 1 素子のときの電界と電流分布を, 図 (b) に横からの図を示す. 電流の流れる向きに正電荷が移動するので, 電界が電流と同じ向き（$+y$ 軸方向）に発生する. 一方, 空間としては $+E$ から $-E$ へと電界が発生するので, 電流の向きとは逆向き（$-y$ 軸方向）に発生する. また, メアンダライン共振器は一つの共振器構造ではあるが, ポートにおいてプラス側とマイナス側に分かれていることを考えると二つの極板があるということにもなる.

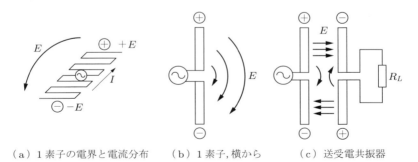

（a）1 素子の電界と電流分布　　（b）1 素子, 横から　　（c）送受電共振器

図 A.6　メアンダライン共振器の動作原理

　次に, 2 素子になった図 A.6(c) であるが, 空間を隔てて送電共振器の正面に受電共振器を配置すると, 送電側に誘起された電荷（電界）と逆の極性（プラスとマイナスのこと）が生じる. これは, 完全にコンデンサの性質そのものである. これにより, 電界を介して電力伝

送が可能になる．磁界と同様に，時間的に変動しない電界 E では電力は送れない．変動している E，つまり，$\mathrm{d}E/\mathrm{d}t$ によって，電力伝送が可能となる．図 (c) は電力伝送時の真横からみた模式図である．

　メアンダライン共振器は電界型の共振器である．共振器の端で電圧が高くなり，二つの共振器間は電界で結合を行う．ヘリカル共振器と同様に，提案するメアンダライン共振器のサイズは波長に対して小さく，1 素子では放射抵抗が小さく空間との整合が取れないので，通常の通信用アンテナとしては使えずに，近傍界における電力伝送用共振器としてのみ使える．さらに，メアンダライン共振器はその曲がりくねった形状により，電流が逆向きに流れるので，磁界がきれいに打ち消されるという特徴をもつ．ここではメアンダライン共振器を紹介したが，ただの金属の電極板（コンデンサ）と共振コイルの組み合わせでも同様にして電界共鳴は実現できる．

A.4　等価回路による計算

　等価回路に関しては磁界結合と同様に求めることができる．ただし，電界結合の場合，磁界の結合でないので，相互インダクタンス L_m ではなく，相互キャパシタンス C_m を用いる．等価回路を図 A.7 に示す．また，基本となる数式を次の式 (A.16) に示す．効率などの求め方は磁界共鳴と同じである．

$$
\begin{bmatrix} V_1 \\ 0 \\ 0 \end{bmatrix}
$$

$$
= \begin{bmatrix}
r_1+j\omega L_1+\dfrac{1}{j\omega(C_1-C_m)} & -\dfrac{1}{j\omega(C_1-C_m)} & 0 \\
-\dfrac{1}{j\omega(C_1-C_m)} & \dfrac{1}{j\omega(C_1-C_m)}+\dfrac{1}{j\omega C_m}+\dfrac{1}{j\omega(C_2-C_m)} & -\dfrac{1}{j\omega(C_2-C_m)} \\
0 & -\dfrac{1}{j\omega(C_2-C_m)} & r_2+R_L+j\omega L_2-\dfrac{1}{j\omega(C_2-C_m)}
\end{bmatrix}
$$

$$
\cdot \begin{bmatrix} I_1 \\ I_m \\ I_2 \end{bmatrix}
\tag{A.16}
$$

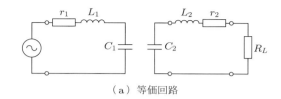

（a）等価回路

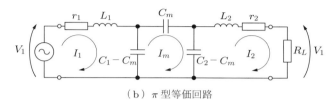

（b）π 型等価回路

図 A.7　電界共鳴の等価回路

エアギャップ特性

電界共鳴のエアギャップ特性を図 A.8 に示す．ここでは，簡単のために，共振条件は

$$f_0 = \frac{1}{2\pi\sqrt{L_1 C_1}} = \frac{1}{2\pi\sqrt{L_2 C_2}} \tag{A.17}$$

で，負荷抵抗 $R_L = 50\,\Omega$ で考える．

磁界共鳴のときと同様に，エアギャップが近いときは受電電力がピークとなる共振周波数は二つとなり，エアギャップが大きくなるとピークが一つになる．ただし，電界結合におい

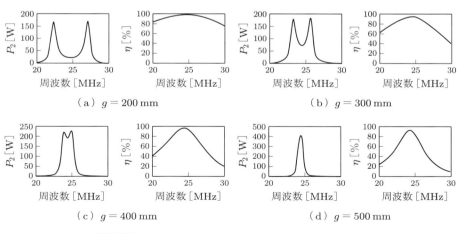

（a）$g = 200\,\mathrm{mm}$ 　　　　　　　　（b）$g = 300\,\mathrm{mm}$

（c）$g = 400\,\mathrm{mm}$ 　　　　　　　　（d）$g = 500\,\mathrm{mm}$

図 A.8　エアギャップ特性（$lx = 500$, $ly = 495\,\mathrm{mm}$,
$g = 150\,\mathrm{mm}$, $w = s = 5\,\mathrm{mm}$, $n = 49$ 段）

ては，二つのピークとほぼ同じところに生じる共振周波数を f_e, f_m とし，$f_e < f_m$ とする．
また，図 A.8(a), (b) の二つのピークとなる周波数の中央の谷にあたる周波数，もしくは，図
(d) の一つのピークとなったときの共振周波数は共振器 1 素子のときの共振周波数 f_0 にほぼ
等しいことも同様である．

　エアギャップを変化させたときについて述べる．エアギャップ変化のときには位置ずれな
しとするので，$dx = dy = 0$ とする．図 A.9 に，エアギャップと結合係数を示す．結合係数
k_e は送受共振器間の電界の結合の割合を表しており，次式を用いて，負荷の値を限りなく 0
に近づけたときの二つの共振周波数から求められる．

$$k_e = \frac{\omega_m^2 - \omega_e^2}{\omega_m^2 + \omega_e^2} \qquad (\because \omega_m = 2\pi f_m, \ \omega_e = 2\pi f_e) \tag{A.18}$$

　メアンダライン共振器における電界結合も，全体の傾向としては磁界結合と同様であり，
ギャップが小さいときに結合が強くなり，共振周波数が二つに分かれ，高効率の電力伝送が
可能となる．一方，ギャップが大きくなったときには結合が弱くなり，周波数のピークが一
つになり，さらにギャップが大きくなり $k_e \fallingdotseq 0$ となったときに電力伝送ができなくなる．

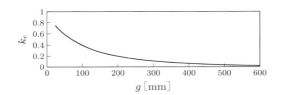

図 A.9　エアギャップと結合係数

A.6　位置ずれ特性

　図 A.10 に，効率と位置ずれの関係を示す．位置ずれ変化のときには $g = 200\,\mathrm{mm}$ とする．
負荷は $50\,\Omega$ に統一してある．dx をずらすときには $dy = 0\,\mathrm{mm}$ とし，dy をずらすときには
$dx = 0\,\mathrm{mm}$ とする．dx, dy ともに位置がずれるにつれ，結合が弱くなる．dx 方向へのずれ
は電界の対称性は保たれており，距離が離れるだけであるので，徐々に効率が低くなる．一

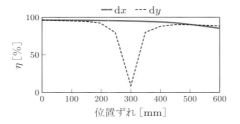

図 A.10　位置ずれ時の効率

方，dy 方向へのずれに関しては，共振器が半分ほどずれた $dy = 300\,\mathrm{mm}$ 辺りで，電界の結合の向きが切り替わるため一度効率が低くなる．

A.7 近傍界の電界

共振器近傍での電磁界の振る舞いを示す．電界ベクトルを図 A.11，図 A.12 に示す．図 A.13 には電界と磁界分布を示す．図 A.14 には送電共振器と受電共振器の対称面における電気パワー密度 P_e と磁気パワー密度 P_m を示す．図 A.14 は最大値で規格化してある．磁界結合と同様に電界結合においても，二つの共振周波数 f_e，f_m において非常に特徴的な分布を示す．これは，送電共振器と受電共振器の対称面における電界のようすに現れる．f_e においては対称面に垂直に電界が分布し電気壁となり，f_m においては対称面に水平に電界が分布し磁気壁となる．電気壁，磁気壁の分布が確認されるのは，磁界結合と同様であるが，磁気壁と電気壁が発生する共振周波数を考えると，磁界結合においては $f_m < f_e$ であり，電界結合においては $f_e < f_m$ である．また，図 A.13 より，磁界が綺麗に打ち消されていることがわか

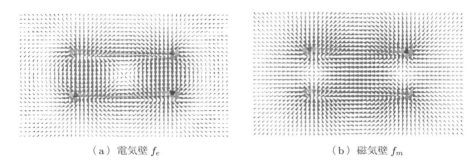

（a）電気壁 f_e　　　　　　　　　　（b）磁気壁 f_m

図 A.11 近傍の電界分布（ベクトル）

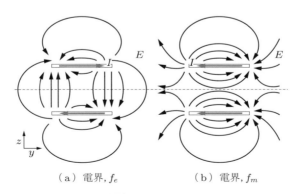

（a）電界, f_e　　　　　　　（b）電界, f_m

図 A.12 電界と電流の概形図

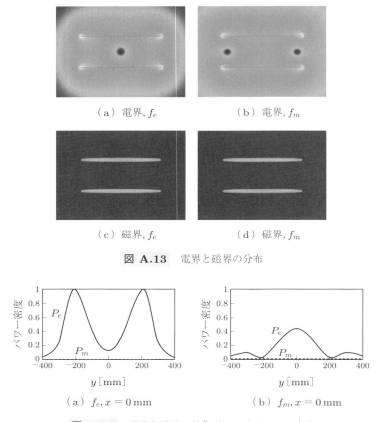

（a）電界, f_e　　　　　　　（b）電界, f_m

（c）磁界, f_e　　　　　　　（d）磁界, f_m

図 A.13　電界と磁界の分布

（a）$f_e, x = 0\,\mathrm{mm}$　　　　　　　（b）$f_m, x = 0\,\mathrm{mm}$

図 A.14　磁界と電界の対称面におけるパワー密度

る．これは，メアンダラインの曲がりくねった形状により電流が逆向きに流れることにより，磁界が相殺されているためである．そのため，対称面においては電気パワー密度に対し，磁気パワー密度の比率は 0.001% 未満である．

付録 B　磁界共鳴 (S-S) におけるエアギャップ特性

4.1 節においては，エアギャップ特性の重要なパラメータとして，電力と効率を示した．しかし実際には，電圧や電流やインピーダンスも重要なパラメータである．そこで，本章では，4.1 節では入りきらなかったこれらの特性を示す．各エアギャップにおいて負荷の値を変えているので，全体の特性を俯瞰したいときに確認して頂きたい．

B.1　エアギャップ・周波数特性

周波数を変えたときの特性をエアギャップと負荷を変えて確認する．エアギャップは $g = 150\,\mathrm{mm}$, $210\,\mathrm{mm}$, $300\,\mathrm{mm}$ と変え，負荷は $10\,\Omega$, $50\,\Omega$, $100\,\Omega$ と変える．図 B.1 に $g = 150\,\mathrm{mm}$ のとき，図 B.2 に $g = 210\,\mathrm{mm}$ のとき，図 B.3 に $g = 300\,\mathrm{mm}$ のときのグラフを示す．コイルと内部抵抗とコンデンサのパラメータは $L = 11.0\,\mathrm{\mu H}$, $r = 0.8\,\Omega$, $C = 12.5\,\mathrm{pF}$ である．図 B.1 の $g = 150\,\mathrm{mm}$ のときにおいては，インピーダンス $|Z_{\mathrm{in}}|$ が小さくなっている 2 点周辺において，電圧，電流，電力が大きくなり，2 ピークの山を形成していることがわかる．一方，効率は常に一山である．

図 B.2 の $g = 210\,\mathrm{mm}$ において，$50\,\Omega$ は最大効率が実現できる最適負荷となっている．$V_{\mathrm{in}}(V_1) \fallingdotseq V_2$ であることや，$I_1 \fallingdotseq I_2$ が確認できる．つまり，最大効率の簡易的な条件である $A_V \fallingdotseq 1$ や $A_I \fallingdotseq 1$ になっている．また，このとき，最大効率を実現できている周波数の両側に 2 ピークがある．つまり，周波数を 2 ピークに合わせることで，効率を若干犠牲にしてパワーを優先することも考えられる．$100\,\Omega$ のときを確認すると，インピーダンスを大きくし過ぎた場合，インピーダンスが小さくなる点が一つになり，電力のピークも一山になることが確認できる．

図 B.3 の $g = 300\,\mathrm{mm}$ においては，最適負荷は $10\,\Omega$ と $50\,\Omega$ の間にある．

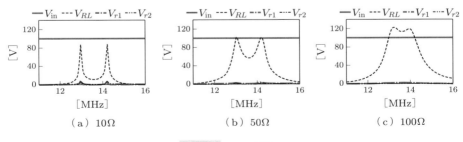

（a）10Ω　　　　（b）50Ω　　　　（c）100Ω

図 **B.1**　$g = 150\,\mathrm{mm}$

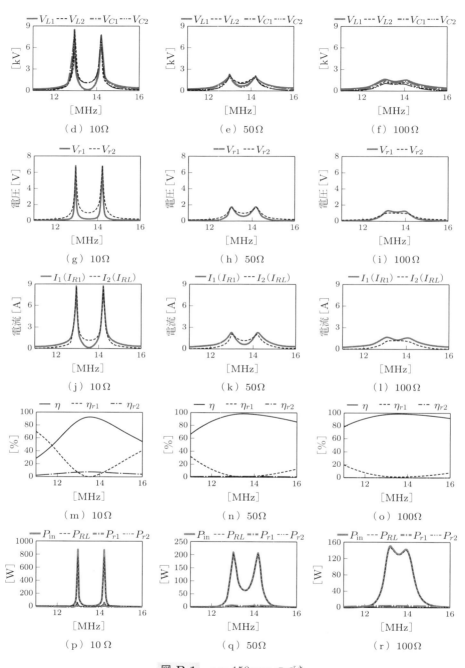

図 **B.1**　$g = 150\,\mathrm{mm}$ つづき

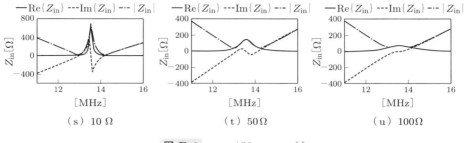

図 **B.1** $g = 150\,\mathrm{mm}$ つづき

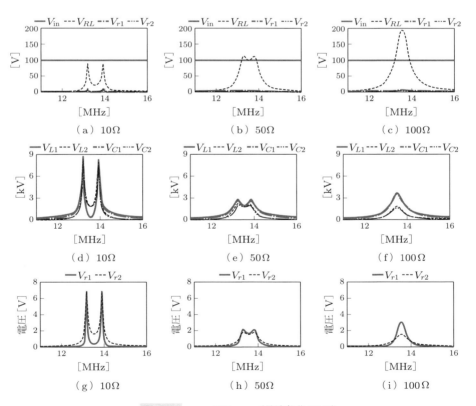

図 **B.2** $g = 210\,\mathrm{mm}$ （最適負荷 $50\,\Omega$）

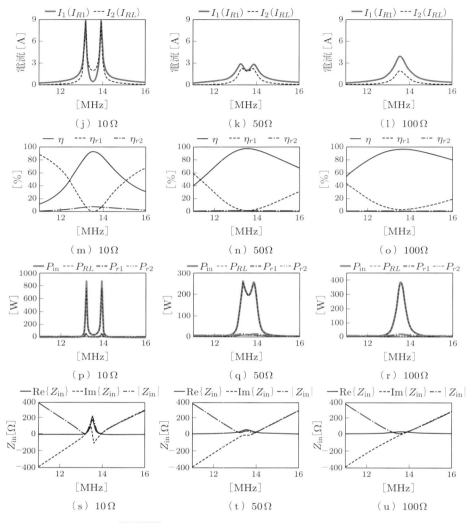

図 B.2　$g = 210\,\mathrm{mm}$（最適負荷 $50\,\Omega$）つづき

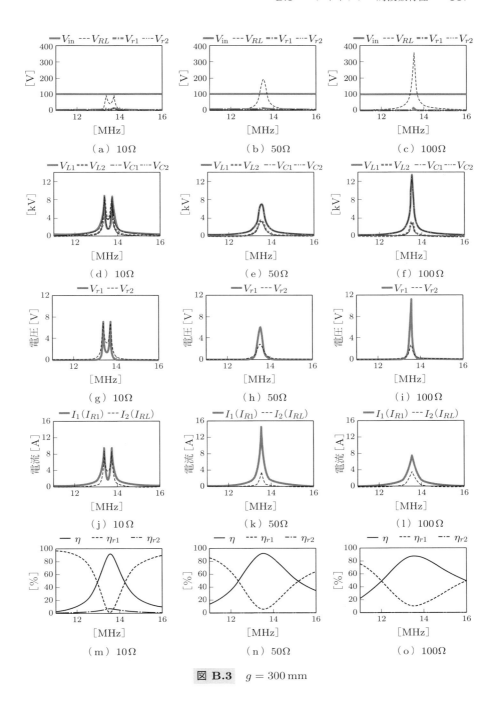

図 **B.3**　$g = 300\,\mathrm{mm}$

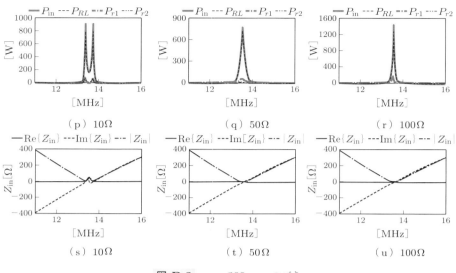

（p）10Ω   （q）50Ω   （r）100Ω

（s）10Ω   （t）50Ω   （u）100Ω

図 **B.3** $g = 300\,\mathrm{mm}$ つづき

付録 C　電磁誘導と磁界共鳴の k 軸での比較

　第 5 章で，電磁誘導と磁界共鳴について述べた．基本的に第 5 章で各トポロジーの理解はできるが，各々の回路トポロジーにおける少し細かい特徴について考える場合，切り口があると理解しやすい．ここでは，現象の理解を手助けする目的で負荷側から考える切り口でみえてくる現象について，そのままに記述する．すべての内容を覚える必要はなく，気になった場合に確認する目的で記述してある．付録 C〜E は関連しており，それぞれ k 軸，R_L 軸，f 軸における N-N, S-N, N-S, S-S について述べている．ここでは，k 軸について述べる．

C.1　k 軸での比較　エアギャップ特性・位置ずれ特性

　エアギャップが変化したり，位置ずれが生じたときには結合の強さが変わる．コイルがなくなり結合が切れた状態では，結合係数 $k = 0$ となる．一方，コイル同士が近づき密着状態になって結合が強くなった状態では，最大 $k = 1$ となる $(L_m = \sqrt{L_1 L_2})$．厳密には，$k = 1$ にするには密着させるだけでなく，漏れ磁束がまったくない状態（理想的な変圧器）にする必要があるので，コイルを置いただけでは $k = 1$ にはならないが，本書では特別なときを除き $k = 1$ のときを密着状態と表現する．負荷 R_L の値は，各々のエアギャップにおいて最大効率となる最適負荷 R_{Lopt} にする．

　メカニズムを理解するうえで切り口を間違えると，本現象を理解するのが困難になる．切り口はさまざま考えられるが，本章ではスムーズに現象を理解するために，4 方式ともに負荷からスタートする下記順番で考える．

$$①Z_{in2} \Rightarrow ②Z_2' \Rightarrow ③Z_{in1} \Rightarrow ④I_1 \Rightarrow ⑤V_{Lm2} \Rightarrow ⑥I_2 \Rightarrow$$
$$⑦P_1 \Rightarrow ⑧P_{r1} \Rightarrow ⑨P_{r2} \Rightarrow ⑩P_2 \Rightarrow ⑪\eta$$

とくに，$①Z_{in2} \Rightarrow ②Z_2' \Rightarrow ③Z_{in1} \Rightarrow ④I_1 \Rightarrow ⑤V_{Lm2} \Rightarrow ⑥I_2$ までが重要な順番である．

　図 C.1 は，$⓪R_{Lopt}$ も加えて，S-S のときを代表して書いてある．S-S の T 型等価回路を図 C.2 に示す．また，本手順による説明はあくまでグラフの理解を手助けするためのものであって，すべてを覚える必要性はない．ワイヤレス電力伝送はパラメータが多いので，多くのグラフが提示される．そのときに，グラフが表していることと，実際の現象の関連性を見失わないようにするため，そして，理解するための一つの手段として述べる．

　本題にいく前に，先に全体にかかわることを述べる．まず，結合とエアギャップの関係の一例を図 C.3 に示す．以降の検討で考察は行っているが，N-N と S-N と N-S は大エアギャップとなる結合が弱い領域では一般に使わない．$k = 0.2 \sim 0.1$ 以下では効率が低いので，N-N と S-N は適していない．また，N-S は効率は高いが電力が小さいので，適していない．S-S

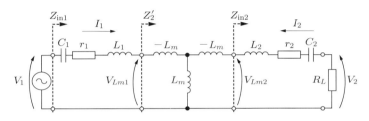

① 2次側

$$R_{Lopt} = \sqrt{r_2^2 + \frac{r_2(\omega L_m)^2}{r_1}}$$

① 2次側

$$Z_{in2} = r_2 + R_L$$

② 1次側

$$Z_2 = \frac{(\omega L_m)^2}{Z_{in2}}$$

③ 1次側

$$Z_{in1} = r_1 + Z_2$$

⑤ 2次側

$$V_{Lm2} = j\omega L_m I_1$$

⑥ 2次側

$$I_2 = \frac{V_{Lm2}}{Z_{in2}}$$

④ 1次側

$$I_1 = \frac{V_1}{Z_{in1}}$$

図 C.1 考える手順

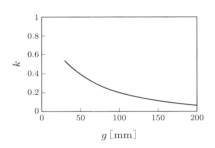

図 C.2 S-S の T 型等価回路

図 C.3 エアギャップ g と結合係数 k

のみ高効率かつ大電力が可能なので，大エアギャップにも適している．

また，すべてに共通することとしては，$k = 0$ となり結合がなくなり2次側コイルがない状態は，V_{Lm2} の特性を除き，2次側の $R_L = \infty\,[\Omega]$ のオープンモード時と同じである．オープンモード時は V_{Lm2} には電圧が誘起されるので注意が必要である．$k = 0$ のとき，1次側では2パターンに分類される．C_1 が L_1 を相殺していると $r_1 = 1\,\Omega$ なので，ショートモードとなり，C_1 がなく L_1 のみがあるときは $j\omega L_1 = j100\,\Omega$ なので，インピーダンスが高くショートモードとならない．そのため，この2パターンで考えることになる．

先に，N-N，S-N，N-S，S-S の4方式についてのまとめを示す．

1）N-N 方式　　N-N は非常にわかりやすく，1 次側と 2 次側両方とも，近づけると電流も電力も効率も増える．電流を除く，電力と効率に関する k に対する特徴は N-S とほぼ同じである．大エアギャップ時の特性としては，小電力であり，効率が低い（S-N と同じ）ので大エアギャップには適していない．

2）S-N 方式　　S-N は，電流と電力の 1 次側のピークはコイル間の結合が切れたときに生じ，2 次側のピークは切れる直前に出る．この特性は，S-S と同じである．効率はほかの 4 方式同様に近づければ近づけるほどよくなる．大エアギャップ時の特性としては，大電力であるが，効率が低い（N-N と同じ）ので大エアギャップには適していない．

3）N-S 方式　　N-S は，1 次側に L_1 が残り 2 次側の L_2 を C_2 で相殺しても，1 次側のインピーダンスが高く大きな電流は流れ込まないので，全般的に安全になる．電流に関してのみ，1 次側のピークが離したときに生じて，2 次側のピークが離す直前に生じるのは，S-Sや S-N と同じである．電力と効率に関しては，N-N 同様非常にわかりやすく，1 次側と 2 次側両方とも，近づけると電力も効率も増える．大エアギャップ時の特性としては，効率が高い（S-S と同じ）が，小電力なので用途が限定される．

4）S-S 方式　　S-S は，電流と電力の 1 次側のピークがコイル間の結合が切れたときに生じ，2 次側のピークが切れる直前に出る．この特徴は，S-N と同じである．大エアギャップ時の特性としては，効率が高く（N-S と同じ），かつ，大電力を実現できる唯一の方式であり，磁界共鳴（磁界共振結合）とよばれる（S-P と同類）．

コイルとコンデンサからなる共振器のパラメータを表 C.1 に示す．表計算のときには，きりのよいこの値を使用している．グラフに関しては，$r_1 = r_2 = 1.3\,\Omega$ としている．

表 C.1　共振器パラメータ（表用）

f [kHz]	100.0	C_1 [nF]	15.9
L_1 [µH]	159.2	C_2 [nF]	15.9
L_2 [µH]	159.2	r_1 [Ω]	1.0
L_m [µH]	15.9	r_2 [Ω]	1.0
k [-]	0.10	Q_1 [-]	100.0
		Q_2 [-]	100.0

C.1.1 ｜ k 軸での比較　N-N

N-N は，大エアギャップのときには，効率が悪く（$\eta = 33.0\%$），受電電力も小さいので（$P_2 = 0.5\,\mathrm{W}$），$k = 0.1$ などの大エアギャップでは使用できない．一方で，近接して電力を送りたいときには，密着状態の $k = 1$ であれば，高効率（$\eta = 97.2\%$）であり，S-N ほどではないが，そこそこの電力（$P_2 = 68.7\,\mathrm{W}$）が得られる．また，1 次側と 2 次側両方とも，近づけると効率も電力も大きくなり，離すと効率も電力も小さくなるので，非常に動作がわかりやすい（N-S と同じ）．また，効率曲線は S-N と完全一致するが，送れる電力は小さい．本

節冒頭で記した，①〜⑪の順で考えるが，ここでは一部をピックアップして述べる．

$$①Z_{\text{in2}} \Rightarrow ②Z_2' \Rightarrow ③Z_{\text{in1}} \Rightarrow ④I_1 \Rightarrow ⑤V_{Lm2} \Rightarrow ⑥I_2 \Rightarrow$$

$$⑦P_1 \Rightarrow ⑧P_{r1} \Rightarrow ⑨P_{r2} \Rightarrow ⑩P_2 \Rightarrow ⑪\eta$$

また，表 C.2 に最適負荷 R_{Lopt} 時の $k=0$, $k=0.1$, $k=1$ のときの値を示す．$k=0$ は 2 次側にコイルがないときである．さらに，図 C.4 に k 軸におけるグラフを示す．

以下，各パラメータのグラフを示すのみに留めるが，Z_2' と Z_{in1} と P_2 と η について述べる．

②2 次側入力インピーダンス Z_{in2} (N-N)

Z_2' のグラフを図 C.4(c) に，式を式 (C.1) に示す．$R_L = R_{Lopt} = 100.5\,\Omega$ であったが，K-インバータの効果で，$k=0.1$ のとき，$|Z_2'|$ は $0.7\,\Omega$ のインピーダンスとなる．結合が弱いと Z_2' は 0 に近づきショートに近づく．一方，結合が強いと Z_2' のインピーダンスが大きくなる（S-N と同じ）．また，Z_2' の虚部が K-インバータの効果でマイナスであり，コンデンサのように容量性にみえること（式 (C.2)）は，次の Z_{in1} の特性に大きくかかわる．

$$Z_2' = \frac{(\omega L_m)^2}{Z_{\text{in2}}} = \frac{(\omega L_m)^2}{r_2 + R_L + j\omega L_2} \tag{C.1}$$

$$Z_2' = \frac{(r_2 + R_L)(\omega L_m)^2}{(r_2 + R_L)^2 + (\omega L_2)^2} - j\left\{\omega L_2 \frac{(\omega L_m)^2}{(r_2 + R_L)^2 + (\omega L_2)^2}\right\} \tag{C.2}$$

③Z_{in1}

ここでの Z_{in1} の特徴が，N-N 独特のものである．Z_{in1} のグラフを図 C.4(d) に，式を式 (C.3) に示す．C_1 がないので L_1 が残り，$j\omega L_1 = j100\,\Omega$ のインピーダンスが 1 次側にある．結合が弱いときには，この L_1 によって，インピーダンスが高めであるが，結合が強くなるにつれインピーダンスが下がる．結合が強くなるとインピーダンスが下がる現象は，ほかの方式にはない現象である．式 (C.3) を実部と虚部に分ける形で変形すると式 (C.4) となる．

$$Z_{\text{in1}} = r_1 + j\omega L_1 + Z_2' = r_1 + j\omega L_1 + \frac{(\omega L_m)^2}{Z_{\text{in2}}} = r_1 + j\omega L_1 + \frac{(\omega L_m)^2}{r_2 + R_L + j\omega L_2} \tag{C.3}$$

$$Z_{\text{in1}} = r_1 + \frac{(r_2 + R_L)(\omega L_m)^2}{(r_2 + R_L)^2 + (\omega L_2)^2} + j\left\{\omega L_1 - \omega L_2 \frac{(\omega L_m)^2}{(r_2 + R_L)^2 + (\omega L_2)^2}\right\} \tag{C.4}$$

結合が強くなると，実部は増えるが，虚部は減る．虚部が減るのは，Z_2' が K-インバータを通して位相が大きく回り（R_{Lopt} があるので 180° までは回らない），2 次側のインピーダンスがコンデンサのように虚数成分のマイナスになるからである（図 C.4(c)，式 (C.2)）．そのとき 1 次側には $j\omega L_1 = j100\,\Omega$ のコイル成分が残っており，Z_{in1} においてこの両者が打ち消される．つまり，L_1 が K-インバータを介して L_2 によって相殺されている．ほかの方式では，このようなことは生じない．N-S のときは，1 次側には L_1 があるが，2 次側の L_2 が

表 C.2 N-N (最適負荷 R_{Lopt} 時)

N-N	式本体	$k=0$ (2次側なし)	$k=0.1$ (大ギャップ)	$k=1$ (密着)
Z_{in2}	$Z_{in2} = r_2 + R_L + j\omega L_2$ [Ω]	$r_2 + R_L + j\omega L_2$ $101 + j100 \to 142.1$	式本体と同じ 142.5	$r_2 + R_L + j\omega L_2$ $142.4 + j100 \to 174.0$
Z'_2	$Z'_2 = \dfrac{(\omega L_m)^2}{r_2 + R_L + j\omega L_2}$ [Ω]	0	式本体と同じ 0.7	$\dfrac{\omega^2 L_1 L_2}{r_2 + R_L + j\omega L_2}$ $\dfrac{10000}{142.4 + j100} \to 57.5$
Z_{in1}	$Z_{in1} = r_1 + j\omega L_1 + \dfrac{(\omega L_m)^2}{r_2 + R_L + j\omega L_2}$ [Ω]	$r_1 + j\omega L_1$ $1 + j100 \to 100.0$	式本体と同じ 99.5	$r_1 + j\omega L_1 + \dfrac{\omega^2 L_1 L_2}{r_2 + R_L + j\omega L_2}$ $1 + j100 + \dfrac{10000}{142.4 + j100} \to 82.4$ 100.3
V_{Lm2}	$V_{Lm2} = \dfrac{j\omega L_m}{r_1 + j\omega L_1 + \dfrac{\omega^2 L_m^2}{r_2 + R_L + j\omega L_2}} V_1$ [V]	0	式本体と同じ 10.0	$\dfrac{j\omega\sqrt{L_1 L_2}}{r_1 + j\omega L_1 + \dfrac{\omega^2 L_1 L_2}{r_2 + R_L + j\omega L_2}} V_1$
I_1	$I_1 = \dfrac{1}{r_1 + j\omega L_1 + \dfrac{\omega^2 L_m^2}{r_2 + R_L + j\omega L_2}} V_1$ [A]	$\dfrac{1}{r_1 + j\omega L_1} V_1$ 1.0	式本体と同じ 1.0	$\dfrac{1}{r_1 + j\omega L_1 + \dfrac{\omega^2 L_1 L_2}{r_2 + R_L + j\omega L_2}} V_1$
I_2	$I_2 = -\dfrac{j\omega L_m}{(r_1 + j\omega L_1)(r_2 + R_L + j\omega L_2) + \omega^2 L_m^2} V_1$ [A]	0 1.0	式本体と同じ 0.1	$-\dfrac{j\omega\sqrt{L_1 L_2}}{(r_1 + j\omega L_1)(r_2 + R_L + j\omega L_2) + \omega^2 L_1 L_2} V_1$ 1.2
P_1	$P_1 = \mathrm{Re}\{I_1\bar{V}_1\} = \mathrm{Re}\{I_1\bar{I}_1 r_1\} = \mathrm{Re}\{Z_{in1}\}|I_1|^2$ [W]	1.0	1.5	70.7
P_{r1}	$P_{r1} = \mathrm{Re}\{I_1\bar{I}_1 r_1\}$ [W]	1.0	1.0	1.5
P_{r2}	$P_{r2} = \mathrm{Re}\{I_2\bar{I}_2 r_2\}$ [W]	0	0.005	0.5
P_2	$P_2 = \mathrm{Re}\{I_2\bar{I}_2 R_L\}$ [W]	0	0.5	68.7
η	$\eta = \dfrac{P_2}{P_{r1} + P_{r2} + P_2}$ [%]	-	33.0	97.2

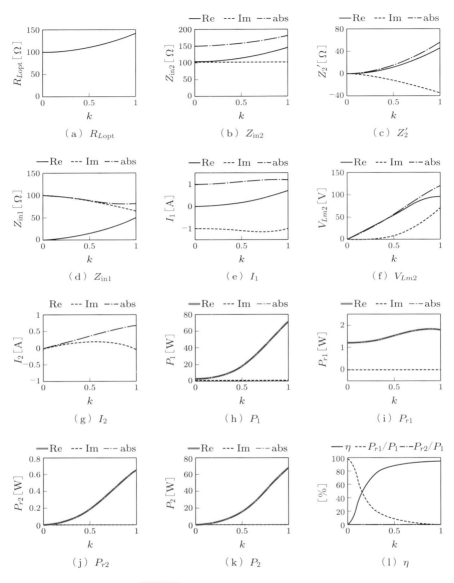

（a）R_{Lopt}　　　　　（b）Z_{in2}　　　　　（c）Z_2'

（d）Z_{in1}　　　　　（e）I_1　　　　　（f）V_{Lm2}

（g）I_2　　　　　（h）P_1　　　　　（i）P_{r1}

（j）P_{r2}　　　　　（k）P_2　　　　　（l）η

図 C.4　N-N（最適負荷 R_{Lopt} 時）

C_2 で相殺されているので，虚数成分における両者の打ち消しは存在しない．S-N も，1 側の L_1 が C_1 で相殺されているので同様に生じない．よって，N-N 独特な特徴である．大エアギャップ時の $k = 0.1$ のとき，r_1 と $|Z_2'| = 0.7\,\Omega$ と $j\omega L_1 = j100\,\Omega$ なので，Z_{in1} は $100\,\Omega$ より小さい $|Z_{in1}| = 99.5\,\Omega$ になる．

以上より, $Z_{\text{in}1}$ は結合が非常に小さいときには N-S の状態に近づき, 最終的には 1 次側が $Z_{\text{in}1} = r_1 + j\omega L_1$ になるので, インピーダンスは $\omega L_1 = 100\,\Omega$ に近づき安全になる. 結合が強くなるとインピーダンスは小さくなるが, それほど小さくならないので, 比較的安全である.

⑩ P_2 (負荷で消費される電力) (N-N)

P_2 のグラフを図 C.4(k) に, 式を以下に示す.

$$P_2 = \text{Re}\{I_2 \overline{I}_2\} R_L \tag{C.5}$$

$k = 0.1$ のとき, I_2 が小さいので P_2 は 0.5 W と小さい. S-S と違い, 結合が強くなるにつれ受電電力 P_2 が増える. 最適負荷 R_{Lopt} は距離依存の関数なので, 結合が強くなるにつれ大きな値となる. I_2 が増加し, V_{Lm2} も大きくなり, R_{Lopt} も増加しているので, P_2 が大きくなる. コイルを近づければ近づけるほど得られる電力 P_2 は大きくなる (N-S と同じ).

⑪効率 η (N-N)

η のグラフを図 C.4(l) に, 式を以下に示す.

$$\eta = \frac{P_2}{P_1} = \frac{P_2}{P_{r1} + P_{r2} + P_2} \tag{C.6}$$

結合がないときには, I_1 に電流が流れていることからわかるように, 損失の主原因は P_{r1} である. わずかに結合が生じると, I_2 にも電流が流れるが r_2 に比べ R_{Lopt} が大きいので, P_{r2} での損失はほぼ無視できる. そのため, 損失の主原因は常に P_{r1} である. $k = 0.1$ では効率 $\eta = 33.0\%$であり, 大エアギャップは N-N は適していない. 4 方式共通であるが, 結合が強くなるにつれ効率は上がっていく. 密着状態では高効率で電力伝送が可能である. 密着状態の受電電力 ($P_2 = 68.7\,\text{W}$) としては 3 番目の大きさであり, N-S より大きい. N-N は密着時限定の手法なので, 物理的には接触しているが, 電気的には非接触にしたい場合, 絶縁をとりたい場合などには利用できる.

C.1.2 | k 軸での比較 S-N

S-N は, 1 次側の電流と電力のピークがコイル間の結合が切れたときに生じ, 2 次側の電流と電力のピークは, コイルを近づけていき結合が生じた直後に生じる. この特性は, S-S と同じである. しかし, S-S と違い, 大きなエアギャップで結合が弱いときには効率は低い. もちろん, 結合を強くすると効率はよくなる. N-N と効率曲線は完全一致するが, 送れる電力はすべての方式の中で一番大きい. 表 C.3 に最適負荷 R_{Lopt} 時の $k = 0, 0.1, 1$ のときの値を示す. $k = 0$ は 2 次側にコイルがないときである. さらに, 図 C.5 に k 軸におけるグラフを示す.

S-N は $k = 0.1$ などの大エアギャップのときには, 受電電力は大きい ($P_2 = 1986.1\,\text{W}$) が, 効率が悪く ($\eta = 33.0\%$), 適していない. 一方で, 密着状態の $k = 1$ であれば, 高効率 ($\eta = 97.2\%$) かつ N-N よりかは大きな電力 ($P_2 = 137.5\,\text{W}$) が得られるので, 近接して大

表 C.3　S-N（最適負荷 $R_{L,\text{opt}}$ 時）

S-N	式本体	$k=0$ (2次側なし)	$k=0.1$ (大ギャップ)	$k=1$ (密着)
Z_{in2}	$Z_{in2} = r_2 + R_L + j\omega L_2$ [Ω]	$r_2 + R_L + j\omega L_2$ $101 + j100 \to 142.1$	式本体と同じ 142.5	$r_2 + R_L + j\omega L_2$ $142.4 + j100 \to 174.0$
Z'_2	$Z'_2 = \dfrac{(\omega L_m)^2}{r_2 + R_L + j\omega L_2}$ [Ω]	0	0.7	$\dfrac{\omega^2 L_1 L_2}{r_2 + R_L + j\omega L_2}$ $\dfrac{10000}{142.4 + j100} \to 57.5$
Z_{in1}	$Z_{in1} = r_1 + \dfrac{(\omega L_m)^2}{r_2 + R_L + j\omega L_2}$ [Ω]	r_1 1.0	1.6	$r_1 + \dfrac{\omega^2 L_1 L_2}{r_2 + R_L + j\omega L_2}$ $1 + \dfrac{10000}{142.4 + j100} \to 58.3$
V_{Lm2}	$V_{Lm2} = \dfrac{j\omega L_m}{r_1 + \dfrac{\omega^2 L_m^2}{r_2 + R_L + j\omega L_2}} V_1$ [V]	0	633.4	$\dfrac{j\omega\sqrt{L_1 L_2}}{r_1 + \dfrac{\omega^2 L_1 L_2}{r_2 + R_L + j\omega L_2}} V_1$ 171.6
I_1	$I_1 = \dfrac{1}{r_1 + \dfrac{\omega^2 L_m^2}{r_2 + R_L + j\omega L_2}} V_1$ [A]	$\dfrac{V_1}{r_1}$ 100.0	式本体と同じ 63.3	$\dfrac{1}{r_1 + \dfrac{\omega^2 L_1 L_2}{r_2 + R_L + j\omega L_2}} V_1$ 1.7
I_2	$I_2 = -\dfrac{j\omega L_m}{r_1(r_2 + R_L + j\omega L_2) + \omega^2 L_m^2} V_1$ [A]	0	4.4	$-\dfrac{j\omega\sqrt{L_1 L_2}}{r_1(r_2 + R_L + j\omega L_2) + \omega^2 L_1 L_2} V_1$ 1.0
P_1	$P_1 = \text{Re}\{I_1\overline{V_1}\} = \text{Re}\{V_1\} = \text{Re}\{Z_{in1}\}|I_1|^2$ [W]	10000.0	6018.0	141.4
P_{r1}	$P_{r1} = \text{Re}\{I_1\overline{I_1}r_1\}$ [W]	10000.0	4012.2	2.9
P_{r2}	$P_{r2} = \text{Re}\{I_2\overline{I_2}r_2\}$ [W]	0	19.8	1.0
P_2	$P_2 = \text{Re}\{I_2\overline{I_2}R_L\}$ [W]	0	1986.1	137.5
η	$\eta = \dfrac{P_2}{P_{r1} + P_{r2} + P_2}$ [%]	$-$	33.0	97.2

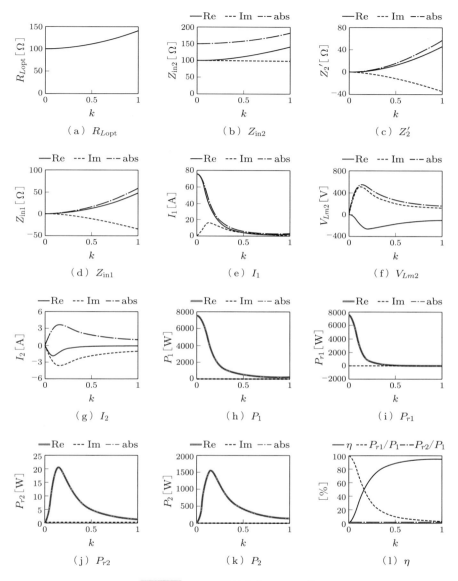

図 C.5　S-N（最適負荷 R_{Lopt} 時）

電力を送りたいときに向いている．コイルを近づけると効率は上がるが，密着状態と比べると，コイルを離したほうが電力が送られるので，コイルを取り上げた瞬間に生じる突然の電力や電流増加に対する安全対策などが求められる．

　以下，各パラメータのグラフを示すのみに留めるが，P_2 と η ついて述べる．

⑩負荷で消費される電力 P_2 (S-N)

P_2 のグラフを図 C.5(k) に示す．$k = 0.1$ のとき $I_2 = 4.4\,\mathrm{A}$ なので，S-S ほど大きな電流 I_2 ではないが，S-S に比べ負荷の値が大きい（$R_{Lopt} = 100.5\,\Omega$）ので P_2 は 1986.1 W と大きい．

結合がまったくない状態から少しだけ結合したときに最大電流が流れるので，その辺りで最大電力となる．2 次側のコイルがなくなったときに最大電力となる P_1 と違い，P_2 は徐々に2 次側コイルを離していき，結合が切れる直前に最大電力となる．一方，ピークより結合が強い領域では，コイルを近づければ近づけるほど得られる電力 P_2 は小さくなる（S-S と同じ）．

このように，電力に関してはコイルを近づければ必ずしも大きくなるわけではない．S-N や S-S は 2 次側コイルを離したほうが電力がとれる．距離を離したほうが，電流 I_2 が流れ大きな電力が送れる特性は C_1 がある S-S と共通の特性であり，注意が必要である．

⑪効率 η (S-N)

η のグラフを図 C.5(l) に示す．結合がないときには I_1 に大電流が流れていることからわかるように，損失の主原因は P_{r1} である．わずかに結合が生じると，I_2 にも電流が流れるが，r_2 に比べ R_{Lopt} が大きいので，P_{r2} での損失はほぼ無視できる．そのため，損失の主原因は常に P_{r1} である．$k = 0.1$ では効率 $\eta = 33.0\%$であり，大エアギャップは S-N は適していない．4 方式共通であるが，結合が強くなるにつれ効率は上がっていく．密着状態では高効率かつ大電力動作が可能である．S-N は密着させなくても近ければ電力を送れるので，若干効率を犠牲にしてもよければ，近接時に利用することができる．もちろん，N-N 同様密着時の利用も可能である．

C.1.3 k 軸での比較　N-S

N-S は S-S と効率曲線は完全一致するが，S-S に比べ N-S は送れる電力は非常に小さい．N-S の電流特性としては，1 次側の電流のピークがコイル間の結合が切れたときに生じ，2 次側の電流のピークがコイルを近づけていき結合が生じた直後に出るので，S-S と同じである．一方，電力に関しては，結合を強くしていくと 1 次側も 2 次側も大きくなり密着時に最大になることが，S-S と大きく異なる．結合を強くしていくと電力が増える特性は，C_1 のない N-N と同じである．表 C.4 に最適負荷 R_{Lopt} 時の $k = 0, 0.1, 1$ のときの値を示す．$k = 0$ は 2 次側にコイルがないときである．さらに，図 C.6 に k 軸におけるグラフを示す．

N-S は $k = 0.1$ などの大エアギャップのときには，送られる電力は小さい（$P_2 = 8.1\,\mathrm{W}$）が，高効率（$\eta = 81.9\%$）であり，小電力用であれば適している．さらに，密着状態の $k = 1$ であれば，さらなる高効率で電力（$P_2 = 49.0\,\mathrm{W}$）もわずかに増える（$\eta = 98.0\%$）ので，近接して小電力を送りたいときに向いている．また，コイルを近づければ近づけるほど効率も上がり電力も増えるので，非常に動作がわかりやすい．欠点としては，大電力が実現できないことである．

表 C.4 N-S (最適負荷 R_{Lopt} 時)

N-S	式本体	$k=0$ (2次側なし)	$k=0.1$ (大ギャップ)	$k=1$ (密着)
Z_{in2}	$Z_{in2} = r_2 + R_L$ [Ω]	$r_2 + R_L$ 11.0	式本体と同じ 11.0	$r_2 + R_L$ 101.0
Z'_2	$Z'_2 = \dfrac{(\omega L_m)^2}{r_2 + R_L}$ [Ω]	0 0	式本体と同じ 9.0	$\dfrac{\omega^2 L_1 L_2}{r_2 + R_L}$ 99.0
Z_{in1}	$Z_{in1} = r_1 + j\omega L_1 + \dfrac{(\omega L_m)^2}{r_2 + R_L}$ [Ω]	$r_1 + j\omega L_1$ $1 + j100 \to 100.0$	式本体と同じ 100.5	$r_1 + j\omega L_1 + \dfrac{\omega^2 L_1 L_2}{r_2 + R_L}$ $1 + j100 + \dfrac{10000}{101} \to 142.1$
V_{Lm2}	$V_{Lm2} = \dfrac{j\omega L_m (r_2 + R_L)}{(r_1 + j\omega L_1)(r_2 + R_L) + \omega^2 L_m^2} V_1$ [V]	0 0	式本体と同じ 9.9	$\dfrac{j\omega\sqrt{L_1 L_2}}{r_1 + j\omega L_1 + \dfrac{\omega^2 L_1 L_2}{r_2 + R_L}} V_1$ 70.7
I_1	$I_1 = \dfrac{1}{r_1 + j\omega L_1 + \dfrac{\omega^2 L_m^2}{r_2 + R_L}} V_1$ [A]	$\dfrac{1}{r_1 + j\omega L_1} V_1$ 1.0	式本体と同じ 1.0	$\dfrac{1}{r_1 + j\omega L_1 + \dfrac{\omega^2 L_1 L_2}{r_2 + R_L}} V_1$ 0.7
I_2	$I_2 = -\dfrac{j\omega L_m}{(r_1 + j\omega L_1)(r_2 + R_L) + \omega^2 L_m^2} V_1$ [A]	0 0	式本体と同じ 0.9	$-\dfrac{j\omega\sqrt{L_1 L_2}}{(r_1 + j\omega L_1)(r_2 + R_L) + \omega^2 L_1 L_2} V_1$ 0.7
P_1	$P_1 = \text{Re}\{I_1\overline{V_1}\} = \text{Re}\{I_1\}V_1 = \text{Re}\{Z_{in1}\}|I_1|^2$ [W]	1.0	9.9	50.0
P_{r1}	$P_{r1} = \text{Re}\{I_1\overline{I_1}r_1\}$ [W]	1.0	1.0	0.5
P_{r2}	$P_{r2} = \text{Re}\{I_2\overline{I_2}r_2\}$ [W]	0	0.8	0.5
P_2	$P_2 = \text{Re}\{I_2\overline{I_2}R_L\}$ [W]	0	8.1	49.0
η	$\eta = \dfrac{P_2}{P_{r1} + P_{r2} + P_2}$ [%]	-	81.9	98.0

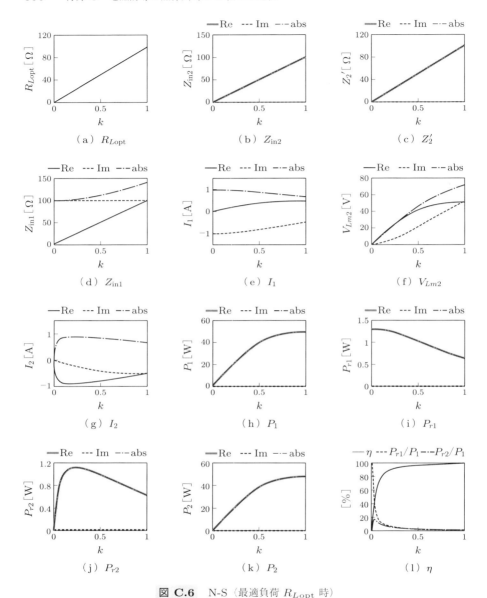

（a）R_{Lopt}　（b）Z_{in2}　（c）Z_2'

（d）Z_{in1}　（e）I_1　（f）V_{Lm2}

（g）I_2　（h）P_1　（i）P_{r1}

（j）P_{r2}　（k）P_2　（l）η

図 C.6　N-S（最適負荷 R_{Lopt} 時）

⑩負荷で消費される電力 P_2 (N-S)

　　P_2 のグラフを図 C.6(k) に示す．$k = 0.1$ のとき I_2 が小さいので，P_2 は 8.1 W と小さい．S-S と違い，結合が強くなるにつれ受電電力 P_2 が増える．最適負荷 R_{Lopt} は距離依存の関数なので，結合が強くなるにつれ大きな値となる．I_2 がわずかながら減少しても P_2 が

大きくなるのは, V_{Lm2} と R_{Lopt} が増加するからである.

コイルを近づければ近づけるほど得られる電力 P_2 は大きくなる（N-N と同じ）. ただし, $k = 1$ のときの入力電力 ($P_2 = 49.0\,\mathrm{W}$) としては 4 方式の中で一番小さい.

⑪効率 η (N-S)

η のグラフを図 C.6(l) に示す. S-S と完全一致する. 結合がないときには I_1 に電流が流れていることからわかるように, 損失の主原因は P_{r1} である. わずかに結合が生じると, I_2 に大電流が流れ P_{r2} での損失も増える. $k = 0.1$ では効率 $\eta = 81.9\%$ であり, そのくらいまで結合が強くなると, P_{r1} と P_{r2} での損失は小さくなる. S-S と同様に N-S でも結合が強くなったときには $A_I \fallingdotseq 1$ の条件が使える. また, 電力の一般式 $I^2 R$ より, $r_1 = r_2$ においては, $P_{r1} \fallingdotseq P_{r2}$ となる. 4 方式共通であるが, 結合が強くなるにつれ効率は上がっていく.

C.1.4 ┃ k 軸での比較 S-S

S-S は 1 次側の電流と電力のピークがコイル間の結合が切れたときに生じ, 2 次側の電流と電力のピークがコイルを近づけて行き結合が生じた直後に生じる特性は, S-N と同じである. しかし, S-N と違い 1 次側だけでなく 2 次側に大きな電流が流れ, S-S は高効率になる. N-S とは効率曲線は完全一致するが, N-S は送れる電力は小さい. 一方, S-S は大電力を 2 次側に送る. 大電力を 2 次側に送れるのが S-S と N-S の違いである.

つまり, S-S は, 4 方式で唯一 $k = 0.1$ などの大エアギャップのときに, 送れる電力 ($P_2 = 814.9\,\mathrm{W}$) も大きく, 高効率 ($\eta = 81.9\%$) であり, 大エアギャップのときに大電力かつ高効率を達成できる方式である. 密着状態の $k = 1$ であれば, さらなる高効率 ($\eta = 98.0\%$) になるが, 電力 ($P_2 = 98.0\,\mathrm{W}$) は小さくなり, 近接時にほぼ同等効率となる S-N の受電電力 ($P_2 = 137.5\,\mathrm{W}$) を若干下回る. $k = 0.5$ を超え結合が強くなってくると, S-N と S-S ではほぼ同等の性質になる. 効率は S-S が少しよく, 電力は S-N が少しよいという領域である. ただし, $k = 0.5$ を超えれば, コイル間の距離は小さく, 一般にはこの領域はほぼ密着時での使用とみなされる（図 C.3）.

S-N 同様に, コイルを近づけると効率は上がるが, 密着状態から考えると, コイルを離したほうが電力が送られるので, 突然の電力や電流増加に対しての安全対策などが求められる.

下記, ①〜⑪の順で記す.

$$① Z_{\mathrm{in}2} \Rightarrow ② Z'_2 \Rightarrow ③ Z_{\mathrm{in}1} \Rightarrow ④ I_1 \Rightarrow ⑤ V_{Lm2} \Rightarrow ⑥ I_2 \Rightarrow$$

$$⑦ P_1 \Rightarrow ⑧ P_{r1} \Rightarrow ⑨ P_{r2} \Rightarrow ⑩ P_2 \Rightarrow ⑪ \eta$$

また, 表 C.5 に各々の結合係数において最適負荷 R_{Lopt} にしたときの $k = 0$, $k = 0.1$, $k = 1$ のときの値を示す. $k = 0$ は 2 次側にコイルがないときである. さらに, 図 C.7 に k 軸におけるグラフを示す.

①2 次側入力インピーダンス $Z_{\mathrm{in}2}$ (S-S)

R_{Lopt} と $Z_{\mathrm{in}2}$ のグラフを図 C.7(a) と図 (b) に, 式を式 (C.7) に示す. L_2 は C_2 で相殺

表 C.5　S-S（最適負荷 $R_{L,opt}$ 時）

S-S	式本体	$k=0$ (2次側なし)	$k=0.1$ (大ギャップ)	$k=1$ (密着)
Z_{in2}	$Z_{in2} = r_2 + R_L$ [Ω]	11.0	式本体と同じ 11.0	$r_2 + R_L$
Z_2'	$Z_2' = \dfrac{(\omega L_m)^2}{r_2 + R_L}$ [Ω]	0	9.0	$\dfrac{\omega^2 L_1 L_2}{r_2 + R_L}$
Z_{in1}	$Z_{in1} = r_1 + \dfrac{(\omega L_m)^2}{r_2 + R_L}$ [Ω]	r_1	式本体と同じ 10.0	$r_1 + \dfrac{\omega^2 L_1 L_2}{r_2 + R_L}$
V_{Lm2}	$V_{Lm2} = \dfrac{j\omega L_m}{r_1 + \dfrac{\omega^2 L_m^2}{r_2+R_L}} V_1$ [V]	0	式本体と同じ 99.5	$\dfrac{j\omega\sqrt{L_1 L_2}}{r_1 + \dfrac{\omega^2 L_1 L_2}{r_2+R_L}} V_1$
I_1	$I_1 = \dfrac{1}{r_1 + \dfrac{\omega^2 L_m^2}{r_2+R_L}} V_1$ [A]	$\dfrac{V_1}{r_1}$	式本体と同じ 10.0	$\dfrac{1}{r_1 + \dfrac{\omega^2 L_1 L_2}{r_2+R_L}} V_1$
I_2	$I_2 = -\dfrac{j\omega L_m}{r_1(r_2 + R_L) + \omega^2 L_m^2} V_1$ [A]	0	式本体と同じ 9.0	$-\dfrac{j\omega\sqrt{L_1 L_2}}{r_1(r_2 + R_L) + \omega^2 L_1 L_2} V_1$
P_1	$P_1 = \mathrm{Re}\{I_1 \overline{V_1}\} = \mathrm{Re}\{I_1\} V_1 = \mathrm{Re}\{Z_{in1}\}|I_1|^2$ [W]	10000.0	995.0	100.0
P_{r1}	$P_{r1} = \mathrm{Re}\{I_1 \overline{I_1} r_1\}$ [W]	10000.0	99.0	1.0
P_{r2}	$P_{r2} = \mathrm{Re}\{I_2 \overline{I_2} r_2\}$ [W]	0	81.1	1.0
P_2	$P_2 = \mathrm{Re}\{I_2 \overline{I_2} R_L\}$ [W]	0	814.9	98.0
η	$\eta = \dfrac{P_2}{P_{r1} + P_{r2} + P_2}$ [%]	-	81.9	98.0

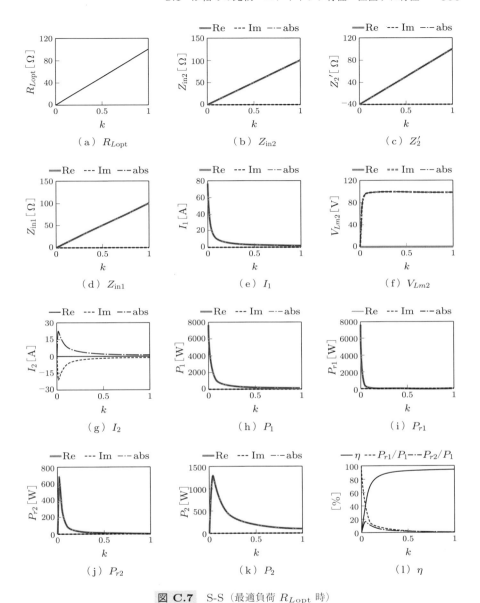

（a）R_{Lopt}　　　　　　（b）Z_{in2}　　　　　　（c）Z_2'

（d）Z_{in1}　　　　　　（e）I_1　　　　　　（f）V_{Lm2}

（g）I_2　　　　　　（h）P_1　　　　　　（i）P_{r1}

（j）P_{r2}　　　　　　（k）P_2　　　　　　（l）η

図 C.7　S-S（最適負荷 R_{Lopt} 時）

されるので，Z_{in2} は r_2 と最適負荷 R_{Lopt} になる．$k = 0.1$ のとき，$R_{Lopt} = 10.0\,\Omega$ なので，$|Z_{in2}| = 11.0\,\Omega$ である（N-S と同じ）．エアギャップを小さく，つまり結合係数を強めると，式（C.8）のように最適負荷 R_{Lopt} の値が大きくなるので，Z_{in2} も大きくなる（N-S と同じ）．

$$Z_{\mathrm{in}2} = r_2 + R_L \tag{C.7}$$

$$R_{Lopt} = \sqrt{r_2^2 + \frac{r_2(\omega L_m)^2}{r_1}} \tag{C.8}$$

$r_1 = r_2 = r_0$ とおき，かつ結合が強いか内部抵抗が小さく r_0 が無視できる領域 $\omega L_m \gg r_0$ の場合は，下記の式 (C.9) となる．これは，最適負荷 R_{Lopt} と L_m はほぼ比例の関係にあり，$R_{Lopt} \fallingdotseq \omega L_m$ の関係にある．このことを理解していると，この後のグラフと式の理解が深まる．

$$R_{Lopt} = \sqrt{r_0^2 + \frac{r_0(\omega L_m)^2}{r_0}} = \sqrt{r_0^2 + (\omega L_m)^2} \approx \omega L_m \tag{C.9}$$

②1 次側に変換された 2 次側インピーダンス Z_2' (S-S)

Z_2' のグラフを図 C.7(c) に，式を式 (C.10) に示す．K-インバータの効果があっても，$\omega L_m \gg r_0$ の場合，式 (C.9) の効果で Z_2' が R_{Lopt} とほぼ同じ値になり，$k = 0.1$ のとき，Z_2' は $9.0\,\Omega$ のインピーダンスとなる（式 (C.11)）．結合が弱いと Z_2' は 0 に近づきショートに近づく．一方，結合が強いとインピーダンスが大きくなる（N-S と同じ）．

$$Z_2' = \frac{(\omega L_m)^2}{Z_{\mathrm{in}2}} = \frac{(\omega L_m)^2}{r_2 + R_L} \tag{C.10}$$

$$Z_2' = \frac{(\omega L_m)^2}{r_2 + R_{Lopt}} \approx \frac{R_{Lopt}^2}{r_2 + R_{Lopt}} \approx R_{Lopt} \tag{C.11}$$

③1 次側入力インピーダンス $Z_{\mathrm{in}1}$ (S-S)

$Z_{\mathrm{in}1}$ のグラフを図 C.7(d) に，式を式 (C.12) に示す．L_1 は C_1 で相殺される．$k = 0.1$ のとき，r_1 と $R_{Lopt} = 10.0\,\Omega$ で $|Z_{\mathrm{in}1}| = 10.0\,\Omega$ になる．結合が非常に小さいときには S-N の状態に近づき，最終的に $k = 0$ のときには，1 次側が $Z_{\mathrm{in}1} = r_1$ のショートモードになり危険である（L_m が 0 になり，S-N の状態で $j\omega L_2$ が無視できる領域に相当する．式 (C.13)，(C.14) 参照）．ただし，少しでも結合が強くなると，すぐに S-N の $j\omega L_2$ が無視できなくなるので，S-N と特性は完全には一致しない．

$$Z_{\mathrm{in}1} = r_1 + Z_2' = r_1 + \frac{(\omega L_m)^2}{Z_{\mathrm{in}2}} \tag{C.12}$$

$$\text{S-N} : Z_{\mathrm{in}1} = r_1 + \frac{(\omega L_m)^2}{r_2 + R_L + j\omega L_2} \tag{C.13}$$

$$\text{S-S} : Z_{\mathrm{in}1} = r_1 + \frac{(\omega L_m)^2}{r_2 + R_L} \tag{C.14}$$

面白いことに，S-S の最適負荷 R_{Lopt} のときには電源から回路側すべてをみたインピーダンス $Z_{\mathrm{in}1}$ の式は，R_{Lopt} の式の r_1 と r_2 を入れ替えた形になっており，$r_1 = r_2$ のときには $Z_{\mathrm{in}1} = R_{Lopt}$ となり両者は一致する．$r_1 = r_2 = r_0$ とおけば，以下の式が得られる．

$$Z_{\mathrm{in}1} = \sqrt{r_1^2 + \frac{r_1(\omega L_m)^2}{r_2}} = \sqrt{r_0^2 + (\omega L_m)^2} \tag{C.15}$$

$$R_{L\mathrm{opt}} = \sqrt{r_2^2 + \frac{r_2(\omega L_m)^2}{r_1}} = \sqrt{r_0^2 + (\omega L_m)^2} \tag{C.16}$$

④1 次側電流 I_1 (S-S)

I_1 のグラフを図 C.7(e) に，式を以下に示す．

$$I_1 = \frac{V_1}{Z_{\mathrm{in}1}} = \frac{V_1}{r_1 + Z_2'} = \frac{r_2 + R_L}{r_1(r_2 + R_L) + \omega^2 L_m^2}V_1 = \frac{1}{r_1 + \dfrac{\omega^2 L_m^2}{r_2 + R_L}}V \tag{C.17}$$

結合が弱いときに大電流となる．$k = 0.1$ のときには 10.0 A 流れる．$I_1 = V_1/Z_{\mathrm{in}1}$ なので，$Z_{\mathrm{in}1}$ の特性から，結合がなくなった $k = 0$ のときには 1 次側はショートモードのため，S-N 同様，大電流が流れ非常に危険である．これは，"2 次側オープンモードのときに 1 次側がショートモードになる現象" である．一方，結合が強くなると，電流は絞られていく．最終的に $k = 1$ のときには，$k = 0.1$ のときの 1/10 である 1.0 A まで絞られる．

2 次側コイルがないときが最大電流であり，結合が強くなるにつれ徐々に 1 次側の電流 I_1 が絞られる特性は，S-N, N-S 共通の特性である．ただし，N-S のときには I_1 は非常に小さく変動幅も小さいが，S-S は変動が大きい．

⑤2 次側に生じる誘導起電力 V_{Lm2} (S-S)

V_{Lm2} のグラフを図 C.7(f) に，式を式 (C.18) に示す．誘導起電力によって 2 次側に $V_{Lm2} = j\omega L_m I_1$ が印加される．$k = 0.1$ のとき，99.5 V の電圧が誘起される．結合が強くなってもほぼ一定の値をとる．結合が強くなり，$\omega L_m \gg r_1 = r_2$ となったときは，式 (C.9) のように $R_{L\mathrm{opt}} \fallingdotseq \omega L_m$ となるので，V_{Lm2} の値は入力電圧 V_1 とほぼ同じになることは式 (C.18) から理解できる．最大効率実現時の最適負荷 $R_{L\mathrm{opt}}$ を使用している今回の条件下では，r_2 での電圧降下 V_{r2} は小さく，L_2 は C_2 で相殺されているので，式 (C.19) のように $V_{Lm2} \fallingdotseq V_2$ となり，それゆえに，式 (C.20) のように電圧増幅率 $A_V = V_2/V_1 \fallingdotseq j$ となる．つまり，振幅 1 かつ 90° の位相があることになる．直接求めても同様である（式 (C.21)）．

$$V_{Lm2} = j\omega L_m I_1 = \frac{j\omega L_m(r_2 + R_L)}{r_1(r_2 + R_L) + \omega^2 L_m^2}V_1 \approx \frac{j(r_2 R_L + R_L^2)}{r_1 r_2 + r_1 R_L + R_L^2}V_1$$

$$\approx \frac{j\left(\dfrac{r_2}{R_L} + 1\right)}{\dfrac{r_1 r_2}{R_L^2} + \dfrac{r_1}{R_L} + 1}V_1 \approx jV_1 \tag{C.18}$$

$$V_{Lm2} = V_{r2} + V_2 \approx V_2 \tag{C.19}$$

$$A_V = \frac{V_2}{V_1} \approx \frac{V_{Lm2}}{V_1} \approx j \tag{C.20}$$

$$A_V = \frac{V_2}{V_1} = \frac{j\omega L_m R_L}{r_1(r_2 + R_L) + \omega^2 L_m^2} = \frac{j\omega L_m R_L}{r_1 r_2 + r_1 R_L + \omega^2 L_m^2}$$

$$\approx \frac{jR_L^2}{r_1 r_2 + r_1 R_L + R_L^2} \approx \frac{j}{\dfrac{r_1 r_2}{R_L^2} + \dfrac{r_1}{R_L} + 1} \approx j \tag{C.21}$$

⑥2 次側電流 I_2 (S-S)

　I_2 のグラフを図 C.7(g) に，式を式 (C.22) に示す．L_2 は C_2 で相殺され，R_L と r_2 のみなので，誘起された電圧 V_{Lm2} が R_L と r_2 に分圧される形で印加される．結合が少しでもあれば，V_{Lm2} は大きくなり，また，$A_V \fallingdotseq 1$ の特性から V_1 と等しい電圧の約 100 V が印加されるので，$k = 0.1$ のときでは大きな電流 $I_2 = 9.0$ A が流れる．また，最適負荷時には，結合が強くなり，$\omega L_m \gg r_1 = r_2$ となったときは，式 (C.9) のように $R_{Lopt} \fallingdotseq \omega L_m$ となる．このため，式 (C.23) のように，電流増幅率 $A_I = I_2/I_1 \fallingdotseq 1$ という特性もある．つまり，結合が強いときには，$A_V \fallingdotseq 1$ かつ $A_I \fallingdotseq 1$ である．

$$I_2 = \frac{V_{Lm2}}{r_2 + R_L} = -\frac{j\omega L_m}{r_1(r_2 + R_L) + \omega^2 L_m^2} V_1 \tag{C.22}$$

$$A_I = \frac{I_2}{I_1} = -\frac{j\omega L_m}{r_2 + R_L} \approx -j \tag{C.23}$$

　S-S 方式のみが 2 次側の電流 I_2 を大きくすることができ，これが高効率かつ大電力の一つの特徴である．同じ高効率の N-S と比べると，N-S は L_1 があるために，1 次側に電流を多く流せないので，N-S では誘導起電力 V_{Lm2} が小さく，2 次側に大きな電流を発生させることはできない．結合がまったくない状態から少しだけ結合したときに最大電流が流れるのは，S-N や N-S と同じである．ただし，N-S は非常に小さく変動幅も小さい．2 次側のコイルがなくなったときに最大電流となる I_1 と違い，徐々に 2 次側コイルを離していき，結合が切れる直前に I_2 は大電流が流れるので注意が必要である．

⑦入力電力 P_1 (S-S)

　P_1 のグラフを図 C.7(h) に，式を式 (C.24) に示す．$k = 0.1$ のとき I_1 が大きいので，P_1 は 995.0 W と大きい．結合がないときはショートモードなので，大電流が流れ大電力となり非常に危険である．結合が強くなるにつれ電流が絞られ，入力電力は小さくなる．

$$P_1 = \mathrm{Re}\{I_1 \overline{V}_1\} = P_{r1} + P_{r2} + P_2 \tag{C.24}$$

　近づけたほうが効率が上がるのは，すべての回路方式共通の特性である．一方，電力に関してはコイルを近づければ必ずしも大きくなるわけではない．S-S や S-N は 2 次側コイルを離したほうが電力がとれる．

　距離を離したほうが電流が流れ電力が送れる特性は，C_1 がある S-N 共通の特性である．N-S や N-N は近づけたほうが電力も効率も上がるので，直感的といえるが，S-S や S-N は 2 次側コイルを離したほうが，電力がとれるので，注意が必要である．N-S は近づけたほうがわずかに電流は絞られるが，近づけると最適負荷値が大きくなるので，結局近づけたほうが，電力がとれる．

　なぜ，C_1 がある S-S や S-N のときに，コイルを離すと電力 P_1 が大きくなり，コイルを近

づけると電力 P_1 が絞られるのかについて述べる．1 次側では L_1 は C_1 で相殺されており，Z_{in1} はそもそも小さいので，2 次側のインピーダンスの影響が小さいと大きな電流が流れる性質をもっている．そのため，2 次側のインピーダンスを 1 次側に変換した Z_2' の影響を強く受ける．結合がない状態では，r_1 のみなので，大電流が流れている．そこから徐々に結合が強くなっていくと，K-インバータを介してみえる Z_2' が徐々に大きくなっていき，1 次側のインピーダンスが上がり，1 次側の電流 I_1 が絞られる．つまり，送られる電力 P_1 が絞られていく．これが，距離が近づくと電力が絞られる原因である．ちなみに，送電電力が小さくなるので，当然，受電電力 P_2 も小さくなる．

では，N-N や N-S ではどうなるのかというと，L_1 が存在するので，1 次側のインピーダンスは高く，結合が弱くてもそもそも大きな電流を流すことができない．確かに，結合を強めると送れる電力が増えているが，そもそも，その値は，S-S や S-N において一番送れないときの電力値，つまり 100 W の前後程度になる．

⑧1 次側の内部抵抗でのロス P_{r1} (S-S)

P_{r1} のグラフを図 C.7(i) に，式を式 (C.25) に示す．$k = 0.1$ のときは，I_1 が小さいので P_{r1} は 10.0 W と小さい．ただし，2 次側コイルが離れていき最終的に結合がなくなったときは，$Z_{in1} = r_1$ のショートモードになり S-N と同じく大電流が流れ，大きなロスが発生し，非常に危険な状態になる．$k = 0$ の 2 次側のコイルがない状態は，オープンモード（$R_L = \infty \, [\Omega]$）そのものである．

$$P_{r1} = \mathrm{Re}\{I_1 \bar{I_1}\} r_1 \tag{C.25}$$

⑨2 次側の内部抵抗でのロス P_{r2} (S-S)

P_{r2} のグラフを図 C.7(j) に，式を式 (C.26) に示す．$k = 0.1$ のときでは r_2 でのロス $P_{r2} = 81.1$ W である．$P_2 = 814.9$ W であるのでそれに比べれば小さいが，このロスを減らすことが高効率の電力伝送には必要なことである．

$$P_{r2} = \mathrm{Re}\{I_2 \bar{I_2}\} r_2 \tag{C.26}$$

2 次側のコイルがなくなったときに最大消費電力となる P_{r1} と違い，徐々に 2 次側コイルを離していき，結合が切れる直前に大電流 I_2 が流れ，大きなロスを生じるので，注意が必要である．一方で，ピークを境にコイルを近づければ，P_{r2} は単調に小さくなる．

上記の特性は S-N に似ているが，S-N との大きな違いは，S-S は P_{r2} が大きく，とくにピークの値が非常に大きいということである．ピーク時の I_2 が大電流なので，P_{r2} は非常に大きくなる．

⑩負荷で消費される電力 P_2 (S-S)

P_2 のグラフを図 C.7(k) に，式を式 (C.27) に示す．$k = 0.1$ のとき I_2 が大きいので，P_2 は 814.9 W と大きい．結合がまったくない状態から少しだけ結合したときに最大電流が流れピークとなるので，その辺りで最大電力となる．最適負荷 R_{Lopt} は距離依存の関数なので，

この影響で最大電流となる I_2 の結合係数から少しずれるが，大きなずれにはならない.

$$P_2 = \text{Re}\{I_2\bar{I}_2\}R_L \tag{C.27}$$

2 次側のコイルがなくなったときに最大電力となる P_1 と違い，P_2 は徐々に 2 次側コイルを離していき，結合が切れる直前に最大電力となる．ピークより結合が強い領域では，コイルを近づければ近づけるほど得られる電力 P_2 は小さくなる（S-N と同じである）.

⑪効率 η (S-S)

　η のグラフを図 C.7(l) に，式を式 (C.28) に示す．結合がないときには I_1 に大電流が流れていることからわかるように，損失の主原因は P_{r1} である．わずかに結合が生じると，I_2 に大電流が流れ P_{r2} での損失も増える．$k = 0.1$ では効率 $\eta = 81.9\%$ であり，そのくらいまで結合が強くなると，P_{r1} と P_{r2} での損失は小さくなる．結合が強くなったときに使える条件 $A_I \fallingdotseq 1$ と電力の一般的な式 $|I|^2R$ を思い出してもらえばわかるが，$r_1 = r_2$ においては，$P_{r1} \fallingdotseq P_{r2}$ となる.

　結合が強いときには $A_V \fallingdotseq 1$ かつ $A_I \fallingdotseq 1$ であることを示したが，一方で，大エアギャップ時にはこの条件からずれ始める境目であるので，検討する際は注意が必要である．4 方式共通であるが，結合が強くなるにつれ効率は上がっていく.

$$\eta = \frac{P_2}{P_1} = \frac{P_2}{P_{r1} + P_{r2} + P_2} \tag{C.28}$$

　以上であるが，S-S に関して，1 次側と 2 次側の電流を比較した図を参考として図 C.8 に示す.

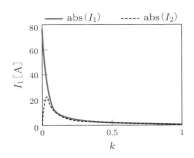

図 **C.8**　電流比較 (S-S)

付録 D　電磁誘導と磁界共鳴の R_L 軸での比較

付録 C〜E は関連しており，それぞれ k 軸，R_L 軸，f 軸における N-N, S-N, N-S, S-S について述べている．ここでは，R_L 軸について述べる．

D.1　R_L 軸での比較

N-N, N-S, S-N, S-S における R_L 軸での比較を行う．ここでは各方式のまとめを先だって示す．

1）N-N 方式　損失の原因は常に P_{r1} が支配的．S-N とは対称的に，P_2 のピークが η のピークに対して小さな負荷のほうに現れる（N-S と同じ）．ちなみに，結合が強くなるにつれ，P_2 がピークとなる負荷は小さく，効率 η が最大となる負荷は大きくなる．

2）S-N 方式　損失の原因は常に P_{r1} が支配的．N-N とは対称的に，η のピークが P_2 のピークに対して小さな負荷のほうに現れる（S-S と同じ）．ちなみに，効率と電力のピークは，結合が強くなるにつれ，ともに負荷の値は大きくなる．

3）N-S 方式　最適負荷 R_{Lopt} より R_L が小さいとき，損失の主原因は P_{r2} となる．一方，R_{Lopt} より R_L が大きいとき，損失の主原因は P_{r1} となる．S-S とは対称的に，P_2 のピークが η のピークに対して小さな負荷のほうに現れる（N-N と同じ）．

4）S-S 方式　最適負荷 R_{Lopt} より R_L が小さいとき，損失の主原因は P_{r2} となる．一方，R_{Lopt} より R_L が大きいとき，損失の主原因は P_{r1} となる．N-S とは対称的に，η のピークが P_2 のピークに対して小さな負荷のほうに現れる（S-N と同じ）．

D.1.1 | R_L 軸での比較　N-N

N-N における，R_L を変化させたときの $k = 0.1$ のグラフを図 D.1 に示す．

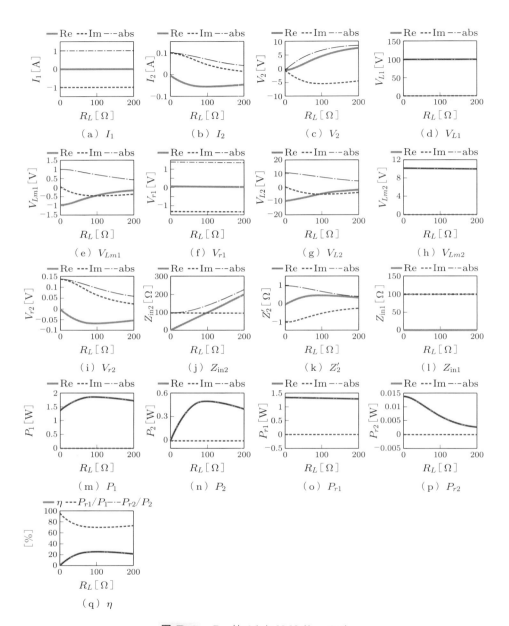

図 D.1　R_L 軸でみた N-N ($k = 0.1$)

D.1.2 | R_L 軸での比較 **S-N**

S-N における，R_L を変化させたときの $k = 0.1$ のグラフを図 D.2 に示す．効率と電力のピークの位置関係について述べる．電力のピークは下記の式 (D.1) であり，また，効率のピークは式 (D.2) となり，結合が強くなるにつれ，ともに負荷の値は大きくなるが，$R_{P2\max} > R_{L\text{opt}}$ となる．つまり，η のピークが P_2 のピークに対して小さな負荷のほうに現れる．

$$R_{P2\max} = \sqrt{\frac{(\omega^2 L_m^2 + r_1 r_2)^2 + \omega^2 L_2^2 r_1^2}{r_1^2}}$$

$$= \sqrt{\frac{r_1^2 r_2^2 + 2 r_1 r_2 (\omega L_m)^2 + (\omega L_m)^4}{r_1^2} + (\omega L_2)^2} \tag{D.1}$$

$$R_{L\text{opt}} = \sqrt{r_2^2 + \frac{r_2 (\omega L_m)^2}{r_1} + (\omega L_2)^2} = \sqrt{\frac{r_1^2 r_2^2 + r_1 r_2 (\omega L_m)^2}{r_1^2} + (\omega L_2)^2} \tag{D.2}$$

D.1.3 | R_L 軸での比較 **N-S**

N-S における，R_L を変化させたときの $k = 0.1$ のグラフを図 D.3 に示す．S-S との違いとして，N-S においては，P_2 と η のピークの位置が異なる．N-S においては，P_2 のピークが η のピークに対して小さな負荷のほうに現れる．後述するが，S-S の場合は η のピークに対して P_2 のピークは大きな負荷のほうに現れる．N-S において P_2 が最大となる $R_{P2\max}$ は下記の式 (D.3) となる．一方，効率 η が最大となる最適負荷 $R_{L\text{opt}}$ は式 (D.4) である．結合が強いほど $R_{P2\max}$ も $R_{L\text{opt}}$ も値は大きくなるが，$R_{L\text{opt}} > R_{P2\max}$ の関係である．

$$R_{P2\max} = \sqrt{\frac{(\omega^2 L_m^2 + r_1 r_2)^2 + \omega^2 L_1^2 r_2^2}{\omega^2 L_1^2 + r_1^2}} \tag{D.3}$$

$$R_{L\text{opt}} = \sqrt{r_2^2 + \frac{r_2 (\omega L_m)^2}{r_1}} \tag{D.4}$$

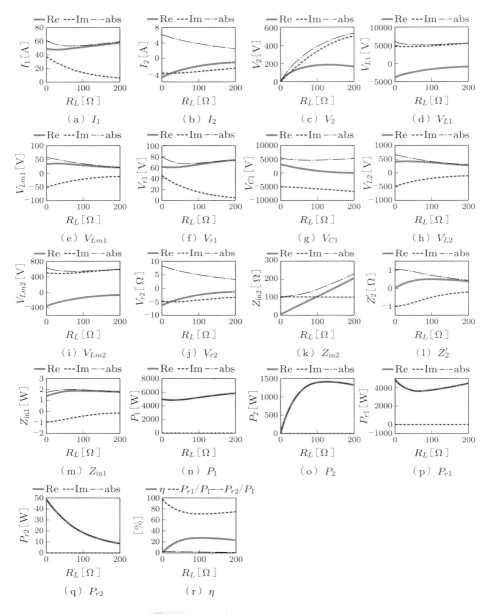

図 D.2　R_L 軸でみた S-N ($k = 0.1$)

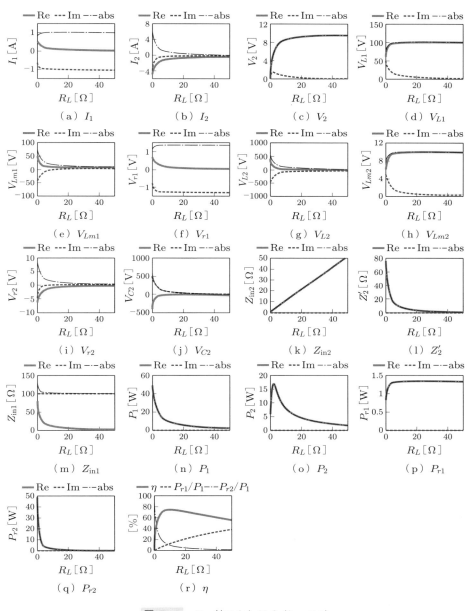

図 D.3 R_L 軸でみた N-S $(k = 0.1)$

D.1.4 R_L 軸での比較 **S-S**

S-S における，R_L を変化させたときの $k = 0.1$ のグラフを図 D.4 に，$k = 0.5$ のグラフを図 D.5 に示す．S-S においては，N-S 同様 L_2 を C_2 で相殺しているので，2 次側の入力インピーダンスは純抵抗になる．つまり，インピーダンスとしては N-N や S-N に比べ小さくなる．したがって，1 次側電流 I_1 を流して 2 次側に誘起する誘導起電力 V_{Lm2} の電圧はそのまま負荷と内部抵抗に印加されるので，$V_{Lm2} = V_{r2} + V_2$ となり，V_{L22} がない分，N-N に比べて大きな電流が 2 次側に流れる．

さらに，N-S と違い，S-S においては，L_1 を C_1 で相殺しており，2 次側のインピーダンスの純抵抗が K-インバータを通しても純抵抗のままなので，1 次側の入力インピーダンスも純抵抗，つまり，力率が 1 となる．結合によらず R_L が大きくなるにつれ，$Z_{\text{in}1}$ が小さくなり，$I_1 = V_1/Z_{\text{in}1}$ より，I_1 が次第に大きくなる．

$$Z_{\text{in}1} = \frac{V_1}{I_1} = \frac{r_1(r_2 + R_L) + \omega^2 L_m^2}{r_2 + R_L} = r_1 + \frac{\omega^2 L_m^2}{r_2 + R_L} \tag{D.5}$$

そのため，N-S のときなどは，I_1 がほぼ一定になり，V_{Lm2} はほぼ一定になるなどの現象がみられたが，S-S では，I_1 が次第に大きくなり，下記の式 (D.6) からわかるとおり，R_L の増加とともに V_{Lm2} は単調に増えていく．

$$V_{Lm2} = j\omega L_m I_1 = \frac{j\omega L_m(r_2 + R_L)}{r_1(r_2 + R_L) + \omega^2 L_m^2} V_1 = \frac{j\omega L_m}{r_1 + \dfrac{\omega^2 L_m^2}{r_2 + R_L}} V_1 \tag{D.6}$$

以上が，S-S の簡単な特徴の説明であるが，ここから，一番重要な効率に関することについて述べる．損失の主原因や最大効率に関して考えるにあたり，最大効率となる R_{Lopt} より R_L が小さなときと大きなときについて考える．はじめに，最大効率となる最適負荷 R_{Lopt} より R_L が小さいときを考える．下記の式 (D.7) のように，V_{Lm2} 次第で I_2 の値が決まる．V_{Lm2} は，式 (D.8) のように I_1 の値で決まる．

$$-I_2 = \frac{V_{Lm2}}{r_2 + R_L} \tag{D.7}$$

$$V_{Lm2} = j\omega L_m I_1 \tag{D.8}$$

最終的に知りたいのは，I_2 と I_1 の大小関係になるが，結論からいうと，R_{Lopt} より R_L が小さい領域は I_2 は I_1 に比べ大きくなる．式 (D.7) と式 (D.8) より，以下の式が得られる．

$$-I_2 = \frac{V_{Lm2}}{r_2 + R_L} = \frac{j\omega L_m I_1}{r_2 + R_L} \quad \Leftrightarrow \quad A_I = \frac{|-I_2|}{|I_1|} = \frac{j\omega L_m}{r_2 + R_L} \tag{D.9}$$

これで I_1 と I_2 の比がみえてくる．結合係数次第であるが，大きなエアギャップである $k = 0.1$ では $\omega L_m = 10.0$ である．つまり，I_1 を $\omega L_m\ (=10.0)$ 倍して，$(r_2 + R_L)$ で割ると I_2 になる．つまり，$(r_2 + R_L)$ が ωL_m より小さい領域では，I_2 のほうが大きくなる．1 次側と 2 次側の内部抵抗の損失比は下記の式 (D.10) となり，この領域では電流の大きな I_2 によって，P_{r2} が支配的であることがわかる．

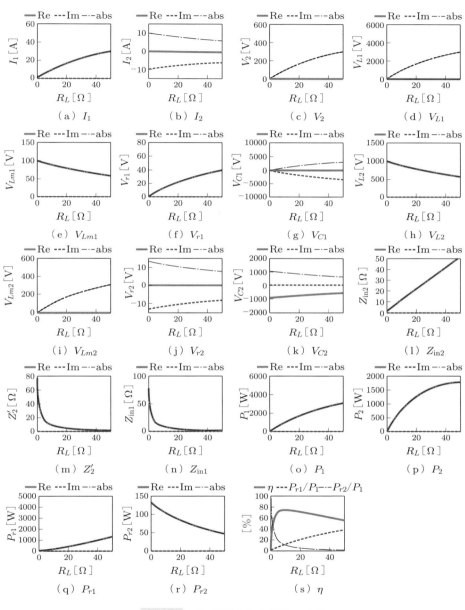

図 **D.4** R_L 軸でみた S-S ($k = 0.1$)

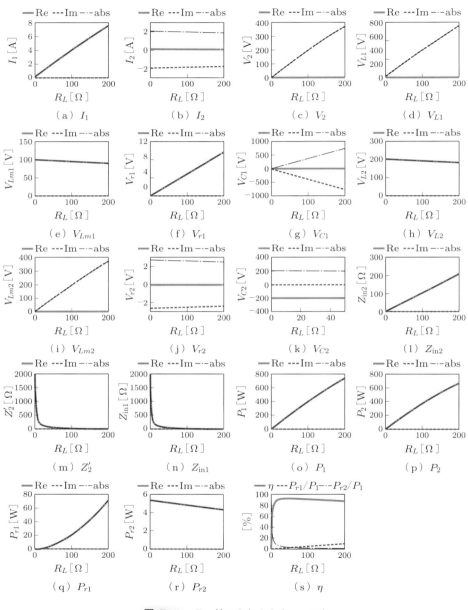

図 D.5 R_L 軸でみた S-S ($k = 0.5$)

$$P_{r1} : P_{r2} = |I_1|^2 r_1 : |I_2|^2 r_2 \tag{D.10}$$

ただし，全体の効率を考えるときには，当然以下の式 (D.11) で考える．つまり，r_2 と R_L との関係も重要である．

$$P_{r1} : P_{r2} : P_2 = |I_1|^2 r_1 : |I_2|^2 r_2 : |I_2|^2 R_L \tag{D.11}$$

直列接続されている r_2 と R_L に流れる I_2 の値は等しい．電圧に関しては，V_{Lm2} がそのまま V_{r2} と V_2 で分圧される．つまり，$r_2 : R_L$ の割合が電圧の割合になり，そのまま電力比 $P_{r2} : P_2$ になる．$r_2 : R_L$ の割合を考えると r_2 が無視できないほどに大きい．そのため，P_{r2} における損失は無視できないほどの大きさをもつ．効率は，$P_{r1} : P_{r2} : P_2$ で決まるが，R_{Lopt} より R_L が小さい領域では I_1 が I_2 に比べ小さいので P_{r1} が占める割合は小さく，P_{r2} が損失の主要因になる．

次に，最大効率となる最適負荷 R_{Lopt} より R_L が大きいときを考える．2 次側インピーダンス Z_{in2} は以下に示す式 (D.12) であり，R_L が小さいので Z_{in2} は小さな値になる．そのため，式 (D.13) の 1 次側からみた 2 次側のインピーダンス Z_2' は式 (D.13) のように K-インバータ特性により大きな値になる．そのため，式 (D.14) からわかるように，1 次側の入力インピーダンス Z_{in1} は大きな値となる．

$$Z_{\mathrm{in2}} = r_2 + R_L \tag{D.12}$$

$$Z_2' = \frac{(\omega L_m)^2}{Z_{\mathrm{in2}}} \tag{D.13}$$

$$Z_{\mathrm{in1}} = r_1 + Z_2' \tag{D.14}$$

よって，I_1 は大きくなる．一方，I_2 はほぼ同じか徐々に小さくなっていく（結合が強いときは，定電流特性のため I_2 はほぼ一定である）．I_2 がこのような動作になる理由としては，誘導起電力 V_{Lm2} は増加するが，負荷の値も大きくなるからである．

そうなると，I_1 が流れることによる 1 次側の内部抵抗 r_1 での損失 P_{r1} の割合が大きくなる．P_{r1} の値は I_1 が増加するので大きくなり続けるが，I_2 は徐々に小さくなっていくので P_{r2} と P_2 の割合が小さくなるためである．さらに，$r_2 : R_L$ の割合を考えると，負荷 R_L が大きくなると r_2 が小さくなっていき，P_{r2} の影響が非常に小さくなる．

本質的には Z_{in1} が大きいか小さいかをもとにした I_1 の大小関係は問題ではなく，式 (D.9) で示した関係においての I_1 と I_2 の大小関係で考えるべきであるが，明らかに I_1 が大きい領域なので，上記のように簡易的に考えることができる．当然，式 (D.9) の関係から考えると，$\omega L_m = 10.0$ に対して $(r_2 + R_L)$ が 10 を超えてくるので，明らかに I_1 が大きく，損失の主原因は P_{r1} という同じ結論を得ることができる．

特徴的なのは，最大効率となる最適負荷 R_{Lopt} が，ほぼ $I_1 = I_2$，$V_1 = V_2$ となるところと一致することである．つまり，電流増幅率 $A_I = I_2/I_1 \fallingdotseq 1$ かつ電圧増幅率 $A_V = V_2/V_1 \fallingdotseq 1$ となる．また，$r_1 = r_2 = 1$ のとき，$Z_{\mathrm{in1}} = R_{Lopt}$ と一致する．これも面白い特徴である．

さて，N-S と S-S との違いはどこに出るのかというと，上述したとおり，N-S においては，

P_2 のピークが η のピークに対して小さな負荷のほうに現れるが，S-S の場合は η のピークに対して P_2 のピークは大きな負荷のほうに現れることである．S-S において P_2 が最大となる $R_{P2\,\mathrm{max}}$ は以下に示す式 (D.15) となる．一方，効率 η が最大となる最適負荷 $R_{L\mathrm{opt}}$ は式 (D.16) である．結合が強いほど $R_{P2\,\mathrm{max}}$ も $R_{L\mathrm{opt}}$ も値は大きくなるが，$R_{P2\,\mathrm{max}} > R_{L\mathrm{opt}}$ の関係は変わらない．

$$R_{P2\,\mathrm{max}} = \frac{\omega^2 L_m^2 + r_1 r_2}{r_1} \tag{D.15}$$

$$R_{L\mathrm{opt}} = \sqrt{r_2^2 + \frac{r_2(\omega L_m)^2}{r_1}} = \sqrt{\frac{r_2\{r_1 r_2 + (\omega L_m)^2\}}{r_1}} = \sqrt{r_2}\sqrt{R_{P2\,\mathrm{max}}} \tag{D.16}$$

付録 E　電磁誘導と磁界共鳴の f 軸での比較

付録 C〜E は関連しており、それぞれ k 軸、R_L 軸、f 軸における N-N, S-N, N-S, S-S について述べている。ここでは、f 軸について述べる。

E.1　f 軸での比較　エアギャップ特性

本節は、四つの回路トポロジーにおける周波数特性について述べる。N-N は共振していないので、共振特性としてのピークはもたない。N-S と S-N は一つのピークをもち、S-S のみが二つのピークをもつ。二つのピークは、磁界共鳴に特有の現象である。最適負荷 R_{Lopt} は 100 kHz で最大効率となるように設定している。

E.1.1　f 軸での比較　N-N

図 E.1 に特性を示す。N-N は共振コンデンサがないので、1 次側も 2 次側もピークとなるところがない。N-N の効率曲線は S-N と同じになる。

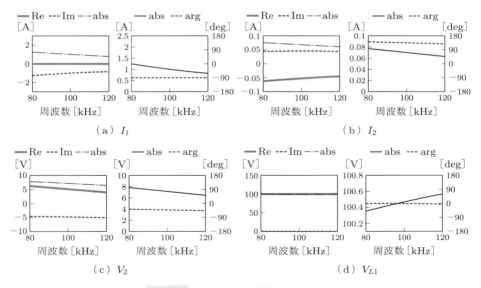

（a）I_1　　　　　　　　　　　　　（b）I_2

（c）V_2　　　　　　　　　　　　　（d）V_{L1}

図 **E.1**　N-N の周波数特性 $(k = 0.1)$

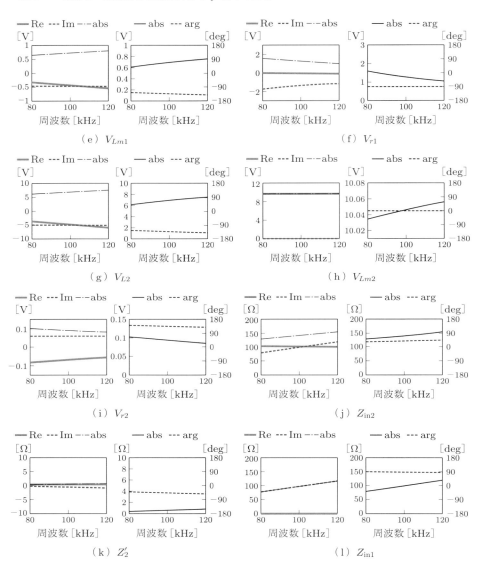

図 **E.1**　N-N の周波数特性 $(k = 0.1)$ つづき

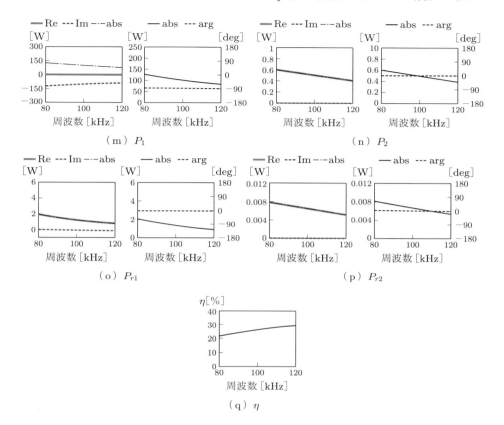

図 **E.1**　N-N の周波数特性 $(k = 0.1)$ つづき

E.1.2 | f 軸での比較　S-N

図 E.2 に特性を示す．S-N は 1 次側に共振コンデンサがあるので，力率 1 になり，大きな
パワーを送り，一つのピークをもつ．一方，2 次側は N-N と同じである．そのため，相対的
には P_1 と P_2 の関係は変わらないので，効率は N-N と同じになる．

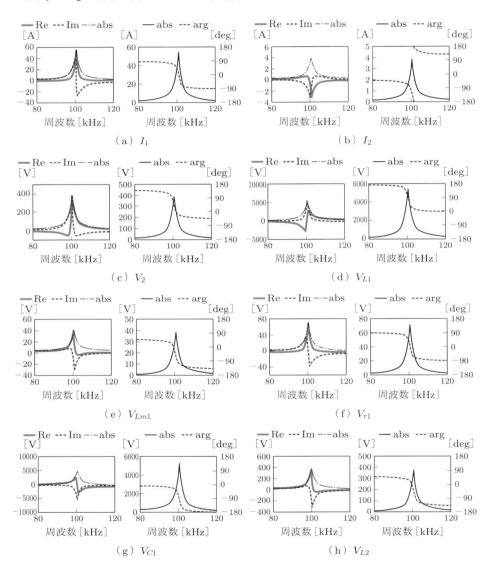

（a）I_1　　　　　　　　　　　　　　　（b）I_2

（c）V_2　　　　　　　　　　　　　　　（d）V_{L1}

（e）V_{Lm1}　　　　　　　　　　　　　（f）V_{r1}

（g）V_{C1}　　　　　　　　　　　　　（h）V_{L2}

図 E.2　S-N の周波数特性 $(k = 0.1)$

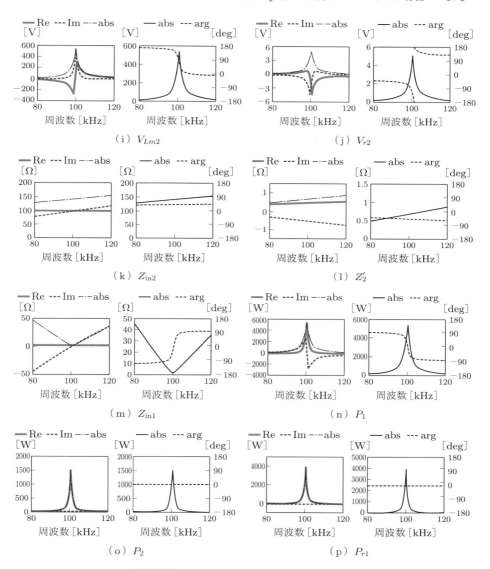

図 **E.2**　S-N の周波数特性 $(k = 0.1)$ つづき

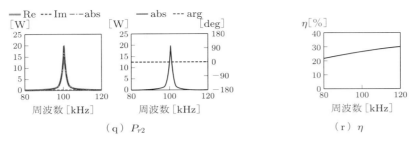

（q）P_{r2}　　　　　　　　　　（r）η

図 E.2　S-N の周波数特性 $(k = 0.1)$ つづき

E.1.3 f 軸での比較　N-S

　図 E.3 に特性を示す．N-S は 2 次側で共振を起こしているので，一つのピークができる．効率も改善され，S-S と同じ値までなり，高効率となる．一方，1 次側には共振コンデンサがないため，1 次側の力率は改善されないので電力は小さい．

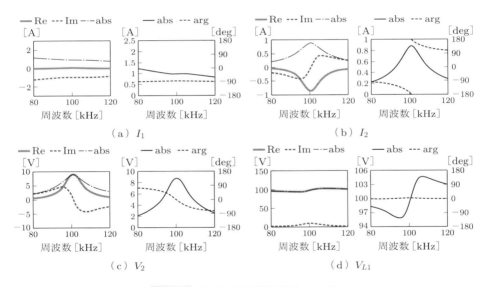

（a）I_1　　　　　　　　　　　　（b）I_2

（c）V_2　　　　　　　　　　　　（d）V_{L1}

図 E.3　N-S の周波数特性 $(k = 0.1)$

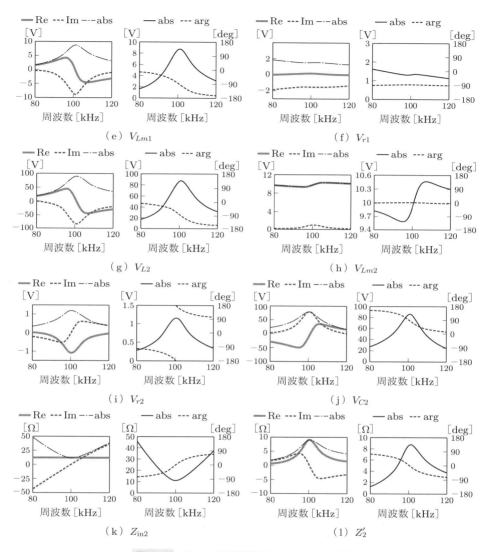

（e）V_{Lm1} （f）V_{r1}

（g）V_{L2} （h）V_{Lm2}

（i）V_{r2} （j）V_{C2}

（k）Z_{in2} （l）Z_2'

図 **E.3** N-S の周波数特性 ($k = 0.1$) つづき

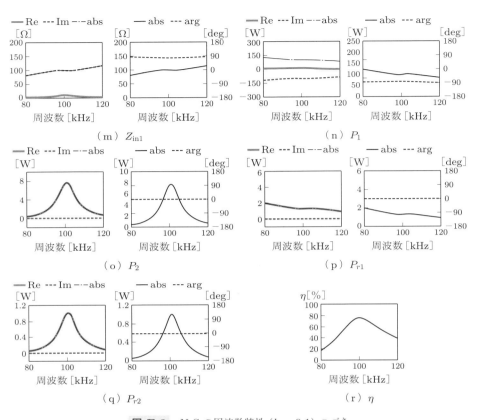

図 **E.3**　N-S の周波数特性 $(k = 0.1)$ つづき

E.1.4 ｜ *f* 軸での比較　S-S

図 E.4 に特性を示す．送受電両側に共振コンデンサをもつ S-S のみが 2 ピークをもつ．そして，N-S 同様 2 次側に共振コンデンサをもつので，高効率となる．

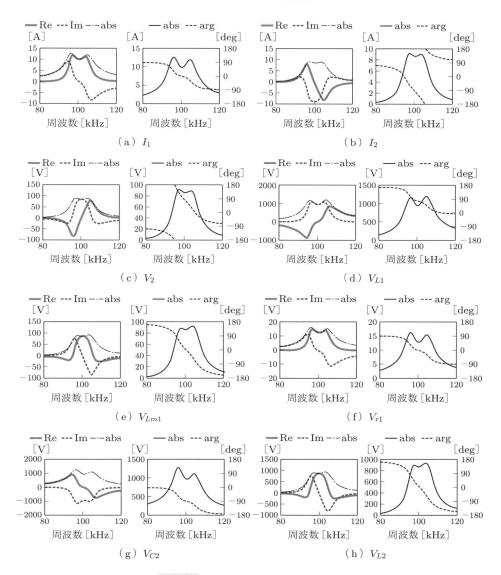

（a）I_1 （b）I_2

（c）V_2 （d）V_{L1}

（e）V_{Lm1} （f）V_{r1}

（g）V_{C2} （h）V_{L2}

図 E.4　S-S の周波数特性 $(k = 0.1)$

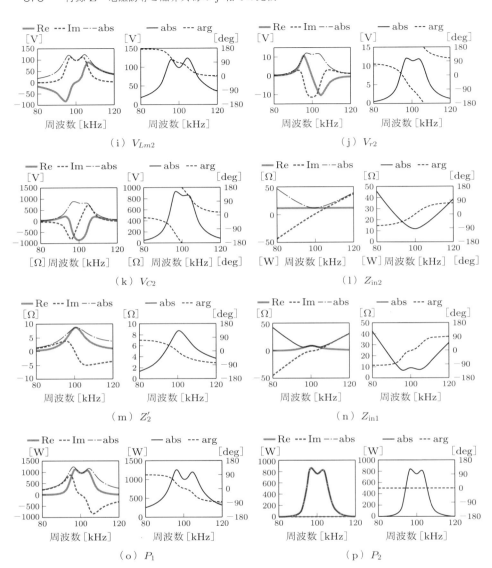

（i）V_{Lm2}　　　　　　　　　　　（j）V_{r2}

（k）V_{C2}　　　　　　　　　　　（l）Z_{in2}

（m）Z_2'　　　　　　　　　　　（n）Z_{in1}

（o）P_1　　　　　　　　　　　（p）P_2

図 **E.4**　S-S の周波数特性 $(k = 0.1)$ つづき

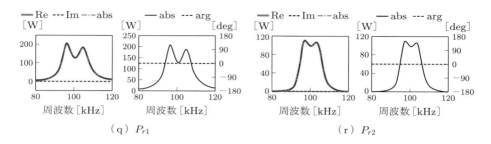

（q）P_{r1}　　　　　　　　　　　　　　　　（r）P_{r2}

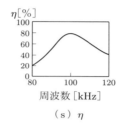

（s）η

図 E.4 S-S の周波数特性 $(k = 0.1)$ つづき

付録 F　オープンモードとショートモード

N-N, S-N, N-S, S-S において，オープンモードとショートモードになったときの特徴を知っておく必要がある．この付録 F は第 5 章にかかわることであるが，特殊な条件ということもあり，ここで扱う．

F.1　オープンモード・ショートモードと密着と分離

オープンモード $(R_L = 0\,\Omega)$ やショートモード $(R_L = \infty\,[\Omega])$ になったときに，密着状態からエアギャップや位置ずれが最大になるまでに，1 次側と 2 次側でどのようなことが生じるのかを，四つの回路で検証する．N-N, S-N, N-S, S-S の順で検証する．

オープンモードやショートモードは，実際の使用用途や実験環境におけるワイヤレス給電では頻繁に生じる現象である．携帯を充電器に置いたり，急に持ち上げて給電対象がなくなったりすることは頻繁に生じる．また，負荷をショート（短絡，$R_L = 0\,\Omega$）にさせることやオープン（解放，$R_L = \infty\,[\Omega]$）にさせることは，ワイヤレス給電においては通常の有線の接続に生じる電圧や電流の大小関係とは感覚的に逆転することもあり，注意が必要である．

ショートモードは有用な手段であるが，注意が必要である．四つの回路方式において，エアギャップによっては大電流が流れ危険であり，また，そのパターンは各者各様である．三つの回路方式 S-N, N-S, S-S に共通することとしては，2 次側に流れる電流がピークとなるエアギャップが，結合が切れる直前に存在しているということである．つまり，徐々に 2 次側コイルを離していき，結合が切れる直前に大電流 I_2 が流れるので注意が必要である．また，結合が弱いほど 1 次側に流れる電流が大きくなり，受電コイルがなくなったときに最大となる．つまり，2 次側の電流やロスが最大になるエアギャップと 1 次側の電流やロスが最大になるエアギャップが異なり，S-N, N-S, S-S は結合が切れる直前と結合が切れたときの 2 箇所の距離で注意が必要である．ただし，N-S は小さな電力になるので，比較的安全である．一方，N-N は結合が強い密着時に 1 次側も 2 次側も電流が最大になるので，気をつける距離は 1 箇所である．

オープンモードとショートモードという二つの条件に対し，1 次側と 2 次側で生じることについて検証する．検証条件としては，$V_1 = 100\,\mathrm{V}$ であり，特別なときを除き $k = 0.1$ である．

ショートモードは，結合の強さによって動作が大きく変わるので k 軸でみることとなる．一方，オープンモードは，1 次側にコンデンサ C_1 があるかないかで分類できるので，N-S と N-N, S-S と S-N の 2 通りで考えられる．さらに，$R_{L2} = \infty\,[\Omega]$ は V_{Lm2} の特性を除き，2 次側のコイルがなくなった状態である $k = 0$ の状態とまったく同じである．つまり，オープ

ンモードのときには, V_{Lm2} を考慮する必要がある. 1次側に L_1 が残る N-S と N-N は安全であるが, 1次側の L_1 が C_1 で相殺されている S-S と S-N は危険である.

　密着状態は $k=1$ において最適負荷となるときの値を示す. 送電コイルに受電コイルを置くと, 比較的 $k=1$ に近くなる.

　送受電コイルが1対1の場合, エアギャップや位置ずれが大きく結合がなくなり, 2次側のコイルがない状態のとき ($k=0, L_m=0$) は負荷が $\infty\,[\Omega]$ のオープンモードと同じである. 唯一違うのは, 2次側への誘導起電力 V_{Lm2} がないということだけである[†].

　この付録 F では, コイルなどの値は, 表 C.1 に沿ったパラメータで説明する. 当然, コイルのサイズや印加する電圧が変われば, 安全や危険といった評価は変わるので, 実際に作成するときには注意が必要である. 一方, 傾向を理解し, 一つの基準をもっていると, パラメータが変わったときに特性を把握することが容易になる.

F.1.1 ショートモード $R_L = 0\,\Omega$ の概要

　$R_L = 0\,\Omega$ のときであるショートモードについて述べる. ショートモードはエアギャップによって, つまり, 結合の強さによって大幅に特性が変わるので, 結合係数 k を変化させたグラフで議論する. ショートモードになると, 負荷 R_L がないので, N-S や N-N の k 軸特性は最適負荷 R_{Lopt} ときと大幅に変わる. S-S や S-N は概形は大幅には変わらない.

　ショート故障という場合もあるが, 必ずしもショートは故障モードだけではなく, 電力が2次側に来ないことを積極的に利用して, 電力調整をするときにも使われる. N-N, S-N, N-S, S-S の4方式について検証する. 各々のショート時の等価回路を図 F.1 に示す. 先に4方式のまとめを示す.

　1) N-N 方式　N-N は非常にわかりやすく, 1次側と2次側両方とも, 近づけると非常に危険だが, 離すと安全になる. これは, ほかの方式とまったく違う特性である.

　2) S-N 方式　S-N は, 1次側のピークがコイルを離したときに出て, 2次側のピークが離す直前に出るのは, S-S や N-S と同じであるが, 1次側のほうが危険であり, 2次側は比較的安全であることがほかと違うところである.

　3) N-S 方式　N-S は1次側に L_1 が残り2次側の L_2 を C_2 で相殺しても, 1次側のインピーダンスが高いので, 大きな電流は流れ込まず, 全般的に安全になる. 1次側のピークが離したときに出て, 2次側のピークが離す直前に出るのは, S-S や S-N と同じであるが, ほかの方式と比べると, 常に安全であるのは N-S のみである.

　4) S-S 方式　S-S は, 1次側のピークがコイルを離したときに出て, 2次側のピークが離す直前に出るのは, S-N や N-S と同じであるが, 1次側と2次側両方とも危険な状態になることが, ほかと違うことである. N-N も1次側と2次側両方とも危険な状態になるが, 密着状態で生じるので, やはり, S-S とは違う.

　[†] この条件は送電コイルと受電コイルが1対1のときに生じる条件であり, コイルの数が増えると変わる. K-インバータ特性を考えると, インピーダンスの分子, 分母の反転が生じることから理解できる.

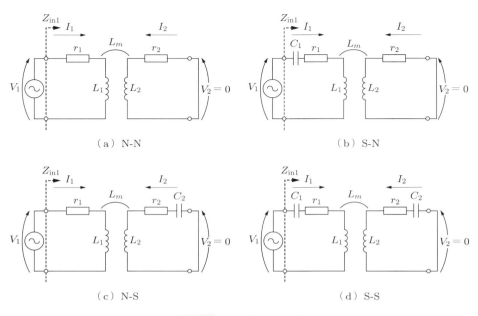

（a）N-N

（b）S-N

（c）N-S

（d）S-S

図 F.1 2 次側ショート時

F.1.2 | ショートモード $R_L = 0\,\Omega$　**N-N の場合**（k 軸）

　ショートモード時の N-N のグラフを図 F.2 に示す．ショートモードなので，$R_L = 0\,\Omega$ であり，内部抵抗は $r_1 = r_2 = 1.0\,\Omega$ である．以下，各パラメータのグラフを示すのみに留めるが，Z_{in1} について述べる．

③1 次側入力インピーダンス Z_{in1} (N-N)

　ここでの Z_{in1} の振る舞いが，N-N 独特の特徴である．まず，$k = 0.1$ のときを確認すると，$|Z_{in1}| = 99.0\,\Omega$ である．L_1 があるので $j\omega L_1 = j100\,\Omega$ が 1 次側にある．結合が弱いときには，この L_1 によってインピーダンスが高めであるが，結合が強くなるにつれインピーダンスが下がる．

　結合が強くなるとインピーダンスが下がる現象は，ほかの方式にはない現象である．ショートモード $R_L = 0\,\Omega$ のとき，Z_{in1} の式は式 (F.1) となる．見通しをよくするため，微少な値である r_2 を無視すると，式 (F.2) になる．K-インバータを通して位相が 180° 回り，2 次側のインピーダンスがコンデンサのように虚数成分のマイナスになる．つまり，キャパシティブになる．そのとき，1 次側には $j\omega L_1 = j100\,\Omega$ のコイル成分が残っており，この両者が打ち消される．つまり，L_1 が K-インバータを介して L_2 によって相殺されている．

　ほかの方式では，このようなことは生じない．N-S のときは，1 次側には L_1 があるが，2 次側の L_2 が C_2 で相殺されているので，虚数成分における両者の打ち消しは存在しない．S-N

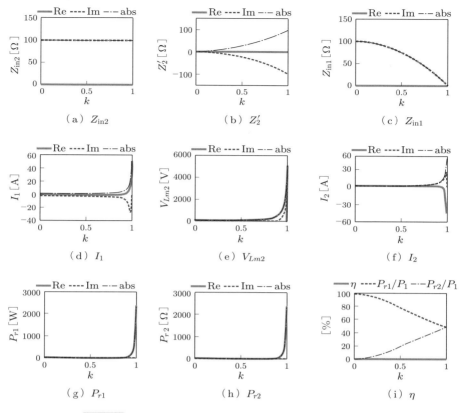

（a）Z_{in2}　　　　　（b）Z_2'　　　　　（c）Z_{in1}

（d）I_1　　　　　（e）V_{Lm2}　　　　　（f）I_2

（g）P_{r1}　　　　　（h）P_{r2}　　　　　（i）η

図 F.2　ショートモード時の N-N の周波数特性 $(R_L = 0\,\Omega)$

も 1 次側には L_1 が C_1 で相殺されているので，同様に生じない．よって，N-N 特有の特徴である．密着時にインピーダンスが 2 次側に近づき結合が強いときにここまで小さな値になるのは，N-N だけであり，大電流が流れるので非常に危険である．

$$Z_{\mathrm{in1}} = r_1 + j\omega L_1 + \frac{(\omega L_m)^2}{r_2 + j\omega L_2} \tag{F.1}$$

$$Z_{\mathrm{in1}} \approx r_1 + j\omega L_1 + \frac{(\omega L_m)^2}{j\omega L_2} = r_1 + j\omega L_1 - j\frac{(\omega L_m)^2}{\omega L_2} \tag{F.2}$$

F.1.3 ショートモード $R_L = 0\,\Omega$ S-N の場合（k 軸）

ショートモード時の S-N のグラフを図 F.3 に示す．I_1 も I_2 も各々異なる k でピークをもつが，I_1 のほうが圧倒的に大きい．

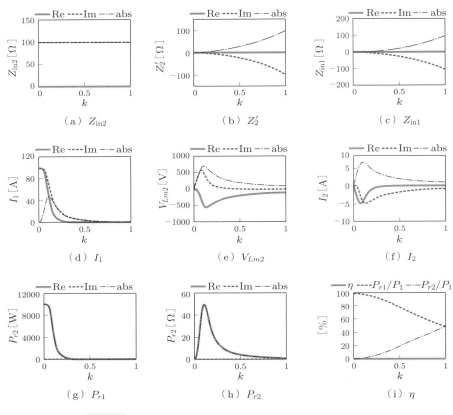

図 **F.3** ショートモード時の S-N の周波数特性（$R_L = 0\,\Omega$）

F.1.4 | ショートモード $R_L = 0\,\Omega$　　**N-S** の場合（k 軸）

　ショートモード時の N-S のグラフを図 F.4 に示す．I_1 も I_2 も各々異なる k でピークをもつが，I_2 のほうが大きい．ただし，ほかの方式と比べると，すべての k の領域で極端なほど大電流が流れることはない．

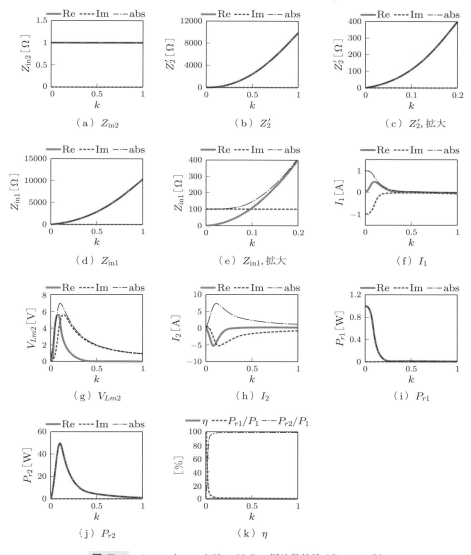

図 F.4　ショートモード時の N-S の周波数特性（$R_L = 0\,\Omega$）

F.1.5 ショートモード $R_L = 0\,\Omega$　S-S の場合（k 軸）

ショートモード時の S-S のグラフを図 F.5 に示す．S-S は 1 次側のピークがコイルを離したときに出て，2 次側のピークが離す直前に出るので，S-N や N-S と同じである（N-S はショートでなく R_{Lopt} ときは挙動が変わるので注意）．しかし，1 次側と 2 次側両方とも危険な状態になることが，ほかと違うことである．N-N も 1 次側と 2 次側両方とも危険な状態になるが密着状態で生じるので，やはり，S-S とは違う．下記，①～⑨の順で記す．

$$①Z_{in2} \Rightarrow ②Z'_2 \Rightarrow ③Z_{in1} \Rightarrow ④I_1 \Rightarrow ⑤V_{Lm2} \Rightarrow ⑥I_2 \Rightarrow$$
$$⑦P_{r1} \Rightarrow ⑧P_{r2} \Rightarrow ⑨\eta$$

①2 次側入力インピーダンス Z_{in2} (S-S)

L_2 は C_2 で相殺されるので，r_2 のみになる．$|Z_{in2}| = 1.0$ と小さい（N-S と同じ）．当然，エアギャップ（結合係数）を変えても値は変わらない．

②1 次側に変換された 2 次側インピーダンス Z'_2 (S-S)

K-インバータの効果で，$k = 0.1$ のとき，Z'_2 は $100.0\,\Omega$ のインピーダンスとなる．ここの値は，r_2 が小さいか L_m が大きいと，オープンに近くなるので，2 次側をショートすると，1 次側がオープンになったようにみえる場合がある．たとえば，r_2 が 1/10 になると，$1000\,\Omega$ になり，よりオープンに近づく．一方，結合が強くなっていくと，K-インバータの効果により，単調に Z'_2 は大きくなり，1 次側はオープン状態になっていく（N-S と同じ）．

③1 次側入力インピーダンス Z_{in1} (S-S)

L_1 は C_1 で相殺される．$k = 0.1$ のとき，r_1 は小さいが Z'_2 が大きいので，$|Z_{in1}| = 101.0\,\Omega$ になる（N-N とほぼ同じ値にはなるが，要因が異なる）．このくらいインピーダンスが大きいと，第 7 章で紹介した HAR 動作をさせることができる．結合が非常に小さいときには S-N の状態に近づき，最終的には $Z_{in1} = r_1$ のショートモードになり危険である（L_m が 0 になり，S-N の状態で $j\omega L_2$ が無視できる領域に相当する．式 (F.3), (F.5) 参照）．ただし，少しでも結合が強くなると，すぐに S-N の $j\omega L_2$ が無視できなくなるので，それほど S-N と特性は一致しない．一方，結合が強いときは，今度は N-S の状態に近づき，2 次側の r_2 のみの小さなインピーダンスが K-インバータの効果で Z'_2 のインピーダンスが大きくなり，Z'_2 とともも Z_{in1} はオープン状態に近づいていく（L_m が大きくなり，N-S の状態で式 (F.4) の第 2 項の $j\omega L_1$ が無視できる領域に相当する．式 (F.4), (F.5) 参照）．これ以降は，近い距離，遠い距離においてこの影響が出続ける．

$$\text{S-N}: Z_{in1} = r_1 + Z'_2 = r_1 + \frac{(\omega L_m)^2}{r_2 + j\omega L_2} \tag{F.3}$$

$$\text{N-S}: Z_{in1} = r_1 + j\omega L_1 + Z'_2 = r_1 + j\omega L_1 + \frac{(\omega L_m)^2}{r_2} \tag{F.4}$$

$$\text{S-S}: Z_{in1} = r_1 + Z'_2 = r_1 + \frac{(\omega L_m)^2}{r_2} \tag{F.5}$$

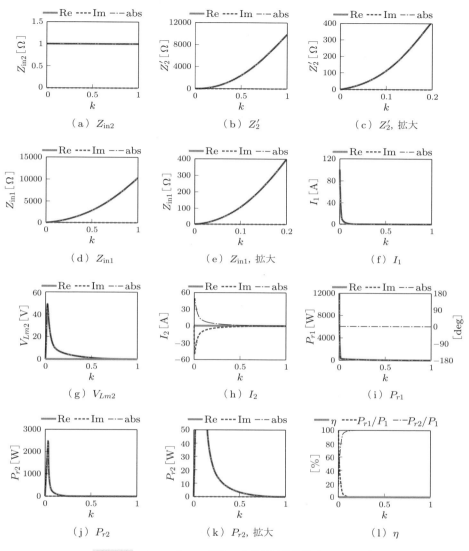

（a）Z_{in2} （b）Z_2' （c）Z_2', 拡大

（d）Z_{in1} （e）Z_{in1}, 拡大 （f）I_1

（g）V_{Lm2} （h）I_2 （i）P_{r1}

（j）P_{r2} （k）P_{r2}, 拡大 （l）η

図 F.5 ショートモード時の S-S 周波数特性 $(R_L = 0\,\Omega)$

④1 次側電流 I_1 (S-S)

　$I_1 = V_1/Z_{in1}$ なので，$k = 0.1$ のときの R_{Lopt} の条件に比べ，I_1 は小さくなり $I_1 = 1.0\,\mathrm{A}$ になる（1 次側の電流が絞られる）．これを利用したのが，第 7 章で示した HAR である．結合が強いときは N-S の状態に近づき，オープンになり電流は絞られる．一方，結合が弱いときには，S-N の状態に近づき，1 次側はショートし，大電流が流れ非常に危険である．2 次側のコイルがなくなったときが一番危ない．1 次側は L_1 と C_1 の共振状態なので，V_1 がそのまま r_1 にかかるショート状態である．S-N 同様，距離が離れると電流は単調に増えるので注意が必要である．密着状態が一番安全である．

⑤2 次側に生じる誘導起電力 V_{Lm2} (S-S)

　誘導起電力によって 2 次側に $V_{Lm2} = j\omega L_m I_1$ が印加される．$k = 0.1$ のとき，1 次側の電流が絞られているので，それほど大きくはならないが，$V_{Lm2} = 9.9\,\mathrm{V}$ の電圧は誘起される．$j\omega L_1$ が影響してない分の違いは少しあるが，N-S とほぼ同じである．結合が強いほど N-S と同じになり，1 次側がオープン状態に近づき，I_1 が絞られ誘導起電力は小さくなる．一方，結合が小さくなると S-N に特性が近づき，1 次側の電流が大電流になり，L_m が小さくても 2 次側に比較的大きな誘導起電力が生じる．S-N ほど大きな誘導起電力ではないが L_2 がある S-N と違い，S-S は 2 次側には r_2 しかないので十分危険である．

⑥2 次側電流 I_2 (S-S)

　L_2 は C_2 で相殺され，r_2 のみなので，誘起された電圧 V_{Lm2} がすべて r_2 にかかり，$I_2 = V_{Lm2}/r_2$ となり，$k = 0.1$ のときでは大きな電流 $I_2 = 9.9\,\mathrm{A}$ が流れる（$j\omega L_1$ が影響してない分違いは少しあるが，N-S とほぼ同じ）．結合が強いほど N-S と同じになり，1 次側がオープン状態になり I_1 が絞られ誘導起電力 V_{Lm2} は小さくなるので，結果，電流 I_2 が絞られていく．一方，結合が小さくなると N-S とは大きく違ってくる．結合が弱いと比較的大きな V_{Lm2} がそのまま r_2 に印加されるので，非常に大きな 2 次側電流 I_2 が流れ，非常に危険である．これは，S-N とも違う．S-N はかなり大きな V_{Lm2} が生じるが，$j\omega L_1 = j100\,\Omega$ があるので，比較的大きいとはいえ，S-S ほどの大電流は流れない．2 次側のコイルがなくなったときに最大電流となる I_1 と違い，I_2 は徐々に 2 次側コイルを離していき，結合が切れる直前に大電流が流れるので，注意が必要である．

⑦1 次側の内部抵抗でのロス P_{r1} (S-S)

　$k = 0.1$ のとき I_1 が小さいので，P_{r_1} は $1.0\,\mathrm{W}$ と小さい．第 7 章で示した HAR の利点である．ただし，2 次側コイルが離れていき最終的に結合がなくなったときは，$Z_{in1} = r_1$ のショートモードになり S-N と同じく大電流が流れ，大きなロスが発生し非常に危険な状態になる．2 次側のコイルがない状態は，オープンモード（$R_L = \infty\,[\Omega]$）そのものである．

⑧2 次側の内部抵抗でのロス P_{r2} (S-S)

　I_2 が大きいので，$k = 0.1$ のときでは r_2 でのロス $P_{r2} = 98.0\,\mathrm{W}$ が無視できない．そのため，コイルの内部抵抗を設計の段階で小さくすることが重要である．以下，S-N, N-S と同

じである[†]. 2 次側のコイルがなくなったときに最大消費電力となる P_{r1} と違い，徐々に 2 次側コイルを離していき，結合が切れる直前に大電流 I_2 が流れ，大きなロスを生じるので注意が必要である. 一方で，ある程度近づければ，P_{r2} は非常に小さくなり無視できる. そのため，第 7 章の HAR でみたように，2 次側をショートモードにして，電流が流れないことを積極的に利用することも可能である.

　N-S や S-N との大きな違いは，ピークの大きさが非常に大きいということである. ピーク時の I_2 が大電流なので P_{r2} は非常に大きくなる. ピーク時の値は N-N の密着時と等しい.

⑨損失の割合 η' (S-S)

　結合がないときには，1 次側の P_{r1} での損失が支配的であるが，少しでも結合すると P_{r2} が損失の主原因になる. 結合が生じるとすぐに I_1 が抑えられるため，1 次側でのロスは小さく，1 次側に比べると大きな電流となる 2 次側電流 I_2 がロスを作っているためである（式 (F.6)，N-S と同じ）.

$$A_I = \frac{I_2}{I_1} = -\frac{j\omega L_m}{r_2} \tag{F.6}$$

F.1.6 オープンモード $R_L = \infty\,[\Omega]$ の概要

　送受電コイルが 1 対 1 のときには，通常 2 次側をオープンモードとして動作させることはない. 2 次側オープン時は 1 次側にコンデンサ C_1 があるかないかで分類できるので，N-S と N-N，S-S と S-N の 2 通りで考えられる. 2 次側オープン時の回路を図 F.6 に示す. 図 F.6 においては 2 次側にコンデンサが付いているタイプを描いたが，2 次側オープン時には I_2 は流れないので，C_2 の前後では等電位になるので，電気特性としては N-N は N-S と同じになり，S-N は S-S と同じになる. さらに，$R_L = \infty\,[\Omega]$ は V_{Lm2} の特性を除き，2 次側のコイルがなくなった状態である $k = 0$ の状態とまったく同じである. オープンのときには，V_{Lm2} を考慮する必要がある.

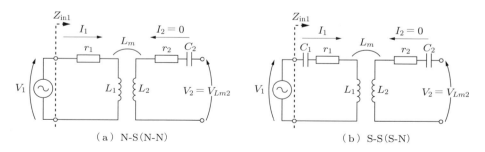

（a）N-S(N-N)　　　　　　　　　　（b）S-S(S-N)

図 F.6　2 次側オープン時

[†] ただし，内部抵抗が小さいほうが，結合が非常に弱くなるとロスのピークが大きくなる領域もあるので，注意が必要である.

1 次側に L_1 が残る N-S と N-N は安全であるが，1 次側の L_1 が C_1 で相殺されている S-S と S-N は危険である．

F.1.7 オープンモード　N-S, N-N

1 次側にコンデンサ C_1 がない N-S と N-N はまったく同じ挙動を示すので，N-S と N-N のオープンモードは併せてここに示す（図 F.6(a)）．2 次側がオープンのため，1 次側の回路が共通なので，N-S と N-N が同じ振る舞いになる．下記，①〜⑧の順で記す．

$$①Z_{\mathrm{in}2} \;\Rightarrow\; ②Z_2' \;\Rightarrow\; ③Z_{\mathrm{in}1} \;\Rightarrow\; ④I_1 \;\Rightarrow\; ⑤V_{Lm2} \;\Rightarrow\; ⑥I_2 \;\Rightarrow\;$$
$$⑦P_{r2} \;\Rightarrow\; ⑧P_{r1}$$

①2 次側入力インピーダンス $Z_{\mathrm{in}2}$ (N-S, N-N)
　オープンなので，$R_L = \infty\,[\Omega]$ である（4 方式共通）．

②1 次側に変換された 2 次側インピーダンス Z_2' (N-S, N-N)
　K-インバータの効果で $Z_2' = (\omega L_m)^2/Z_{\mathrm{in}2}$ なので，$Z_2' = 0\,\Omega$ となる．つまり，2 次側がオープンの場合は，1 次側はショートになる（4 方式共通）．

③1 次側入力インピーダンス $Z_{\mathrm{in}1}$ (N-S, N-N)
　L_1 があるので r_1 はほぼ無視され，かつ $Z_2' = 0\,\Omega$ なので，$|Z_{\mathrm{in}1}| = |r_1 + j\omega L_1| = 100.0\,\Omega$ になる．

④1 次側電流 I_1 (N-S, N-N)
　$I_1 = V_1/Z_{\mathrm{in}1}$ であり，1 次側は L_1 があるため 1.0 A 程度しか流れないので，安全である．

⑤2 次側に生じる誘導起電力 V_{Lm2} (N-S, N-N)
　誘導起電力によって 2 次側に $V_{Lm2} = j\omega L_m I_1$ が印加される．
　$k = 0.1$ のとき，$V_{Lm2} = 10.0\,\mathrm{V}$ の電圧が誘起される．4 方式すべてに共通するが，オープンのときには，結合の強さはあまり考慮しなくてよいが，V_{Lm2} だけは考慮する必要がある．$V_{Lm2} = j\omega L_m I_1$ からわかるとおり，L_m に比例するので，結合が強いほど誘起される電圧は高い．密着状態が一番電圧が高く非常に危険であり，離れれば離れるほど安全になる．ただし，S-N と S-S に比べると N-S と N-N は安全である．密着状態の $k = 1$ で最大となるが，$V_{Lm2} = 100.0\,\mathrm{V}$ である．

⑥2 次側電流 I_2 (N-S, N-N)
　オープンなので，$I_2 = 0\,\mathrm{A}$（4 方式共通）．

⑦2 次側の内部抵抗でのロス P_{r2} (N-S, N-N)
　オープンなので，$P_{r2} = 0\,\mathrm{A}$（4 方式共通）．

⑧1 次側の内部抵抗でのロス P_{r1} (N-S, N-N)

I_1 が小さいので $P_{r1} = 1.0\,\mathrm{W}$ と小さく，安全である．

F.1.8 ｜ オープンモード　S-S, S-N

1 次側にコンデンサ C_1 がある S-S と S-N はまったく同じ挙動を示すので，S-S と S-N のオープンモードは併せてここに示す（図 F.6(b)）．2 次側がオープンであり，1 次側の回路が共通なので，S-S と S-N が同じ振る舞いになる．下記，①～⑧の順で記す．

$$①Z_{\mathrm{in}2} \Rightarrow ②Z_2' \Rightarrow ③Z_{\mathrm{in}1} \Rightarrow ④I_1 \Rightarrow ⑤V_{Lm2} \Rightarrow ⑥I_2 \Rightarrow$$
$$⑦P_{r2} \Rightarrow ⑧P_{r1}$$

①2 次側入力インピーダンス $Z_{\mathrm{in}2}$ (S-S, S-N)

オープンなので，$R_L = \infty\,[\Omega]$ である．（4 方式共通）

②1 次側に変換された 2 次側インピーダンス Z_2' (S-S, S-N)

K-インバータの効果で $Z_2' = (\omega L_m)^2/Z_{\mathrm{in}2}$ なので，$Z_2' = 0\,\Omega$ となる．つまり，2 次側がオープンの場合は，1 次側はショートになる（4 方式共通）．

③1 次側入力インピーダンス $Z_{\mathrm{in}1}$ (S-S, S-N)

L_1 は C_1 で相殺され，$Z_2' = 0\,\Omega$ なので，r_1 のみである．$|Z_{\mathrm{in}1}| = r_1 = 1.0\,\Omega$ になる．

④1 次側電流 I_1 (S-S, S-N)

$I_1 = V_1/Z_{\mathrm{in}1}$ なので，1 次側は L_1 と C_1 の共振状態なので，V_1 がそのまま r_1 にかかるショート状態であり，大電流が流れる．$I_1 = 100.0\,\mathrm{A}$ になり，非常に危ない．

⑤2 次側に生じる誘導起電力 V_{Lm2} (S-S, S-N)

誘導起電力によって 2 次側に $V_{Lm2} = j\omega L_m I_1$ が印加される．

$k = 0.1$ のとき，$V_{Lm2} = 1000.0\,\mathrm{V}$ の電圧が誘起される．オープンのときには，結合の強さはあまり考慮しなくてよいが，V_{Lm2} だけは考慮する必要がある．$V_{Lm2} = j\omega L_m I_1$ からわかるとおり，L_m に比例するので，結合が強いほど誘起される電圧は高い．密着状態が一番電圧が高く非常に危険であり，離れれば離れるほど安全になる．

⑥2 次側電流 I_2 (S-S, S-N)

オープンなので，$I_2 = 0\,\mathrm{A}$（4 方式共通）．

⑦2 次側の内部抵抗でのロス P_{r2} (S-S, S-N)

オープンなので，$P_{r2} = 0\,\mathrm{A}$（4 方式共通）．

⑧1 次側の内部抵抗でのロス P_{r1} (S-S, S-N)

I_1 が大きいので $P_{r1} = 10000.0\,\mathrm{W}$ と大きく，大変危険である．

参考文献

[1] André Kurs, Aristeidis Karalis, Robert Moffatt, J. D. Joannopoulos, Peter Fisher, Marin Soljačić: Wireless Power Transfer via Strongly Coupled Magnetic Resonances, Science, Vol.317. no.5834, pp.83–86 (6 Jul. 2007)

[2] 居村岳広, 堀洋一：電磁誘導方式と磁界共振結合方式の統一理論, 電気学会論文誌 D, Vol.135, No.6, pp.697–710 (2015.6.1)

[3] 居村岳広, 内田利之, 堀洋一：近傍界用磁界アンテナの共振を利用した高効率電力伝送の解析と実験—基本特性と位置ずれ特性—, 平成 20 年度電気学会産業応用部門大会, Vol.II, 2–62, pp.539–542 (2008.8)

[4] 小林禧夫, 古神義則, 鈴木康夫：マイクロ波誘電体フィルタ, 電子情報通信学会 (2007.3)

[5] 粟井郁雄：共鳴型ワイヤレス電力伝送の新しい理論, 電学論 C, Vol.130, No.6, pp.966–971 (2010)

[6] 篠原真毅 (監修)：現代電子情報通信選書「知識の森」宇宙太陽発電, オーム社 (2012.7)

[7] Kawashima Nobuki: The Importance of the Development of a Rover for the Direct Confirmation of the Existence of Ice on the Moon, Transactions of the Japan Soceity for Aeronautical and Space Sciences, Vol.43, Issue 139, pp.34–35 (2001)

[8] 居村岳広, 堀洋一：等価回路から見た磁界共振結合におけるワイヤレス電力伝送距離と効率の限界値に関する研究, 電学論 D, Vol.130, No.10, pp.1169–1174 (2010)

[9] Takehiro Imura, Yoichi Hori: Maximizing Air Gap and Efficiency of Magnetic Resonant Coupling for Wireless Power Transfer Using Equivalent Circuit and Neumann Formula, IEEE Transactions on Industrial Electronics, Vol.58, No.10, pp.4746–4752, (2011.10)

[10] 居村岳広：磁束と磁界共振結合の関係, 電子情報通信学会研究会 WPT 研究会, WPT2016-9, pp.1–4 (2016.6.3)

[11] 後藤憲一, 山崎修一郎：詳解 電磁気学演習, 共立出版 (2014.1.25)

[12] C.A.Balanis: Antenna Theory: Analysis and Design, New York: Wiley (1982)

[13] 吉岡芳夫, 作道訓之：過渡現象の基礎, 森北出版 (2004.9)

[14] 居村岳広, 岡部浩之, 堀洋一：kHz〜MHz〜GHz における磁界共振結合によるワイヤレス電力伝送用アンテナの提案, 電子情報通信学会総合大会 (2010.3)

[15] 居村岳広, 岡部浩之, 内田利之, 堀洋一：等価回路から見た非接触電力伝送の磁界結合と電界結合に関する研究, 電学論 D, Vol.130, No.1, pp.84–92 (2010)

[16] Masaki Kato, Takehiro Imura, Toshiyuki Uchida, Yoichi Hori: Loss Reduction in Antenna for Wireless Power Transfer by Magnetic Resonant Coupling, EVTeC'11, 20117264 (2011.5.19)

[17] Masaki Kato, Takehiro Imura, Yoichi Hori: New Characteristics Analysis Changing Transmission Distance and Load Value in Wireless Power Transfer via Magnetic Resonance Coupling, INTELEC 2012 34nd International Telecommunications En-

ergy Conference (2012.10.3)

[18] 居村岳広：電磁界共振結合, パワーエレクトロニクスハンドブック, 1 編 11 章 5.2 節, pp.195–198, オーム社 (2010.7)

[19] 遠井敬大, 金子裕良, 阿部茂：非接触給電の最大効率の結合係数 k とコイルの Q による表現, 電気学会論文誌, Vol.132, No.1, pp.123–124 (2012.1.1)

[20] 松崎亨, 松木英敏：FES 用経皮的電力伝送コイルの特性改善に関する考察, 日本応用磁気学会誌, 18 巻, 2 号, pp.663–666 (1994.4)

[21] O. H. Stielau and G. A. Covic: Design of loosely coupled inductive power transfer systems, Proc. 2000 Int. Conf. Power System Technology, Vol.1, pp.85–90 (2000)

[22] 長塚裕一, 江原夏樹, 金子裕良, 阿部茂：一次直列二次直列共振コンデンサを用いた非接触給電の給電効率, 電気学会産業応用部門大会講演論文集, 2–27 (2009)

[23] 甲斐敏祐, トロンナムチャイクライソン：電気自動車用途における非接触充電の受電回路トポロジの検討, 電気学会論文誌, D, 産業応用部門誌, vol.132, no.11, pp.1048–1054 (2012)

[24] Y. H. Sohn, B. H. Choi, E. S. Lee, G. C. Lim, G. Cho, and C. T. Rim: General Unified Analyses of Two-Capacitor Inductive Power Transfer Systems : Equivalence of Current-Source SS and SP Compensations, IEEE Trans. Power Electron., vol.30, no.11, pp.6030–6045 (2015)

[25] C. Wang, G. A. Covic, S. Member, and O. H. Stielau: Power Transfer Capability and Bifurcation Phenomena of Loosely Coupled Inductive Power Transfer Systems, IEEE Transactions on Industrial Electronics, vol.51, no.1, pp.148–157 (2004)

[26] C. Wang, O. H. Stielau, G. A. Covic, and S. Member: Design Considerations for a Contactless Electric Vehicle Battery Charger, IEEE Transactions on Industrial Electronics, vol.52, no.5, pp.1308–1314 (2005)

[27] 甲斐敏祐, トロンナムチャイクライソン：電気自動車用途における非接触充電の受電回路トポロジの検討, 電気学会論文誌, D, 産業応用部門誌, vol.132, no.11, pp.1048–1054 (2012)

[28] Tianze Kan, Trong-Duy Nguyen, Jeff C. White, Rajesh K. Malhan and Chris Mi: A New Integration Method for an Electric Vehicle Wireless Charging System Using LCC Compensation Topology: Analysis and Design, IEEE Transaction on Power Electronics, DOI 10.1109 (2016)

[29] 竹内琢磨, 小林大太, 居村岳広, 堀洋一：Double LCL を用いた走行中ワイヤレス電力伝送の基礎実験, 電子情報通信学会研究会 WPT 研究会, WPT201610, pp.5–10 (2016.6.3)

[30] 居村岳広, 堀洋一：電磁誘導における磁界共振結合の優位性, 電子情報通信学会研究会 WPT 研究会, WPT2015-21, pp.1–6 (2015.6.12)

[31] 居村岳広：磁束と磁界共振結合の関係, 電子情報通信学会研究会 WPT 研究会, WPT2016-9, pp.1–4 (2016.6.3)

[32] 居村岳広, 堀洋一：電磁界共振結合による伝送技術, 電気学会誌, Vol.129, No.7, pp.414–417 (2009)

[33] Koichi Furusato, Takehiro Imura, Yoichi Hori: Design of Multi-frequency Coil for Capacitor-less Wireless Power Transfer using High Order Self-resonance of Open End Coil, The IEEE MTT-S Wireless Power Transfer Conference 2016 (2016)

[34] Koichi Furusato, Takehiro Imura, Yoichi Hori: Multi-band Coil Design for Wireless

Power Transfer at 85 kHz and 6.78 MHz Using High Order Resonant Frequency of Short End Coil, ISAP (2016.10)

[35] Takehiro Imura, Hiroyuki Okabe, Toshiyuki Uchida, Yoichi Hori: Study on Open and Short End Helical Antennas with Capacitor in Series of Wireless Power Transfer using Magnetic Resonant Couplings, IEEE Industrial Electronics Society Annual Conference, pp.3848–3853 (2009.11)

[36] 古里洸一, 居村岳広, 堀洋一：ワイヤレス電力伝送におけるショート型コイルの反共振周波数近傍の受電電力特性改善手法, 電子情報通信学会研究会 WPT 研究会, WPT2015-50, pp.23–28 (2015)

[37] 郡司大輔, 居村岳広, 藤本博志：定電力負荷への磁界共振結合ワイヤレス電力伝送における二次側負荷電圧の安定性解析, 平成 26 年電気学会産業応用部門大会, No.2–15, pp.139–142 (2014)

[38] 森脇悠介, 居村岳広, 堀洋一：磁界共振結合を用いたワイヤレス電力伝送の DC/DC コンバータを用いた負荷変動時の反射電力抑制に関する検討, IEEJ, JIASC, Vol.2, pp.II–403–II–406 (2011)

[39] 宅崎恒司, 星伸一：非接触給電装置の共振回路高効率化のための受電側降圧コンバータの動作条件の検討, 電学論 D, Vol.132, No.10, pp.966–975 (2012.10)

[40] TC. Beh, M. Kato, T. Imura, S. Oh, and Y. Hori: Automated Impedance Matching System for Robust Wireless Power Transfer via Magnetic Resonance Coupling, IEEE Transactions on Industrial Electronics, Vol.60, No.9, pp.3689–3698 (2013.9)

[41] M. Kato, T. Imura, Y. Hori: Study on Maximize Efficiency by Secondary Side Controll Using DC-DC Converter in Wireless Power Transfer via Magnetic Resonant Coupling, IEEE, EVS27, pp.1–5 (2013)

[42] 畑勝裕, 居村岳広, 堀洋一：長距離伝送における走行中ワイヤレス給電を目指した二次側 DC-DC コンバータによる最大効率制御, 電子情報通信学会研究会 WPT 研究会, WPT2014-33, pp.51–56 (2014)

[43] 小林大太, 居村岳広, 堀洋一：走行中ワイヤレス給電システムにおけるリアルタイム最大効率制御, 電気学会論文誌 D, Vol.136, No.6, pp.425–432 (2016)

[44] 平松敏幸, 黄孝亮, 加藤昌樹, 居村岳広, 堀洋一：ワイヤレス給電における送電側による最大効率と受電側による所望受電電力の独立制御, 電気学会論文誌 D, Vol.135, No.8, pp.847–854 (2015)

[45] 郡司大輔, 佐藤基, 居村岳広, 藤本博志：磁界共振結合ワイヤレス電力伝送における二次側コンバータを用いた負荷電圧制御手法の実験検証, 2014 年電子情報通信学会ソサイエティ大会, BI-8-4, pp.61–62 (2014)

[46] Dasiuke Gunji, Takehiro Imura, Hiroshi Fujimoto: Fundamental Research of Power Conversion Circuit Control for Wireless In-Wheel Motor using Magnetic Resonance Coupling, 40th Annual Conference of the IEEE Industrial Electronics Society, pp.3004–3009 (2014)

[47] 郡司大輔, 居村岳広, 藤本博志：磁界共振結合によるワイヤレスインホイールモータの電力変換回路の制御に関する基礎研究, 電気学会論文誌 D, Vol.135, No.3, pp.182–191 (2015)

[48] 山本岳, 郡司大輔, 居村岳広, 藤本博志：ワイヤレスインホイールモータの送電電圧および負荷電圧制御による電力伝送効率最大化の検討, 電気学会論文誌 D, Vol.136, No.2, pp.118–125

(2016)

[49] Giorgio Lovison, Motoki Sato, Takehiro Imura, Yoichi Hori: Secondary-side-only Control for Maximum Efficiency and Desired Power in Wireless Power Transfer System, 41st Annual Conference of the IEEE Industrial Electronics Society, pp.4825–4829 (2015)

[50] Katsuhiro Hata, Takehiro Imura, Yoichi Hori: Dynamic Wireless Power Transfer System for Electric Vehicles to Simplify Ground Facilities - Power Control and Efficiency Maximization on the Secondary Side-, The 31st Applied Power Electronics Conference and Exposition, pp.1731–1736 (2016)

[51] Vissuta Jiwariyavej, Takehiro Imura, Yoichi Hori: Coupling Coefficients Estimation of Wireless Power Transfer System via Magnetic Resonance Coupling using Information from Either Side of the System, The 2012 International Conference on Broadband and Biomedical Communications (2012.11.5)

[52] 坪香雅彦，ジワリヤウェート ウィッター，居村岳広，藤本博志，堀洋一：磁界共振結合を用いたワイヤレス電力伝送における 2 次側パラメータの推定，平成 24 年電気学会産業計測制御研究会，IIC-12-063, pp.77–80 (2012)

[53] 小林大太，居村岳広，堀洋一：インピーダンスインバータコイルを用いた走行中ワイヤレス給電システムにおける結合係数推定，電子情報通信学会研究会 WPT 研究会，WPT2014-54, pp.21–26 (2014)

[54] 畑勝裕，居村岳広，堀洋一：地上設備を簡単化する走行中ワイヤレス給電のための基礎検討～ 二次側情報のみに基づく一次側電圧推定 ～，電子情報通信学会研究会 WPT 研究会，WPT2014-53, pp.17–20 (2014)

[55] Vissuta Jiwariyavej, Takehiro Imura, Yoichi Hori: Coupling Coefficients Estimation of Wireless Power Transfer System via Magnetic Resonance Coupling using Information from Either Side of the System, IEEE Journal of Emerging and Selected Topics in Power Electronics, IEEE Journal of Emerging and Selected Topics in Power Electronics, vol.3, no.1, pp.191–200 (2015.3)

[56] 居村岳広：磁界共振結合のワイヤレス電力伝送における中継アンテナの等価回路化，電気学会論文誌 D，Vol.131, No.12, pp.1373–1382 (2011)

[57] 成末義哲，川原圭博，浅見徹：中継器を伴う磁界共振結合型無線電力伝送のためのホップ数可変インピーダンス整合手法，信学技報，WPT2012-11, pp.9–14 (July 2012)

[58] コーキムエン，居村岳広，堀洋一：Impedance Inverter based Analysis of Wireless Power Transfer Consists of Repeaters via Magnetic Resonant Coupling，電子情報通信学会技術報告，WPT2012-38, pp.41–45 (2012)

[59] Koh Kim Ean, Beh Teck Chuan, Takehiro Imura, Yoichi Hori: Impedance Matching and Power Division using Impedance Inverter for Wireless Power Transfer via Magnetic Resonant Coupling, IEEE Transactions on Industrial Applications, pp.2061–2070 (2014)

[60] 山名晴久，入江寿一：イミタンス変換器を使用した電力変換装置，電気学会全国大会，817 (1996-3)

[61] Koh Kim Ean, Takehiro Imura, Yoichi Hori: Analysis of Dead Zone in Wireless Power Transfer via Magnetic Resonant Coupling for Charging Moving Electric Vehi-

cles, International Journal of Intelligent Transportation Systems Research, Springer
(2015.2.14)

[62] 居村岳広：磁界共振結合を用いた複数負荷への一括ワイヤレス給電に関する研究，電気学会論
文誌 D，Vol.134, No.6, pp.625–633 (2014)

[63] 居村岳広：磁界共振結合を用いたワイヤレス電力伝送におけるクロスカップリングキャンセリ
ング法の提案，電気学会論文誌 D，Vol.134, No.5, pp.564–574 (2014)

[64] 居村岳広，内田利之，堀洋一：非接触電力伝送用メアンダラインアンテナの提案，電子通信情
報学会ソサイエティ大会 (2008.9)

[65] 居村岳広，岡部浩之，内田利之，堀洋一：共振時の電磁界結合を利用した位置ずれに強いワイ
ヤレス電力伝送—磁界型アンテナと電界型アンテナ—，電学論 D，Vol.130, No.1, pp.76–83
(2010)

索 引

著者略歴

居村　岳広（いむら・たけひろ）

2005 年　上智大学理工学部電気電子工学科 卒業
2007 年　東京大学大学院工学系研究科電子工学専攻修士課程 修了
2010 年　東京大学大学院工学系研究科電気工学専攻博士後期課程 修了
2010 年　東京大学大学院新領域創成科学研究科 客員共同研究員
2010 年　東京大学大学院新領域創成科学研究科 助教
2015 年　東京大学大学院工学系研究科 特任講師
　　　　　現在に至る
　　　　　博士（工学）

編集担当　太田陽喬（森北出版）
編集責任　富井　晃（森北出版）
組　　版　中央印刷
印　　刷　同
製　　本　ブックアート

磁界共鳴によるワイヤレス電力伝送　　　　　　　© 居村岳広　2017

2017 年 2 月 1 日　第 1 版第 1 刷発行　　【本書の無断転載を禁ず】

著　　者　居村岳広
発 行 者　森北博巳
発 行 所　森北出版株式会社
　　　　　東京都千代田区富士見 1-4-11（〒102-0071）
　　　　　電話 03-3265-8341／FAX 03-3264-8709
　　　　　http://www.morikita.co.jp/
　　　　　日本書籍出版協会・自然科学書協会　会員
　　　　　JCOPY ＜（社）出版者著作権管理機構　委託出版物＞

落丁・乱丁本はお取替えいたします.

Printed in Japan／ISBN978-4-627-73661-0